Editando genes: recorta, pega y colorea

Lluís Montoliu

Prólogo de Francisco J. Martínez Mojica

EDITANDO GENES: RECORTA, PEGA Y COLOREA

Las maravillosas herramientas CRISPR

© Del Autor: Lluís Montoliu
© Next Door Publishers:
Primera edición: febrero 2019
Segunda edición: abril 2020
Tercera edición: marzo 2021
© Editorial Pinolia, S. L., 2025
Calle de Cervantes, 26
28014, Madrid

www.editorialpinolia.es
info@editorialpinolia.es

Colección: Divulgación científica
Primera edición: septiembre 2025

Depósito legal: M-16136-2025
ISBN: 979-13-87556-63-1

Diseño y maquetación: Almudena Izquierdo
Diseño cubierta: Óscar Álvarez
Impresión y encuadernación: Liberdúplex, S.L.

Printed in Spain - Impreso en España

A Montserrat, mi amada Silveria

CONTENIDO

PREFACIO:

SERENDIPIA DE PRINCIPIO A FIN

La serendipia está presente en cualquier avance científico. Es una palabra muy utilizada en inglés (*serendipity*) que puede también traducirse al español como «chiripa», pero que va más allá de la suerte o la fortuna, conceptos con los que habitualmente se confunde. Buena suerte es pasar por debajo de un balcón, que se descuelgue un tiesto de geranios y que caiga justo delante o detrás de nosotros, sin tocarnos ni rompernos la cabeza. Eso es la buena fortuna. La serendipia o chiripa va mucho más allá. Es darse de bruces con algo inesperado y percatarse de que es relevante, de que tiene interés. Es pasear por un jardín contemplando el césped y descubrir un trébol de cuatro hojas, detenerse a observarlo y darse cuenta de que es una rareza (la mayoría de tréboles tienen tres hojas) y preguntarse cómo puede ser que este trébol tenga una hoja más que el resto, lo que puede llevar a comprender cómo se desarrollan las hojas del trébol y, quizás, algún patrón de desarrollo global de las plantas que permita explicar el mecanismo que emplean para crecer no solamente esa especie vegetal sino muchas otras, o todas ellas.

La definición de serendipia que aparece en el diccionario de la Real Academia Española es muy elocuente: «Hallazgo valioso que se produce de manera accidental o casual». En esta definición están todos los elementos importantes para entender este término y su relación tan directa con la ciencia, con el avance científico. En primer lugar, es un «hallazgo», algo que no conocíamos. Por lo tanto, un elemento característico de cualquier descubrimiento científico. En segundo lugar, dice que es «valioso». Es decir, probablemente permita acceder a otras ideas, a otros conceptos u otros conocimientos que, sin este empujón inicial, no habríamos podido descubrir. Valioso también en el sentido del valor que puede tener su trascendencia, lo que nos puede permitir llegar a conocer o desarrollar. Y, en tercer lugar, dice la definición que se produce «de manera accidental o casual». Es decir, que no lo esperamos, que nos lo encontramos de forma imprevista, sorpresiva. Y en lugar de desecharlo o simplemente ignorarlo, optamos por centrar nuestra atención en este hecho, intentando entender cómo se ha producido, por qué ha ocurrido, qué podemos aprender o derivar de todo ello.

El descubrimiento de las herramientas CRISPR (*clustered regularly interspaced short palindromic repeats,* repeticiones palindrómicas cortas agrupadas y regularmente interespaciadas) de edición genética tiene por supuesto su buena dosis de serendipia, como intentaré desgranar en los diferentes capítulos de este libro. Pero también hay serendipia en cómo llego yo a trabajar en mi laboratorio con estas herramientas y en cómo conozco a un investigador fundamental en este campo, Francisco Juan Martínez Mojica (Francis Mojica, para colegas y amigos). Y, finalmente, en cómo llego a escribir este libro que tienes en las manos.

Vayamos por partes.

En el año 2011, me planteo seguir estudiando en mi laboratorio una parte importante, pero compleja, de nuestro genoma, del material genético que tenemos en todas nuestras células, llamada «genoma no codificante», es decir, que no contiene genes, frente a la parte del genoma donde se agrupan los genes, que solemos denominar «genoma codificante» y que apenas ocupa un 2 % de todo el genoma, que contiene los aproximadamente 20 000 genes que tenemos los humanos (y los ratones). El genoma no codificante también puede llamarse «intergénico». O, de forma mucho más prosaica, «basura» o «materia oscura», por lo inservible, ignoto e inaccesible que ha sido durante muchos años. Para ello, decidimos acudir a unas herramientas de edición genética anteriores a las CRISPR, llamadas TALEN (*transcription activator-like effector nucleases*, nucleasas efectoras parecidas a activadores transcripcionales), que por aquel entonces habían sido descritas no hacía mucho y a las que me referiré posteriormente en este libro. En septiembre de 2012, empezamos a utilizarlas en mi laboratorio del Centro Nacional de Biotecnología (CNB). Y todo ello gracias a otra agradable serendipia, a un joven investigador italiano, Davide Seruggia, que decide dejar su Milán natal para realizar su tesis con nosotros, en Madrid. Davide, uno de los estudiantes más despiertos y capaces, intelectual y técnicamente, que he tenido el placer de dirigir y supervisar, lo intentó de todas las formas posibles, sin éxito. No había manera de generar una TALEN que hiciera lo que queríamos, que cortara en un determinado lugar del genoma del ratón, la especie animal que usamos en el laboratorio como modelo experimental para entender nuestro genoma.

La serendipia está presente en cualquier avance científico.

Hartos y desesperados después de tantos fracasos experimentales (el fracaso es el estado habitual en ciencia, donde predominan los experimentos que no salen como uno espera o, simplemente, no funcionan de ninguna manera), decidimos pedir ayuda a algún colega internacional que nos echara una mano y nos permitiera superar el bloqueo en el que nos encontrábamos. En enero de 2013 contactamos con Pawel Pelczar, investigador de origen polaco que en aquel momento trabajaba en Zúrich, y en pocos meses organizamos una estancia de Davide con su equipo, famoso por ser uno de los laboratorios de referencia en las herramientas TALEN, para que nos iluminaran y nos ayudaran a salir del agujero en el que parecíamos haber caído. Davide programó su viaje a Suiza y aterrizó en Zúrich en abril de 2013.

En la primera semana de mayo de 2013, aparece la primera publicación científica que refiere el uso de las herramientas de edición genética CRISPR (que desconocíamos completamente hasta ese momento) para generar ratones editados genéticamente. Este sorprendente hallazgo no pasa desapercibido para Pawel, quien se percata de la importancia de estas nuevas herramientas y decide dejar las TALEN a un lado y poner inmediatamente a todo el grupo a trabajar con las CRISPR, incluido Davide, que era el estudiante visitante. A finales de mayo de 2013, Davide me envía emocionado unos primeros resultados que indican que las herramientas CRISPR son por lo menos diez veces mejores que las TALEN. Por lo tanto, nuestro laboratorio se beneficia inesperada e indirectamente de una revolución que apenas se estaba gestando. Yo había enviado a Davide a Suiza para aprender sobre TALEN y regresó a Madrid al cabo de pocos meses siendo ya un experto en CRISPR. ¡Sorprendente! A veces uno está en el sitio correcto en el momento adecuado. Eso nos pasó a nosotros durante la primera mitad del año 2013.

En efecto, tras regresar Davide en el verano de 2013, empezamos a constatar en primera persona todo lo que maravillaría poco después al mundo entero: la tremenda capacidad y eficacia de las herramientas de edición genética CRISPR para generar modificaciones genéticas complejas en genomas que, hasta entonces, había sido imposible abordar.

La serendipia también estuvo presente en mi primer encuentro con Francis Mojica, que relataré en detalle en el capítulo correspondiente de este libro. A finales de 2014, cuando ya llevábamos un año y medio de alegrías y éxitos con las herramientas CRISPR en el laboratorio, conozco de forma inesperada a Francis en el Ministerio de Economía y Competitividad, del cual dependía la ciencia hasta hace poco en España (mientras escribo este libro, ha habido un cambio de gobierno y de partido político al mando que ha llevado a recrear el Ministerio de Ciencia, Innovación y Universidades). Por aquel entonces yo estaba trabajando para la ANEP (la hoy extinta Agencia Nacional de Evaluación y Prospectiva, que ha sido sustituida por la AEI, la Agencia Estatal de Investigación) y nos encargábamos de revisar lo que otros investigadores habían hecho con las ayudas económicas recibidas desde el gobierno en años anteriores. Mientras evaluábamos presencialmente a diferentes investigadores del país, de repente aparece Francis Mojica y yo oigo hablar a alguien de las CRISPR en primera persona, de su trabajo. Fue toda una sorpresa. Desconocía por completo la existencia de Francis y todo su trabajo esencial como descubridor de estas herramientas genéticas y de su función biológica como sistema de defensa en las bacterias. Tras ese primer encuentro con Francis siguieron otros muchos, hasta nuestra relación actual no solamente de colaboración científica, sino de amistad.

Finalmente, ¡cómo no!, la serendipia también tiene un papel principal en la escritura de este libro, el primero que escribo en solitario tras haber colaborado en muchos otros libros con capítulos, entrevistas y comentarios. A principios de 2017 contacta conmigo el periodista Antonio Martínez Ron, a quien conocí a través de otro investigador joven y emprendedor, Lucas Sánchez, que había realizado su tesis doctoral en el laboratorio vecino al nuestro en el CNB. Con Antonio ya había comentado en el pasado diferentes noticias de ciencia y también alguna de nuestras publicaciones o descubrimientos. Antonio conocía nuestras investigaciones sobre enfermedades raras humanas (las que afectan a menos de 1 de cada 2000 personas), y en concreto sobre una de ellas, la condición genética del albinismo, que es la que investigamos en el laboratorio desde hace más de 25 años, y me llamó para proponerme una entrevista que le había encargado la editorial Next Door Publishers para incluirla en un libro de alguien que había escrito su autobiografía como persona con una de estas enfermedades raras. Apenas me dio más información sobre el libro en el que íbamos a participar y, cuando vino al CNB, empezamos a hablar de nuestros experimentos, de esto y de aquello... y se nos pasó el tiempo en un santiamén.

Yo veía que Antonio desplegaba todos sus artilugios electrónicos para grabar audio, para tomar imágenes y se le veía muy interesado en todo lo que le contaba. Debía de estarlo. De esa reunión en el CNB no solamente salió un estupendo capítulo en forma de entrevista que Antonio escribió para el libro *Retrón*, de Raúl Gay, sino ideas para el episodio 16, «Raro», del fabuloso podcast

Catástrofe Ultravioleta (premiado en 2017 con un Ondas), que realiza con Javier Peláez y Javier Álvarez, y material adicional para un fantástico artículo periodístico sobre los ojos de Pepe y de su ratón avatar que publicaría poco después en NEXT-*Vozpópuli* y por el que también sería premiado.

Laura Morrón y Oihan Iturbide, de Next Door Publishers, tuvieron a bien invitarme a la presentación del libro *Retrón* que tuvo lugar en el Espacio Telefónica de Madrid y allí conocí a una persona increíble, un verdadero fuera de serie: Raúl Gay. Sin conocernos previamente, y gracias a la magia y la pluma de Antonio, la entrevista que me hizo sobre enfermedades raras encajó como un guante en la apasionante y dura autobiografía de Raúl, que se abría de par en par para explicarnos su vida con una discapacidad. Si no has leído todavía el libro, te recomiendo que lo hagas. Puedes estar seguro de algo: no te dejará indiferente. Como dicen en el sur, esa tarde-noche en Madrid apareció el duende y quedamos todos prendados con la personalidad de Raúl. Nunca habría imaginado poder llegar a conocer a una persona como él.

Más tarde, Javier Peláez me invitó al evento Naukas 2017, en Bilbao, para explicar de una forma sencilla lo que hacemos en el laboratorio. Naturalmente había oído hablar de Naukas, pero nunca había tenido ocasión de acercarme a ninguno de sus eventos de divulgación. Siempre andaba liado en otros menesteres o coincidían con otras reuniones. Al asistir al Naukas 2017, pude comprobar lo que me había perdido al no haber presenciado antes esta explosión de conocimiento y entretenimiento organizada por un puñado de mentes talentosas de todo el país. «Permanentemente boquiabierto» sería el estado que mejor definiría mi paso por el evento. Y desde entonces quedé prendado de la plataforma Naukas y he empezado a colaborar con ellos en todo lo que he podido. Quien mejor lo expresó fue el gran neurocientífico, colega y amigo José Ramón Alonso, cuando me dijo: «Lluís, tú siempre fuiste de Naukas, solo que no lo sabías». Precioso.

Y de nuevo la serendipia. Gracias a mi participación en Naukas 2017, volví a coincidir con Laura Morrón, que no solo intervino de forma brillante en el evento, sino que también estaba a cargo del puesto de la editorial en el Palacio Euskalduna de Bilbao, y allí pude iniciar una conversación con ella que ha terminado dando forma a este libro que ahora estás leyendo.

Serendipia de principio a fin. Como todo buen descubrimiento científico.

En las páginas que siguen descubrirás por qué califico de maravillosas estas herramientas de edición genética y entenderás también por qué me refiero a lo que podemos hacer con ellas mediante la expresión «recorta, pega y colorea».

Este libro se enfrenta al reto de intentar resumir una tecnología actual y cambiante, en constante evolución, en la que cada semana aparecen aplicaciones novedosas y sorprendentes. Por ello será difícil que pueda cubrir todos los avances publicados, aunque intentaré que su versión final sea un fiel reflejo de nuestro conocimiento sobre el tema en el momento del cierre de la edición. Pero lo importante de este libro, lo que me ha animado a escribirlo, es su contextualización y visión histórica de esta metodología fabulosa, que nos ha cambiado la vida a muchos científicos. Por muchos avances y detalles actuales que aparezcan, creo que es todavía más interesante compartir cómo desde unos hallazgos pioneros de ciencia básica, realizados hace más de 25 años en nuestro país, y a través del trabajo de muchos investigadores, se llegaron a desarrollar unos útiles cuyos beneficios y aplicaciones posibles apenas estamos empezando a descubrir.

Para esta tercera edición del libro he actualizado los hitos más importantes que han ocurrido en el universo CRISPR durante 2020 y los primeros dos meses de 2021. La segunda edición terminó con la condena del investigador chino que aplicó edición genética sobre embriones humanos y propició su gestación, de la que nacieron tres niñas. En esta tercera edición, además de algunos avances espectaculares, debo necesariamente referirme al merecido Premio Nobel de Química otorgado por la Academia de Ciencias Sueca en octubre de 2020 a las investigadoras Emmanuelle Charpentier y Jennifer Doudna, por desarrollar un método de edición genética. Este premio dejó fuera a muchos otros investigadores, en particular a Francis Mojica, que sin embargo fue el primero en alegrarse y en felicitar a las premiadas, contento de que los sistemas CRISPR que habían surgido de sus hallazgos recibieran tan alto reconocimiento.

Este libro lo he escrito en muchos sitios: en estaciones de tren, en aeropuertos, viajando en tren (y a pesar de las múltiples conversaciones privadas que se escuchan a voz en grito en cualquier AVE a cualquier hora) o volando en avión, en taxis, en la tranquila soledad de las noches de hotel por diversos rincones de este mundo, en bares, salas de espera y hasta incluso, a veces, en casa. Probablemente su escritura sea un fiel reflejo de la vida deliciosamente ajetreada que llevo, siempre de un lado para otro, acudiendo a reuniones y conferencias, pero sin perder el contacto con mi laboratorio en el CNB gracias a un estupendo equipo de investigadoras e investigadores con quienes comparto penas y alegrías y que me permiten disfrutar, más si cabe, de esta maravillosa profesión, la de ser y vivir como científico.

No es fácil convivir con científicos. Uno es científico a tiempo completo, siempre y en todo momento. Y a veces se hace difícil recordar las prioridades y deberes que nos atañen. Pero nuestra labor también tiene recompensas muy agradables, satisfacciones inesperadas, como cuando puedes compartir y explicar lo que haces a otras personas y percibes en el brillo de sus ojos que lo entienden y que disfrutan con la explicación. Esto es lo que intento hacer habitualmente cuando divulgo y espero lograrlo también ahora y conseguir que disfrutes igualmente con la lectura de este libro.

Me gustaría recordar en este prefacio de la tercera edición a un gran investigador, colega y amigo, José Luis Gómez-Skarmeta, con quien colaboré en múltiples ocasiones y con quien discutí muchas veces sobre ciencia y sobre genética. Su fallecimiento prematuro, acaecido en septiembre de 2020 a causa de un cáncer, nos privó de seguir disfrutando de su talento y amistad.

Quiero terminar este prefacio recordando, además de a las personas ya mencionadas, a todos los miembros de mi laboratorio, actuales y pasados, y, por supuesto, a mi familia, a mi mujer Montserrat y a nuestros hijos Mercè y Jordi. A mis padres, a los que seguro les habría encantado poder leer este libro. A mi hermana, a mis cuñados y sobrinos y al grupo de amigos de siempre, del Julivert Meu. A todos ellos muchas gracias por su apoyo incondicional y por su infinita paciencia durante todos estos años.

Agradezco también a Marta Ariño y a la editorial Pinolia el que haya sido posible reeditar este libro y disfrute así de una segunda vida para alegría del autor y de los futuros nuevos lectores. Este libro que tienes en tus manos es una reedición revisada en 2025, publicada por la editorial Pinolia, de la tercera edición publicada por la desaparecida editorial Next Door Publishers en 2021.

LLUÍS MONTOLIU
Julio de 2025

PRÓLOGO

A principios del nuevo milenio, dos jóvenes microbiólogos inter-
cambiaban con cierta asiduidad correos electrónicos desde sus
respectivos centros de trabajo localizados a 2000 km de distancia,
en la Universidad de Utrecht en Holanda y en la Universidad de
Alicante en España. Ambos investigan sobre un tipo de secuencias
repetidas de función desconocida, localizadas en regiones no codificantes del ADN de distintos procariotas. El grupo al que pertenece el holandés (Ruud Jansen) tiene un largo recorrido en el
uso de estas regiones repetidas para discernir entre distintas cepas
de la bacteria causante de la tuberculosis. El equipo del español
(autor de este prólogo) aspira a averiguar la razón de ser de estas
repeticiones, a encontrar una explicación a su extendida presencia
tanto en bacterias como en sus parientes lejanos, las arqueas. El
interés de Ruud también va más allá del uso de las enigmáticas repeticiones como dianas para diagnóstico microbiológico. Durante
meses compartimos y discutimos resultados no publicados obtenidos por ambas partes. La coincidencia de opiniones e inquietudes
nos llevó a plantearnos aunar esfuerzos y presentar un proyecto
con el fin de abordar su estudio, intención que se frustró cuando
finalizó el contrato laboral que ligaba a Ruud con su grupo de trabajo en la universidad. Ruud tuvo que buscar fortuna en otro lugar
y abandonó la línea de investigación que tanto lo fascinaba. Poco
antes de tan desafortunado desenlace, Ruud me hizo partícipe de

su descubrimiento más significativo, uno de los grandes hitos en el desarrollo del incipiente campo CRISPR. A finales de 2001, el grupo de Ruud se percata de que, junto a las regiones de las repeticiones de su bacteria predilecta, hay hasta cuatro genes distintos que se encuentran también presentes en un puñado de otros procariotas. La observación de que los cuatro genes estaban invariablemente situados en las inmediaciones de las repeticiones sugería que podrían estar relacionados funcionalmente con ellas. Había que dar un nombre a estos genes y, como paso previo, nos propusimos pactar un acrónimo para las repeticiones. Este tenía que ser distinto a los previamente propuestos de manera independiente por ambos grupos, los únicos aparentemente interesados en el estudio de estas secuencias desde su descubrimiento más de una década antes. Debía ser original, único y no coincidir con ningún otro término utilizado en el ámbito científico. Tras recopilar las principales características descriptivas de estas repeticiones (agrupadas, de pequeño tamaño, parcialmente simétricas —palindrómicas— y dispuestas a espacios regulares), y barajando las letras iniciales de sus términos en inglés (*repeats, clustered, short, palindromic, regularly interspaced*), surgió la combinación CRISPR. A Ruud le encantó la propuesta: «Qué buen acrónimo es CRISPR... Tiene gancho... Además, no carece de importancia el hecho de que es una entrada única en *MedLine*». (*MedLine* era la base de datos de bibliografía más utilizada por entonces, al menos en el ámbito de la medicina y áreas relacionadas.) Ruud y sus colaboradores en Utrecht describieron los genes vecinos de las repeticiones como «asociados a CRISPR» y los denominaron con la abreviatura «cas», por su significado en inglés (*CRISPR-associated*), en un original que publicaron en 2002 donde se utilizó por primera vez el acrónimo CRISPR. Desde entonces y hasta junio de 2018, el número de artículos que citan CRISPR en *MEDLINE/PubMed* es de casi 10 000. En aquella época no habría sospechado que ese «crujiente» acrónimo, hoy considerado por muchos «inapropiado» como término científico, llegara a hacerse tan popular en los laboratorios de todo el mundo. Ni me podía imaginar que algún día se escribiría un libro de divulgación en el que se mencionara, menos aún que fuera el actor principal. Seguro que Ruud tampoco era consciente de la trascendencia que iban a tener nuestras conversaciones: los buscadores de internet encuentran a día de hoy decenas de millones de páginas web cuando introducimos la palabra clave «CRISPR», como si se tratara del nombre de un jugador de fútbol, y eso que CRISPR no mete goles en los estadios de fútbol (aunque en cierta manera sí lo hace en otro terreno de juego, el del conocimiento). El taxista que hace unas semanas me trasladaba de Vilna a Trakai pronunciaba perfectamente el término CRISPR y era consciente de la envergadura del trabajo que se estaba haciendo con estas secuencias; el pasajero del asiento junto al mío en un vuelo a París de hace unos meses me confesó que era un fan de las CRISPR y que retuitea habitualmente noticias sobre los últimos avances; en un popular videojuego interactivo estadounidense incluyen el significado de las siglas entre sus preguntas; se habla de CRISPR en series de televisión, en la gran pantalla, en los parlamentos, en las plazas de los pueblos...

Pero de lo que se habla no es precisamente de la función biológica que desempeñan las CRISPR. La mayor parte de los cien millones de páginas web, los 300 000 vídeos y los 10 000 artículos de investigación que citan las CRISPR están fechados en los últimos cinco años, a partir de 2013, diez años después de que averiguáramos que las CRISPR son parte esencial de los sistemas de defensa de los procariotas. La razón de este alboroto no es otra que el desarrollo, a partir de 2012, cuando se llegó a esclarecer el mecanismo del sistema de defensa CRISPR, de unas herramientas extraordinarias, denominadas genéricamente «tecnología CRISPR», que utilizan sus componentes para editar el genoma de los seres vivos, desde el de las bacterias hasta el de los humanos.

Este libro trata sobre la tecnología CRISPR, la que sacó del anonimato a algunos de los microbiólogos, bioinformáticos, genetistas, bioquímicos y biólogos moleculares, todos estudiosos de los procariotas que, desde sus respectivas especialidades, habían contribuido a gestar esta revolución tecnológica, sin ser plenamente conscientes de la repercusión que su búsqueda del conocimiento iba a tener. Entre estos afortunados se encuentra el que suscribe.

Y no es precisamente por el prestigio de las revistas en las que mi grupo de investigación publica habitualmente sus hallazgos (bastante alejadas de las «top 10»), ni siquiera bastó la repercusión internacional de nuestra investigación. Tampoco ha sido por pertenecer a una de las instituciones académicas más reconocidas del mundo (los *rankings* mundiales de universidades asignan puestos modestos a la de Alicante), ni por ocupar el más alto puesto en la escala académica (soy profesor titular de universidad). La salida a la luz de esta historia fue el resultado del empeño de unos pocos en que así fuera. El primero en intentarlo en España fue uno de mis directores de tesis, el Dr. Francisco E. Rodríguez Valera, a través de una nota que publicó en mayo de 2014 en el boletín electrónico mensual de la Sociedad Española de Microbiología, con el título «Nuestra ciencia: un triunfo español, el sistema CRISPR». Pero no tuvo mucho eco que digamos. Al segundo lo conocí a finales de ese mismo año, cuando me seleccionaron por un proyecto que el Ministerio de Economía y Competitividad me había concedido como investigador principal tres años antes para que informara sobre sus progresos en persona ante un panel de evaluadores y expertos. Unos meses más tarde recibí, redirigido por uno de sus muchos destinatarios, un correo electrónico escrito por un investigador cuyo apellido me era algo familiar. El mensaje hacía referencia al trabajo pionero de mi grupo de investigación sobre las CRISPR, ¡y el autor decía conocerme! En internet estaba la respuesta. Asociado a su nombre apareció el rostro de uno de los expertos de ANEP, el que se sentaba en la mesa justo en la esquina opuesta a la mía, el mismo que nada más terminar mi exposición formuló una de esas preguntas que evidencian un buen conocimiento del tema. Indagando, averigüé que era fundador de la Sociedad Internacional de Tecnologías Transgénicas (ISTT), miembro del Comité de Dirección del Centro de Investigación Biomédica en Red en Enfermedades Raras e investigador del Consejo Superior de Investigaciones Científicas (CSIC) en el Centro Nacional de Biotecnología, en cuyo servidor tenía nada menos que una página web sobre las CRISPR (http://www.cnb.csic.es/~montoliu/CRISPR/). Trabajaba en genética y terapia de enfermedades raras utilizando ratones editados con CRISPR. ¡Era un usuario de la técnica, en España, ya en 2014! Este biotecnólogo de profesión es el autor de este libro, el Dr. Lluís Montoliu.

Desde nuestro primer encuentro, el incansable Lluís ha incluido entre sus prioridades contarle al mundo que es de la opinión de que el origen de la mayor revolución genética, en ciencias de la vida y de la salud, al menos en lo que llevamos de siglo, está en el sur de Europa, concretamente en Alicante. Tras Lluís vinieron otros que compartían la misma opinión, de la Universidad de Málaga, de la Universidad Miguel Hernández, de centros de investigación del área de Boston, incluso de mi propia Universidad de Alicante y hasta del Gobierno de la Nación. Como resultado de la campaña constante de Lluís y de la acción esporádica del resto, a los que se unirían muchos otros, llegaron las entrevistas. Cuando los medios de comunicación empezaron a difundirlo, vinieron los premios, honores, nombramientos, reconocimientos, las felicitaciones, las desgarradoras consultas por parte de desconocidos sobre posibilidades de cura de enfermedades genéticas propias o de familiares y las propuestas de todo tipo (casi), hasta el punto de que resulta harto complicado encontrar un hueco para tan siquiera escribir este prólogo. No digamos las innumerables invitaciones para impartir charlas. ¿Debería estar agradecido a los responsables de esta situación? Por supuesto que sí, y lo estoy. ¿Merece la pena dedicarle el tiempo que requiere esta actividad extra, que se suma a las muchas otras ligadas a la docencia e investigación de un profesor de universidad? Sin lugar a duda. Cualquier oportunidad para que los resultados de la investigación lleguen a la calle, al público general, se debe aprovechar. Lluís lo tiene claro. Además de la investigación, le apasiona su difusión. Ni una cosa ni otra las hace para cosechar reconocimientos, pero también los recibe, sin necesidad de que lo tengan que promocionar los compañeros de profesión. Los recibe en forma de frecuentes solicitudes para escucharlo o leerlo y en forma de premios a su labor investigadora, como el que la ISTT le ha otorgado recientemente por su contribución a la mejora de la tecnología transgénica. Para la comunidad CRISPR, es un lujo contar con este generoso paladín de la ciencia y la divulgación, y una dicha para los potenciales lectores el que haya accedido a escribir este libro sobre edición genética. El resultado es un fiel reflejo de su compromiso con todo aquello en lo que se implica (que no es poco), haciendo gala de una pluma exquisita y un lenguaje claro y fluido, del rigor y de la sensatez con que trata la información que maneja (que en el campo CRISPR es abundante y variada).

La obra proporciona una amplia visión del tema, partiendo de la biología que subyace a la tecnología CRISPR, señalando los principales precursores del campo de investigación y los artífices de su desarrollo, para pasar a continuación a presentar ejemplos de los logros más sobresalientes que se han alcanzado hasta la fecha con su utilización, en investigación básica y en agricultura, ganadería, biotecnología y salud. Precisamente en el ámbito aplicado, no evita las cuestiones más controvertidas que podrían derivar de su utilización para modificar la información genética de los seres vivos, y de humanos en particular en el contexto ético-moral. De hecho, Lluís es un experto en bioética, miembro del Comité de Ética del CSIC y del panel de ética del European Research Council, y un adalid de la investigación reflexiva que impulsa iniciativas pioneras en este sentido en el ámbito de la genética, como la constitución de la Association for Responsible Research and Innovation in Genome Editing, cuyo objetivo es promover el uso responsable de la edición genética. Más allá de limitarse a una simple descripción de lo ya acontecido, el autor se adentra en el terreno especulativo, con la prudencia que lo caracteriza, sin caer en los perniciosos brindis al sol, difíciles de evitar cuando surgen avances de la magnitud de una tecnología que podría transformar profundamente la práctica clínica. Por el contrario, nos ofrece un análisis objetivo de lo que previsiblemente acontecerá en edición genética gracias a las CRISPR, a un mejor conocimiento de los sistemas de reparación de daños en el ADN, y quizás también gracias a lo mucho que todavía queda por descubrir sobre las herramientas que los procariotas utilizan para asegurar su supervivencia desde mucho antes de que estuvieran acompañados por otras formas de vida.

El primer libro de divulgación escrito en castellano sobre CRISPR puede que no supere en número de lectores al de los *bestsellers* de

Isaac Asimov. Pero, aunque lo pudiera parecer, estas maravillosas herramientas no son ciencia ficción y, tratándose de CRISPR, a ver quién se atreve a hacer una predicción, ¿verdad, Ruud?

FRANCISCO J. MARTÍNEZ MOJICA
Julio de 2018

1

INTRODUCCIÓN A LAS CRISPR:
UN REGALO DE LAS BACTERIAS

Solemos asociar las bacterias a problemas, a enfermedades, a infecciones, a alimentos podridos o en mal estado. Las bacterias suelen ser las culpables de muchas de las cosas horribles que nos pasan cuando enfermamos. Acostumbran a ser las responsables cuando sufrimos una indigestión, una diarrea, cuando nos sube la fiebre y nos duele la garganta o el oído, cuando se nos enrojece o se nos descama la piel, cuando nos duelen las muelas, atacadas por las bacterias de la caries, o cuando tenemos mal aliento o nuestro sudor huele fatal. En todas estas situaciones (que también pueden estar causadas por hongos o por virus), siempre acudimos al médico (o, erróneamente, nos automedicamos) para que nos recete un antibiótico, un medicamento especialmente diseñado para combatir y eliminar las bacterias. Y nos alegramos cuando la droga hace su efecto (si el problema estaba causado por bacterias) y, tras unos pocos días de tratamiento disciplinado, retornamos a nuestro estado normal, saludable. Hasta la próxima vez que enfermemos.

Pero las bacterias también pueden ser útiles. Viven en nuestro cuerpo, fundamentalmente en el intestino, y colaboran en la digestión y procesamiento de lo que comemos. Forman la denominada «microbiota», a la que cada vez se asocian más funciones y que cada vez parece tener más influencia en nuestro estado de salud y hasta anímico. También consumimos bacterias a millones cada vez que degustamos un yogur, una cuajada o un queso, cuya transformación desde la leche original ha sido propiciada por diferentes tipos de estos microorganismos. Y cuando comemos embutidos o verduras fermentadas, como las aceitunas en salmuera o los pepinillos encurtidos.

Además de habitar en nuestro cuerpo y ayudar a producir estos alimentos fermentados habituales, también pueden ser útiles en biología, en investigación científica. Las bacterias, y sus primas lejanas las arqueas, muchas de las cuales viven en ambientes muy extremos (salinas, fuentes termales, fosas marinas...), son unos microorganismos que denominamos «procariotas» porque carecen de un verdadero núcleo estructurado en el interior de sus células, en contraposición al resto de organismos formados por células con núcleo (donde se encuentra la mayor parte del material genético del organismo) y denominados «eucariotas», que significa que tienen un núcleo definido. Nosotros, los humanos, somos organismos pluricelulares eucariotas, como también lo son el resto de los animales y plantas. También existen microorganismos unicelulares eucariotas, como las levaduras que usamos para fermentar el pan, el vino o la cerveza, o los parásitos que causan la malaria.

Las bacterias llevan muchos más años que nosotros sobre la Tierra, miles de millones de años. Se cree que las bacterias más antiguas existirían desde hace 3500 millones de años, mientras que los humanos apenas llevamos un millón de años por aquí. Teniendo en cuenta que la edad de nuestro planeta se calcula en unos 4500 millones de años, las bacterias han poblado la Tierra durante más de las tres cuartas partes de su historia. Se suele decir, no sin razón, que colonizaron la Tierra mucho antes que nosotros y, si alguna vez nos extinguimos como especie, ellas seguirán existiendo tras nuestra desaparición.

Las bacterias y las arqueas, a pesar de ser microorganismos muy distintos y evolutivamente muy alejados, comparten esa característica carencia de núcleo que las identifica a ambas como procariotas, aunque frecuentemente se alude a todas ellas como «bacterias», sin más. Sin embargo, hay que recordar que las arqueas no son bacterias.

Ambas llevan tanto tiempo sobre nuestro planeta que han tenido la oportunidad de inventar casi cualquier función para hacer frente a casi cualquier necesidad vital a la que tuvieran que enfrentarse. Por eso hay bacterias y arqueas en ambientes inhóspitos, inhabitables, en los que ningún otro ser vivo puede sobrevivir: en las fosas marinas, soportando presiones colosales; en las fuentes termales, con temperaturas próximas a la ebullición del agua; en las salinas, con una salinidad ambiental insufrible para cualquier otro organismo; en nuestros estómagos, bañadas en soluciones muy ácidas; conviviendo con emisiones radioactivas; en ambientes sin oxígeno y en presencia de gases que son mortales para el resto de organismos, entre otros ambientes extraños.

En su versatilidad, en su capacidad para adaptarse a casi cualquier entorno, es donde esconden las bacterias y las arqueas su fuerza y su resistencia. Por eso, siempre que nosotros, los aparentemente organismos «superiores» eucariotas (pero limitados en tantas funciones), hemos tenido algún problema o hemos tenido que desarrollar alguna herramienta o proceso para investigar los seres vivos, hemos acudido y llamado a la puerta de los procariotas, seguros de que encontraríamos alguna bacteria o alguna arquea que habría inventado esa herramienta o proceso que pudiéramos aprovechar.

Así sucedió con las enzimas de restricción, proteínas que cortan el ADN en secuencias específicas, de pocas letras, y que fueron esenciales para la explosión de las técnicas de ingeniería genética que aparecieron en los años setenta. También aprendimos de las bacterias, a principios de los años noventa, cómo encender y apagar el funcionamiento de los genes, con los sistemas inducibles de expresión génica basados en el sistema de la tetraciclina. En este caso, los investigadores aprovecharon la existencia en bacterias de un conjunto de genes que se expresan coordinadamente, dentro de lo que se denomina un «operón», para permitir el crecimiento de la bacteria en presencia de este antibiótico, que habitualmente acaba con las bacterias que no tienen este operón, y que solo se activan cuando la bacteria detecta la presencia de la tetraciclina en el medio.

También aprendimos, con herramientas derivadas de las bacterias, a identificar fácilmente las células que expresaban un gen, usando otros genes de bacterias como chivatos o indicadores.

De cara a una mejor comprensión del libro, te invito a hacer un repaso de la genética y de cómo funcionan los procesos básicos del flujo de información genética desde el ADN a las proteínas, pasando por las moléculas intermediarias llamadas ARN.

Recordemos primero lo que nos enseñó un fraile agustino llamado Gregor Mendel a finales del siglo XIX mientras cruzaba diferentes variedades de guisantes en un convento de Brno (hoy en la República Checa). Mendel investigó qué ocurría al cruzar plantas de guisantes de frutos amarillos y verdes, o plantas que producían granos lisos y rugosos, en sus diversas combinaciones, hasta percatarse de determinados patrones, predecibles, que se repetían en los cruces en función de las plantas que se elegían como progenitoras. Al color o la forma de los guisantes los llamó «caracteres» y a lo que debía transmitirse entre generaciones, de plantas parentales a sus descendientes, lo llamó «elementos». Hoy en día sabemos que en realidad Mendel estaba descubriendo las bases de la herencia genética y cómo determinados genes podían tener diferentes variantes, lo que hoy llamamos «alelos». El gen que codifica la proteína que determina el color del guisante tiene un alelo que determina el color amarillo y otro distinto que conduce a que los granos sean verdes. Un mismo gen, dos alelos distintos. Lo mismo con la forma del grano, otro gen con dos alelos: liso y rugoso.

Mendel observó que siempre que cruzaba guisantes verdes con amarillos, todos sus descendientes eran amarillos. Y si cruzaba los guisantes amarillos de esta primera generación entre sí, entonces, en la siguiente generación, volvía a obtener guisantes verdes, aunque la mayoría seguían siendo amarillos, exactamente las tres cuartas partes.

Invariablemente, en esta segunda generación aparecían de nuevo solo un cuarto de guisantes verdes. Había pues caracteres «dominantes» (el amarillo), que aparecían con más frecuencia, y otros «recesivos» (el verde), cuya aparición era minoritaria.

En realidad, Mendel estaba descubriendo que cada uno de nuestros genes (también los del guisante) tiene dos copias, la que heredamos del padre y la que recibimos de la madre. Dado que de cada gen hay múltiples variantes (alelos), el carácter que manifestaremos dependerá de las dos copias heredadas. Si estas copias son iguales, entonces mostraremos el carácter que corresponde a esa copia. En los guisantes, si hereda dos alelos amarillos, el guisante es amarillo. Si hereda dos alelos verdes, el guisante es verde. Hablamos en estos casos de una situación de homocigosis, dado que los alelos son idénticos, y a los individuos portadores de estos alelos idénticos los llamamos homocigotos.

Si por el contrario se heredan alelos distintos, entonces es un caso de heterocigosis y los individuos portadores se denominan heterocigotos. En el caso de los guisantes, si los alelos del gen que determina el color son distintos, el color dependerá de cuál de los alelos es el dominante. Dado que el color mayoritario del resultado de los cruces de Mendel era el amarillo, era lógico suponer que este color era el dominante. Podemos deducir que cuando coinciden dos alelos distintos, verde y amarillo, el color que se muestra es el que corresponde al alelo dominante, el amarillo. Al cruzar estos guisantes amarillos heterocigotos, externamente de color amarillo uniforme, pero internamente con alelos distintos, uno verde y otro amarillo, estos se distribuyen al azar entre la descendencia. Cada una de las plantas parentales tiene un 50 % de probabilidad de pasar a su descendencia el alelo verde o el amarillo. Matemáticamente, podemos predecir que en un 25 % de los casos habrá guisantes que hereden los dos alelos amarillos (y serán amarillos) y otro 25 % de casos que hereden los dos alelos verdes (y serán verdes). El 50 % restante heredará un alelo ver de y otro amarillo (y serán amarillos, como sus padres). Sumando los amarillos obtenemos un 75 %, mientras que los verdes representan el 25 %, la cuarta parte que se indicaba anteriormente.

Si seleccionamos los guisantes amarillos heterocigotos y los cruzamos con guisantes verdes (que solo pueden ser homocigotos), entonces los guisantes resultantes serán amarillos o verdes al 50 %. En otras palabras, un individuo heterocigoto traslada a su descendencia cada uno de sus dos alelos distintos al 50 %.

Creo que la figura 1.1 te ayudará a comprender mejor este fenómeno.

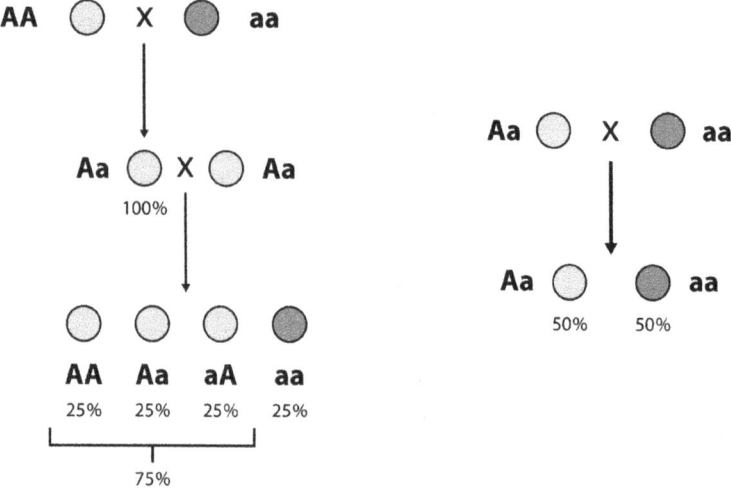

Figura 1.1. Experimentos de Mendel con guisantes. Izquierda: el cruce de dos variedades puras homocigotas de guisantes (amarilla y verde; clara y oscura en la figura) da lugar al 100 % de individuos heterocigotos idénticos en la primera generación (todos amarillos), dado que el alelo amarillo (A) es dominante sobre el alelo verde (a), que es recesivo. El cruce de estos individuos entre sí da lugar a una segregación de los dos alelos y vuelven a aparecer guisantes con los dos colores en proporciones definidas. Derecha: el cruce de un guisante heterocigoto amarillo (Aa) con un homocigoto verde (aa) da lugar a guisantes amarillos y verdes al 50 % en la siguiente generación. Gráfico: Lluís Montoliu.

Estas observaciones, que Mendel publicó en 1865, no fueron redescubiertas y valoradas en su justa medida hasta finales del siglo xix, cuando él ya había fallecido, y hoy se conocen como las leyes de Mendel de la herencia genética. La primera ley dice que cuando se cruzan dos variedades puras pero distintas (homocigotas para un carácter determinado), todos sus descendientes son iguales (aunque internamente sean heterocigotos, portadores de dos alelos distintos, solo que uno de ellos es dominante sobre el otro). La segunda ley se extiende sobre la primera y dice que cuando se cruzan los individuos de la primera generación resultado del cruce de variedades distintas, entonces en la siguiente generación vuelven a aparecer los dos caracteres parentales, de lo que se deduce que hay caracteres recesivos que están presentes internamente en esa generación intermedia y que solo vuelven a manifestarse en la siguiente generación cuando se encuentran de nuevo en homocigosis. Esos guisantes amarillos de la primera generación, aunque externamente sean idénticos al progenitor amarillo, internamente no lo son, pues son portadores de un alelo amarillo (dominante) y otro verde (recesivo). Este último no lo vemos, pero sigue estando ahí.

Hay que decir que Mendel tuvo la fortuna (o, mejor dicho, la serendipia, como comentaba en el prefacio de este libro) de seleccionar caracteres (color y forma de los guisantes) gobernados por genes con alelos de dominancia completa, para que le cuadraran todas las proporciones que anotaba. No siempre es así. Existen otros genes con alelos de dominancia incompleta o intermedia. En estos casos, los individuos heterocigotos presentan un fenotipo (un aspecto) intermedio entre los característicos de las dos variedades parentales. Mendel también dedujo una tercera ley, que hablaba de la herencia combinada de múltiples caracteres, al usar guisantes en los que variaban el color y la forma simultáneamente, heredándose cada uno de ellos de forma independiente y de acuerdo a proporciones matemáticas predecibles. Claro que esta última ley solo se cumple cuando los genes están ubicados en cromosomas distintos. Cuando están en el mismo cromosoma, decimos que los genes están ligados genéticamente y tenderán a heredarse conjuntamente.

Lo que Mendel observaba y describía, atendiendo a los colores de sus guisantes, tiene su explicación también en las moléculas. Las diferentes variantes genéticas que puede tener un gen, los diferentes alelos, pueden diferenciarse también ya no en función de sus «colores» sino de su secuencia, las letras que lo forman.

Como podemos ver en la figura 1.2, la información genética de los organismos normalmente está codificada en el ADN (ácido desoxirribonucleico), en el genoma, que es el conjunto de genes y secuencias necesarias para que funcionen. El ADN es una molécula formada por dos cadenas antiparalelas (van en sentido contrario) y complementarias, donde se repiten cuatro letras (A, G, T y C), que son las iniciales de los nucleósidos adenosina, guanosina, timidina y citidina que lo forman y que aparecen agrupadas de muchas formas distintas. La A siempre se empareja con la T y la G con la C. Por eso, si conocemos la secuencia genética de una cadena de ADN,

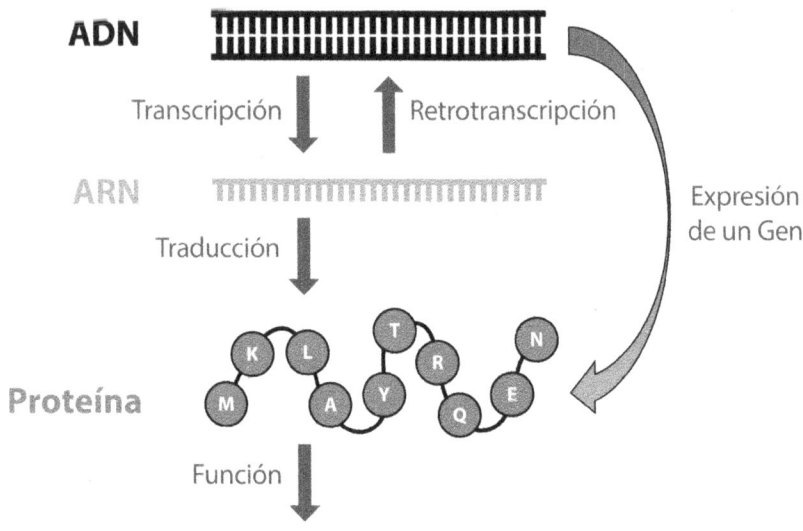

Figura 1.2. Procesos básicos del flujo de información genética desde el ADN a las proteínas, pasando por las moléculas intermediarias llamadas ARN. Gráfico: Lluís Montoliu.

podemos inferir la secuencia de la cadena complementaria a partir de estos apareamientos.

El flujo de información genética requiere que el ADN se convierta en una molécula de ARN (ácido ribonucleico), que solamente tiene una cadena, complementaria a una de las cadenas del ADN, y que está formada por cuatro letras: A, G, U y C. La letra T no forma parte del ARN, pero es sustituida por la U (uracilo) que es análogo a la T. Esto quiere decir que la U también se empareja con la A. El proceso de conversión de ADN a ARN se denomina transcripción. El ARN puede, a su vez, convertirse en ADN a través de un proceso denominado retrotranscripción. Para continuar el flujo de información genética, el ARN debe convertirse en una proteína mediante un proceso denominado traducción. Las proteínas están formadas por ristras de aminoácidos, que pueden ser de hasta veinte tipos distintos. Dentro de un gen, en el ADN, cada grupo de tres letras (triplete) corresponde a tres letras complementarias en el ARN (codón), que a su vez se asocian a cada uno de los veinte aminoácidos distintos. Hay $4^3 = 64$ combinaciones distintas de codones con las cuatro letras, lo cual quiere decir que hay más de una combinación para cada aminoácido, además de algunas combinaciones que actúan como señales de inicio y parada de la traducción. Las proteínas son las que realizan la función codificada en el gen (ADN) y transmitida a través del ARN. El proceso de trasladar la información codificada en el ADN hasta llegar a la proteína se conoce como «expresión de un gen».

Una vez hecho el repaso, volvamos a la materia que nos ocupa.

Entre todo lo que hemos aprendido y aprovechado de organismos procariotas, las herramientas CRISPR no podían ser una excepción. Derivan de bacterias, fueron inventadas por ellas y ahora las aprovechamos nosotros para la edición genética de cualquier genoma de cualquier organismo. Es un regalo de las bacterias que nos permite hacer experimentos que parecían imposibles hasta ese momento.

Describiré el sistema CRISPR en detalle, en lo que respecta a su aplicación como herramientas de edición genética, en capítulos posteriores, pero baste ahora reseñar que es un sistema de defensa que usan las bacterias (y las arqueas) para luchar contra los virus que las infectan, los bacteriófagos, también llamados simplemente fagos. Este sorprendente, y a su vez extraordinariamente eficaz, sistema inmunológico de las bacterias lo intuyó y describió por vez primera un investigador español, el microbiólogo de la Universidad de Alicante Francisco Juan Martínez Mojica, al que todos los que lo conocemos llamamos Francis Mojica.

El descubrimiento de los sistemas CRISPR en procariotas tiene sabor español y acento alicantino, pero no fue aquí donde se escribieron sus primeras páginas. Las primeras referencias se encuentran en Japón y en Holanda. Sin embargo, la observación más importante de todas, a pesar de ocurrir en tercer lugar, sí se haría en Alicante.

A principios de los años noventa, tras acabar el servicio militar obligatorio, andaba Mojica atareado con su tesis doctoral en la Universidad de Alicante, tratando de entender cómo podían sobrevivir unas arqueas denominadas *Haloferax mediterranei* en las salinas de Santa Pola (Alicante). Estas arqueas habían sido aisladas hacía ya algún tiempo por Francisco Rodríguez-Valera, uno de los dos directores de tesis de Francis. La otra codirectora de la tesis era Guadalupe Juez.

La salazón es uno de los procedimientos ancestrales de conservación de los alimentos precisamente porque apenas hay microorganismos que puedan vivir en presencia de grandes cantidades de sal. Sin embargo, lo que es cierto para la mayoría de las bacterias no lo es para esas arqueas, que están encantadas de vivir en presencia de cantidades enormes de sal y que además se adaptan muy bien a salinidades que varían considerablemente durante el proceso de secado y evaporación del agua acumulada en las salinas.

Inicialmente, la tesis de Francis iba a enfocarse a estudiar unas curiosas vesículas gaseosas que esas arqueas eran capaces de generar y que las ayudaban a flotar en el agua salada. Pero, como cuentan Mojica y Rodríguez-Valera en una revisión reciente de esos primeros instantes de la historia de las CRISPR, otro grupo se les adelantó, publicó un trabajo que describía el proceso de generación de esas vacuolas de gas y obligó al equipo alicantino a replantearse los experimentos. Estoy seguro de que en aquel momento Francis estaba molesto porque otro grupo les había pisado sus resultados y probablemente no se percató de que el hecho de tener que cambiar de tema de trabajo sería su oportunidad de oro para descubrir algo que muy poca gente había visto antes.

¿Qué se hacía en los laboratorios de biología molecular de España a finales de los años ochenta y principios de los noventa? Pues secuenciar ADN, obtener secuencias de material genético de toda especie que se estuviera investigando. Las técnicas de secuenciación del ADN, desarrolladas por Frederick Sanger en 1977 y que lo llevaron a recibir su segundo Premio Nobel de Química en 1980 por esta invención (su primer Nobel lo recibió en 1958 por haber obtenido la primera secuencia de aminoácidos de una proteína: la insulina), eran ya muy populares por esa época en muchos laboratorios de genética de todo el mundo. Lo sé bien pues por aquel entonces yo, que soy coetáneo de Francis, andaba también realizando mi tesis doctoral en Barcelona y no paraba de secuenciar fragmentos del genoma del maíz.

Francis empezó a obtener secuencias del genoma de *Haloferax* con la esperanza de encontrar una explicación a un hecho que se había observado en esta arquea, que determinadas zonas de su

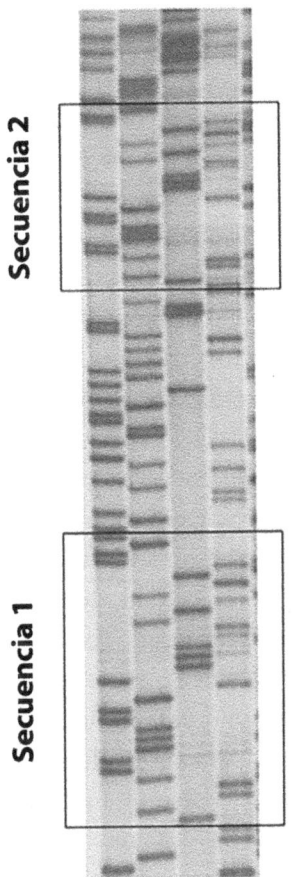

Figura 1.3. Fragmento de gel de electroforesis, proporcionado por Francis Mojica, que ilustra las repeticiones de secuencias en el ADN de *Haloferax* que describió en su artículo de 1993. La secuencia de ADN se «lee» de abajo arriba, según aparezcan las bandas en cada carril (A, C, G, T) de izquierda a derecha. La secuencia 1 encuadrada corresponde a: …GCTTCAACCCAACTAGGGTTCGTCTGTAAC…; las mismas letras pueden localizarse en el recuadro de la secuencia 2. Corresponden a dos repeticiones.

genoma parecían poder digerirse con enzimas de restricción,[1] o no, en función de la salinidad del medio. De hecho, esas secuencias de

---

[1] Las enzimas de restricción son unas proteínas capaces de cortar (de digerir) el ADN en secuencias determinadas. Por ejemplo, la enzima *Eco*RI corta siempre que encuentre la secuencia GAATTC.

ADN obtenidas por el método de Sanger fueron de las primeras que se obtuvieron en la universidad de Alicante. Francis seleccionó las zonas para secuenciar y se dio de bruces con algo que no esperaba, unas secuencias que parecían repetirse a distancias regulares, como puede apreciarse en la figura 1.3 adjunta.

Sanger había inventado un sistema para «leer» las letras del genoma de cualquier organismo en geles de electroforesis,[2] como el de la figura, en los que cada carril representaba una letra y cada letra ocupaba su orden preciso, una tras otra, por lo que era relativamente sencillo descifrar las secuencias de ADN.

Estas repeticiones en el ADN de *Haloferax* —una misma secuencia de 30 letras parecía repetirse varias veces a intervalos regulares— activaron el gen del escepticismo que debe acompañar a cualquier científico ante un hallazgo inesperado. Lo primero que pensó Francis fue que aquello no podía ser verdad, que debía de ser un error del método, un artefacto de la técnica de secuenciación de Sanger. Apenas estaban comenzando a obtener secuencias de ADN legibles y bien podría haberse tratado de un problema técnico. Las secuencias solían leerse en pareja, con una persona sin levantar la vista del gel, para no saltarse ninguna banda, y la otra anotando las letras que el primero iba cantando. A Francis lo ayudaba durante ese verano de 1992 Francisco Soler, un joven recién licenciado en Farmacia que poco después decidió que la investigación no era para él y buscó mejor fortuna montando una farmacia. El 21 de agosto de 1992 Francis, que estaba apuntando las letras que le cantaba su ayudante, le pidió que fuera con cuidado, pues le había dictado una secuencia idéntica a la que acababa de cantar hacía unos instantes. Sin embargo, la lectura atenta de los geles y la repetición del experimento confirmó las observaciones iniciales y llegaron a contabilizar y confirmar la existencia de catorce de esas repeticiones en el genoma de esta arquea. Estas repeticiones de ADN no eran todas completamente idénticas.

---

[2] Los geles de electroforesis son unos soportes semisólidos preparados con materiales gelificantes, como agarosa o acrilamida, que permiten separar las moléculas de ácidos nucleicos en función de su tamaño al aplicarles electricidad. Las moléculas de ADN, cargadas negativamente, tenderán a moverse siempre hacia el polo positivo del campo eléctrico.

Tenían una variación substancial, aunque sí conservaban un patrón regular (la distancia entre las repeticiones y el tamaño de estas).

Las repeticiones también eran parcialmente palindrómicas (se leían igual en una cadena de ADN que en su complementaria, en dirección contraria). Dado que cada letra se aparea con su complementaria (la A con la T, la G con la C), tal y como describieron James Watson y Francis Crick en 1953, podemos imaginar la siguiente secuencia de ADN, de cadena doble antiparalela (la cadena de arriba se lee de izquierda a derecha, la cadena de abajo se lee de derecha a izquierda). Ambas secuencias «GGAATTCC» son idénticas.

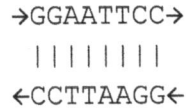

Otras secuencias cualesquiera de ADN generalmente no son palindrómicas. En el ejemplo que expongo a continuación, la secuencia de la cadena de arriba, «GCTAACCC», es distinta de la secuencia de la cadena de abajo, «GGGTTAGC».

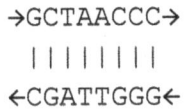

Los palíndromos también existen en palabras que se leen igual de izquierda a derecha que de derecha a izquierda, como «reconocer» o «radar». Estas repeticiones eran parcialmente palindrómicas porque no eran un palíndromo perfecto, había alguna pequeña variación, alguna mutación en ellas. Además, esos fragmentos de ADN eran activos, pues también detectaron transcripción (producción de moléculas de ARN a partir del ADN) en esas secuencias repetidas (ver figura 1.2). En definitiva, con esos resultados tan sorprendentes, Francis Mojica reportó las repeticiones en el ADN de *Haloferax* en 1993, su primera publicación sobre las CRISPR (cuando todavía ni imaginaba lo que había descubierto ni estas repeticiones se llamaban así) y su segunda publicación científica.

Algunos años antes, en 1987, unos microbiólogos japoneses liderados por Atsuo Nakata, de la Universidad de Osaka, mientras investigaban la secuencia de un gen de la bacteria *Escherichia coli*, la que vive en nuestros intestinos, también se habían topado con unas repeticiones similares, y así lo habían contado en su publicación. Cuatro años después, unos microbiólogos holandeses dirigidos por Jan van Embden, que trabajaban con bacterias del grupo *Mycobacterium tuberculosis*, causantes de la tuberculosis en muchos animales, reportaron igualmente la presencia de repeticiones de secuencias de ADN muy similares a las descubiertas por Francis en arqueas.

¿Qué tenían en común *Haloferax, Escherichia* y *Mycobacterium?* Pues más bien poco. Se trataba de tres microorganismos procariotas evolutivamente muy alejados, cuyos ancestros comunes se remontaban al origen de las bacterias en la Tierra, miles de millones de años atrás. *Haloferax* es una arquea, *Escherichia* es una bacteria del grupo de las Gram− (gram negativas) y *Mycobacterium* forma parte del grupo de las Gram+ (gram positivas), definidas de acuerdo a una tinción que había inventado el microbiólogo danés Christian Gram y que teñía la pared de determinadas bacterias de color violeta (Gram+) o rosado (Gram−). Estos tres microorganismos son, entre sí, mucho más dispares de lo que podemos ser una persona, un roble y una levadura, todos organismos eucariotas y evolutivamente mucho más próximos, entre nosotros, que aquellos tres procariotas. Además, viven en ambientes muy distintos: *Haloferax* en las salinas, *Escherichia* en el intestino de los animales y *Mycobacterium* en los pulmones. Por lo tanto, no parecía posible que *Haloferax* hubiera podido intercambiar material genético con los otros dos microorganismos (lo que se conoce como transferencia horizontal).

Cuando uno se encuentra estructuras (o secuencias de ADN) muy similares en organismos evolutivamente tan alejados, hay por lo menos dos explicaciones posibles: o bien estas secuencias han aparecido diversas veces durante la evolución, de forma independiente y convergente en cada uno de los linajes que llevan a cada uno de los tres microorganismos (algo posible, pero relativamente improbable), o bien estas secuencias de ADN ya estaban en el ancestro original que posteriormente dio lugar a los tres microorganismos, al evolucionar de forma distinta en diferentes linajes (algo mucho más probable). Si aceptamos esta última hipótesis, la pregunta siguiente es obvia: ¿por qué decidieron conservar *Haloferax*, *Escherichia* y *Mycobacterium* esas repeticiones de ADN en sus genomas? La respuesta más plausible en biología es que eran funcionalmente relevantes. Solo se mantiene, desde el punto de vista evolutivo, lo que sirve para algo. De lo contrario, a lo largo de la evolución aquellas secuencias repetidas hubieran empezado a acumular mutaciones (variaciones) espontáneas que habrían acabado por hacer desaparecer la similitud inicial.

Ni los microbiólogos japoneses (que solo volverían a publicar otro artículo en 1989 sobre estas repeticiones de ADN en *Escherichia*) ni los microbiólogos holandeses (ya satisfechos por poder usar el número de estas repeticiones como un parámetro útil para identificar y diferenciar cepas de *Mycobacterium* que eran patogénas de las que no lo eran) se percataron de la relevancia del hallazgo de Francis con sus repeticiones en *Haloferax*, una arquea muy distinta a las otras dos bacterias.

En cambio, Francis Mojica sí se dio cuenta de ese detalle relevante y, por ello, decidió dedicar el resto de su carrera científica a intentar entender cuál era la función de esas repeticiones de ADN (ver figura 1.4) que, si se habían mantenido evolutivamente en tres procariotas tan dispares, debía ser porque su función tenía que ser muy relevante. Y gracias a ese empuje inicial (y a todos los que seguirían posteriormente), acabó desarrollándose la tecnología CRISPR veinte años después.

Figura 1.4. Las secuencias repetidas de ADN (representadas como rombos en la figura adjunta) aparecían a intervalos regulares, separadas por otras secuencias únicas, hasta ese momento desconocidas (representadas por los rectángulos de diferentes tramas). Estas últimas, a falta de un nombre mejor, se llamaron «espaciadores». Gráfico: Lluís Montoliu.

Entre 1993 y 1995, Francis intentó encontrar la función oculta de esas repeticiones, de diversas maneras, pero sin éxito. Todas las hipótesis que plantearon tuvieron que ser descartadas. En 1995, durante su estancia posdoctoral en la Universidad de Oxford, empezó a trabajar en la regulación de la expresión de genes en *Escherichia coli*. Y cuando regresó a Alicante, intentó continuar sus experimentos con las arqueas y sus curiosas repeticiones, pero no obtuvo apoyos. No pudo encontrar financiación para su proyecto con *Haloferax*, un microorganismo muy raro por el cual pocos parecían apostar ni querer invertir dinero para entender su biología. Por ello, con su experiencia en *Escherichia* recién estrenada, decidió que ese iba a ser su nuevo modelo experimental. Y se puso a buscar e intentar interpretar funcionalmente las repeticiones presentes en *Escherichia*, que eran similares a las de la arquea. Tampoco tuvo demasiado éxito.

Y entonces llegó una revolución tecnológica que acabaría impactando de forma muy relevante en el trabajo de Mojica. En 1995 se obtuvo el primer genoma completo de un organismo. Naturalmente, fue una bacteria. Y en los años posteriores, hasta el fin del milenio, se fueron acumulando multitud de genomas de múltiples especies de bacterias y arqueas. Francis y su equipo se dedicaron a revisar todo microorganismo procariota del cual se obtenía el genoma para observar si este contenía alguna repetición como las de *Haloferax*. Para ello tuvieron que diseñar un programa informático que buscara secuencias repetidas parecidas en otros genomas, con un alto grado de permisividad (las secuencias no debían ser exactas). Uno de los colaboradores de Francis, César Díez-Villaseñor, fue quien desarrolló ese primer sistema de análisis bioinformático de los genomas que empezaban a acumularse.

En el año 2000, Mojica y sus colaboradores ya habían aplicado el programa a un buen número de genomas secuenciados y disponibles y publicaron los resultados de sus análisis bioinformáticos. Habían conseguido encontrar estructuras similares, repeticiones de ADN pautadas parecidas en microorganismos muy diferentes, evolutivamente alejados, lo cual, de nuevo, sugería que la función que aún seguían ocultando debía de ser muy importante si aquellas se habían mantenido en procariotas tan diversos.

Incluso encontraron restos de estas repeticiones en algunas mitocondrias de organismos eucariotas. Recuerda que la teoría endosimbiótica del origen de la célula eucariota, lanzada inicialmente en 1967 por la microbióloga Lynn Margulis, proponía que determinados orgánulos de una célula eucariota (como por ejemplo las mitocondrias, las factorías de energía para la célula) tenían su origen en otros microorganismos que en algún momento de la evolución habían decidido asociarse y empezar a convivir. Cada uno de estos orgánulos celulares retiene todavía algo de ADN propio. Por ello, si las mitocondrias derivan de bacterias, no era de extrañar que se encontraran restos de repeticiones de ADN en su genoma.

Otro problema que tenían que solventar los microbiólogos de la época era ponerse de acuerdo sobre cómo llamar a estas repeticiones de ADN. Diferentes grupos las llamaban de forma distinta y esto generaba ruido y confusión en la literatura científica. Algunos de los nombres utilizados hasta entonces eran: DR (*direct repeats*, repeticiones directas), propuesto por los microbiólogos holandeses que trabajaban con *Mycobacterium*; SRSR (*short regularly spaced repeats*, repeticiones cortas regularmente espaciadas), propuesto por el propio Francis; o TREPs (*tandem repeats*, repeticiones en tándem). A Francis le encantaba el de SRSR que, además del significado original, también podía interpretarse como *spacer-repeat-spacer-repeat* (espaciador-repetición-espaciador-repetición), que gráficamente reproducía la estructura de las secuencias de ADN. Los holandeses contraatacaron con otro nombre: SPIDR (*spacers interspersed direct repeats*, repeticiones directas intercaladas con espaciadores), que no tendría mucho recorrido. Finalmente, en noviembre de 2001, Francis llegó a un acuerdo con los holandeses tras proponerles varios nuevos acrónimos: RISR (*regularly interspaced short repeats*, repeticiones cortas regularmente intercaladas) y CRISPR (*clustered regularly interspaced short palindromic repeats*, repeticiones palindrómicas cortas agrupadas y regularmente interespaciadas).

Este último acrónimo, CRISPR (pronunciado «krísper»), fue el que triunfó y se aceptó inmediatamente. Y es el que hoy está en boca de todo el mundo. Una palabra que se inventó en Alicante, por iniciativa de Francis Mojica. Geli, su mujer, le decía que le sonaba a nombre de perro. Pero CRISPR tenía muchas ventajas. No se había usado anteriormente en la literatura científica, no aparecía como término en la base de datos bibliográficos Medline, la referencia de la época. Era, pues, una palabra única (a finales de 2001). Y era una palabra muy sonora y fácil de recordar.

En 2002, los microbiólogos holandeses tenían listo para publicar un artículo en el que describían la presencia de unos genes que estaban localizados al lado de las repeticiones y parecían estar asociados a ellas. Necesitaban un nombre para las repeticiones y también para los genes adyacentes. CRISPR fue el nombre elegido, de común acuerdo con Francis, tras su propuesta, y Cas fue el nombre con el que denominaron los genes contiguos (Cas, de *CRISPR-associated genes*) y, por ende, las proteínas que estos genes codificaban. La primera vez que se usó la palabra CRISPR en una publicación científica fue en Jansen y colaboradores, 2002. Francis no fue coautor de ese artículo, pero en el texto los autores mencionaban haber llegado a un acuerdo con él en cuanto al nombre (¡aunque sin mencionar que el nombre se le había ocurrido a Francis!).

«CRISPR ES UNA PALABRA QUE SE INVENTÓ EN ALICANTE, POR INICIATIVA DE FRANCIS MOJICA».

Once años más tarde, en el primer libro que se publicó sobre los sistemas CRISPR, Francis Mojica, a quien invitaron a escribir el primer capítulo (cuya escritura compartió con Roger Garrett), decidió incluir una copia del mensaje electrónico que le había enviado Ruud Jansen en noviembre de 2001, tras proponerle el acrónimo CRISPR, y en el que le decía lo estupendo que le parecía el nombre. Cuando Francis contactó con él para pedirle permiso para publicar ese mensaje se lo dio sin problema, no sin antes comentarle que creía que se le había ocurrido a él el exitoso acrónimo. ¡Suerte que Francis guardó copia del mensaje durante más de diez años!

El acrónimo CRISPR triunfó y pasó de ser usado en una sola publicación científica en 2002 a incluirse hasta en 6158 artículos en

2020. Una progresión extraordinaria, pareja a la revolución tecnológica que suscitó en diversos campos.

Como buen alicantino y amante de la pirotecnia, todavía quedaba la traca final en la pequeña historia del descubrimiento de las repeticiones CRISPR por parte de Francis. En 2003 realizaría el descubrimiento más relevante en este campo, el que definitivamente permitiría a muchos otros colegas suyos comprender todos los componentes del sistema y los empujaría a proponer su uso como herramientas de edición genética.

Hasta 2003, las secuencias espaciadoras que había entre las secuencias de ADN repetidas CRISPR habían recibido poca o nula atención. Nadie conocía su origen ni cuál podía ser su función. A muchos microbiólogos les bastaba con el recuento de elementos repetitivos y con las secuencias únicas de los espaciadores (sin preguntarse para qué servían), pues eran útiles para identificar cepas de bacterias o arqueas diferentes que podían tener características especiales o ser más o menos patógenas. Este proceso de identificación de cepas bacterianas en función del número de repeticiones y de las secuencias de los espaciadores se llamó *spoligotyping* (espoligotipaje). De hecho, los microbiólogos que trabajaban con cepas de *Mycobacterium* fueron los primeros en darse cuenta de que distintas cepas tenían distintas secuencias espaciadoras.

Francis no era como los demás microbiólogos y decidió enfocar su investigación a esos espaciadores que nadie había logrado entender aún. Empezó a comparar las secuencias espaciadoras con la base de datos de genomas de organismos que iba progresivamente en aumento, a medida que se iban secuenciando y añadiendo nuevas especies. Y un día, esa comparativa de ADN dio sus frutos y el programa de ordenador alertó de que había homología (las letras eran idénticas) de una de estas secuencias espaciadoras con un fragmento del genoma de un colifago, un virus que infecta habitualmente a la bacteria *Escherichia coli*. Esa primera observación, sorprendente, fue corroborada en otros casos. Francis y sus colaboradores fueron capaces de encontrar homologías en aproximadamente un 2 % de todos los espaciadores que habían logrado recolectar. Además, se percataron de que la homología no era solamente con fragmentos de genomas de bacteriófagos, los virus que infectan a las bacterias, sino también con plásmidos (moléculas de ADN circulares extracromosomales que suelen contener funciones adicionales para las bacterias, como por ejemplo resistencia a determinados antibióticos, y que son características de cada bacteria). Y tanto los virus como los plásmidos cuyas homologías se localizaban en esos espaciadores correspondían a elementos genéticos propios de la especie de bacterias o arqueas investigada.

El momento «¡Eureka!» le llegó a Francis en 2003, cuando cayó en la cuenta de que en aquellas bacterias que retenían en las secuencias espaciadoras fragmentos del genoma de determinados virus resultaba imposible encontrar esos virus o plásmidos, como si las bacterias se hubieran vuelto inmunes a la infección por esos agentes. Si la bacteria portaba un espaciador con un fragmento del virus, entonces ese virus era incapaz de infectarla. Si, por el contrario, la bacteria no incluía estos espaciadores, entonces el virus era capaz de infectarla sin problemas. En otras palabras, acababa de descubrir un sistema inmunitario de defensa en las bacterias, el cual, además, era adaptativo. A medida que se añadían más espaciadores con fragmentos de genomas de otros virus y plásmidos, la bacteria se volvía inmune a ellos. ¡Todo un sistema inmunitario en procariotas y con una base genética!

Nuestro sistema inmunitario es capaz de luchar contra bacterias y virus, pero debe aprender a hacerlo tras exponerse a versiones atenuadas de estos patógenos o a proteínas seleccionadas de estos. Este es el fundamento de las vacunas. Nos vacunamos con virus atenuados de la polio para que nuestro sistema inmunitario desarrolle anticuerpos y linfocitos contra ese agente infectivo. Y así, si alguna vez nuestro cuerpo se vuelve a encontrar con el virus de la polio, sepa responder a la infección de inmediato y elimine eficazmente el virus antes de que llegue a causar problemas y establecer la enfermedad. Ahora bien, nuestro sistema inmunitario no tiene una base genética. Nuestros hijos no heredan estas defensas contra el virus de la polio y, por ello, si queremos que también estén protegidos frente a posibles infecciones por el mismo virus, deberemos vacunarlos también. Las bacterias son mucho más inteligentes que nosotros en este sentido.

Una vez «aprenden» a defenderse de un virus, capturando un fragmento de su genoma en uno de esos espaciadores, ya pasa a formar parte del genoma de la bacteria, el mismo que heredan las células hijas, que por consiguiente también heredarán la capacidad de defenderse frente al mismo virus. ¡Un sistema de defensa fantástico, optimizado durante miles de millones de años!

Francis no pudo contener su excitación el día que comprendió la razón de ser de esas curiosas secuencias repetidas que intercalaban fragmentos de virus contra los que las bacterias se defendían. De alguna manera, sin conocer todavía el mecanismo, sabía que había descubierto algo grande, algo muy relevante. Aquel día de verano de 2003, uno de sus colaboradores, Jesús García Martínez, decidió que había que celebrarlo de algún modo, al verlo tan emocionado. Y en el bar de la universidad, le pidió una copa para celebrarlo. Resultó que, además de vino o cerveza, solo tenían coñac. Y así fue como Francis completó el día en el que descubrió para qué servían las repeticiones CRISPR y los espaciadores con una copa de brandi a treinta y tantos grados de temperatura ambiente.

Desafortunadamente, esa alegría y excitación iniciales dieron paso a un calvario para poder publicar los resultados. La correlación de los hechos descubiertos no tenía aparente continuidad experimental. Francis y sus colaboradores abordaron, sin éxito, experimentos con *Escherichia coli* en los que intentaban exponer la bacteria a plásmidos o virus cuyos genomas estaban representados en esas secuencias espaciadoras intercaladas entre repeticiones CRISPR, para comprobar que no podían infectarse. No lograron resultados concluyentes ni convincentes. Tiempo después se supo que esa bacteria tenía el sistema CRISPR silenciado, inactivo gracias a una represión activa, que impedía la expresión de los genes Cas y la transcripción de las repeticiones y espaciadores, necesarias para que el sistema CRISPR funcionara en *Escherichia coli*. Era por lo tanto imposible demostrar experimentalmente la hipótesis del sistema inmunitario en *Escherichia coli*. Pero Francis entonces no lo sabía. Tuvo que contentarse con exponer todas las evidencias bioinformáticas, todas las comparativas de secuencias entre espaciadores en bacterias y genomas de virus o plásmidos, para proponer (pero sin poder demostrar experimentalmente) que en realidad el sistema CRISPR era un sistema de defensa adaptativo desarrollado por bacterias y arqueas.

El primer artículo que escribió, en 2003, lo envió a cuatro de las revistas de mayor impacto, incluida Nature, y todas ellas rechazaron su trabajo con críticas muy negativas. En definitiva, no se creían la relevancia del hallazgo ni que alguien desde Alicante pudiera estar describiendo por vez primera un sistema inmunitario tan sofisticado en bacterias. Finalmente, una versión mucho más reducida del artículo inicial, y con un cariz más evolutivo, fue aceptada en octubre de 2004 para su publicación en *Journal of Molecular Evolution,* una revista muy digna pero alejada de las más relevantes. Sin embargo, fue en esa revista donde Francis encontró unos revisores positivos y un editor que le hizo sugerencias constructivas que determinaron la publicación, en febrero de 2005, casi dos años después de sus hallazgos, del artículo más importante de su carrera y, para muchos, el primero de la revolución CRISPR.

Con ese artículo pionero en 2005 Francis Mojica se ganó el respeto de sus colegas, y registró su nombre en la historia de las CRISPR como su descubridor. Todo ello gracias a aquella publicación en una modesta revista, por la cual muchas de las revistas top ahora maldicen el día que la rechazaron. Siete años más tarde, uno de los colegas microbiólogos de Francis, que había actuado de revisor para estas revistas de alto impacto, le pidió perdón, diciéndole: «Lo siento, pero, sinceramente, es que no me lo podía creer».

2

DE LA EDICIÓN DE TEXTOS A LA EDICIÓN DE GENES

En 2005, desde Alicante, Francis Mojica comunicó finalmente al mundo que aquellas secuencias de ADN repetitivas intercaladas por espaciadores eran parte de un sistema de defensa, una inmunidad adaptativa, que usaban las bacterias y las arqueas para defenderse de virus y plásmidos que las acechaban.

Ese mismo año, poco después de la publicación seminal de Francis, dos grupos independientes confirmaron sus observaciones en un conjunto de cepas de bacterias de las especies *Yersinia species* y *Streptococcus thermophilus,* corroborando que, en efecto, estos microorganismos almacenaban fragmentos de los virus y plásmidos invasores en los espaciadores, intercalados con las secuencias repetidas. Los sistemas CRISPR empezaron a documentarse en múltiples procariotas. Hoy sabemos que prácticamente el 90 % de las especies de arqueas poseen algún sistema CRISPR y que más o menos la mitad de las bacterias también lo tienen. Y, como es lógico, cada uno de estos microorganismos tiene su propio sistema CRISPR, con sus peculiaridades y características especiales.

La confirmación experimental definitiva de la propuesta de Francis llegaría en 2007, gracias a un artículo publicado en la revista *Science* por Rodolphe Barrangou y colaboradores, en su mayoría trabajadores de una empresa (Danisco) dedicada a producir fermentos y derivados alimentarios. En esa compañía usaban habitualmente *Streptococcus thermophilus,* una bacteria Gram+ muy utilizada en la producción de yogures y quesos. Y, naturalmente, les fastidiaba que sus cultivos bacterianos pudieran infectarse con bacteriófagos que acabaran rápidamente con las bacterias. Por eso en la empresa habían seleccionado cepas que eran resistentes a estos virus, frente a otras que no lo eran y seguían siendo infectables. Sin embargo, se ignoraba la razón por la que unas cepas eran sensibles y otras resistentes.

Conocedores del trabajo de Mojica y otros grupos, que ya habían alertado de la presencia de espaciadores CRISPR con homología de secuencias a fragmentos del genoma viral, verificaron que sus cepas resistentes eran portadoras de espaciadores idénticos a secuencias del virus. También se dieron cuenta de que eran capaces de convertir cepas sensibles en resistentes al exponer las primeras a virus y luego rescatar las que habían sobrevivido a la infección y confirmaron que habían añadido uno o varios espaciadores del nuevo virus gracias al sistema CRISPR, comprobando *de facto* los postulados que había expuesto Francis Mojica en su publicación dos años antes.

Estos investigadores fueron mucho más allá y pudieron realizar, con éxito, los experimentos que intentó desarrollar infructuosamente Francis Mojica en Alicante con *Escherichia coli.* Recortaron experimentalmente unos cuantos espaciadores del genoma de una cepa de *Streptococcus thermophilus,* que presuponían determinaban su resistencia a ser infectada por un determinado virus, y de repente la bacteria se tornó sensible a la infección. Hicieron también el experimento inverso. Otra cepa sensible a los virus la tornaron resistente introduciéndole unos cuantos espaciadores con secuencias de estos. Todos estos experimentos, muy elegantes, que le hubiera encantado hacer a Francis, acabaron por convencer al mundo de que los sistemas CRISPR eran un verdadero sistema inmunitario de las bacterias, un sofisticado sistema de defensa adaptativo que podía ganar o perder resistencias a diferentes virus en función de si incorporaba o perdía espaciadores con secuencias de ADN de aquellos. Un resultado espectacular. Tan fantástico que durante algunos años los investigadores casi se olvidaron del artículo de Francis, quien había predicho lo mismo dos años antes a partir de sus análisis bioinformáticos. Es cierto que Francis no pudo demostrarlo experimentalmente, pero su hipótesis era correcta. Estaba en lo cierto.

Poco a poco, en años sucesivos y gracias a la labor de muchos microbiólogos, se fueron descubriendo los diferentes componentes del sistema CRISPR y se acabó deduciendo, siete años después, su mecanismo de funcionamiento, extraordinariamente eficaz y preciso, en un trabajo publicado conjuntamente por los laboratorios de Jennifer Doudna y Emmanuelle Charpentier. Estas dos investigadoras publicaron en la revista *Science,* en el verano de 2012, el primer artículo que proponía el uso de componentes del sistema CRISPR de una bacteria, *Streptococcus pyogenes,* como herramienta potencial para la edición genética. En el capítulo 4 presentaré a los investigadores más relevantes que contribuyeron a entender el sistema CRISPR en bacterias y a aquellos que lograron transformar un sistema de defensa adaptativo en una herramienta de edición genética.

Lo que sabemos hoy en día es que los sistemas CRISPR en bacterias y en arqueas están formados por largas filas de secuencias repetitivas intercaladas por espaciadores que representan fragmentos de genomas de virus o de plásmidos que han atacado anteriormente el microorganismo y contra los cuales han adquirido resistencia. Como ya había visto Francis desde su primer artículo en 1993, las secuencias de ADN repetitivas y los espaciadores se transcriben, esto es, se copian y se convierten en moléculas de ARN que permanecen dentro de la bacteria a la espera de encontrar la secuencia de ADN homóloga con la cual aparearse. Cuando el mismo virus intenta infectar de nuevo a la bacteria (a las descendientes de la bacteria original que una vez fue infectada por el mismo bacteriófago), esta reconoce inmediatamente la nueva infección al aparearse la pequeña molécula de ARN con su correspondiente secuencia complementaria del virus invasor. Esa unión tiene lugar gracias a una proteína Cas (*CRISPR-associated protein,* proteína asociada a CRISPR) que es capaz de presentar el ARN a su ADN complementario. Al completarse el apareamiento, la bacteria interpreta que el mismo virus quiere volver a entrar y entonces la proteína Cas activa su actividad endonucleasa, una enzima que corta el ADN internamente, en

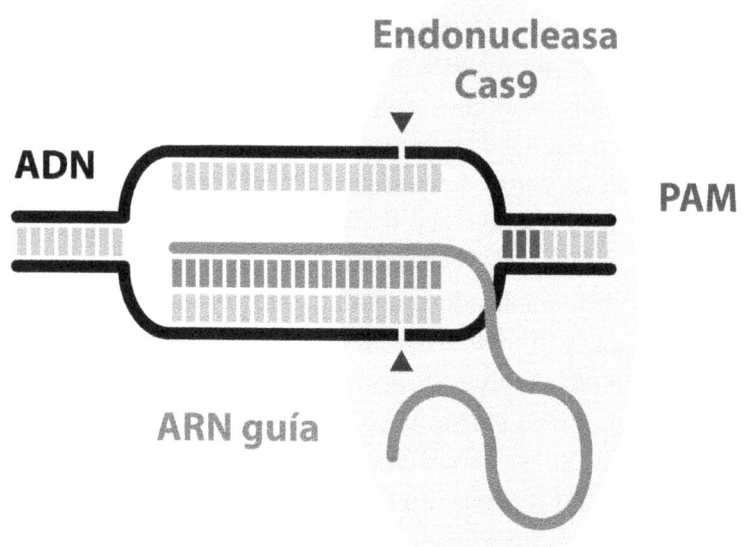

Figura 2.1. Esquema gráfico del sistema CRISPR-Cas9 de *Streptococcus pyogenes*, paradigma de los sistemas CRISPR. La endonucleasa Cas9 corta en posiciones precisas de las dos cadenas de ADN (triángulos) dirigida por una pequeña molécula de ARN guía que se aparea con la secuencia de ADN del gen que se quiere editar. Para cortar la nucleasa, Cas9 requiere una señal característica, denominada PAM (del inglés *protospacer adjacent motif*, motivo adyacente al protoespaciador), inmediatamente adyacente a la secuencia reconocida por la guía de ARN. Gráfico: Lluís Montoliu

posiciones muy precisas. Estos cortes en la doble cadena del ADN viral provocan su degradación y descomposición.

En la figura 2.1 se aprecian esquemáticamente los componentes de un sistema CRISPR de referencia, el que posee la bacteria *Streptococcus pyogenes*. La molécula de ARN «guía» a la endonucleasa Cas (Cas9 en esta bacteria) para cortar en una determinada posición (los triangulitos indican los cortes en la doble cadena del ADN). Por eso, esa pequeña molécula de ARN se denomina «guía de ARN». Uno de sus extremos contiene las 20 letras, los 20 ribonucleótidos (las componentes en el ARN son A, G, C y U) complementarios a la secuencia de ADN con la que se aparea. El otro extremo de esta molécula de ARN es el que engancha la proteína Cas9 y la ubica precisamente en el sitio correcto para cortar las dos hebras del ADN.

Por lo tanto, el sistema CRISPR (o sistema CRISPR-Cas, o CRISPR-Cas9) es, en realidad, un sistema de restricción, de corte específico en el ADN. A diferencia de las enzimas de restricción clásicas, proteínas que reconocen una secuencia de ADN característica para cortarla, en los sistemas CRISPR la especificidad la aporta la molécula de ARN guía, que lleva a la proteína Cas9 a cortar aquí o allá en el genoma. De ahí derivan los nombres que se han dado a estas herramientas: tijeras moleculares, tijeras programables, nucleasas de edición, etc.

Si la bacteria mantiene una copia de un fragmento del ADN del virus en su propio genoma y esta es también complementaria al ARN guía que está produciendo, entonces ¿cómo sabe la bacteria que está cortando el genoma del virus y no su propio genoma? ¿Cómo evita la bacteria autodigerir su propio cromosoma? Para responder a esta importante pregunta biológica, hubo que esperar a comparar y analizar muchas secuencias originales de los virus a partir de las cuales la bacteria producía los espaciadores correspondientes. Podríamos pensar que la bacteria escoge un fragmento cualquiera del genoma viral, al azar, para incluirlo como espaciador. Pero no es así.

Una observación atenta de las secuencias que el sistema CRISPR de una bacteria capturaba de los bacteriófagos que la infectaban llevó a encontrar una nueva señal en el genoma del virus que aparecía sin excepción al lado de las secuencias que finalmente se insertarían en el genoma de la bacteria como nuevo espaciador. Estas secuencias cortas de ADN, que no formaban parte del espaciador sino que estaban inmediatamente adyacentes en el genoma del virus original, resultan esenciales para que el sistema CRISPR funcione. Son, en realidad, el truco que utilizan las bacterias para saber que están atacando el genoma del virus y no el fragmento de ese mismo genoma insertado en el cromosoma bacteriano. La secuencia de ADN, idéntica, de la que deriva el espaciador en el genoma del virus se llama protoespaciador. Y la secuencia de ADN inmediatamente adyacente al protoespaciador (por lo tanto, en el genoma del virus) se conoce por el nombre de PAM (del inglés, *protospacer adjacent motif*, motivo adyacente al protoespaciador) (ver figura 2.1). Este nombre, PAM, también lo inventó Francis

Mojica en un artículo publicado en 2009, aunque la existencia de estos motivos ya había sido descrita anteriormente por otros microbiólogos.

Por lo tanto, ante la propuesta de usar el sistema CRISPR-Cas9 de *Streptococcus pyogenes* como herramienta más habitual para la edición genética, y teniendo en cuenta que querremos dirigir el corte a los genes favoritos que deseemos editar, no nos quedará otra que seleccionar secuencias de ADN que estén situadas justamente al lado de alguno de estos motivos PAM. Cada bacteria tiene el suyo, aunque pueden coincidir en distintas bacterias y hasta para distintos tipos de sistemas CRISPR. Varían en longitud, en ubicación (a la derecha o a la izquierda de la secuencia, aunque para Cas9 siempre están a la derecha) y en complejidad. En el caso de la nucleasa Cas9, sin la PAM al lado de la secuencia de ADN que se aparea a la guía de ARN, no hay digestión posible. Si la proteína Cas9 no detecta la PAM característica de esa bacteria al lado de la secuencia apareada con la guía de ARN, no cortará el genoma. Es un sistema de seguridad ancestral que tiene su justificación biológica y que deberemos respetar, entender e incorporar en nuestro diseño experimental. Incluso existen otros sistemas CRISPR con otras nucleasas, distintas a Cas9, que no parecen requerir secuencias PAM.

Por ejemplo, para la proteína Cas9 de *Streptococcus pyogenes* la secuencia PAM es «NGG», es decir, una secuencia de tres letras de las cuales la primera puede ser cualquiera de las cuatro (A, G, C o T, por eso se identifica como N) seguida de dos ges. Por eso, la secuencia de ARN que debamos usar como guía deberá aparearse con secuencias de ADN que estén siempre inmediatamente adyacentes a una secuencia NGG. Y esto es lo que hacen los programas bioinformáticos de diseño de guías de ARN, buscar secuencias de ADN únicas en el genoma que estén situadas al lado de una secuencia PAM.

Ya sabes que los sistemas CRISPR acaban cortando el ADN en una posición determinada. En el caso de la proteína Cas9 de *Streptococcus pyogenes*, corta en el tercer nucleótido (la tercera letra) contado a partir del motivo PAM, en dirección a la secuencia complementaria a la guía de ARN (triángulos en la figura 2.1). Pero sigues sin saber a qué viene tanto revuelo con los sistemas

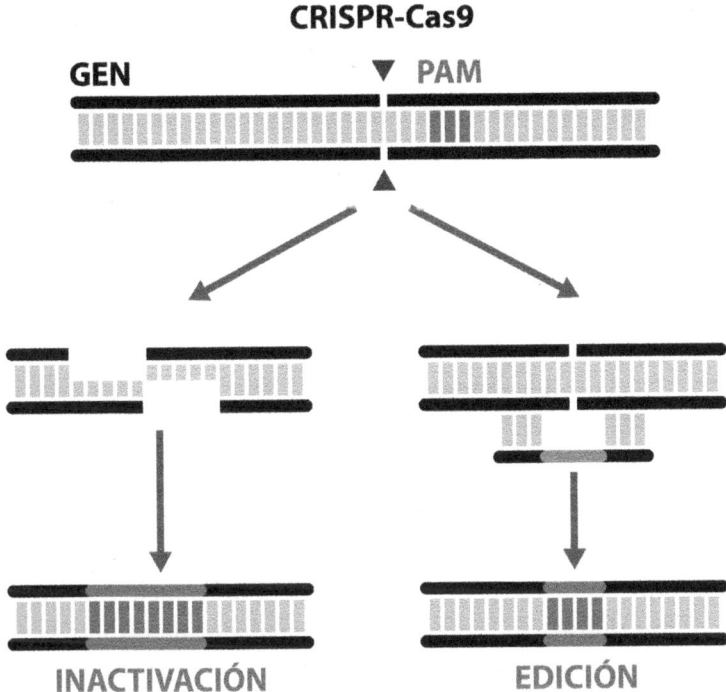

CRISPR-Cas9

GEN ▼ **PAM**

INACTIVACIÓN   **EDICIÓN**

Figura 2.2. Mecanismo básico de la edición genética. La figura muestra las dos rutas de reparación del ADN (izquierda, con resultado de inactivación; derecha, con resultado de edición) que pueden inducirse tras el corte propiciado por CRISPR-Cas9. Gráfico: Lluís Montoliu

CRISPR-Cas9 como herramientas de edición genética. ¿Cómo se explica que hablemos de «edición» si lo que hace la proteína Cas9 es «cortar» el ADN?

Todo empieza con el corte realizado por la proteína Cas9, guiada por una molécula de ARN, en un gen determinado, al lado de la secuencia PAM correspondiente. El corte de la doble cadena del ADN es una de las agresiones más graves que puede sufrir una célula, cualquier célula.

Piensa unos segundos. El genoma de las células está distribuido en cromosomas. Nuestras células tienen 23 pares de cromosomas. Las células del ratón tienen 20 pares de cromosomas, la mosca de la fruta tiene 2 pares y la vaca 30. Cualquier corte de doble cadena rompe la continuidad física del cromosoma y entonces, en la siguiente división celular, estos fragmentos de cromosoma que ya no están unidos al resto corren el riesgo de perderse, y con ellos todos los genes que están allí incluidos, lo cual puede ser incompatible con la vida. Por ello, la célula tiene mucho interés en resolver este problema cuanto antes, de forma casi inmediata. Afortunadamente no tenemos que hacer nada. Todas las células, sean de animales, plantas u hongos, están ya equipadas con unos sistemas de reparación de ADN que la evolución ha ido mejorando a lo largo de los años y que, naturalmente, se activan cuando detectan un corte de doble cadena (que es lo que produce la proteína Cas9).

Hay por lo menos dos tipos de sistemas de reparación, ilustrados en la figura 2.2. Si la célula opta por la ruta de la izquierda, que es la habitual, la que se activa siempre por defecto en todas las células, llamada técnicamente «unión de extremos no homólogos», entonces los sistemas de reparación empezarán a introducir y a eliminar nucleótidos (letras) al azar en el ADN alrededor de la cicatriz causada por Cas9 en ambos extremos libres. Hasta que, por azar, acaben las aes enfrente de las tes o las ges enfrente de las ces, para que según la homología y los nuevos apareamientos se restablezcan rápidamente estas parejas: A-T y G-C y, con ellas, la continuidad física del cromosoma, que acaba sellándose al final del proceso. Esta vía de reparación yo la llamo «la ruta del velcro» o «de la cremallera», pues se trata de unir los dos extremos del velcro o de una cremallera por una punta y, una vez enganchados, progresar hasta solucionar completamente la cicatriz que tenía el ADN. Es una ruta muy eficaz, pero muy peligrosa también. Teniendo en cuenta que para restaurar la continuidad física del cromosoma hemos tenido que añadir y quitar letras al azar, muy probablemente, si el corte lo habíamos hecho dentro de un gen, habremos alterado su secuencia y el gen dejará de funcionar correctamente. Veamos por qué.

Imaginemos un fragmento de una secuencia de ADN cualquiera, un trozo de un gen, con sus dos cadenas antiparalelas y complementarias:

→AAGTTTGCATGCGATTAGAGTCTAGCATGCTAGGCTAGCACACAAATG→
←TTCAAACGTACGCTAATCTCAGATCGTACGATCCGATCGTGTGTTTAC←

Con ayuda de algún programa bioinformático, o a simple vista, podemos detectar en la cadena de arriba una secuencia PAM compatible con la que requiere la nucleasa Cas9 de *Streptococcus pyogenes* (SpCas9). Tiene que ser NGG y podemos ver que hay una AGG, que encaja como PAM. Te la resalto en negrita para que la veas:

```
→AAGTTTGCATGCGATTAGAGTCTAGCATGCTAGGCTAGCACACAAATG→
←TTCAAACGTACGCTAATCTCAGATCGTACGATCCGATCGTGTGTTTAC←
```

Ahora tenemos que preparar una pequeña molécula de ARN que corresponda a las 20 letras anteriores (hacia la izquierda) y a la PAM (y que por lo tanto se aparee con la cadena inferior del ADN). Esta sería la secuencia guía de ARN que deberíamos emplear (usaré minúsculas para distinguir el ARN del ADN):

```
→AAGTTTGCATGCGATTAGAGTCTAGCATGCTAGGCTAGCACACAAATG→
←TTCAAACGTACGCTAATCTCAGATCGTACGATCCGATCGTGTGTTTAC←
        cgauuagagucuagcaugcu
```

Evidentemente, la molécula de ARN sería más larga e incluiría una cola, una secuencia común, constante, hacia la derecha, que sería la que usaría la proteína Cas9 para engancharse, como está ilustrado en la figura 2.1. Entonces la Cas9 se ubicaría encima del complejo, reconocería la secuencia PAM y cortaría exactamente tres nucleótidos a la izquierda de la secuencia PAM, en las dos cadenas del ADN. Tal que así (elimino el ARN para que resulte más claro; una vez cortado el ADN, el ARN ya no se necesita, ya ha cumplido su función como guía):

```
→AAGTTTGCATGCGATTAGAGTCTAGCAT GCTAGGCTAGCACACAAATG→
←TTCAAACGTACGCTAATCTCAGATCGTA CGATCCGATCGTGTGTTTAC←
```

Y entonces es cuando tenemos un problema, pues hemos cortado las dos cadenas de ADN en un punto concreto y para repararlo, si no tenemos ninguna molécula de ADN molde (como la que se ilustra en la ruta de reparación de la derecha en la figura 2.2), no nos queda otra que intentar repararlo por la ruta de la izquierda, la del velcro-cremallera. Para ello, el sistema empezará a comerse y añadir letras desde los extremos de las moléculas que han quedado expuestas tras el corte. Este es un proceso azaroso. Imaginemos que el sistema de reparación elimina una letra de la secuencia superior y dos de la inferior. La situación quedaría así:

```
→AAGTTTGCATGCGATTAGAGTCTAGCA   GCTAGGCTAGCACACAAATG→
←TTCAAACGTACGCTAATCTCAGATCGTA   ATCCGATCGTGTGTTTAC←
```

Quedan expuestas una GC en la cadena superior y queda protuberante una A en la cadena inferior. Ni la G ni la C se pueden aparear con la A, así que no hay manera de reparar todavía el corte. Imaginemos que el sistema progresa y añade tres letras (por ejemplo, GTT) a la cadena superior y una en la inferior (por ejemplo, una A), al azar siempre. Podría ocurrir algo así:

```
→AAGTTTGCATGCGATTAGAGTCTAGCA   GTTGCTAGGCTAGCACACAAATG→
←TTCAAACGTACGCTAATCTCAGATCGTAA   ATCCGATCGTGTGTTTAC←
```

Fíjate ahora que aparecen dos tes en la cadena superior que pueden aparearse con las dos aes de la cadena inferior. Las he subrayado para que se vean mejor. Es todo lo que el sistema de reparación necesita, un punto de enganche para cerrar el descosido. Un punto de inicio para cerrar la cremallera. Las proteínas del sistema de reparación situarán las dos tes enfrente de las dos aes y forzarán que las letras sobrantes sean eliminadas (la G de la cadena superior) y rellenarán el hueco que queda en la cadena inferior con las letras correspondientes: CG.

```
                                    G
→AAGTTTGCATGCGATTAGAGTCTAGCATTGCTAGGCTAGCACACAAATG→
←TTCAAACGTACGCTAATCTCAGATCGTAA   ATCCGATCGTGTGTTTAC←
```

La secuencia resuelta y el corte reparado quedarían así:

→AAGTTTGCATGCGATTAGAGTCTAGCATTGCT**AGG**CTAGCACACAAATG→
←TTCAAACGTACGCTAATCTCAGATCGTAACGATCCGATCGTGTGTTTAC←

Ahora quiero que compares la secuencia tras la reparación con la secuencia original. Para que te sea más fácil, las pondré una encima de la otra. La de arriba es la secuencia original, la de abajo es la secuencia tras el proceso de reparación azaroso:

Original

→AAGTTTGCATGCGATTAGAGTCTAGCATGCT**AGG**CTAGCACACAAATG→
←TTCAAACGTACGCTAATCTCAGATCGTACGATCCGATCGTGTGTTTAC←

Corregida
*
→AAGTTTGCATGCGATTAGAGTCTAGCATTGCT**AGG**CTAGCACACAAATG→
←TTCAAACGTACGCTAATCTCAGATCGTAACGATCCGATCGTGTGTTTAC←

Observarás que la consecuencia de todo este proceso es que ha aparecido una T adicional que antes no estaba (marcada con un asterisco), y por consiguiente una A adicional en la cadena complementaria, lo que cambia la secuencia original y altera la pauta del gen. Este es uno de los posibles resultados finales de la reparación por la ruta de la unión de extremos no homólogos, la ruta de la izquierda de la figura 2.2. Y por eso decimos que suele conducir a la inactivación del gen. En este caso, el resultado final ha sido la adición de una sola letra, pero podría haber sido la adición de muchas más letras, o la eliminación de una o varias, o una combinación de ambas cosas.

Tanto la eliminación de una o dos letras como la adición de una o dos letras cambian la pauta de lectura del gen. Sin embargo, la eliminación o adición de letras en grupos o múltiplos de tres no, dado que el código genético (por el que se almacena información proteica en el ADN) está formado por tripletes de letras, de nucleótidos, tal y como se ha explicado anteriormente, que van sucediéndose. Cada grupo de tres letras se corresponde con alguno de los 20 aminoácidos, los componentes con los que se fabrican las proteínas. Por ejemplo, si tras completar la reparación del corte hemos eliminado una letra de un triplete, el resto de la secuencia se reordenará y, a partir de ese punto, los tripletes cambiarán y dejarán de tener el sentido original, dejarán de codificar los mismos aminoácidos.

Creo que el siguiente ejemplo servirá para aclarar este punto, que es importante. A continuación, presento otra secuencia de ADN cualquiera, agrupada esta vez en tripletes (solo muestro una de las cadenas del ADN para simplificar), junto con los aminoácidos que codifican (atendiendo al código genético). Está señalada una letra C que es la que desaparecerá tras un proceso de reparación activado después de un corte cercano por CRISPR-Cas9 (de forma parecida a como antes ha aparecido una letra T que no estaba en la anterior secuencia).

↓

```
AAA-ACT-TAC-ACC-CAG-GTC-AAG-T
Lys-Thr-Tyr-Thr-Gln-Val-Lys-
```

Al desaparecer la C indicada, su posición pasa a ocuparla la A que tenía al lado, a su derecha, arrastrando hacia la izquierda el resto de las letras. Fíjate en cómo se reordenan los tripletes a partir de esa posición y cómo acaban alterando la secuencia de aminoácidos. De hecho, en este caso, el nuevo triplete TAA resultante es uno de los llamados tripletes STOP, que provocan la detención (FIN) de la síntesis de la proteína, que acaba ahora prematuramente aquí, alterándose la secuencia original.

↓

```
AAA-ACT-TAA-CCC-AGG-TCA-AGT
Lys-Thr-FIN
```

El mecanismo de reparación, por azar, ha eliminado esta C y la consecuencia ha sido en este caso que la proteína codificada sea ahora de menor tamaño y es probable que no funcione correctamente o deje de funcionar por completo, inactivando el gen.

Nunca fue tan sencillo inactivar un gen de forma específica. Recapitulemos. Lo único que hemos hecho es dirigir las herramientas CRISPR-Cas9 con una guía ARN a un lugar concreto de un gen, confiando en que la proteína Cas9 cortara en esa posición. Y, una vez cortado el ADN, no hemos hecho más que esperar a que las herramientas de reparación hicieran su labor y cometieran algún error al introducir o eliminar letras al azar. Son los llamados INDEL (del inglés *insertions and deletions*, inserciones y deleciones). Con las herramientas CRISPR-Cas9, la inactivación génica específica se ha convertido en algo poco menos que trivial.

También existe una ruta de reparación alternativa, dirigida por la homología de secuencias, que es la ruta de la derecha en la figura 2.2, llamada técnicamente de «reparación dirigida por homología». Aquí, tras el corte por la proteína Cas9, si le damos a la célula una secuencia de ADN muy parecida a la que está representada alrededor del corte, esta podrá usarla como molde para repararlo. Si esta secuencia de ADN molde contiene letras idénticas a ambos lados del corte, pero distintas en su zona central, podremos promover, una vez resuelta la cicatriz, que estas nuevas letras acaben formando parte del genoma. Entonces decimos que hemos «editado» la secuencia inicial, pues hemos usado el ADN molde para dirigir la reparación a nuestra voluntad.

Voy a mostrarlo usando la misma secuencia de ADN del primer ejemplo. Retomamos el paso en el queda la secuencia abierta tras producirse el corte por la nucleasa Cas9 (he eliminado la negrita de la secuencia PAM por claridad):

```
→AAGTTTGCATGCGATTAGAGTCTAGCAT GCTAGGCTAGCACACAAATG→
←TTCAAACGTACGCTAATCTCAGATCGTA CGATCCGATCGTGTGTTTAC←
```

Y ahora añadiremos al sistema una secuencia de ADN de cadena sencilla, que actuará como molde, con homología a ambos lados del corte pero que contendrá una letra distinta, una G (indicada en negrita), que es la que queremos cambiar en lugar de la T que está ahora en esa posición. Ese es el nucleótido que queremos editar:

```
→AAGTTTGCATGCGATTAGAGTCTAGCAT GCTAGGCTAGCACACAAATG→
←TTCAAACGTACGCTAATCTCAGATCGTA CGATCCGATCGTGTGTTTAC←
          GATTAGAGTCTAGCAGGCTAGGCTAGCACACAAA
```

La secuencia molde se usará para cerrar el corte, pues comparte extensa homología a ambos lados. Compruébalo tú mismo. Y al utilizarse, acabará insertando la G que portaba en lugar de la T (y por lo tanto inducirá la aparición de una C en la cadena complementaria), de forma que la secuencia editada quedaría como sigue:

```
→AAGTTTGCATGCGATTAGAGTCTAGCAGGCTAGGCTAGCACACAAATG→
←TTCAAACGTACGCTAATCTCAGATCGTCCGATCCGATCGTGTGTTTAC←
```

Ese será el único cambio en la secuencia, la substitución limpia de una T por una G (y la correspondiente substitución relacionada de la A por una C en la cadena complementaria). Esta es la ruta ideal para la edición genética, la que permite controlar lo que se añade, elimina o substituye a voluntad. Pero esta ruta no es la que funciona por defecto en todas las células; es la otra, la que progresa reparando azarosamente, la que acostumbra a actuar primero.

Utilizando la secuencia de ADN del segundo ejemplo anterior, voy a mostrar las consecuencias de substituir una letra por otra en el ADN sobre la proteína codificada. En este caso no queremos quitar una letra C sino substituirla por otra, por una G en la misma posición, quizás para reproducir una mutación o, al revés, para corregirla.

```
                 ↓
  AAA-ACT-TAC-ACC-CAG-GTC-AAG-T
  Lys-Thr-Tyr-Thr-Gln-Val-Lys-
```

Tras el proceso de reparación, la secuencia quedaría así:

```
                 ↓
  AAA-ACT-TAC-AGC-CAG-GTC-AAG-T
  Lys-Thr-Tyr-Ser-Gln-Val-Lys-
```

Fíjate en que cambia el aminoácido asociado al nuevo triplete, que tiene una G en medio en lugar de una C. Antes codificaba un aminoácido llamado Thr (abreviatura en inglés de treonina) y ahora codifica un aminoácido distinto llamado Ser (serina), lo cual puede darle unas propiedades distintas a la proteína final.

A esto nos referimos cuando queremos «editar» un gen hoy en día con las herramientas CRISPR-Cas9. Con estas fantásticas herramientas de edición genética, ahora podemos mutar un gen (inactivarlo), corregir una mutación de un gen, eliminar o añadir un trozo de un gen, marcarlo, e infinidad de otras modificaciones, de una forma relativamente sencilla, iniciando el proceso con las herramientas CRISPR-Cas9 y dejando que lo completen los sistemas de reparación presentes en todas las células. Las herramientas CRISPR ayudan a «cortar» el ADN, pero para «pegarlo» después debemos recurrir a los sistemas de reparación propios de las células.

Los ejemplos anteriores quizás pueden parecer demasiado técnicos, dado que he usado secuencias de ADN, ARN y proteínas reales para que vieras cómo funciona internamente el mecanismo de corte y reparación inducido por las herramientas CRISPR-Cas9. Pero puedo intentar explicarlo de una manera mucho más sencilla que, estoy seguro, entenderás mejor si eres un lector que se ha quedado con dudas sobre la enorme utilidad y versatilidad de las herramientas CRISPR-Cas9.

¿Qué te sugiere la palabra «editar»? Probablemente te recuerde al uso de ordenadores o a los programas informáticos habituales que utilizamos para escribir y editar textos. Imagínate que estás delante de una pantalla de ordenador, tecleando las palabras de esta frase:

```
Por Zaragoza pasa el río Tajo
```

Evidentemente, esta frase es errónea. Nos hemos equivocado y la tenemos que corregir. Podemos hacerlo de diversas maneras. Por ejemplo, usando el ratón, situándolo entre las palabras «Zaragoza» y «pasa» y tecleando la palabra «no».

no
↓
```
Por Zaragoza pasa el río Tajo
```

Tras completar el proceso de edición del texto, que realizamos instintivamente, corrigiendo el texto sobre la marcha, ya obtenemos una frase que tiene sentido y está correctamente escrita. Hemos editado la frase:

```
Por Zaragoza no pasa el río Tajo
```

En un experimento CRISPR, este sería un caso de resolución de corte a través de la vía de la homología de secuencias, la vía de la derecha en la figura 2.2. El «corte» de la proteína Cas9 se produciría entre las palabras «Zaragoza» y «pasa». Y luego le daríamos al sistema una ristra de letras iguales a ambos lados con la única diferencia de que incluiríamos la palabra «no» en medio, para que fuera insertada en el sitio correcto.

Veamos otro ejemplo, también utilizando palabras. Sigues escribiendo en el ordenador y quieres precisar más lo que querías expresar en la frase anterior, ahora que ya por fin la has corregido, y escribes:

```
Es el río Evro el que pasa por Zaragoza
```

Inmediatamente descubres que acabas de volver a meter la pata. Una de las palabras está mal escrita, tiene un error ortográfico. Por supuesto, «Ebro» se escribe con «b» y no con «v». De nuevo acudes al ratón y resaltas la letra «v» para borrarla y substituirla por la «b».

b

↓

```
Es el río Evro el que pasa por Zaragoza
```

Completas el proceso de corrección y la frase, ya editada, vuelve a tener sentido y ahora, además, está correctamente escrita:

```
Es el río Ebro el que pasa por Zaragoza
```

Si esto fuera un experimento CRISPR, este sería de nuevo un caso de resolución de corte a través de la vía de la homología de secuencias, la vía de la derecha en la figura 2.2. El «corte» de la proteína Cas9 se produciría entre las letras «E» y «v» de la palabra

«Evro» y luego le daríamos al sistema una ristra de letras iguales a ambos lados con la única diferencia de que incluiríamos la letra «b» en medio, para que fuera insertada en el sitio correcto en lugar de la «v» errónea.

Estas son operaciones sencillas de edición de textos que realizamos diariamente sin apenas darnos cuenta, cada vez que cometemos un error al escribir. Pues así de sencillo es «editar» nuestros genes, cualquier secuencia genética llena de letras A, G, T y C, con las herramientas CRISPR.

Intentemos ahora representar, mediante textos, algo un poco más complicado. ¿Qué pasa cuando eliminamos una letra de un gen? Antes hemos visto, en el ejemplo que te he mostrado, que el gen perdía el sentido, que cambiaba la pauta de los tripletes e incluso se producía una finalización prematura de la síntesis de la proteína. Veamos en un ejemplo lo que ocurre cuando eliminamos una letra utilizando un editor de textos y las mismas frases anteriores.

En la siguiente frase, la letra «i» de la palabra «río» va a desaparecer:

```
Es el río Ebro el que pasa por Zaragoza
```

Para convertirse en esta frase, en la que falta una letra en una palabra:

```
            ←
Es el r o Ebro el que pasa por Zaragoza
```

Claro, de la misma manera que el cromosoma una vez cortado intenta restaurar la continuidad física de todas las maneras posibles, aquí simularemos este sellado de la cicatriz simplemente moviendo todos los caracteres de la frase un lugar hacia la izquierda desde donde estaba la letra desaparecida, para cubrir el espacio que deja la «i» que hemos eliminado, y manteniendo los espacios entre las palabras.

```
Es el roE broe lq uep asap orZ aragoza
```

Y ahora puedes comprobar (como en el caso del cromosoma y del ejemplo anterior de los aminoácidos) que simplemente eliminando una sola letra de una palabra ya cambia totalmente el sentido de la frase. En realidad, la frase deja de tener sentido y ya no podemos leerla. Creo que este ejemplo ilustra bien lo sutiles que pueden ser algunas mutaciones, algunas alteraciones en nuestros genes, y lo profundas y graves que pueden llegar a ser sus consecuencias.

Este último ejemplo sería una típica resolución de un corte por CRISPR-Cas9 que se repararía por la vía de la izquierda, la del velcro-cremallera, y que tendría como resultado final la desaparición de una letra, con consecuencias catastróficas, tanto para la frase (en el ejemplo) como para el gen (en la vida real).

De la misma manera que podemos usar las herramientas CRISPR para reproducir una mutación y comprobar las a veces drásticas consecuencias, también podemos usarlas para lo contrario, es decir, para resolver una mutación, para corregirla. Esta aproximación terapéutica es lo que se llama terapia génica.

Te invito a aplicar esta terapia génica usando el último ejemplo del editor de textos y la frase utilizada, a la que habíamos eliminado la letra «í». Esta será la letra que tendremos que reinsertar en la posición correcta, precisa, de la frase, para corregirla.

```
            í
            ↓→
    Es el roE broe lquep asap orZ aragoza
```

Al insertarla, provocaremos un desplazamiento de todos los caracteres y espacios hacia la derecha y así conseguiremos restaurar la frase correctamente. La habremos editado, esta vez para corregir una anomalía, no para generarla.

```
    Es el río Ebro el que pasa por Zaragoza
```

En el capítulo 5 retomaré este ejemplo de texto para explicar otras características del sistema CRISPR y también sus limitaciones, pero ahora ya sabes que es una herramienta de precisión que corta el genoma en un lugar determinado y que luego, en función de si le damos a las células un ADN molde para reparar o no, la célula intentará resolver la rotura del cromosoma de la mejor forma que pueda, ¡y cuanto antes! A veces usando el ADN molde y, con ello, introduciendo las secuencias nuevas que lleva, editando la secuencia original. Otras veces, insertando y eliminando letras al azar con la esperanza de generar alguna región de homología que permita enganchar de nuevo las dos hebras y reconstruir el cromosoma cortado, a pesar de que, en este caso, la mayoría de las veces acabe inactivando el gen cortado en el proceso de reparación.

Así de sencillo es el funcionamiento de las herramientas de edición genética CRISPR-Cas9.

«NUNCA FUE TAN SENCILLO INACTIVAR UN GEN DE FORMA ESPECÍFICA».

3

MI PRIMER ENCUENTRO CON FRANCIS

Conocí a Francis Mojica un 4 de diciembre, en Madrid. Habitualmente cuesta recordar el primer día que conoces a una persona, un
dato insignificante que se desvanece a los pocos meses. Sin embargo,
en el caso de algunas personas, bien por su relevancia o por lo que
acaban significando en tu vida, guardas celosamente en tu memoria
el día en el que las conociste personalmente y te preguntas cómo es
posible que no las hubieras conocido antes.

Mi primer encuentro con Francis tuvo lugar a finales de 2014,
en la sede de la Secretaría de Estado de Investigación, Desarrollo
e Innovación (SEIDI), que pertenecía al hoy extinto Ministerio de
Economía y Competitividad, contenedor inesperado al que los aza-
res políticos llevaron la ciencia de nuestro país durante esos años.
En un edificio singular con vistas a una siempre ruidosa M-30, de
estética arquitectónica discutible (se conoce popularmente como «el
edificio de los cubos»), es donde tenían y tienen lugar los llamados
«paneles de seguimiento» de los proyectos concedidos a investigadores, en los que participan no solamente los propios investigadores convocados sino también representantes del Ministerio y de la
Agencia Nacional de Evaluación y Prospectiva (ANEP).

Por aquel entonces yo trabajaba para la ANEP, una de las agencias independientes encargada de la evaluación científica por pares

de los proyectos, contratos y ayudas destinadas a investigadores de nuestro país. La ANEP, hoy también desaparecida y substituida por labores similares integradas dentro de la nueva Agencia Estatal de Investigación (AEI), fue en mi opinión una de las iniciativas más exitosas y prestigiosas de nuestro sistema científico, al incorporar un sistema serio, justo y profesional para la evaluación de la actividad científica, que a su vez era gestionado por los propios investigadores a través de diferentes áreas del conocimiento. Cada una de estas áreas estaba liderada por científicos de indudable aptitud y prestigio, propuestos por el Ministerio, que a su vez construían sus equipos de trabajo con otros colaboradores adjuntos con quienes compartían las arduas labores de gestión de las evaluaciones.

Entre 2010 y 2015 trabajé como adjunto en temas de genética dentro del área de Biomedicina de la ANEP, coordinada por José Fernández Piqueras, catedrático de Genética de la Universidad Autónoma de Madrid, a quien respeto y admiro por igual y que tuvo a bien invitarme a formar parte de su equipo. Naturalmente, el trabajo para la ANEP debíamos compatibilizarlo con el resto de nuestras actividades científicas y académicas.

Uno de los beneficios intangibles de formar parte de la ANEP durante algunos años es que te permitía observar prácticamente toda la ciencia que se estaba desarrollando en el país en un ámbito determinado. Leyendo y evaluando proyectos científicos también se aprende. Una de las tareas en mi opinión más interesantes que nos correspondía como miembros de la ANEP era la de formar parte del comité evaluador de los paneles de seguimiento. En estas reuniones se invitaba a un número limitado de investigadores (alrededor de 20 o 30 por sesión) que habían recibido fondos públicos del Ministerio en convocatorias anteriores, ya próximas a completarse, y que casi con toda seguridad estaban en proceso de solicitar una nueva ayuda para continuar sus proyectos científicos. Era una forma de fiscalizar, de auditar el trabajo realizado con dinero de todos y de comprobar si los objetivos propuestos en el proyecto anterior financiado se habían completado o si, por el contrario, habían aparecido complicaciones que hubieran impedido obtener los resultados inicialmente previstos.

En otras palabras, viene a ser como preguntar a los investigadores: ¿qué has hecho con el dinero que te dimos?

Ese jueves de principios de diciembre de 2014 formaba yo parte del comité evaluador de un panel de seguimiento de proyectos de biotecnología, como experto en genética del área de Biomedicina de la ANEP, y tenía apenas tres proyectos que correspondían a nuestra área, pero participaba en la evaluación de todos los que se exponían durante ese día. Naturalmente, la diversidad de proyectos era enorme. Proyectos con plantas, con animales, con células humanas, y hasta alguno también con bacterias.

A media mañana, llega el turno de Francis Mojica, a quien yo no conocía de nada y del que no tenía ninguna referencia, y empieza a hablar del proyecto que tenía financiado, en el que investigaba sobre los sistemas CRISPR en bacterias y su papel en la inmunidad bacteriana. Casi me caigo de la silla. Abrí los ojos y los oídos de par en par y asistí atónito y boquiabierto a una breve presentación de alguien que parecía saber muy bien de lo que hablaba. Alguien que utilizaba la palabra CRISPR con soltura. Alguien que me estaba presentando nociones de la ciencia básica que hay detrás de un sistema CRISPR que nosotros ya usábamos en mi laboratorio desde hacía más de un año y medio.

Supongo que el resto de colegas del comité evaluador se dieron cuenta de mi excitación y asombro, que no podía ni quería ocultar.

¿Quién era este Francisco Juan Martínez Mojica, microbiólogo de la Universidad de Alicante, que hablaba con tanta facilidad de los sistemas CRISPR? ¿De dónde salía este tipo? ¿Cómo podía ser que hablara con tanta propiedad y conocimiento de los sistemas CRISPR y que yo no supiera de su existencia hasta ese día?

Evidentemente, no resistí la tentación de preguntarle a uno de los coordinadores del panel, microbiólogo como Francis. Sin esperar a que este terminara su intervención, le pregunté en un susurro por ese tal Martínez Mojica, por si lo conocía. La respuesta que obtuve fue todavía más sorprendente que mi descubrimiento de Francis. Aquel microbiólogo me dijo: «Pues claro, este es Francis Mojica, lo conocemos bien en el campo. ¡Él fue quien descubrió las CRISPR y hasta fue quien inventó el nombre que ahora todos usamos!».

No pude ocultar mi gran asombro al descubrir, casi al mismo tiempo, que había un científico en España que investigaba también los sistemas CRISPR y que, al parecer, había sido quien había descubierto estos sistemas en bacterias. ¡Y hasta los había bautizado con el nombre que hoy en día está en boca de todo el mundo! Mi sorpresa dio paso inmediato a un sentimiento de rabia, enfado y vergüenza.

¿Cómo no sabíamos nada a finales de 2014, ni en la comunidad científica (más allá de sus compañeros microbiólogos) ni en la sociedad española en general, de la existencia de Francis? ¿Cómo era posible que ninguno de sus compañeros del área, alguien que lo conociera, incluida su propia institución, hubiese reaccionado y convocado a los medios para anunciar que aquellas fabulosas herramientas de edición genética de las que todo el mundo hablaba desde el verano de 2012 tenían su origen en España, en Alicante más concretamente, gracias al trabajo de Francis? Incomprensible.

Tras terminar su intervención, no pude resistirme a comentarla y recuerdo que le formulé alguna pregunta retórica, probablemente no demasiado inteligente, trastocado todavía como estaba tras descubrirlo, solo por el placer de poder felicitarlo por su trabajo y por la labor que estaba realizando. Al terminar la reunión fui a saludarlo personalmente, me presenté y le conté que nosotros estábamos trabajando en una de las aplicaciones más famosas de las CRISPR: su uso como herramientas de edición genética, algo a lo que él no se había dedicado, según me quiso dejar bien claro desde el principio. A él le preocupaban e interesaban los sistemas CRISPR como parte de uno de los sistemas de defensa de las bacterias y como objeto de estudio para explorar posibles manipulaciones de la inmunidad bacteriana, que tendrían naturalmente gran interés biotecnológico.

Recuerdo que aquel día, tras terminar la reunión, regresé pensativo a mi laboratorio del Centro Nacional de Biotecnología. No dejaba de preguntarme cómo era posible que todo el mundo estuviera hablando de dos investigadoras, la estadounidense Jennifer Doudna y la francesa Emmanuelle Charpentier, como las únicas o principales responsables de la revolución tecnológica de las herramientas CRISPR y no supiéramos de la existencia de Francis Mojica.

Me faltó tiempo, al llegar al CNB, para revisar su bibliografía y quedé naturalmente pasmado al descubrir que sus primeras publicaciones sobre las CRISPR se remontaban nada menos que a 1993, como parte de las investigaciones que le permitieron obtener su título de doctor en Biología por la Universidad de Alicante. A finales de 2014, hacía ya más de 21 años que Francis había abierto el melón de las CRISPR y yo, que ingenuamente me creía conocedor de estas herramientas de edición genética, lo desconocía casi todo de sus orígenes alicantinos.

En agosto de 2014, junto con mi colaborador Davide Seruggia, había publicado en la revista *Transgenic Research* una primera revisión sobre las aplicaciones de las herramientas de edición genética en la generación de animales modificados genéticamente. Llevábamos entonces más de un año usando, con gran éxito, las herramientas CRISPR y habíamos utilizado, sin éxito, las anteriores herramientas TALEN para la obtención de ratones con sus genomas editados específicamente. En octubre de ese mismo año colaboramos en una publicación colectiva, metodológica, que describía uno de los primeros protocolos para usar las herramientas CRISPR para la generación de ratones editados genéticamente. Me maldije por no haber incluido referencias al trabajo pionero de Francis Mojica en esas primeras publicaciones de nuestro laboratorio. ¿Cómo podía haberlo hecho si desconocía por completo su trabajo?

Compartí con Davide el descubrimiento de Francis y en las siguientes semanas, previas a la Navidad de 2014, me puse a leer y a documentarme sobre todo lo que me había perdido de los orígenes de las CRISPR.

Efectivamente, nosotros habíamos descubierto el posible uso de las herramientas CRISPR para la edición genética de ratones en la primavera de 2013, tras la estancia de Davide en Zúrich, en el laboratorio de Pawel Pelczar. En enero de 2013 se habían publicado en la revista *Science* los dos primeros trabajos, de los laboratorios de Feng Zhang (BROAD Institute) y George Church (Harvard Medical School), ambos del área de Boston, en EE. UU., que demostraban la utilización de las herramientas CRISPR para editar el genoma de células de mamífero en cultivo, tanto humanas como de ratón. Pero no fue hasta mayo de 2013 cuando el laboratorio de Rudolf Jaenisch (The Whitehead Institute), también desde Boston, publicó en la revista *Cell* el primero de sus trabajos en el que demostraba que las herramientas CRISPR también podían aplicarse para la generación eficiente de ratones editados genéticamente. Y esa publicación fue la que animó a Pawel a actualizar las técnicas de su laboratorio, referente en TALEN, para generar ratones genéticamente modificados utilizando las CRISPR. Y con ello nosotros nos pudimos beneficiar cuando Davide regresó a Madrid, en junio.

Durante el verano de 2013 conocí personalmente a Emmanuelle Charpentier, en el lago Tahoe, al norte de California (EE. UU.), en unas reuniones bienales sobre tecnologías de animales transgénicos a las que acudía de forma regular desde 2007, organizadas por Jim Murray, de la Universidad de California en Davis. Emmanuelle, por aquel entonces, trabajaba en el Centro Helmholtz de Investigación sobre Enfermedades Infecciosas en Braunschweig, Alemania.

Allí, en el lago Tahoe, en agosto de 2013, escuché hablar a Emmanuelle por vez primera de su famoso trabajo publicado en junio de 2012 en la revista *Science,* junto a su antaño colaboradora, y hoy competidora, Jennifer Doudna, de la Universidad de Berkeley, también en California. En ese trabajo, las dos investigadoras describían los componentes del sistema CRISPR-Cas9 de la bacteria *Streptococcus pyogenes*, que poco después sería el que triunfaría y acabaría universalizándose, y proponían, pero no demostraban, su uso potencial como una verdadera herramienta para la edición genética de cualquier organismo. La demostración no llegaría hasta enero de 2013, con los trabajos de Zhang y Church, ya comentados. Ese primer y único trabajo de colaboración experimental entre los laboratorios de Emmanuelle Charpentier y Jennifer Doudna, publicado en 2012, es el que comúnmente se reconoce como el origen de la revolución CRISPR, y por ello ambas investigadoras fueron galardonadas merecidamente con el Premio Nobel de Química en octubre de 2020, por «el desarrollo de un método de edición genética», tal y como recogió la motivación de la Academia de Ciencias Sueca.

Volvamos a Francis Mojica y a diciembre de 2014. Conociendo entonces, como conocía, los artículos científicos mencionados de

Doudna, Charpentier, Zhang, Church y Jaenisch, recuerdo repasar todas esas publicaciones en busca de alguna referencia bibliográfica a las publicaciones de Mojica, sin encontrar ninguna. Por ello, sin conocimiento previo de la prehistoria CRISPR en bacterias, era explicable que nuestros trabajos de agosto y noviembre de 2014 tampoco las contuvieran. Lo más lejano que pude descubrir en el artículo en *Science* de Doudna y Charpentier de 2012 fue una referencia a otro trabajo previo, también en *Science,* de Rodolphe Barrangou y colaboradores, publicado en 2007, en el que demostraban experimentalmente que el sistema CRISPR-Cas9 era un verdadero sistema inmunitario, de defensa, que usaban las bacterias para defenderse de los virus, los bacteriófagos, que las acechaban. Lo que no sabía entonces, y descubrí poco después de conocer a Francis Mojica, era que aquel artículo de Barrangou de 2007 no era sino la confirmación experimental del mayor descubrimiento realizado por Francis en el campo de las CRISPR, en 2003 y publicado en 2005, cuando propuso que estas secuencias repetitivas y los espaciadores asociados eran parte de un sistema de defensa adaptativo presente en procariotas, bacterias y arqueas. Y tampoco sabía que aquel artículo sería el que lo pondría también a él en la lista permanente de candidatos a un Premio Nobel por sus contribuciones pioneras en el descubrimiento y caracterización de los sistemas CRISPR.

¿Ninguno de los artículos referidos, anteriores a diciembre de 2014, había mencionado el trabajo de Francis Mojica? Había una excepción. Ese jueves 4 de diciembre por la tarde, ya de vuelta en el CNB, recordé haber leído hacía pocos días una revisión sobre CRISPR en *Science* que acababan de publicar Doudna y Charpentier y que contenía más de 150 referencias bibliográficas. Volvía a repasar el texto y, ¡premio!, allí estaban. Descubrí que la revisión de las dos investigadoras refería dos trabajos pioneros de Francis Mojica, de los años 2000 y 2005: su primera recopilación de sistemas CRISPR en diversas bacterias y arqueas y su trabajo principal, en el que proponía que estas herramientas genéticas debían ser un nuevo tipo de sistema inmunitario procariota, respectivamente. Impresionante. Acababa de descubrir el trabajo de Francis en directo por la mañana y confirmaba por la tarde, en una revisión publicada el 28 de noviembre, la referencia y crédito a su trabajo por parte de las investigadoras que estaban consideradas como las principales protagonistas de la revolución CRISPR.

En diciembre de 2014, nadie en España, más allá de sus compañeros microbiólogos (que no se habían prodigado especialmente en resaltar su trabajo pionero cuando se popularizaron las CRISPR desde el verano de 2012 y, en particular, desde principios de 2013), conocía a Francis Mojica. Sin embargo, ya gozaba de crédito y reconocimiento en el extranjero, por parte de sus colegas en el mundo CRISPR, al haber sido el único investigador español invitado a las sucesivas reuniones temáticas CRISPR que se organizaron desde 2008.

A finales de 2014 y principios de 2015, andábamos en el laboratorio absolutamente centrados en la publicación de los resultados obtenidos con nuestros primeros ratones editados genéticamente obtenidos mediante CRISPR, los primeros que se publicaban en nuestro país. Habíamos logrado que la revista *Nucleic Acids Research* se interesara en nuestros resultados, pero teníamos que contestar a las críticas y comentarios recibidos por parte de los revisores. Finalmente lo conseguimos y el trabajo aparecería publicado en abril de 2015. Naturalmente, nuestro amigo y colega Pawel Pelczar, quien nos había iniciado en el mundo CRISPR, era coautor del trabajo.

Por ello tardé un par de meses en revisar y contrastar todos los trabajos publicados por Francis Mojica y me sorprendió, en realidad me entristeció, no encontrar ninguna referencia a su trabajo en los medios de comunicación nacionales. Hablé con diversos colegas y amigos de biomedicina y biotecnología y nadie lo conocía ni había oído hablar de él. Eso me parecía increíble e inaceptable. Y me dispuse a corregirlo, aprovechando las redes sociales y otros canales y mi participación habitual en las secciones de ciencia de los medios de comunicación. Decidí que todos debíamos conocer a Francis Mojica y su papel pionero y primordial en el descubrimiento de los sistemas CRISPR. Teníamos que enorgullecernos de que las herramientas de edición genética que todo el mundo estaba utilizando tuvieran un origen español, alicantino.

En febrero de 2015 inicié la campaña de promoción de Francis Mojica, sin contactar con él. Pensé que quizás no estaría del todo de acuerdo. No había vuelto a hablar con él desde nuestro primer encuentro a principios de diciembre de 2014. Me había parecido que era una persona modesta, humilde, como son los verdaderos sabios, poco dada a aparecer bajo los focos y menos interesada en promocionarse. Así que asumí que no le molestaría que alguien empezara a hablar abiertamente de su trabajo y todo lo que había significado en el mundo CRISPR.

El 21 de febrero lancé tres primeros tuits desde mi cuenta en formato de pregunta, el primero de los cuales decía: «¿Sabíais que un investigador español fue uno de los descubridores de las #CRISPR? → Francisco J. M. Mojica, microbiólogo @UA_Universidad». No recibí ni *likes* ni retuits.[3] Tan solo consta una respuesta, mía también, que es el segundo de los tres tuits que conformaban ese primer hilo sobre CRISPR y Mojica en febrero de 2015. Fiasco total. Y eso que vinculé la cuenta institucional de la Universidad de Alicante, que tampoco reaccionó al mensaje.

Adicionalmente, preparé un mensaje mucho más elaborado que remití el 16 de febrero de 2015 a través de la lista de correo académica de «transgénicos». Era una lista que había creado y lanzado en 1999 desde el CNB y a la que están subscritos centenares de colegas interesados en animales transgénicos y temas afines. En el mensaje presentaba a Francis y describía sus primeras publicaciones sobre CRISPR y el impacto que habían tenido en el campo, resaltando su papel pionero.

Y entonces sucedió algo maravilloso e inesperado.

Una joven investigadora que trabajaba en Barcelona, miembro de la lista, que había sido estudiante de Biología en la Universidad de Alicante y había tenido a Francis Mojica como profesor, guardaba muy buenos recuerdos de él y no se le ocurrió nada mejor que reenviarle mi mensaje. Este reenvío tuvo un efecto inmediato y pronto recibí una emotiva respuesta de Francis que reproduzco, en parte, a continuación (con su permiso):

---

[3] Tras la publicación de la primera edición de este libro, esos tuits ya tienen *likes* y retuits de lectores de *Editando Genes: recorta, pega y colorea.*

Asunto: CRISPR
Fecha: Tue, 17 Feb 2015 12:15:35 +0100
De: Francis <fmojica@ua.es> Para: montoliu@cnb.csic.es

Estimado Lluis,

Acabo de recibir un email con unos maravillosos comentarios tuyos sobre la historia de las CRISPR donde haces un reconocimiento a mi contribución que, literalmente, me ha hecho saltar las lágrimas. No puedo más que agradecértelo; es duro que la labor de uno sea reconocida fuera y que sin embargo pase desapercibida «en casa». Aparte de alegrarme la vida por una larga temporada, esto me da ánimos para seguir luchando en este campo tan competitivo.

...

Bueno, no te molesto más, muchas gracias de corazón. Un abrazo, Francis

--
Francisco Juan Martínez Mojica
Dpto. Fisiología, Genética y Microbiología
Campus de San Vicente del Raspeig
Universidad de Alicante
03690-Alicante

En el mensaje Francis me indicaba, para completar la información, una lista adicional de publicaciones suyas sobre CRISPR que yo no había mencionado en mi mensaje anterior. Le agradecí esa información, que incorporé en la página resumen que mantengo desde el CNB sobre el tema.

A Francis le emocionó saber que alguien que apenas lo conocía era capaz de presentar su trabajo al resto de la comunidad científica. Evidentemente, fue todo un placer por mi parte. Me encanta que las personas que han contribuido de forma significativa al progreso científico sean reconocidas y reciban el crédito que merecen. En mi respuesta a su mensaje, le recordé nuestro primer encuentro en Madrid de diciembre, que él también recordaba, y empezamos una relación de colaboración, amistad y confianza que sigue viento en popa hoy en día.

Apenas un par de meses después, Francis tuvo a bien invitarme a formar parte del tribunal que debía juzgar una tesis doctoral de uno de sus estudiantes en la Universidad de Alicante, invitación que acepté encantado y que llevaba pareja una petición para que impartiera un seminario explicando cómo habíamos aplicado nosotros las herramientas CRISPR para generar nuestros ratones. Me pareció una idea estupenda y todo un honor poder hablarles a él y a sus colegas de la Universidad de Alicante sobre nuestro trabajo.

El día de la tesis, a principios de mayo de 2015, todo transcurrió de forma adecuada. El estudiante defendió su trabajo estupendamente y obtuvo su merecido título de doctor. Cuando llegó el momento de impartir mi seminario, Francis me preguntó si me importaba que utilizara él unos minutos antes para presentar el sistema CRISPR, dado que su laboratorio había sido el que lo había descubierto muchos años antes, y para poner en contexto nuestro trabajo y mostrar la versatilidad y las aplicaciones de las CRISPR. Por supuesto, acepté encantado (literalmente, le hice la ola) y me sentí muy afortunado por estar allí. ¿Cómo me iba a negar a que él introdujera mi seminario con un resumen de su trabajo pionero?

Francis impartió una clase magistral introductoria. Además de un excelente investigador, es un estupendo profesor, un gran ponente. Tiene tablas gracias a su talento y a un trabajo dedicado a impartir clases durante muchos años en la universidad. Su charla fue muy clarificadora y encajó perfectamente con mi seminario posterior, en el que intenté estar a la altura. Por los comentarios que recibimos de los asistentes parece que la jornada fue un éxito, lo cual nos dejó a los dos contentos y satisfechos. Durante la comida, me confesó: «¿Sabes, Lluís, que este seminario que he impartido hoy sobre CRISPR antes de tu charla ha sido la primera vez en la que he tenido ocasión de hablar públicamente de mis resultados en mi universidad?». Alucinante. No me lo podía creer. Él publicó sus primeros trabajos sobre CRISPR en la Universidad de Alicante en 1993, su trabajo fundamental apareció publicado en 2005 y, diez años más tarde, justo antes de mi charla, había sido la primera ocasión que había tenido para exponer sus hallazgos a sus compañeros. Nadie había creído oportuna una invitación a impartir una charla anteriormente. Y eso que tenían, y tienen, en el campus al investigador español actual que quizás ha tenido mayor impacto internacional en ciencia. Alguien dirá también que el propio Francis nunca estuvo demasiado interesado en darse a conocer ni en promocionarse, y probablemente no le falte razón. Pero resulta impensable para cualquier otra institución académica internacional que aquella en la que trabaja Francis Mojica haya desaprovechado durante años el hecho de tener a este investigador con tanto impacto y no lo haya proclamado a los cuatro vientos, enorgulleciéndose de ello. Este es el país en el que vivimos.

«ES DURO QUE LA LABOR DE UNO SEA RECONOCIDA FUERA Y QUE SIN EMBARGO PASE DESAPERCIBIDA "EN CASA"».

En los primeros meses de 2015, mientras estaba ocurriendo todo esto que relato y Francis Mojica seguía siendo un investigador todavía desconocido, también se reunía el jurado del premio Princesa de Asturias que, en su categoría de Investigación Científica y Técnica, acordó premiar a Emmanuelle Charpentier y Jennifer Doudna «por los avances científicos que han conducido al desarrollo de una tecnología que permite modificar genes, con gran precisión y sencillez en todo tipo de células, posibilitando cambios que suponen una verdadera edición del genoma».

El premio se dio a conocer el 28 de mayo de 2015 y rápidamente los periodistas empezaron a informar sobre la noticia y a buscar comentarios de investigadores que trabajábamos con las herramientas CRISPR. Y preguntando e indagando, y supongo que gracias también a nuestros comentarios, dieron con Francis Mojica en la Universidad de Alicante, al que se presentó como el investigador que había inspirado el trabajo de las dos investigadoras, pero al que le había sido negado incomprensiblemente este premio. Para acabar de complicar más el asunto, ese papel principal de Francis fue confirmado por las propias investigadoras al aceptar el premio. Recuerdo que recomendé a uno de los primeros periodistas que me llamó para comentar este galardón que se pusiera en contacto con

Francis, para recabar su opinión, y esa entrevista fue la primera de muchas más que seguirían hasta convertirlo en lo que es hoy en día, uno de los científicos más famosos y reconocidos del país, tanto en España como en el extranjero.

Y naturalmente, se desató la polémica. ¿Cómo pudo suceder que el jurado de los premios Princesa de Asturias no incluyera a Francis Mojica junto a Emmanuelle Charpentier y Jennifer Doudna? Las deliberaciones del jurado son secretas. A pesar de ello, mucho se ha escrito y es fácil encontrar en medios de comunicación y en internet múltiples opiniones sobre este caso. Ante todo, hay que decir que el propio Francis Mojica se alegró del premio concedido a las dos investigadoras y les envió sendos correos para felicitarlas. Claro que se sentía contento, en definitiva, se premiaba también el sistema CRISPR que él había descubierto anteriormente. Nunca se quejó ni manifestó ninguna opinión relativa a si debía haber estado entre los premiados. Consideró, de forma muy inteligente, que era un fallo debido a una serie de criterios en los que él no debía de estar entre los más destacados y por ello no había sido premiado.

Mi interpretación es mucho más sencilla y, quizás, más cercana a la realidad. Conozco a muchos de los integrantes del jurado del premio Princesa de Asturias de Investigación Científica y Técnica y son todos investigadores e investigadoras excepcionales. Estoy seguro de que, si hubieran conocido a principios de 2015 no solo la existencia sino las contribuciones pioneras de Francis Mojica al campo de las CRISPR, lo hubieran incluido en el premio junto a las dos investigadoras premiadas. Yo creo, simple y llanamente, que no lo premiaron por puro desconocimiento.

Recordemos que yo mismo llevaba más de un año y medio trabajando con las CRISPR (es decir, éramos ya de alguna manera expertos en el tema) cuando descubrí y conocí a Francis por una casualidad. Si una persona que trabajaba directamente desde hacía mucho tiempo en el ámbito de las CRISPR no lo conocía, ¿cómo podemos esperar que los miembros del tribunal, no necesariamente usuarios de estas técnicas, se percataran de la existencia del microbiólogo alicantino o de su contribución decisiva en este campo? Por otro lado, en 2015, las investigadoras Doudna y Charpentier ya habían sido premiadas por diversas instituciones prestigiosas y, por ello, premiarlas a ellas era una apuesta segura.

Fue una verdadera lástima que no se incluyera a Mojica entre los premiados con el Princesa de Asturias en 2015. Probablemente se perdió una ocasión única de haber hecho las cosas mejor, pero así sucedió y así se escribe la historia, y creo que no debemos darle más vueltas. Para el propio Francis este es un tema olvidado que apenas comenta ya, y sin ningún rencor. Afortunadamente, tras este galardón vinieron otros que ya incluyeron a Francis entre los premiados o que lo significaban personalmente a él.

Por mi parte, seguí con mi campaña de promoción del trabajo de Francis. En junio de 2015 publiqué un artículo en el blog de la Asociación de Comunicadores de Biotecnología en el que hablaba de «Las herramientas CRISPR: un regalo inesperado de las bacterias que ha revolucionado la biotecnología animal». Ese artículo de divulgación científica sobre las CRISPR terminaba con una perspectiva histórica en la que resaltaba el trabajo de Francis. También en octubre de 2015, con ocasión de la ceremonia de los premios Princesa de Asturias, me pidieron desde el periódico *El Comercio de Asturias* un artículo en el que glosara los méritos de Charpentier y Doudna como receptoras del galardón, y también aproveché para resaltar el papel pionero de Mojica.

En octubre de 2015 lo invité a impartir una conferencia científica en nuestro Centro Nacional de Biotecnología y puedo decir sin temor a equivocarme que fue un éxito memorable. Pocas veces se ha visto nuestro salón de actos tan lleno como cuando nos visitó Francis para compartir sus trabajos pioneros encaminados a descubrir y caracterizar las CRISPR.

Aproveché también para invitarlo a dar una clase en una asignatura del máster de Biomedicina Molecular de la Universidad Autónoma de Madrid (UAM), que coordinaba desde hacía muchos años junto a Miguel Manzanares (CNIC) y Sagrario Ortega (CNIO). Él aceptó igualmente encantado y resultó una experiencia muy agradable y agradecida por parte de los estudiantes. Francis Mojica aceptó generosamente repetir la clase de posgrado en los dos cursos siguientes y regresó a Madrid en octubre de 2016 y en octubre de

Figura 3.1. Francis Mojica impartiendo una conferencia en el CNB en octubre de 2015. Fotografía: Lluís Montoliu.

2017. Debo decir aquí que he observado una evolución curiosa. La reacción de los primeros alumnos de 2015 fue normal. A pesar de la introducción que preparé, recibieron a Francis como si hubieran recibido a cualquier otro investigador destacado del país. No hubo demasiadas preguntas ni tuvimos que cambiar de clase para acomodar a más asistentes.

La cosa cambió en 2016, cuando ya habían empezado a aparecer artículos periodísticos en los medios y cuando se había generado mucha expectación por su posible Premio Nobel. Y la progresión fue espectacular en el curso de 2017. Para su clase nos tuvimos que mudar al aula de mayor tamaño de la facultad de Medicina de la UAM, para poder acoger a todos los alumnos de los diferentes másteres y a los muchos profesores que querían escucharlo. Fue emocionante escuchar las preguntas que le hacían los estudiantes y el tumulto que se formó a su alrededor al terminar la clase, con grupos de alumnos haciendo cola para poder tomarse una fotografía con Francis. Él aceptó estoicamente su recién estrenado papel de investigador «famoso» y se prestó a todas las peticiones de fotos y autógrafos de los estudiantes. Fue apasionante ser testigo de cómo evolucionó el conocimiento que nuestro país tenía de su figura.

Desde 2015, hemos coincidido y hecho doblete en muchos foros y actos científicos sobre edición genética mediante CRISPR. Por supuesto, él siempre introduciendo la temática y hablando de los orígenes y luego yo comentando nuestros resultados como usuarios felices de estas herramientas en ratones y sus aplicaciones en biomedicina. Debo decir que cuando lo he invitado para algún congreso o reunión que organizaba, siempre ha acudido, siempre generoso y dispuesto a impartir una de sus ya legendarias clases magistrales sobre el sistema CRISPR.

Me consta que, desde 2015, ya ha impartido centenares de conferencias por toda España y por todo el mundo, y que es uno de los científicos más solicitados en cualquier foro de los más variados temas. Y lo sé de primera mano, al haber sido su telonero o haber aceptado gustosamente dar charlas en aquellos congresos o reuniones a los que no podía o no consideraba oportuno asistir y para los que me pedía que acudiera yo para suplirlo y explicar algo de los orígenes de las herramientas CRISPR y nuestro trabajo aplicándolas en investigación sobre enfermedades raras. Por supuesto, acepté encantado todas estas invitaciones de rebote e intenté cumplir con las expectativas de unas audiencias que quizás esperaban conocer a Mojica y tenían que contentarse con su fiel substituto.

De hecho, desde 2015, y gracias a la conversación constante que he seguido manteniendo con Francis, empecé a comentarle el gran desconocimiento que la sociedad (científica y en general) tenía de su trabajo pionero, y de muchos otros microbiólogos que lo siguieron. Por eso le planteé que teníamos que escribir un artículo que explicara y glosara toda la prehistoria de estos sistemas, sus orígenes con sus trabajos pioneros de principios de los años noventa y todos los trabajos que siguieron después. Muchos compañeros míos no conocían mucho más que los artículos de referencia, que ya he comentado, de los años 2012 y 2013. Y muy pocos sabían que aquellos trabajos no habrían podido llevarse a cabo sin toda la progresión de conocimiento que surgió desde los años noventa,

Figura 3.2. Francis Mojica rodeado de alumnos en la UAM tras impartir su clase en octubre de 2017. Fotografía: Lluís Montoliu.

veinte años antes. Había prácticamente veinte años de la historia de las CRISPR que eran ampliamente desconocidos por la mayoría de los investigadores en biomedicina que usaban rutinariamente estas herramientas en sus experimentos de edición genética.

En pocos meses dimos forma, mano a mano, a una revisión histórica que, tras pasar por varios editores, logramos publicar en julio de 2016 en la prestigiosa revista *Trends in Microbiology,* una referencia en el campo. ¿Quién me iba a decir a mí que acabaría publicando un artículo sobre microbiología, sin ser microbiólogo, junto al gran Francis Mojica? Ahora puedo decir sin tapujos que esta es una de las publicaciones de las que me siento más orgulloso, pues surgió de una colaboración y conversación sincera entre dos investigadores que nos juntamos para intentar explicar, a los usuarios de las herramientas CRISPR, que todas aquellas aplicaciones derivaban de muchos trabajos anteriores, acumulados durante más de veinte años, elaborados calladamente y con perseverancia por diversos grupos. Todos ellos habían permitido llegar en el verano de 2012 a un momento especial, con la tecnología ya madura y los conocimientos básicos suficientes, para hacer la transición entre la investigación básica y la aplicada. Para convertir un sistema de defensa de las bacterias en una utilísima herramienta de edición genética.

Hay que decir claramente que en este asunto hay dos partes muy bien diferenciadas que a veces se confunden. Por un lado, está la investigación básica que realizaron Francis Mojica y otros microbiólogos como él, que permitió describir las CRISPR como un sistema inmunitario adaptativo que utilizan las bacterias y las arqueas para defenderse de los virus y otras moléculas de ADN invasoras que intentan infectarlas. Ahí el papel de Francis es claro, fundamental, indudable. Por otro lado, está la propuesta de convertir este sistema de defensa procariota CRISPR en una herramienta de edición genética, propuesta que realizaron Jennifer Doudna y Emmanuelle Charpentier, y otros investigadores después de ellas, y por la que frecuentemente estas investigadoras son premiadas. Francis Mojica, como ha confesado en diversas ocasiones, nunca trabajó en edición genética ni pensó que el sistema CRISPR que él descubriera podría tener ningún interés en temas de edición de genomas de cualquier organismo. Tampoco Jennifer Doudna y Emmanuelle Charpentier habrían podido llegar a proponer esta aplicación innovadora sin los resultados previos de Francis, sobre los que fundamentaron su trabajo posterior. Por ello, cuando se premian las contribuciones al mundo CRISPR, si se está premiando la parte final, las aplicaciones de edición genética, Francis Mojica no tiene necesariamente que aparecer entre los premiados. Ahora bien, si se está reconociendo todo el trabajo que llevó a descubrirlas como sistema de defensa en procariotas, o cómo a partir de esos resultados de ciencia básica se llegó a desarrollar una aplicación de edición de genomas, entonces Francis tiene asegurado un puesto entre los laureados. De ahí que su nombre sonara desde 2015 para estar entre los premiados con el mayor de los galardones que puede recibir un científico: el Premio Nobel.

No nos sobran Premios Nobel en España.

Desde 1959, año en el que fue premiado el bioquímico Severo Ochoa de Albornoz, no hemos tenido ningún investigador o investigadora premiados con este galardón. Ha habido diversos nominados, todos científicos excelentes, pero nunca habíamos estado tan cerca de que un compatriota nuestro volviera a recibir la más alta distinción en ciencia como ahora con Francis Mojica y su descubrimiento de las CRISPR. Finalmente no se cumplieron las previsiones y el Premio Nobel por las CRISPR fue a parar en octubre de 2020 a las investigadoras Emmanuelle Charpentier y Jennifer Doudna, por lo que tendremos que seguir esperando para poder añadir un tercer español premiado con un Nobel, tras Santiago Ramón y Cajal (en 1906) y Ochoa.

Naturalmente, la competencia para ser premiado con un Nobel por las CRISPR era feroz. Por lo menos 12 investigadores e investigadoras podrían haber sido elegidos para una supuesta terna en Estocolmo, incluyendo a Charpentier, Doudna y Mojica, siendo este último nuestro primer candidato. Sin embargo, la Academia de Ciencias Sueca optó por significar solamente a las dos investigadoras, la primera vez que un Premio Nobel se otorgaba a dos mujeres. Francis Mojica, pero también Feng Zhang, George Church, Rodolphe Barrangou y muchos otros, se quedaron fuera. Francis fue de los primeros en felicitarlas, internamente satisfecho y orgulloso al ver como las CRISPR, que él había tenido la oportunidad de descubrir y comunicar al mundo entero en 2005 desde Alicante, hubieran podido progresar tanto hasta alcanzar la gloria y el máximo reconocimiento en las personas de Emmanuelle Charpentier y Jennifer Doudna.

El año 2015 terminaría con la revista *Science* seleccionando las CRISPR como el avance científico más relevante del año. ¿Qué sucedió en 2016 para que, de pronto, todas las instituciones nacionales e internacionales empezaran a descubrir y premiar el trabajo de Francis Mojica? El 14 de enero de 2016, Eric S. Lander, director del Instituto BROAD de Boston, asociado al Instituto de Tecnología de Massachusetts (MIT), publicó una revisión en la prestigiosa revista *Cell* que tituló «The heroes of CRISPR» («Los héroes de CRISPR») y que iba a provocar una revolución en este campo.

La revisión de Lander fue rápidamente acusada de tener un sesgo partidista y de no ser imparcial, por Jennifer Doudna y Emmanuelle

Charpentier, cuyo papel en la historia de las CRISPR quedaba minusvalorado en favor del de Feng Zhang, investigador del mismo Instituto BROAD, que dirigía Lander, que pasaba a recibir gran parte del mérito por su demostración pionera en 2013 de que las herramientas CRISPR podían usarse para la edición de genomas de cualquier organismo. Naturalmente, había un trasfondo legal y económico en esta polémica, por la titularidad de los derechos de explotación comercial de la patente CRISPR que se disputaban la Universidad de California en Berkeley, representante de los intereses de Doudna y Charpentier, y el Instituto BROAD, que representaba los intereses de Zhang. Me referiré a este tema con mayor detalle en el capítulo siguiente.

Pero la revisión tuvo un impacto extraordinario en nuestro país. En su relato de los orígenes de los sistemas CRISPR, Lander situaba, usando números ordinales, los lugares del mundo donde, en su opinión, se habían desarrollado las investigaciones pioneras de cada uno de los pasos en la pequeña intrahistoria de las CRISPR. Así pues, en la figura 2 de ese artículo, Lander situaba nada menos que los números 1 y 2 en Alicante, por el trabajo pionero de Francis Mojica. El número 1 por el descubrimiento de las CRISPR por parte de Francis en 1993 y el número 2 por el descubrimiento de que el sistema CRISPR era un sistema inmunitario adaptativo, también realizado por Francis en 2003.

Ese artículo fue un bombazo internacional y, por supuesto, en España.

Tras leer ese artículo en *Cell*, todos los investigadores que trabajaban en CRISPR focalizaron su atención en el trabajo de Francis y muchos descubrieron que Alicante, además de ser un destino turístico, también albergaba ciencia de calidad y acogía a científicos brillantes que, con una buena dosis de paciencia, tesón y perseverancia, habían estado investigando sobre las CRISPR durante muchos años, desde principios de la década de los noventa, contribuyendo a poner las bases de lo que después sería la revolución tecnológica de las CRISPR.

La primera institución que reaccionó fue la que concede los premios Jaime I en Valencia, cuya edición de 2016 decidió premiar a Francis Mojica en la categoría de Investigación Básica por «el descubrimiento de CRISPR, la base de la inmunidad en bacterias, que ha permitido desarrollar la edición de genomas mediante CRISPR-Cas9».

En 2017 llegaría el premio Fronteras del Conocimiento en Biomedicina, concedido por la Fundación BBVA, a Emmanuelle Charpentier, Jennifer Doudna y Francisco Martínez Mojica «por la creación de las técnicas CRISPR/Cas9, que han impulsado una revolución biológica dotando a los laboratorios con una potente herramienta de edición genómica para entender las funciones de los genes y los sistemas biológicos, así como para el abordaje de enfermedades». Este premio fue muy relevante tanto para el mundo CRISPR como para el propio Francis Mojica. Un jurado internacional corregía el error de 2015 de los premios Princesa de Asturias y por los mismos méritos se incluía, esta vez sí, a Mojica además de a Doudna y a Charpentier.

Francis nos invitó a mi mujer y a mí a asistir a la entrega de premios. Coincidimos con su mujer, Geli, y su familia, con quienes compartimos una cena muy agradable y pude confirmar la sencillez y la normalidad de Francis, un tipo corriente, enamorado de su trabajo, que recibía galardones y parabienes tras llevar más de 25 años alejado de los focos y del mundanal ruido. Francis andaba un poco agobiado con tanta ceremonia formal, con el riguroso esmoquin, pero disfrutaba como un niño de cada momento. Tampoco desaprovechó sus minutos de gloria, en el discurso de recepción del premio, en nombre de los tres premiados, para lanzar un poderoso alegato en favor de la ciencia básica ante las autoridades allí presentes, incluidas las que gestionan la ciencia de nuestro país.

En 2017, Francis Mojica también recibió el premio Lilly de investigación biomédica preclínica «por su trabajo pionero sobre CRISPR y su contribución al conocimiento de sistemas CRISPR-Cas», el premio nacional de la Sociedad Española de Genética, el premio Plus Alliance y finalmente también una de las distinciones más importantes que ha recibido hasta el momento, el premio Albany Medical Centre de Medicina e Investigación Biomédica, que compartió, además de con Jennifer Doudna y Emmanuelle Charpentier, con Feng

Zhang y Luciano Marraffini (Universidad Rockefeller), todos ellos actores relevantes en el desarrollo de las herramientas CRISPR de edición genética.

Quiero mencionar de forma singular un reconocimiento que le llegó a Francis Mojica también en 2017. Sus compañeros microbiólogos de la Sociedad Española de Microbiología (SEM) le concedieron la Medalla de Honor de la SEM, que recibió en el congreso de la Sociedad en Valencia en julio de aquel año, que coincidió con el congreso internacional de la Federación Europea de Sociedades de Microbiología (FEMS). El conjunto de la microbiología española, a través de la SEM, finalmente reconocía los méritos destacados de Francis, que siempre había conocido, pero que nunca había destacado o premiado. La única excepción fue un pequeño artículo que Francisco Rodríguez Valera, director de tesis de Francis, publicó en mayo de 2014 en la revista *noticiaSEM*. En esa nota, resaltaba el trabajo de su exdoctorando y concluía diciendo, sobre el artículo que publicó Mojica en 2005 en el que proponía que el sistema CRISPR era en realidad un sistema de defensa de las bacterias: «Este artículo […] es, en mi modesta opinión, el mejor artículo de microbiología publicado nunca en España. Pero nadie es profeta en su tierra. Espero que algún día se haga justicia y se reconozca la inmensa aportación que Francis y sus colegas de la Universidad de Alicante han hecho a la ciencia mundial». Sin embargo, esta encendida y solitaria defensa que Francis tuvo de uno de sus colegas y principales valedores no tuvo demasiado impacto, más allá de los especialistas de su campo.

Hoy miro atrás y recuerdo ese primer encuentro con Francis Mojica el 4 de diciembre de 2014. Nacimos los dos el mismo año (1963) y nos licenciamos también en Biología el mismo año (1986), yo por la Universidad de Barcelona y él por la Universidad de Valencia. Yo me doctoré antes que Francis, en 1990, al evitar hacer el servicio militar obligatorio mediante sucesivas prórrogas, mientras que él optó por destinar un año largo a la «mili» y finalmente se doctoró en 1993 por la Universidad de Alicante, donde conseguiría su plaza actual de profesor titular en 1997, tras varias estancias en Francia, Reino Unido y EE. UU. Mi vida profesional ha cambiado mucho, para bien, y en gran parte se lo debo a las CRISPR y, por ello, le agradezco infinitamente su trabajo por descubrirlas.

Pero os aseguro que si a alguien le ha cambiado la vida completamente es a él, que ha perdido irreversiblemente su anonimato para pasar a ser un personaje famoso, público, del que todo el mundo se enorgullece ahora y al que todo el mundo quiere invitar. Seguro que él mirará atrás también y recordará los duros años pasados, cuando casi nadie apostaba por la investigación que dirigía, como cuando perdió la financiación de sus proyectos por parte del Ministerio entre 2008 y 2011 y tuvo que ingeniárselas, con grandes dosis de imaginación, para continuar investigando sobre las CRISPR. Y lo consiguió. Su curiosidad insaciable y su perseverancia tuvieron la justa recompensa que ha empezado a recoger desde 2015. Hoy en día, su máxima preocupación (además de la salud de su familia y el aspirar a disfrutar de varios días seguidos en Alicante, para trabajar y seguir investigando sobre las CRISPR) es la compra de una nueva vitrina en Ikea para acomodar en su casa de Elche el ingente número de premios, placas y distinciones que recibe.

4

¿QUIÉN ES QUIÉN EN EL MUNDO CRISPR?

Las herramientas CRISPR para editar genes se han conocido hace relativamente pocos años. Su posible uso como editoras de genes se postuló en el verano de 2012 y se constató por vez primera en enero de 2013. Apenas han transcurrido unos pocos años desde entonces, pero la historia de estos sistemas antecede a la de las herramientas que de ellos derivan. Esa historia se remonta a 1987 y empieza en Japón.

Yoshizumi Ishino, poco después de completar su tesis doctoral en la Universidad de Osaka, dirigida por Atsuo Nakata, encabezó la lista de autores de una publicación de 1987 en la que describían un gen de la bacteria Gram– *Escherichia coli,* llamado *iap,* que codifica una proteína aminopeptidasa. El gen y la proteína codificada no tenían nada que ver con el sistema CRISPR, que por supuesto aún no se conocía. Pero estos investigadores se dieron de bruces con unas curiosas secuencias de ADN repetidas que encontraron muy cerca del final del gen *iap.* Eran cinco segmentos que contenían una repetición de 29 letras casi idénticas seguida de 32 letras distintas en cada caso, que ya llamaron espaciadores. No tenían ni idea de su origen ni menos de su función, pero a pesar de ello decidieron incluir esta observación como la última figura, la quinta, de su estudio. Esta figura y esta publicación quedarían registradas como la primera documentación conocida de las repeticiones CRISPR en un organismo procariota.

Ishino nunca más volvería a trabajar con estas repeticiones de ADN ni a tener relación alguna con el mundo CRISPR. Tras una estancia posdoctoral en la Universidad de Yale, en EE. UU., retornó a su país para integrarse en la Universidad de Kyushu y posteriormente asociarse al Instituto de Astrobiología de la NASA de la Universidad de Illinois, en Urbana-Champaign. Es un experto en los procesos de replicación y recombinación de ADN en arqueas. Recientemente, treinta años después de identificar aquellas primeras repeticiones, Ishino ha publicado una revisión histórica de los sistemas CRISPR a partir de su observación pionera. Esta revisión la comparte con Patrick Forterre, del Instituto Pasteur y la Universidad Paris-Sud en Orsay, que fue el supervisor de Francis Mojica durante una estancia en el extranjero que este realizó durante su tesis doctoral en 1991-92.

Por el contrario, Atsuo Nakata, el supervisor de Ishino en Osaka, volvió a reportar en 1989 secuencias de ADN repetidas similares en los genomas de otras bacterias Gram– como *Shigella dysenteriae* y *Salmonella typhimurium*, aunque no las encontró en *Klebsiella pneumoniae* o *Pseudomonas aeruginosa*. No parecían estar en todas las bacterias.

Dos años después, unos microbiólogos holandeses dirigidos por Peter Hermans, del Instituto Nacional de Salud Pública y Protección Medioambiental, en Bitlhoven, descubrían unas secuencias repetidas análogas y virtualmente idénticas de 36 letras seguidas de secuencias espaciadoras entre 35 y 41 letras, en el genoma de las bacterias Gram+ del grupo *Mycobacterium tuberculosis*. Fueron ellos quienes primero bautizaron estas curiosas secuencias de ADN, llamándolas DR (del inglés *direct repeats*, repeticiones directas). Estos investigadores se dieron cuenta de que los DR eran muy polimórficos, muy variables, tanto en número de repeticiones como en longitud o en las secuencias mismas que contenían. De hecho, se percataron de que podían usar los DR para diferenciar 14 cepas distintas de estas bacterias patógenas, causantes de la tuberculosis en muchos animales y también en personas. Cada cepa de micobacteria tenía un número concreto de repeticiones y unas secuencias espaciadoras características. Una excelente herramienta de clasificación genética para saber con qué bacteria estamos tratando en cada momento. Esta fue una de las primeras aplicaciones (espoligotipaje) de las repeticiones que luego conoceríamos como CRISPR y que sigue utilizándose hoy en día, en particular para discernir entre las cepas de bacterias del complejo *Mycobacterium tuberculosis* (MTBC) detectando la presencia o ausencia de hasta 43 espaciadores distintos.

A principios de los años noventa sabíamos ya de la existencia de estas secuencias de ADN repetidas seguidas de espaciadores únicos en dos grupos de procariotas evolutivamente distantes como son las bacterias Gram– y Gram+. Pero nada sabíamos del otro grupo de procariotas, todavía más alejado en la evolución, que son las arqueas. Por eso la publicación de Francis Mojica en 1993, que describía estas repeticiones en *Haloferax mediterranei*, una haloarquea adaptada a vivir en condiciones extremas de salinidad, fue tan relevante. En esa publicación y en otra que siguió dos años después, del laboratorio de Francisco Rodríguez-Valera de la Universidad de Alicante, en el que trabajaba Francis Mojica, se reportaron estas agrupaciones de secuencias repetidas en varias especies de arqueas, presentes tanto en el genoma principal como en los plásmidos (moléculas de ADN independientes del cromosoma que suelen presentar los organismos procariotas).

A diferencia de lo que había ocurrido con los investigadores japoneses (que describieron las secuencias repetidas en un par de artículos y no volvieron a trabajar sobre ellas) o con los investigadores holandeses (que decidieron aprovechar la diversidad de secuencias repetidas y espaciadores para la clasificación y distinción de cepas de bacterias), Mojica iniciaría con estas publicaciones pioneras de 1993 y 1995 su particular reto para intentar entender cuál podía ser la función de estas agrupaciones de repeticiones y espaciadores tan peculiares. A Mojica le debemos la primera explicación de estas repeticiones en arqueas, al demostrar que existía una incompatibilidad cuando estaban presentes simultáneamente en el cromosoma principal y en los plásmidos.

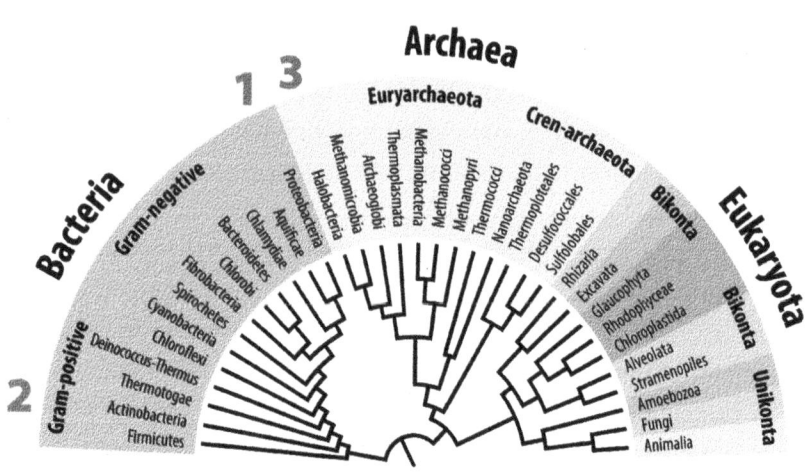

Figura 4.1. Relaciones filogenéticas de los seres vivos. La distancia evolutiva entre dos organismos se estima a partir de su antepasado común. 1: Posición de las bacterias Gram– proteobacterias *(Escherichia)*; 2: Posición de las bacterias Gram+, actinobacterias *(Mycobacterium)*; 3: Posición de las arqueas halófilas *(Haloferax)*. El antepasado común de las tres está en el mismo origen de la vida (abajo, en el centro de la imagen). Para apreciar la gran distancia evolutiva que hay entre estos tres géneros de procariotas solo hay que fijarse a la derecha de la figura, donde están agrupados todos los eucariotas, desde los hongos, las plantas hasta los animales, con unas relaciones evolutivas mucho más cercanas que las existentes entre los tres procariotas donde se describieron por vez primera las repeticiones CRISPR en sus genomas. Gráfico modificado a partir de: http://bioweb.uwlax.edu/bio203/f2012/seeger_kait/classification.htm

Mojica también se percató, como ya he explicado en el capítulo 1, de la improbable coincidencia de que estas agrupaciones de secuencias repetidas y espaciadores estuvieran presentes en tres tipos de procariotas tan alejados desde el punto de vista evolutivo, probablemente miles de millones de años, como eran *Escherichia*, *Mycobacterium* y *Haloferax* (ver figura 4.1). La explicación más probable era que compartiesen este grupo de repeticiones debido a que lo habían heredado de un antepasado común, que inmediatamente nos retrotraía al origen de la vida sobre la Tierra.

Durante los años siguientes, hasta el final del siglo, Mojica y sus colaboradores se dedicaron a coleccionar repeticiones similares que iban descubriendo a medida que se publicaban las secuencias de otras bacterias y arqueas. En el año 2000, Mojica publicaría uno de los primeros estudios comparativos de estas secuencias repetidas analizando su presencia en prácticamente todos los organismos procariotas secuenciados hasta ese momento. De nuevo, esa increíble conservación evolutiva de unas agrupaciones de secuencias de ADN repetidas junto a sus espaciadores variables le sugería que la función, todavía oculta en aquel momento, que debían de tener asignada había de ser muy relevante. En el año 2000, Mojica llamó a estas secuencias SRSR (del inglés *short regularly spaced repeats*, repeticiones cortas regularmente espaciadas).

Dos años más tarde, otro microbiólogo holandés, Ruud Jansen, de Utrecht, en colaboración con quienes habían descrito las repeticiones en *Mycobacterium*, también se dedicó a recopilar repeticiones de muchos procariotas y decidió fijarse en algo más, en las secuencias de ADN cercanas a estas agrupaciones de repeticiones. Localizó un grupo de cuatro genes que parecían también estar conservados en la mayoría de los organismos que presentaban las secuencias repetidas, para los cuales necesitaba un nombre. Tal y como explica el propio Francis Mojica en el prólogo de este libro, Jansen y él discutieron varias posibilidades para nombrar de una forma definitiva las repeticiones de ADN y, a partir de ahí, poder nombrar los genes adyacentes, que parecían estar muy relacionados. Fue a Francis al que se le ocurrió el acrónimo CRISPR, como he contado en el capítulo 1, que Jansen aceptó de inmediato e incorporó en su publicación de 2002 donde describía esos genes adyacentes, que pasó a denominar Cas, por *CRISPR-associated genes* (genes asociados a los CRISPR).

Al año siguiente sería cuando Francis Mojica tendría su momento ¡Eureka! y se daría cuenta de que las secuencias espaciadoras eran en realidad fragmentos de genomas de virus y plásmidos invasores de las bacterias, que cuando aparecían tornaban la bacteria resistente a ellos. Este hallazgo de 2003 lo publicaría, tras diversos avatares, en 2005, y esta publicación se considera hoy esencial, la primera que propone cuál podría ser la función de estas repeticiones CRISPR y sus espaciadores asociados: ni más ni menos que un sistema de defensa, un sistema inmunitario adaptativo de base genética en procariotas.

Ese mismo año, el grupo del microbiólogo francés Gilles Vernaud confirmó la propuesta de Mojica, estudiando los elementos CRISPR y el origen externo de los espaciadores del genoma de *Yersinia pestis*. Alexander Bolotin, desde el centro del INRA en Jouy-en-Josas, cerca de París, hizo lo propio estudiando el sistema CRISPR y los espaciadores de varias especies del género de bacterias *Streptococcus*. Bolotin fue el primero que se dio cuenta de la existencia de unas secuencias cortas de ADN conservadas inmediatamente adyacentes al protoespaciador, el fragmento de ADN del virus o del plásmido que se acaba incorporando al genoma bacteriano en el locus CRISPR. Sería también Mojica quien, en 2009, propondría el nombre de PAM para nombrar estas secuencias situadas al lado del protoespaciador.

La confirmación experimental del papel que tenían los sistemas CRISPR en la defensa contra los virus la aportaron Rodolphe Barrangou, Philippe Horvat y colaboradores en su artículo de 2007, que ya he mencionado en el capítulo 1. Aunque para muchos este artículo de 2007 sea el primero del mundo CRISPR, podemos ahora darnos cuenta de que habían pasado nada menos que veinte años desde la primera observación de estas repeticiones realizada por Ishino.

Al año siguiente se descubrió uno de los elementos principales de los sistemas CRISPR, las pequeñas moléculas de ARN que provenían de la transcripción de las repeticiones y los espaciadores. El grupo del microbiólogo holandés John van der Oost, de Wageningen, en colaboración con otros grupos, publicó un excelente estudio en la revista *Science* en 2008 describiendo estas moléculas de ARN que eran esenciales para dirigir, para «guiar» (de ahí deriva el nombre de ARN guías que se le aplicó posteriormente) la respuesta antiviral. Las denominó directamente crRNA (CRISPR RNA), o ARN de CRISPR.

Ese mismo año, Luciano Marraffini, un microbiólogo de origen argentino que trabajaba en EE. UU., también reportó en la revista *Science* la prueba experimental de que los sistemas CRISPR no solo interferían con la infección de virus (como ya habían demostrado Barrangou y otros) sino también con la transmisión horizontal de plásmidos, un mecanismo muy habitual que usan las bacterias para adquirir nuevas funciones de otras bacterias.

El siguiente microbiólogo al que debo mencionar es el canadiense Sylvain Moineau, de la Universidad Laval en Quebec. Su equipo fue el que primero integró todo el conocimiento acumulado hasta el momento para explicar cómo funcionaba el sistema inmunitario basado en CRISPR de la bacteria *Streptococcus thermophilus* y lo describieron en un artículo de la revista *Nature* en 2010. En este trabajo se explicaba cómo la guía de ARN derivada del espaciador se apareaba con el protoespaciador (fuera del genoma del virus o el plásmido invasor), justo al lado de la secuencia PAM característica, y cómo luego la nucleasa Cas correspondiente acudía a cortar el ADN del virus o del plásmido en posiciones específicas dentro de ese protoespaciador, provocando así su destrucción.

Todavía faltaba, sin embargo, un elemento clave por descubrir de los sistemas CRISPR. El grupo de la microbióloga francesa Emmanuelle Charpentier (en aquel momento investigando desde la Universidad de Umeå, en Suecia, hoy en día en Berlín, Alemania, dirigiendo la Unidad de Ciencia de Patógenos del Instituto Max Planck, tras pasar por varios centros) fue el que lo encontró y reportó en su estudio publicado en *Nature* en 2011 estudiando el sistema CRISPR de otra bacteria, *Streptococcus pyogenes,* que pronto se convertiría en referencia y muy famosa. Se trataba de otra pequeña molécula de ARN, necesaria para la maduración del crRNA, y la denominaron tracrRNA (por *trans-activating crRNA*), algo así como el ARN CRISPR transactivador. Quiero hacer notar que este artículo de 2011 representa la entrada de la investigadora Emmanuelle Charpentier en el mundo CRISPR, 18 años después de que Mojica hubiera descubierto las repeticiones CRISPR en arqueas.

Y con todo ello llegamos al año 2012, con toda la retahíla de estudios sobre CRISPR publicados, hasta entonces de interés para muy pocos investigadores, mayoritariamente microbiólogos moleculares que llevaban años intentando comprender este fabuloso y versátil sistema inmunitario adaptativo de bacterias y arqueas. El resto de la comunidad científica, entre los que me cuento, seguíamos ignorando todos estos sorprendentes hallazgos, que pasaban por ser resultados ciertamente interesantes de ciencia básica para los que no

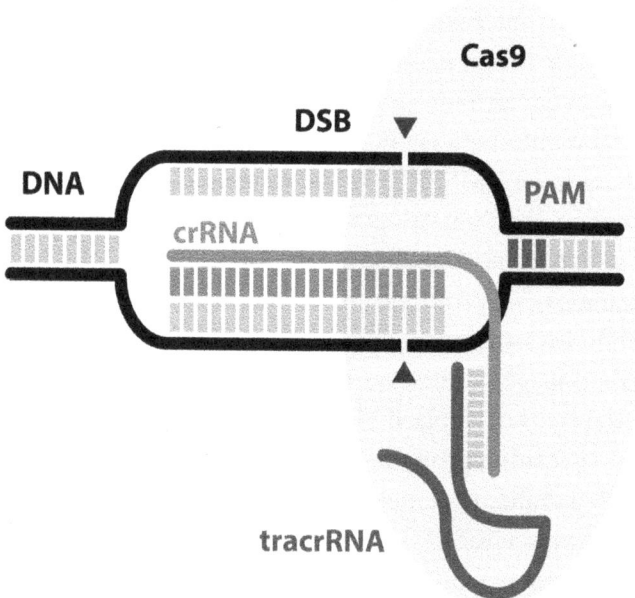

Figura 4.2. El sistema CRISPR-Cas9 de *Streptococcus pyogenes*, descrito por Jennifer Doudna y Emmanuelle Charpentier en su artículo en Science en 2012. Aquí se muestra funcionando como herramienta de edición genética. DSB: corte de doble cadena en el ADN; crRNA: molécula de ARN guía que se aparea con la secuencia complementaria al protoespaciador, al gen que se desea editar; tracrRNA: molécula de ARN común que se aparea con crRNA y engancha a la nucleasa Cas9 para que pueda cortar (triángulos) tres nucleótidos a la izquierda de la secuencia PAM (el motivo adyacente al protoespaciador). Gráfico: Lluís Montoliu.

se intuía aplicación ni uso alguno, más allá de la microbiología. Estábamos todos equivocados.

En el verano de 2012, una colaboración científica entre los grupos de Emmanuelle Charpentier (que seguía en Umeå) y la bioquímica, biofísica y bióloga estructural Jennifer Doudna, de la Universidad de California en Berkeley (UC Berkeley), en EE. UU., cristalizó en un artículo en *Science* que transformó la genética y la biomedicina tal y como la entendemos hoy en día. El trabajo tenía como primer autor a Martin Jinek, investigador posdoctoral de origen checo en el laboratorio de Doudna.

En 2012, Jennifer Doudna tenía una relativamente corta pero sólida carrera en el mundo CRISPR, pues había publicado ya más de diez artículos científicos sobre el tema desde 2009, sobre todo describiendo la estructura y función de las moléculas implicadas en estos sistemas. Doudna cuenta hoy en día con más de 300 publicaciones científicas referenciadas. Emmanuelle Charpentier y Jennifer Doudna coincidieron por vez primera en un congreso en San Juan de Puerto Rico, en marzo de 2011, y allí establecieron la colaboración científica para intentar descifrar los elementos del sistema CRISPR de *Streptococcus pyogenes* y su mecanismo de funcionamiento.

Doudna y Charpentier describieron los elementos del sistema CRISPR arquetípico de tipo II de *Streptococcus pyogenes* (ver figura 4.2) y confirmaron, en sus experimentos de laboratorio, que esta bacteria solo necesita tres elementos para cortar un ADN determinado: la nucleasa Cas9 y dos moléculas de ARN, crRNA (que es la que contiene la homología de secuencias con el ADN que se quiere cortar) y tracrRNA (que es la molécula de ARN común a todos los ensayos y que se une tanto a la crRNA como a la nucleasa Cas9). Dado que era evidente que estos elementos podían funcionar *in vitro*, en el laboratorio, fuera de la bacteria, para cortar un ADN a voluntad propusieron que este sistema CRISPR podría usarse para la edición de genomas de forma programable con ARN. En concreto, la última frase del resumen del artículo decía: «Our study reveals a family of endonucleases that use dual-RNAs for site-specific DNA cleavage and highlights the potential to exploit the system for RNA-programmable genome editing» (Nuestro estudio revela una familia de endonucleasas que utilizan ARN duales para el corte específico de ADN y destaca el potencial para explotar el sistema para la edición programable del genoma por ARN).

En aras de facilitar su utilización como nuevas herramientas de edición genética (en 2012 ya se conocían las meganucleasas de levadura, las nucleasas de dedos de Zinc [ZFN] y las TALEN, derivadas de bacterias patógenas de plantas, de las que hablaré en el próximo capítulo), comprobaron que podían fusionar las dos pequeñas moléculas de ARN, crRNA y tracrRNA, en una sola, sin que esta única molécula de ARN resultante perdiera la actividad de las dos predecesoras. La molécula de ARN resultante la denominaron *single chimeric RNA* (ARN único quimérico) y posteriormente, en una revisión conjunta de las dos investigadoras en la revista *Nature* de 2014, *single guide RNA* o sgRNA (ARN guía único), cuyo nombre rápidamente se popularizó como la «guía» de ARN y que ya he presentado en el capítulo 2, en la figura 2.1.

El artículo de Doudna y Charpentier en *Science* (2012) fue disruptivo en muchos aspectos. Rompió con los conocimientos que teníamos hasta entonces para modificar genomas de plantas y animales, con métodos que en algunos casos llevaban más de treinta años en uso, y nos mostró que podíamos promover cambios en cualquier ADN de cualquier organismo de forma precisa usando las herramientas que las bacterias utilizaban para defenderse de virus invasores, como he contado en el capítulo 2. En los años siguientes, Doudna y Charpentier recogieron numerosos premios y distinciones, solas o junto a alguno de sus otros colegas que contribuyeron a descubrir las CRISPR (como Francis Mojica, Luciano Marraffini, Rodolphe Barrangou, Philippe Horvath) o que confirmaron experimentalmente sus propuestas de usar el sistema CRISPR para la edición de genomas (como Feng Zhang), hasta finalmente ser distinguidas con el Premio Nobel de Química en 2020.

Esta es la historia oficial. Pero no es la historia completa.

A principios de 2012 se habían acumulado muchas evidencias experimentales de los componentes de los sistemas CRISPR y de cómo debía ser el mecanismo de funcionamiento para que actuaran como sistema de defensa frente a virus y plásmidos. Y, lógicamente, la idea que tuvieron Doudna y Charpentier no fue original. También se les ocurrió a otros investigadores, igualmente familiarizados con el mundo CRISPR. Tal fue el caso, por ejemplo, de Virginijus Siksnys, microbiólogo de la Universidad de Vilnius, en Lituania.

Siksnys había completado en 2011 un experimento asombroso que probablemente pasó desapercibido para los no especialistas. Había logrado transferir todo un sistema CRISPR (las repeticiones, los espaciadores y los genes Cas asociados) entre dos bacterias evolutivamente muy distantes, *Streptococcus thermophilus* (una bacteria Gram+) y *Escherichia coli* (una bacteria Gram−), más distantes de lo que están las levaduras de los humanos, por ejemplo, ambos eucariotas. *Streptococcus thermophilus* tiene cuatro sistemas CRISPR activos.

El sistema CRISPR1 es el que ya habían usado Barrangou y Horvath (colaboradores de Syksnys en este artículo también) para demostrar experimentalmente la inmunidad frente a virus en 2007. Siksnys transfirió el sistema CRISPR3 a *Escherichia coli* y demostró que seguía funcionando en la bacteria receptora. Con ello demostró que era posible usar estos sistemas de restricción, de corte de ADN dirigido, en otras especies muy distintas a las que originalmente los desarrollaron.

Por eso no debería haber sorprendido a nadie que, en 2012, también Siksnys, de nuevo colaborando con Barrangou y Horvath, describiera los elementos del sistema CRISPR3 de *Streptococcus thermophilus*, su mecanismo de funcionamiento, demostrara su actividad en el laboratorio y propusiera también que podrían usarse como herramientas para la edición génica. En concreto, concluía el resumen de su artículo diciendo: «These findings pave the way for engineering of universal programmable RNA-guided DNA endonucleases» (Estos hallazgos allanan el camino para diseñar endonucleasas programables universales de ADN guiadas por ARN). El artículo de Siksnys acabó publicado en la revista *PNAS* (*Proceedings of the National Academy of Sciences of USA*, Actas de la Academia Nacional de Ciencias de EE. UU.), tres meses después que el de Doudna y Charpentier.

Estoy seguro de que has oído hablar de Jennifer Doudna o de Emmanuelle Charpentier. Pero lo más probable es que no conozcas a Virginijus Siksnys. Tristemente. Y todo por tres meses. Pero la historia tiene todavía más miga y creo que hay que contarla completa. El artículo de Doudna y Charpentier en *Science* apareció publicado en la revista impresa el 17 de agosto de 2012, pero ya había aparecido *online*, en la página web de la revista, el 28 de junio de 2012, tras haber sido enviado para su publicación el día 8 de junio y aceptado por los editores el día 20 de junio, ¡solo doce días después! (téngase en cuenta que los artículos hay que enviarlos a revisión por pares, lo cual lleva varios días o semanas de tiempo y suele, casi siempre, requerir pequeños o grandes cambios en el artículo antes de ser aceptado). Sorprendentemente, parece que este artículo no tuvo que sufrir nada de eso. Es probable que sea el artículo publicado en *Science* que haya sido aceptado con mayor rapidez en toda su historia. Y como tal, disfrutó del honor y el reconocimiento de ser el primero en proponer que el sistema de defensa CRISPR de las bacterias podía usarse como una herramienta de edición genética.

¿Qué sucedió con el artículo de Siksnys? Tras probar fortuna en la revista *Cell* (que rechazó el artículo sin revisarlo siquiera), lo envió a la revista *PNAS* el 21 de mayo de 2012. Efectivamente, dos semanas y media antes de que Doudna y Charpentier enviaran su artículo a *Science*. Pero Virginijus no tuvo tanta suerte con la celeridad del proceso de su artículo. Su publicación no se aprobó hasta el día 1 de agosto de 2012. Y, lo que es peor, no apareció en la página web de la revista *PNAS* hasta el día 4 de septiembre de 2012, más de dos meses después de que el mundo hubiera conocido el artículo de las dos investigadoras. El trabajo de Siksnys fue finalmente publicado en la revista impresa de *PNAS* el 25 de septiembre de 2012, casi un mes y medio después que el de sus competidoras. Y todo ello a pesar de haberlo enviado con anterioridad. Misterios del mundo editorial. O no. Parece que algunos investigadores disfrutan de una cierta influencia en las grandes revistas mientras que otros carecen de ella.

La lectura de los dos artículos resulta clarificadora. Aunque usaron bacterias distintas, lo cierto es que realizaron experimentos similares y llegaron a la misma conclusión: que los sistemas de defensa CRISPR podían utilizarse como herramientas para la edición genética de genomas de cualquier organismo. Si bien es cierto que Siksnys no anticipó la participación del tracrRNA en el mecanismo de las CRISPR ni se percató de que las secuencias colindantes a la PAM no admiten mutaciones, como si hicieron Doudna y Charpentier, creo que debemos aceptar que, por lo menos, tanto Siksnys como Doudna y Charpentier tuvieron la misma idea en fechas muy similares y, por ello, lo justo sería que compartieran méritos y el crédito debido a ello. No parece razonable que todos los honores se los lleven Doudna y Charpentier solamente y nos olvidemos de Siksnys, que por culpa de la lentitud del proceso editorial que sufrió su artículo, en comparación con la velocidad lumínica que se dio al de las dos investigadoras, haya quedado relegado de la historia oficial de las CRISPR.

Por todo ello se agradece el reconocimiento, tardío, pero reconocimiento al fin y al cabo, que ha tenido Siksnys al ser galardonado en mayo de 2018, junto con Doudna y Charpentier, con el premio Kavli de Nanociencias, otorgado por la Academia Noruega de Ciencias y dotado con un millón de dólares.

Polémicas sobre las fechas de publicación a un lado, la verdad es que los dos artículos anteriores proponían, pero no demostraban, que las herramientas CRISPR pudieran usarse para la edición genética de, por ejemplo, células eucariotas, como las de ratón o las humanas. Los dos eran trabajos de laboratorio, con los ingredientes de cada sistema CRISPR de cada una de las dos bacterias reaccionando en un tubo de ensayo.

La demostración experimental llegó seis meses después, de la mano de dos laboratorios del área de Boston, que no habían trabajado nunca con los sistemas CRISPR, pero tenían un amplio bagaje y experiencia en el uso de otras herramientas de edición genómica, como las TALEN. Los laboratorios de Feng Zhang (del Instituto BROAD, del MIT) y de George Church (de la Universidad de Harvard) publicaron en *Science* sendos trabajos, simultáneamente y de forma independiente, en los que, por primera vez, reportaban el uso exitoso de herramientas CRISPR en células de mamífero y, para la edición de los genomas de ratón y humano, en células de cultivo. Los dos estudios aparecieron en la página web de la revista el día 3 de enero de 2013 y fueron finalmente publicados en el número que salió el 15 de febrero.

En ambos casos tuvieron que adaptar el gen que codifica la nucleasa Cas9 para poder utilizarlo de manera eficiente en células de mamífero. Aunque compartimos el mismo código genético con las bacterias, no usamos preferentemente los mismos tripletes para codificar los mismos aminoácidos. Recuerda que tenemos 20 aminoácidos en nuestras proteínas y que están codificados por tripletes en los que aparecen las cuatro letras mezcladas (un total de $4^3 = 64$ combinaciones). Eso quiere decir que para cada aminoácido hay varios tripletes posibles. Las bacterias usan preferentemente unos (más aún, diferentes procariotas usan diferentes tripletes) y nosotros, los mamíferos, usamos otros. Para adaptar un gen bacteriano y que pueda ser transcrito y traducido eficazmente en células de mamífero, hay que «humanizarlo», es decir, hay que cambiar las letras de algunos tripletes (sin cambiar el aminoácido que codifican) para que correspondan a los que preferentemente se utilizan en mamíferos. Es un trabajo laborioso y sistemático que debe hacerse si queremos que el gen Cas9, derivado de un organismo procariota, pueda expresarse correctamente en células de un organismo eucariota. Finalmente, hay que añadirle una señal al gen para que la proteína producida se dirija al núcleo, que es donde está el ADN con el cual queremos que interactúe. En el caso de los organismos eucariotas, el genoma está protegido dentro del núcleo de la célula y para que la Cas9 actúe necesitamos transportarla al núcleo. Esto se consigue añadiendo una señal (unos pocos aminoácidos extra) de cualquier otra proteína de eucariotas que sepamos que es transportada eficazmente al núcleo. Sin esta señal, la Cas9 se quedaría en el citoplasma de la célula sin tener ocasión de editar el genoma. Explico todo esto para que te des cuenta de que el uso de genes procariotas en eucariotas es posible, pero algo más complicado de lo que podría parecer en un principio. Y tanto Zhang como Church tuvieron que transformar el gen original de la nucleasa Cas9 para generar otro, ya humanizado, que pudieran usar en las células de ratón o humanas en las que confirmaron, por vez primera, que el sistema CRISPR-Cas9 bacteriano era capaz de promover la edición genética de un genoma eucariota.

> «TANTO SIKSNYS COMO DOUDNA Y CHARPENTIER TUVIERON LA MISMA IDEA EN FECHAS MUY SIMILARES Y, POR ELLO, LO JUSTO SERÍA QUE COMPARTIERAN MÉRITOS Y EL CRÉDITO DEBIDO A ELLO».

El trabajo de Zhang incluía entre sus coautores a Luciano Marraffini, reconocido experto en CRISPR y quien con toda seguridad les fue de gran ayuda para familiarizarse con el nuevo tema. Los primeros autores de ambos trabajos, Le Cong y Prashant Mali, estuvieron trabajando en paralelo en laboratorios de centros distintos.

Le Cong asistía regularmente a los seminarios de trabajo del grupo de Church, donde trabajaba Mali. De hecho, el trabajo de tesis de Le Cong fue cosupervisado por Feng Zhang y George Church. El artículo del grupo de Church incluía un investigador español entre sus coautores, Marc Güell, que estaba allí realizando una estancia posdoctoral y quien luego se involucraría en los estudios de cerdos editados y sin retrovirus endógenos que se realizaron en el mismo laboratorio, algunos años después, como contaré en el capítulo 10. Veinte años después de la primera publicación sobre CRISPR de un investigador español, otro compatriota compartía los honores de formar parte de uno de los dos equipos que primero demostraron su uso en edición genética.

Los dos artículos de *Science*, a principios de 2013, acabaron despertando al resto de la comunidad científica que no se había percatado de las publicaciones premonitorias del año anterior, de Doudna y Charpentier y de Siksnys. La técnica de edición genética por CRISPR, que tan bien y tan fácilmente parecía funcionar en células de mamífero, empezaba su singladura internacional y propiciaba una revolución en biología en la que todavía estamos inmersos.

Estos artículos tuvieron por lo menos dos consecuencias para el campo naciente de las CRISPR como herramientas de edición genética. La primera, extraordinariamente positiva, fue que animaron a la comunidad científica internacional a probar esta nueva técnica. Y en esa difusión de la nueva técnica tuvo un papel fundamental el repositorio Addgene, una entidad sin ánimo de lucro creada en 2004, también en el área de Boston, por Melanie Fan, su hermano Kenneth y su marido Benjie Chen, para la distribución de plásmidos de forma sencilla para su uso académico. En septiembre de 2012 se depositó en Addgene el primer plásmido con reactivos CRISPR. Según consta en su página web, en mayo de 2019 ya habían distribuido los más de 8000 plásmidos CRISPR existentes más de 140 000 veces por todo el mundo. Las construcciones génicas que usaron Feng Zhang y George Church, y las que desarrollaron muchos otros investigadores tras ellos, rápidamente se depositaron en Addgene, que se encargó de distribuirlos a todos los investigadores interesados. Esta apuesta por compartir reactivos, por la ciencia abierta académica, que manifestaron desde el minuto cero los investigadores que desarrollaron los primeros protocolos y reactivos CRISPR, fue esencial en el despegue y éxito en el uso académico de las herramientas CRISPR desde cualquier laboratorio del mundo. Nunca una nueva técnica se había extendido y popularizado universalmente tan rápido.

La segunda de las consecuencias de estos primeros artículos CRISPR que demostraron la edición genética en células animales ha sido tremendamente negativa, y todavía no se ha resuelto definitivamente. Junto con las publicaciones aparecieron, como es lógico, solicitudes de patente para proteger los derechos de explotación de estas tecnologías. Estas solicitudes de patente se presentaron desde varias instituciones, asociadas a los investigadores que habían desarrollado las herramientas CRISPR. Y claro, como ya imaginarás, todas las instituciones empezaron a batallar para quedarse con los derechos de explotación de estas técnicas en exclusiva. En paralelo, cada una de estas instituciones propició la creación de empresas *ad hoc* a las que, a su vez, cedieron la licencia en exclusiva para la explotación de las patentes solicitadas. Pequeñas empresas que de inmediato generaron unas enormes expectativas de negocio entre otras empresas biotecnológicas y del sector farmacéutico, consiguiendo inversiones de centenares de millones de dólares en muy poco tiempo. La posibilidad de desarrollar terapias génicas innovadoras y aparentemente mucho más eficaces y seguras que las actuales para tratar multitud de enfermedades hoy incurables movilizó ingentes cantidades de dinero. Con el dinero llegaron los equipos de abogados y las discusiones infinitas sobre quién tenía la titularidad de la explotación de la técnica CRISPR en el ámbito comercial. Y, de repente, toda esa libertad total de acción que teníamos los investigadores de centros públicos para usar los reactivos CRISPR con fines académicos se transformó en bloqueos y problemas para las empresas que querían usar los mismos reactivos en el ámbito comercial e industrial. Las dos caras de una misma moneda. Todo lo que para nosotros era maravilloso en nuestro laboratorio del CNB se tornaba una pesadilla, un calvario, para las empresas que querían usarlas. Para empezar, lo primero que tenían que dilucidar era quién era el titular de la patente. ¿Con quién tenían que negociar una licencia no exclusiva para usar la nueva tecnología CRISPR legalmente? La respuesta a esta preocupante incertidumbre no estaba nada clara.

La guerra abierta por la patente CRISPR se materializó en dos instituciones estadounidenses, situadas en costas opuestas del país. En la costa oeste la UC Berkeley, que representa los intereses de Jennifer Doudna y a su vez los de Emmanuelle Charpentier en EE. UU. En la costa este, el Instituto BROAD del MIT, en Boston, que representa los intereses de Feng Zhang. Alguien podría pensar que no debería haber tal conflicto, pues el artículo de Doudna y Charpentier apareció en junio de 2012 y el de Zhang en enero de 2013, seis meses después. Por una razón de fechas, se podría pensar que la prioridad la deberían tener Doudna y Charpentier frente a Zhang. Pero los temas de patentes siempre pueden ser un poco más complicados de entender, y este caso no iba a ser una excepción.

Efectivamente, el trabajo publicado por Doudna y Charpentier en *Science* el 28 de junio de 2012 describía los componentes del sistema CRISPR-Cas9 de *Streptococcus pyogenes* y proponía (pero no demostraba, ahí está la clave) su uso futuro como herramientas de edición genética en otros organismos, en particular en eucariotas. La demostración experimental efectiva de que el sistema CRISPR-Cas9 podía utilizarse para editar el genoma de células de mamífero no llegaría hasta el 3 de enero de 2013, con la publicación, también en *Science,* del equipo de Feng Zhang (y la publicación simultánea del grupo de Church). Doudna, aunque lo intentó, no pudo publicar un artículo demostrando el uso de las herramientas CRISPR en células humanas hasta el que apareció en la revista *ELife* el 29 de enero de 2013 y, por lo tanto, después del trabajo de Zhang.

La UC Berkeley había presentado una solicitud de patente para la tecnología CRISPR en todo tipo de células (procariotas y eucariotas) en mayo de 2012, lógicamente antes de publicar su trabajo seminal en *Science*. El Instituto BROAD del MIT también presentó una solicitud de patente para proteger el uso comercial de la tecnología CRISPR, aunque en este caso solo en células eucariotas, en diciembre de 2012. Pero, a diferencia de la trayectoria administrativa habitual de las patentes, por la cual optó la UC Berkeley, el Instituto

BROAD del MIT pagó (unos 4000 dólares estadounidenses) para que su solicitud fuera evaluada más rápido, a través de un procedimiento denominado *fast-track,* algo legal en EE. UU., que garantiza que la solicitud de patente será evaluada en los siguientes doce meses, frente a la media de tres años para las solicitudes de patentes depositadas por el método habitual, sin el pago de tasas adicionales. Con esta hábil jugada, absolutamente legítima, y con todo el equipo de abogados del poderosísimo Instituto BROAD del MIT, consiguieron que la Oficina de Patentes de EE. UU. les otorgara la primera patente CRISPR para su uso en edición genética en abril de 2014, dieciséis meses después de haberla solicitado, mientras que la solicitud de la UC Berkeley, a pesar de haber sido depositada con anterioridad, todavía hoy (diciembre de 2019) sigue en proceso de evaluación.

Probablemente todavía te preguntes: ¿cómo pudo otorgársele la patente CRISPR al Instituto BROAD del MIT si esta institución presentó su solicitud con posterioridad a la presentada por la UC Berkeley? ¿Acaso no existe prioridad en la fecha de depósito para proteger una determinada invención? Lo cierto es que en el año 2012, en la Oficina de Patentes de EE. UU., todavía operaba la norma de otorgar la patente sobre un determinado tema al «primero-que-inventa» (*first-to-invent*) en lugar de dársela al «primero-que-registra» (*first-to-file*) una idea, que es la norma habitual que se aplica en la mayoría de los demás países, como por ejemplo aquí, en la Unión Europea. Por eso, a pesar de que el Instituto BROAD del MIT depositó su solicitud de patente con posterioridad a la registrada por la UC Berkeley, fue el laboratorio de Feng Zhang el que primero demostró experimentalmente (por consiguiente, el que primero «inventó») que las herramientas CRISPR procariotas podían usarse para la edición de genomas de células de mamíferos.

Más tarde, la Oficina de Patentes de EE. UU. decidió cambiar su normativa y adaptarla al sistema universalmente aceptado (el que rige en Europa) de otorgar la patente al «primero-que-registra», una idea que, en mi humilde opinión, parece la más lógica y razonable, pero este cambio normativo ocurrió en marzo de 2013, cuando ya se habían depositado las dos solicitudes de patente en litigio. Por eso, el Instituto BROAD del MIT se pudo beneficiar circunstancialmente de una regulación que le era favorable y aprovechó, con legitimidad, todos los resquicios que le permitía la ley para que finalmente se le pudiera otorgar la primera patente CRISPR en abril de 2014, para desconcierto y enfado de la UC Berkeley.

Como podrás imaginar, esa primera patente CRISPR para usos de edición genética otorgada al Instituto BROAD del MIT no sentó nada bien en la UC Berkeley, quienes decidieron interponer una demanda por interferencia en diciembre de 2015 ante el U.S. Patent Trial and Appeal Board (el Tribunal de Apelación de Patentes en EE. UU.), al considerar que la patente presentada por el Instituto BROAD del MIT invadía su propia solicitud y podía fácilmente derivarse a partir de las invenciones recogidas en su solicitud de patente. Esa demanda de interferencia se resolvió por fin en febrero de 2017, a favor del Instituto BROAD del MIT, por lo que el tribunal no apreció interferencia en dicha solicitud al considerar, con toda la documentación presentada, que los investigadores del laboratorio de Feng Zhang habían llegado a desarrollar la tecnología CRISPR para organismos eucariotas de forma independiente al trabajo de Doudna y Charpentier, sin basarse en los resultados publicados por ellas durante el verano de 2012.

Podría pensarse que esta resolución de febrero de 2017 puso fin a la guerra de patentes CRISPR, pero en realidad no es así. La UC Berkeley seguirá presentando reclamaciones a través de cuantas vías pueda hacerlo, demandas que deberán evaluarse y resolverse a su debido tiempo. Los abogados de la UC Berkeley argumentan que era obvio para Zhang aplicar la tecnología CRISPR descrita por sus investigadoras representadas. Naturalmente, los abogados del Instituto BROAD del MIT contraatacan argumentando que no, que no era nada obvia la transición desde la propuesta de usar las herramientas CRISPR en eucariotas hasta conseguir realmente adaptarlas para que funcionaran en mamíferos, como he explicado más arriba. En septiembre de 2020 el Tribunal de Apelaciones de Patentes ha vuelto a fallar a favor del BROAD, como titular de la patente CRISPR en EE. UU., aunque reconoce que la invención de la guía de ARN, fusión de crRNA y tracrRNA, pertenece a UC Berkeley.

En definitiva, en esta absurda disputa todo parece reducirse a decidir sobre lo que es o no es obvio en el traslado de la tecnología CRISPR desde bacterias a humanos. La falta de obviedad (también llamada actividad inventiva) es uno de los tres requisitos que debe cumplir una solicitud de patente para ser aprobada. Los otros dos requisitos son la novedad y la aplicación industrial. No debe ser obvio desarrollar una nueva invención a partir del conocimiento, inventos y hallazgos anteriores. Si lo es, si es obvio, entonces no puede concederse la solicitud de la nueva patente, pues cualquier otro experto en el campo conocedor de los últimos descubrimientos podría llegar a la misma conclusión sin necesidad de haber inventado nada nuevo.

Hoy, el titular de la patente CRISPR sigue siendo el Instituto BROAD del MIT. Pero podría suceder que decisiones judiciales posteriores obligaran a esta institución a llegar a algún tipo de acuerdo para compartir los derechos de explotación con la UC Berkeley o, en el peor de los casos, fallaran a favor de esta última, cambiando la titularidad de la patente. Además, estas dos patentes no son las únicas en el mundo CRISPR. En julio de 2018 había cerca de 100 patentes concedidas y más de 1300 solicitudes sobre distintos aspectos de la tecnología CRISPR, incluida la otorgada al Instituto BROAD del MIT, que es la que se considera de mayor valor comercial al ser la que tiene mayor cobertura para su explotación.

En cualquiera de estos escenarios, la incertidumbre legal sobre la explotación industrial de la tecnología CRISPR persiste y esto es una muy mala noticia para cualquier empresa del sector biotecnológico o biomédico con interés en incorporar estas técnicas al desarrollo de sus productos y servicios. Piénsalo durante unos segundos. Si una empresa paga ahora una cantidad al Instituto BROAD del MIT para obtener una licencia no exclusiva de uso de CRISPR en sus productos y posteriormente se entera de que un tribunal le ha quitado la titularidad de la patente a esa institución y se la ha otorgado a otra, no sabrá con quién deberá negociar (y abonar) una nueva licencia no exclusiva de uso, ¿cómo crees que se sentirá esta empresa? Estafada, claro. Engañada y muy molesta por tener que pagar dos veces por lo mismo. Ante un futuro gris y complicado, puede que la empresa opte por no usar esta tecnología, al no tener la certeza jurídica de que podrá seguir usándola sin problemas legales en el futuro. Y esto sería una noticia terrible. Desdeñar el uso de una tecnología novedosa por la falta de certidumbre jurídica para poder usarla. Las instituciones implicadas harían bien en sentarse y acordar una distribución pactada y razonable de los derechos de explotación. Pero, de momento, ninguna de las dos instituciones quiere dar su brazo a torcer, dadas las inmensas expectativas de negocio y los centenares si no miles de millones de dólares que hay detrás de estas disputas. Y mientras tanto, aquí seguimos, bloqueados y con un futuro incierto. Recordemos, además, que el plazo máximo de cobertura (para la explotación legítima de una patente) es de veinte años contados desde la fecha del depósito inicial de la solicitud, el año 2012 en ambos casos. Cuantos más años pasen sin llegar a un acuerdo, menos plazo les quedará para poder beneficiarse justamente de sus desarrollos tecnológicos. Esta, si no otra, debería ser una razón de peso suficiente para que ambas instituciones empezaran a usar el sentido común y pusieran fin a este desafortunado litigio que ha durado ya demasiado tiempo. Apelando a criterios éticos y de responsabilidad social, debería ser posible solucionar el conflicto y destinar energías y recursos a mejorar el desarrollo de las aplicaciones CRISPR, en lugar de consumirlos en batallas sin sentido, para que cuanto antes todas estas expectativas asociadas a esta fabulosa tecnología se conviertan en un beneficio real para nuestra sociedad.

Hay otros aspectos que merece la pena comentar sobre ambas solicitudes de patentes. La que presentó la UC Berkeley ha sido modificada varias veces durante todo este proceso (pero se sigue manteniendo como fecha de prioridad la del primer depósito). En su redacción actual, protege la explotación de la tecnología CRISPR en cualquier tipo de células, tanto las eucariotas (animales, plantas, hongos) como las procariotas (bacterias y arqueas), mientras que la patente ya otorgada al Instituto BROAD del MIT solo cubre las aplicaciones CRISPR en células eucariotas. Por lo tanto, si ahora se otorgara la patente CRISPR a la UC Berkeley, se produciría un sorprendente y paradójico nuevo conflicto, que muy probablemente obligaría también a revisar y renegociar las licencias no exclusivas de uso de la tecnología CRISPR ya acordadas con el Instituto BROAD del MIT, puesto que ahora la patente de UC Berkeley englobaría las demandas de la patente de la otra institución. Metafóricamente, esta pesadilla legal, si llegara a producirse, se ha descrito como si el Instituto BROAD del MIT hubiera obtenido una patente para jugar al tenis con pelotas de color verde, mientras que la UC Berkeley tuviera una patente para jugar al tenis con todo tipo de pelotas de tenis, sin importar el color. Absurdo, ¿no? Pues así estamos.

Todo lo anterior se aplica principalmente para la explotación de la tecnología CRISPR en EE. UU., donde claramente la posición dominante la tiene el Instituto BROAD del MIT, aunque en junio de 2018 la UC Berkeley ha obtenido dos patentes menores de la tecnología CRISPR, relativas a su uso para editar ARN (no ADN) y a la edición de segmentos pequeños de ADN, de un tamaño de 10 a 15 nucleótidos. En Europa, en cambio, el panorama es bien distinto. En marzo de 2017, la Oficina Europea de Patentes otorgó una primera patente a las instituciones que representan los derechos de Emmanuelle Charpentier y Jennifer Doudna para el uso de la tecnología CRISPR en células y fuera de ellas, en la que está involucrada la UC Berkeley y también la empresa ERS Genomics, que representa los derechos de Emmanuelle Charpentier. En Europa, la obviedad de los experimentos de Zhang a partir de los datos anteriores de Doudna y Charpentier se ha interpretado al revés. La Oficina Europea de Patentes revocó en enero de 2018 la primera de las patentes CRISPR concedida inicialmente al BROAD-MIT precisamente por falta de actividad inventiva, al considerar que se trataba de un desarrollo obvio a partir de los conocimientos anteriores en el campo. En marzo de 2018, la Oficina Europea de Patentes otorgó una segunda patente CRISPR a Charpentier y Doudna, y a sus instituciones, para las aplicaciones derivadas de Cas9 inactivas y quiméricas, que no cortan el ADN pero son capaces de llevar otras proteínas y funciones a sitios concretos del genoma, como explicaré en los capítulos finales del libro.

Habrá que estar muy atento para saber cómo evolucionan las disputas de patentes CRISPR. En el mes de septiembre de 2018 un Tribunal Federal acaba de confirmar que las patentes concedidas por la Oficina de Patentes de EE. UU. al BROAD del MIT correspondientes a la edición de genomas eucarióticos mediante CRISPR no interfieren con las reivindicaciones de la solicitud de patente depositada por la UC Berkeley. Esta decisión debería poner fin al proceso, pero me temo que UC Berkeley volverá a presentar una reclamación. La situación actual (febrero de 2021) exige formalizar por lo menos dos acuerdos no exclusivos para la explotación de la tecnología CRISPR en EE. UU. y en Europa, con el BROAD del MIT y con Caribou Biosciences o ERS Genomics, respectivamente. Esto complica todavía más las negociaciones (hay que negociar con dos empresas, no con una sola) y explica por qué en Europa apenas dos instituciones científicas han logrado hasta el momento formalizar sendos acuerdos con estas empresas para usar CRISPR en sus modelos animales en ratón con licencia: el MRC británico y el instituto HELMHOLTZ alemán.

Pero volvamos a la historia científica. Déjame contarte, para terminar este capítulo, lo que ocurrió en los primeros meses de 2013, tras la publicación de los dos artículos de Zhang y Church, que representó el espaldarazo definitivo a la tecnología CRISPR y el lanzamiento irreversible como método universal para la edición genética de cualquier organismo.

A principios del año 2013 supimos que las herramientas CRISPR podían usarse para editar genes del genoma humano y del ratón en modelos celulares. Fue un salto cualitativo, espectacular. Pero lo mejor estaba todavía por llegar. A nadie se le escapaba que la verdadera prueba de fuego de las herramientas CRISPR llegaría cuando se intentaran aplicar sobre organismos vivos, sobre animales y plantas.

Desde hace más de cuarenta años, siempre que hay algún reto o alguna novedad tecnológica que puede ser utilizada en modelos animales, aparece el mismo investigador, de origen alemán, microbiólogo y virólogo de formación convertido posteriormente en embriólogo molecular y considerado como el verdadero padre de la transgénesis animal.

Rudolf Jaenisch (Wölfelsgrund, Alemania, 1942) se doctoró en Medicina por la Universidad de Múnich en 1967 y, tras varios años en el Instituto Max Planck estudiando (curiosamente) bacteriófagos, se trasladó a EE. UU. en 1970 para trabajar en diversas instituciones (Universidad de Princeton, Instituto de Investigación sobre el Cáncer Fox Chase, Instituto Salk). Durante esos años fue cuando publicó su trabajo pionero de transgénesis animal en ratones, en 1974, mientras trabajaba en el laboratorio de Beatrice Mintz. Demostró, por vez primera, que podía infectar embriones tempranos de ratón (hasta el estadio de blastocisto, poco antes de su implantación en el útero) con el poliomavirus SV40 y que ese ADN viral se integraba en el genoma de los ratones nacidos de esos embriones inyectados. Al año siguiente confirmó sus observaciones utilizando un retrovirus: M-MuLV. Y en 1976 obtuvo la prueba definitiva de que los ratones descendientes de los que habían sido inyectados con el retrovirus también heredaban el virus integrado en su genoma, confirmando la transmisión vertical de esas secuencias externas de ADN a través de la línea germinal del animal. Estos fueron los primeros animales modificados genéticamente que se obtuvieron en el mundo, los primeros ratones transgénicos, aunque la palabra «transgénico» todavía no se había inventado y no se usaría por primera vez hasta 1982, por parte de Gordon y Ruddle, quienes habían inyectado ADN en los pronúcleos de óvulos fecundados de ratón (justo antes de que se formara el embrión de una sola célula) dos años antes y habían obtenido también ratones modificados genéticamente.

Jaenisch regresó a Alemania en 1977 para liderar el departamento de Virología Tumoral de la Universidad de Hamburgo, donde se quedaría hasta 1984, cuando regresaría a EE. UU. para incorporarse al centro en el que sigue hoy en día trabajando, el Instituto Whitehead, en Boston. Desde entonces sus contribuciones a las técnicas de modificación genética animal han sido constantes y ha conseguido, uno tras otro, numerosos éxitos demostrando de forma pionera la aplicación de cualquier nueva tecnología a la transgénesis o modificación de genomas animales. Competir con el laboratorio de Jaenisch solo tiene un resultado posible: perder y disfrutar de la medalla de plata. Lo he vivido en mi propia carne. En 1993, mientras realizaba mi primera estancia posdoctoral en el Centro Alemán de Investigación sobre el Cáncer (DKFZ) en Heidelberg, pensamos que habíamos sido los primeros en generar ratones transgénicos con construcciones genéticas de gran tamaño, con centenares de miles de nucleótidos de longitud, como las derivadas de cromosomas artificiales de levadura (YACs). Logramos publicar nuestro trabajo en la revista *Nature* el 18 de marzo, mientras que Jaenisch publicó un trabajo muy similar en la revista *Science* que apareció la semana siguiente, el 26 de marzo. Poco antes, habíamos depositado una solicitud de patente para esa nueva tecnología que, un año después, fue desestimada al descubrir que el laboratorio de Jaenisch, al que creímos haber ganado en nuestra carrera por publicar los resultados, se había adelantado y había depositado su solicitud de patente unos días antes que nosotros. Así es la vida.

Jaenisch ha seguido triunfando y siendo pionero en la utilización de muchas nuevas tecnologías que aparecían en el campo y podían ser de interés en transgénesis animal (clonación, células embrionarias pluripotentes inducidas, uso de herramientas TALEN de edición genética...). Por eso no fue una sorpresa que también en 2013 fuera su laboratorio el pionero en generar los primeros ratones editados genéticamente con las novedosas herramientas CRISPR. Jaenisch colaboró con Feng Zhang para demostrar el primer uso de las herramientas CRISPR en ratones y los espectaculares resultados que consiguió los publicó en la revista *Cell* a principios de mayo de 2013. Ese fue el artículo que nuestro colaborador Pawel Pelczar desde Zúrich descubrió de inmediato y por el que decidió convertir su laboratorio, pionero en el uso de herramientas TALEN, en un laboratorio de CRISPR, con mi estudiante Davide Seruggia como testigo en primera línea. Y, a la postre, esa fue nuestra entrada en el mundo CRISPR. Por eso, implícitamente, a pesar de haber sido derrotado en el pasado por Jaenisch, debo estarle agradecido por su trabajo veinte años después, que nos permitió transformar nuestro laboratorio y abrazar la tecnología CRISPR desde el momento inicial.

Ese primer estudio de Jaenisch con CRISPR en ratones de 2013 (ese mismo año publicaría dos trabajos más con esta tecnología, al poner todo su laboratorio a trabajar en ella) fue espectacular al demostrar, por vez primera, que era posible obtener más de una mutación a la vez en ratones, logrando obtener células embrionarias de ratón (ES) portadoras de hasta cinco mutaciones en genes diferentes, de forma simultánea. Y no solo utilizando células ES sino también microinyectando los reactivos CRISPR en embriones de ratón consiguió mutar dos genes a la vez, e incluso substituir dos genes con secuencias de ADN específicas a la vez. Impresionante. Para hacerse una idea de la revolución asociada a este artículo, hay que recordar que, desde 1987, cuando se estableció la técnica de mutagénesis dirigida en células ES del ratón de Evans, Cappechi y Smithies, el tiempo medio para la obtención de un solo mutante era de doce a dieciocho meses. Y eso en los laboratorios mejor equipados y con más experiencia en estas técnicas clásicas de modificación genética animal. Jaenisch redujo este tiempo con las CRISPR a cuatro o seis meses. Y además demostró que se podía obtener más de una mutación simultáneamente, algo impensable con las técnicas anteriores. Con su trabajo, Jaenisch nos demostró que la tecnología CRISPR era también disruptiva en transgénesis animal, en nuestra capacidad de obtener mutantes, de generar nuevos modelos animales de enfermedades humanas. Una verdadera revolución. Doudna, Charpentier y Siksnys habían encendido la mecha en el verano de 2012, Zhang y Church habían confirmado sus propuestas a principios de 2013 en modelos celulares y pocos meses después Jaenisch demostraba la utilidad de las herramientas CRISPR para editar el genoma de seres vivos, de ratones.

Tras el trabajo pionero de Jaenisch se sucedieron multitud de otros estudios, que no hicieron más que aumentar en los años sucesivos y siguen aumentando hoy, con un número cada vez mayor de usuarios de las técnicas CRISPR para editar el genoma de ratones y otros modelos animales. Muchos de estos trabajos perfilan, matizan, mejoran algunos aspectos de la técnica. Aunque, como suelo decir a mis estudiantes, en cuanto a eficiencias de mutación, hay que recordar que llevábamos más de treinta años con eficiencias inferiores al 1 % y ahora valores del 40, 60 o incluso superiores al 80 % en la obtención de ratones mutantes para un determinado gen no son extraños. Podemos decir sin ambages que nuestra capacidad de generar mutaciones en el ratón ha aumentado por lo menos en dos órdenes de magnitud, se ha multiplicado por cien. Nunca pensé que diría lo siguiente: hoy en día, mutar un gen del genoma del ratón se ha convertido en una técnica trivial, rutinaria, al alcance de cualquier laboratorio mínimamente equipado con técnicas de biología y embriología molecular.

El año 2013 fue también el año de explosión del uso de las herramientas CRISPR en otros modelos animales. J. Keith Joung, del Massachusetts General Hospital, también del área de Boston (observa la tremenda concentración de grupos pioneros en la tecnología CRISPR en esta ciudad y sus alrededores), incluso se adelantó al propio Jaenisch al publicar en marzo de 2013 en la revista *Nature Biotechnology* los primeros peces cebra (otro modelo animal muy utilizado en biología del desarrollo y en biomedicina) editados con CRISPR.

En septiembre de 2013 conocimos los primeros intentos de modificar el genoma del cerdo con herramientas CRISPR, llevados a cabo por el equipo de Scott Fahrenkrug desde la Universidad de Minnesota.

En el mes de agosto de 2013 descubrimos el primer uso de las herramientas CRISPR en plantas, cuando un equipo de investigadores liderados por Jian-Kang Zhu, desde la Academia China de las Ciencias en Shanghai, demostró que podía utilizarse esta tecnología para inactivar genes en dos especies vegetales: *Arabidopsis* y arroz. Sus resultados se publicaron en la revista *Cell Research* en octubre de aquel año.

Todo lo que ha venido después ha sido un torrente de información, miles de publicaciones que refieren el uso, con éxito, de las herramientas CRISPR para editar genomas de prácticamente cualquier organismo imaginable con algún interés biológico, biomédico o biotecnológico. Resumirlo todo excede a los objetivos de este libro. En este capítulo quería resaltar el papel de los investigadores pioneros que transformaron durante 26 años (1987-2013) unas observaciones inicialmente realizadas en bacterias hasta convertirlas en herramientas para editar el genoma de cualquier organismo. En los siguientes capítulos me referiré a diversas aplicaciones y explicaré algunos de los ejemplos más importantes que ilustran la enorme capacidad, impacto y versatilidad de las CRISPR en diversos ámbitos.

5

¿QUÉ SABEMOS HOY EN DÍA Y QUÉ ES LO QUE TODAVÍA NO CONTROLAMOS DE LA EDICIÓN GENÉTICA?

Las técnicas de modificación genética de organismos anteceden a la edición genética. Y antes de todas ellas, existían los métodos clásicos de mejora genética, que se aplicaron originalmente en plantas y animales. Repasemos brevemente la historia de los procedimientos desarrollados para modificar genéticamente los organismos.

Llevamos unos diez mil años conviviendo con las técnicas tradicionales de mejora genética. En primer lugar, y desde el origen de la agricultura y la ganadería, en el Neolítico, surgieron los métodos pasivos, basados en la observación y selección de los mejores individuos de cada generación para cruzarlos y esperar que en la siguiente generación sus hijos heredaran alguna o la mayoría de las características por las que fueron seleccionados sus progenitores. Estos métodos clásicos aprovechan la diversidad genética de las poblaciones y también los posibles mutantes espontáneos que puedan aparecer. Han sido los procedimientos que, fundamentalmente, han permitido el lento, paulatino pero progresivo establecimiento de muchos de los cultivos vegetales y razas animales que usamos y consumimos hoy en día.

Desde la década de los cincuenta, poco después de la Segunda Guerra Mundial y tras el descubrimiento de las consecuencias que podía tener la exposición de organismos vivos a la radioactividad, los agricultores dispusieron de procedimientos activos para generar diversidad genética adicional mediante mutagénesis, mediante la generación de mutaciones por métodos físicos, irradiando semillas con rayos X o rayos gamma; o químicos, exponiendo las semillas a agentes mutágenos como la N-etil-N-nitrosourea (ENU). Estos tratamientos provocan numerosas mutaciones en el genoma de los organismos, principalmente roturas en el ADN, que acaban reparándose y generando pérdidas o adición de algunas letras o, con frecuencia, de fragmentos genéticos más o menos grandes. Estas mutaciones causan alteraciones significativas en la expresión de los genes, que pueden ir desde la inactivación a la sobreexpresión. Estos métodos, totalmente azarosos, exigen una fase posterior de selección, de seguimiento de todos y cada uno de los miles de mutantes generados. Muchos de ellos no pueden crecer ni desarrollarse, cuando las alteraciones en el genoma son incompatibles con la vida. Otros sí crecen, pero hay que observar si alguno de ellos presenta alguna característica de crecimiento o adaptación que lo haga más interesante que el cultivo original del que provienen. Una vez identificada y aislada esa variedad, se reproduce para su producción y consumo. Actualmente existen 3364 variedades obtenidas por alguno de estos procedimientos activos, según la base de datos de variedades mutantes (MVD) que mantiene la Agencia Internacional de la Energía Atómica (IAEA). Y muchas de ellas las tenemos en nuestros supermercados.

Mucho más recientemente, desde los años ochenta, disponemos de métodos de modificación genética más directos y precisos, mediante la introducción de un gen específico que confiere al organismo receptor unas características adicionales, beneficiosas para el organismo o para su aprovechamiento productivo posterior. Recuerda que a dicho gen que añadimos desde fuera (exógeno) lo llamamos transgén y los organismos modificados genéticamente (OMG) que lo portan reciben el nombre de transgénicos. Esta palabra, que no debería suscitar más problemas que otros tantos vocablos técnicos del ámbito de la biología, ha generado enormes polémicas y debates, mayoritariamente interesados y faltos de evidencias científicas, al presuponer que los organismos transgénicos podían representar un riesgo o problema para la salud humana o para el medio ambiente en general. Y no es así. Tras más de treinta años, no se ha detectado riesgo o problema alguno relacionado con ningún organismo transgénico. Y gracias a ellos tenemos plantas resistentes a plagas o herbicidas, o salmones que crecen más rápido que sus hermanos no transgénicos, pero que son idénticos a cualquier otro salmón en todo lo demás. La estricta regulación que opera sobre ellos en algunos países, como en la Unión Europea (UE), ha bloqueado el desarrollo de nuevos organismos transgénicos en esas zonas, pero no ha impedido que siguieran avanzando y progresando en otros continentes o países con legislaciones más abiertas a la innovación y los avances científicos.

Tras las técnicas clásicas de mejora genética y las de modificación genética de organismos, llega la edición genética y la revolución provocada por las herramientas CRISPR. Pero la edición genética no empieza ni termina con las CRISPR. Realmente la edición genética existía desde muchos años atrás, antes de que descubriéramos que podíamos usar estas herramientas para editar genomas. Y con toda seguridad, después de las CRISPR, vendrán otros sistemas (muy probablemente también derivados de las bacterias) que descubriremos con capacidad de editar genomas. Es cierto que las CRISPR son más eficaces, versátiles, sencillas de utilizar y asequibles que cualquier otra herramienta de edición genética conocida, pero en esencia no hacen nada que no pudiera hacer cualquiera de las versiones anteriores de herramientas disponibles para editar genomas. Conviene recordar bien esta idea cuando se habla de premiar o destacar las CRISPR para recibir premios importantes como el Nobel, en el cual se intenta premiar las aportaciones pioneras en una determinada tecnología. A continuación, voy a resumir en unos párrafos la historia de la edición genética pre-CRISPR, antes de pasar a describir qué podemos y qué no podemos hacer con ellas. Las limitaciones y problemas a los que nos enfrentamos con las CRISPR son similares a los que teníamos con las herramientas anteriores.

Me gusta resaltar en mis clases que la edición genética, si algo nos ha aportado a los biólogos, genetistas y biotecnólogos, es la capacidad de modificar genes específicos en genomas con una eficacia muy superior a los valores habituales que manejábamos con las técnicas clásicas de modificación genética. El proceso de modificación específica de un gen con una secuencia de ADN idéntica, o muy similar, se denomina recombinación homóloga. La probabilidad de que una secuencia de ADN recombine con su homóloga (se entrecruce y acabe intercambiándose con ella, en función de la similitud de secuencias) en células animales, si no hacemos nada más que introducirla dentro de la célula, es de 10^{-6}, es decir, de una entre un millón, de un 0,000001. Insignificante. La probabilidad más alta conocida en mamíferos es de 10^{-4}, una entre diez mil, que demostró experimentalmente en 1989 Ralph Brinster usando embriones de ratón, tras microinyectar más de diez mil embriones hasta encontrar un ratón cuya secuencia genómica había recombinado con el ADN aportado desde el exterior. La perseverancia de Brinster tuvo su premio, pero lógicamente demostró la inviabilidad de esta aproximación en términos prácticos. Considerando que de cada ratona hormonada y fertilizada por el macho pueden obtenerse unos veinte embriones, Brinster tuvo que utilizar unas quinientas ratonas para conseguir el número de embriones necesarios (más otros centenares de hembras para gestar los embriones microinyectados) hasta obtener un solo ratón que hubiera intercambiado el transgén con sus secuencias homólogas en el genoma del ratón. Este experimento sería impensable hoy en día, e injustificable, según las recomendaciones de bienestar animal y la legislación de protección de los animales usados en investigación.

Cuatro años antes, Oliver Smithies había dado con la clave para aumentar la eficacia del proceso de recombinación homóloga. Smithies, que compartió Nobel en 2007 con Evans y Capecchi por diseñar el método para inactivar genes específicamente en células embrionarias de ratón, dio con la solución al abrir la secuencia de ADN que quería integrar mediante recombinación homóloga, precisamente en la zona de homología, en la región en la que las dos secuencias tienen secuencias similares o idénticas. Ese corte de doble

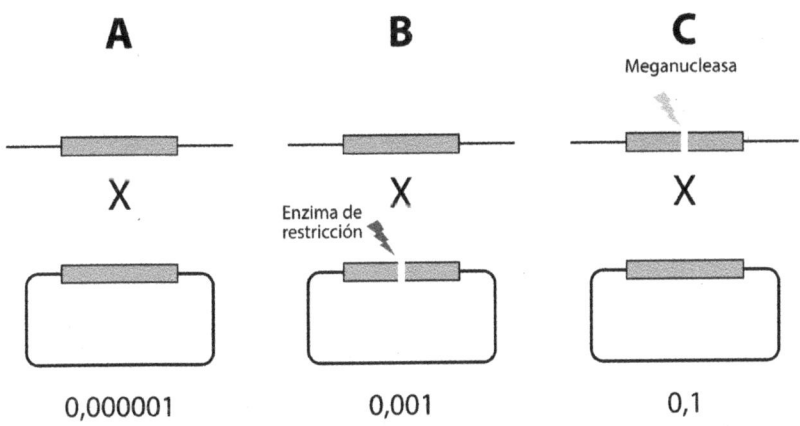

Figura 5.1. Recombinación homóloga entre dos secuencias de ADN idénticas (rectángulo gris) presentes en un plásmido (abajo) y en el genoma (arriba). A: frecuencia habitual de recombinación homóloga (X) en células de mamífero (10^{-6} o 0,000001); B: frecuencia tras abrir la zona de homología en el plásmido con una enzima de restricción (10^{-3} o 0,001); C: frecuencia tras abrir la zona de homología en el genoma con una meganucleasa (la primera versión de las nucleasas de edición genética) (10^{-1} o 0,1).
Gráfico: Lluís Montoliu.

cadena en el ADN, obtenido con una simple enzima de restricción, capaz de cortar el ADN en secuencias específicas, junto con un método de selección de las células que habían incorporado el ADN externo, aumentaba la frecuencia de recombinación mil veces, hasta 10^{-3}, es decir, con una probabilidad de 0,001. Ese trabajo pionero de este genetista experto en recombinación homóloga se publicó en la revista Nature en el año 1985, y podríamos considerarlo el experimento inicial de edición genética, 28 años antes de que aparecieran las CRISPR para editar células humanas.

Diez años después, unos investigadores del Instituto Pasteur en París identificaron unas enzimas de restricción en la levadura que usamos para hacer pan o cerveza (*Saccharomyces cerevisiae*), capaces de detectar y cortar secuencias específicas de ADN de alrededor de 20 letras seguidas y, por ello, con capacidad de usarse para cortar genomas enteros sin correr el riesgo de trocearlos en fragmentos, como ocurría con las enzimas de restricción tradicionales, que detectan y cortan secuencias específicas de ADN mucho más cortas, combinaciones que son mucho más frecuentes en un genoma completo. Estas proteínas las llamaron meganucleasas y la primera de ellas fue I-*SceI*, recogiendo su origen de células de levadura. Con estas meganucleasas y con un sitio del genoma capaz de ser cortado por ellas probaron si sería igual de eficaz para potenciar la recombinación homóloga abrir el cromosoma en el que queremos insertar una secuencia determinada o abrir la secuencia que se aportaba desde el exterior, como había propuesto Smithies. Para su sorpresa, y la de todos, constataron que era mucho más eficaz abrir el genoma, hasta conseguir una frecuencia de recombinación homóloga de 10^{-1}, es decir, de 0,1 o del 10 % de las células utilizadas, cien veces superior a la reportada por Smithies. Este artículo de 1995 puede considerarse el primero que reportó la utilización de una nucleasa directamente para editar el genoma de una célula. Ahora es cuando te das cuenta de que lo que nos aportan las nucleasas de edición genética, desde esta primera versión que usa las meganucleasas de levadura, es la posibilidad de elevar la frecuencia de modificación de 10^{-6} hasta 10^{-1}, es decir, aumentamos cien mil veces (o por lo menos mil veces si tenemos en cuenta la frecuencia de 10^{-4} detectada en embriones de ratón por Brinster) la probabilidad de modificar el genoma a voluntad. Y esto es lo verdaderamente relevante. En la figura 5.1 lo explico de forma gráfica.

Las meganucleasas tenían un problema principal. Solo podían cortar en una determinada secuencia de ADN de unas 20 letras (hasta 40, en algunos casos) que o bien tenías ubicada en tu gen o no la tenías, por lo que eran muy poco versátiles. Muchos años después, en 2009, se consiguió preparar meganucleasas recombinantes con mutaciones en determinados aminoácidos para que detectaran otras secuencias de ADN. Pero había que sintetizar una nucleasa distinta para cada gen de interés, lo cual no era nada práctico. Y además justamente ese año aparecieron otras nucleasas más versátiles y las meganucleasas quedaron obsoletas.

La segunda versión de las nucleasas de edición genética se usó por primera vez para generar mutaciones en ratas en el año 2009, aunque los primeros prototipos se habían generado en 2001. Son las llamadas nucleasas de dedos de zinc, o ZFN (del inglés, *Zinc-finger*

128

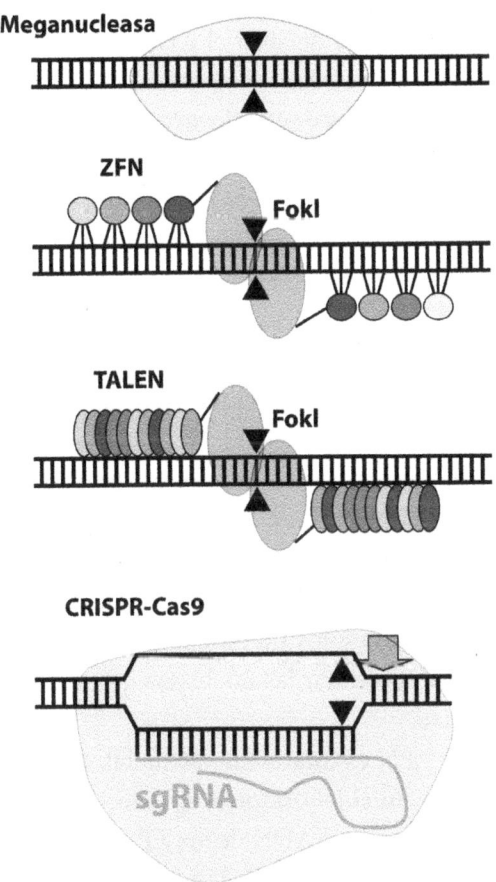

Figura 5.2. Las cuatro versiones conocidas actualmente de herramientas de edición genética. De arriba abajo: meganucleasas, ZFN, TALEN y las CRISPR-Cas9. Se indican los sitios de corte en la doble cadena del ADN con los triángulos negros. Gráfico modificado a partir de Yu y colaboradores (2016).

nucleases), basadas en estos dominios proteicos de factores de transcripción (proteínas con capacidad de unirse al ADN) que se llaman ZF. Tras estudiar muchas de estas proteínas, se llegó a deducir un código que correlacionaba tres aminoácidos determinados con tres letras del ADN en un determinado orden. Solo hacía falta seleccionar los aminoácidos adecuados en función de la secuencia del ADN que se quisiera contactar para editar. Las ZFN estaban asociadas al dominio de corte del ADN de la enzima de restricción bacteriana

*Fok*I, que era la responsable de abrir el ADN en sus dos cadenas. Ya se parecían más a unas nucleasas programables, pues podía variarse la secuencia de aminoácidos y con ello se variaba el sitio del genoma al que se dirigía el corte por *Fok*I. El problema nuevamente residía en que había que sintetizar una ZFN nueva cada vez que había que lanzar un corte en un gen determinado. Además, la tecnología de generación de ZFN era propiedad de una empresa, Sangamo Biosciencies Inc., por lo que cualquiera que quisiera utilizar estas nucleasas debía encargarlas y adquirirlas a esa empresa y pagar por ello. Adicionalmente, el uso posterior comercial de las células o animales obtenidos con ZFN también debía negociarse con Sangamo, por lo que resultaban poco atractivas. No era posible preparar ZFN en el laboratorio, había que comprarlas o establecer una colaboración científica con Sangamo. Tal diseño cerrado del negocio fue durante un corto espacio de tiempo productivo para la compañía, pero pronto surgieron otras nucleasas y los investigadores perdieron interés en las ZFN y prefirieron producir las nucleasas que necesitaban en sus propios laboratorios.

El diseño de las ZFN es totalmente artificial. Son proteínas producidas enteramente en el laboratorio, aprovechando los dominios específicos de contacto con el ADN de los ZF y la capacidad de corte del ADN que aporta la enzima *Fok*I. Una vez unida al ADN en una posición determinada la otra parte de la ZFN, el dominio nucleasa derivado de la enzima *Fok*I se ocupa de cortar el ADN. Las ZFN funcionan en parejas. Se diseña cada unidad para reconocer las letras del ADN de una cadena, a la izquierda del corte, y la otra mitad para reconocer las letras de la cadena complementaria, a la derecha del corte. La unión de las dos mitades con sus correspondientes secuencias reúne a su vez las dos mitades de la enzima *Fok*I que porta cada unidad y entonces la enzima se activa y corta el ADN. Dado que cada mitad reconoce una secuencia de ADN distinta, se duplica la especificidad de estas nucleasas. Por ejemplo, si se usan ZFN que detectan 18 letras (seis tripletes, seis dominios de dedos de zinc por cada lado), en realidad se está seleccionando una secuencia del genoma formada por 18 letras determinadas en una cadena y 18 letras en la otra, más allá, lo que representa un total de 36 letras en una

combinación única que hace muy difícil la unión de ZFN erróneamente a otras zonas del genoma.

Sangamo Biosciences Inc. se fundó en 1995, cuando aparecieron
las primeras versiones de nucleasas para la edición genética, pero
rápidamente centraron su atención en las ZFN, gracias a la incorporación a la dirección científica de la empresa en el año 2000 de
un experto en genomas y en las proteínas que se unían a ellos, los
factores nucleares de transcripción, formando lo que se denomina la
cromatina (= ADN + proteínas asociadas). El investigador era Alan
Wolffe y fue quien introdujo la idea en la empresa de usar módulos
de dedos de zinc para controlar dónde se unían estas proteínas de
diseño en el ADN. Desgraciadamente, Wolffe no vivió lo suficiente
para disfrutar del éxito de su idea, al morir al año siguiente atrope-
llado por un autobús en Río de Janeiro mientras estaba haciendo
ejercicio, corriendo, cerca del hotel donde se celebraba un congreso
científico al que había sido invitado.

Las ZFN están basadas en una arquitectura cerrada (los investigadores no pueden construirlas en el laboratorio y deben encargár-
selas a la empresa para que las sintetice) y tienen por ello muchas
limitaciones, pero hay que admitir que, bien seleccionadas (y ahí
está quizás su principal limitación, hay que producir muchas para
luego seleccionar las más adecuadas), las ZFN pueden producir el
corte de la doble cadena del ADN con una eficacia y especificidad
comparables a las mejores CRISPR. Por ello, y por llevar muchos
más años en estudio y en los laboratorios, son muchos los ensayos
clínicos programados en personas que usan ZFN como herramienta
terapéutica y fue precisamente usando ZFN como se trató, por vez
primera, a un paciente de una enfermedad rara en noviembre de
2017, como comentaré en el capítulo 13.

La tercera versión de las nucleasas de edición estaba, por lo menos parcialmente, basada en proteínas que existen en la naturaleza y
que usan unas bacterias patógenas para infectar plantas. Recibieron
el nombre de TALEN (del inglés *transcription activator-like effector
nuclease,* nucleasas efectoras parecidas al activador transcripcional)
y fueron redescubiertas como herramientas de edición genética en
2011. Y curiosamente también se usaron primero para generar ratas

con mutaciones específicas. Las bacterias introducen unas proteínas en el núcleo de las células de las plantas y modifican el metabolismo de estas a su favor. Estas proteínas bacterianas actúan como si fueran factores de transcripción, similares a los ZF, uniéndose específicamente a secuencias determinadas del ADN. A diferencia de las ZFN, el código que usan es distinto, cada dos aminoácidos de su zona central determinan la unión con una letra del ADN. Esas proteínas bacterianas también funcionaban en parejas y también se unían al dominio de corte de la enzima *FokI*, como las ZFN. La diferencia principal era que tenían una arquitectura abierta, esto es, ahora sí los investigadores podíamos construirlas en nuestros laboratorios, en aproximadamente una semana de trabajo, gracias a los componentes puestos a disposición de la comunidad científica a través del repositorio Addgene, del cual hablaba en el capítulo anterior. Son todo un conjunto de reactivos, de plásmidos, casi un centenar, que pueden combinarse en el orden adecuado para acabar produciendo la proteína deseada que se una a la secuencia específica de ADN de elección. Y, de nuevo como con las ZFN, hay que generar muchas proteínas quiméricas antes de dar con una buena pareja de TALEN que corte exactamente donde estaba planeado de forma específica y eficiente.

En apenas dos años, entre 2011 y 2013, desde que aparecieron las TALEN hasta que el mundo descubrió las CRISPR, aquellas se popularizaron y usaron, con éxito, en multitud de organismos: hongos, plantas y animales. La posibilidad de producir las TALEN en cada laboratorio activó la imaginación de los investigadores, que se lanzaron a probar todo tipo de combinaciones y mejoras en tan corto espacio de tiempo. Pero las limitaciones que seguían teniendo eran la laboriosidad que requería su producción (y lo atento que había que estar para no equivocarse en seleccionar el reactivo adecuado en cada paso de la construcción para no equivocarse) y la incertidumbre de no saber si la proteína TALEN fabricada acabaría cortando el ADN en el sitio planeado.

Nuestra experiencia con las TALEN duró algo menos de dos años y no fue todo lo satisfactoria que esperábamos, no conseguimos fabricar TALEN que cortaran eficientemente donde queríamos. Pero gracias a la visita de mi estudiante, Davide Seruggia, al laboratorio de Pawel Pelczar, saltamos rápidamente a utilizar esta cuarta (y hasta el momento última) versión de nucleasas de edición genética, las CRISPR, de las que ya he hablado profusamente en los capítulos anteriores.

En un momento determinado, Davide tuvo la brillante idea de expresar, gráficamente, la dificultad y laboriosidad inherente a la fabricación de las herramientas TALEN frente a la facilidad y simplicidad de preparar las herramientas CRISPR. Si observas la figura 5.3, verás dos fotografías de sus cajas de reactivos TALEN y CRISPR cuando trabajaba en el laboratorio, y te darás cuenta inmediatamente de por qué abandonamos las TALEN y por qué empezamos a utilizar, con éxito, las herramientas CRISPR. Para construir las TALEN necesitábamos casi un centenar de reactivos, que debían usarse en un orden determinado, de forma muy cuidadosa (de hecho, había que tener la mente muy despejada y estar muy concentrado para no equivocarse a la hora de escoger un tubo para cada paso concreto). En cambio, para construir las CRISPR apenas necesitábamos dos plásmidos: el que expresaba la nucleasa Cas9 y el que nos permitía producir las guías de ARN específicas que necesitaba la nucleasa para ser dirigida al gen de nuestro interés. Creo que la foto ilustra perfectamente por qué triunfó tan rápido la revolución CRISPR y por qué tantos laboratorios se animaron a usar estas herramientas sin pensárselo dos veces. Por su simplicidad, versatilidad, efectividad y por ser tan asequibles.

En mayo de 2016, se publicó un artículo en la muy prestigiosa revista *Nature Biotechnology* con la presentación de una supuesta quinta versión de herramientas de edición genética. El estudio, realizado por unos investigadores chinos de la Universidad de Hebei, en Shijiazhuang, y liderado por Han Chunyu, fue acogido con gran revuelo, sorpresa y escepticismo. Estos científicos habían utilizado la actividad nucleasa de una proteína llamada argonauta, que usaba como guía moléculas de ADN de cadena sencilla, para aparentemente editar el genoma de células humanas. Esta nucleasa se había descrito en 2014 en la bacteria *Thermus thermophilus* (Tt) por parte de un conjunto de microbiólogos liderados por el holandés John van

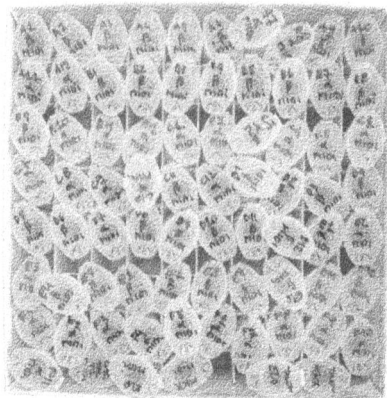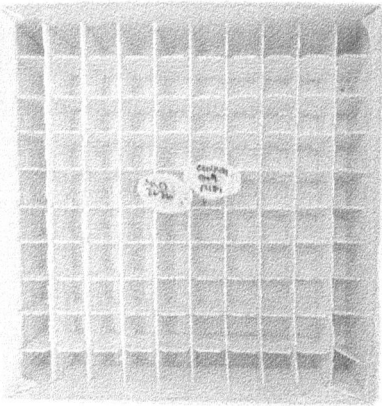

Figura 5.3. Cajas de reactivos para preparar las TALEN (izquierda) o las CRISPR (derecha) en mi laboratorio. Laboriosidad y complejidad frente a sencillez y simplicidad. Fotografías de Davide Seruggia.

der Oost (uno de los pioneros en el mundo CRISPR). Entre aquel grupo de microbiólogos coautores del trabajo, estaba José Berenguer, del Centro de Biología Molecular Severo Ochoa, en el campus de la Universidad Autónoma de Madrid en Cantoblanco, y por lo tanto vecino nuestro del CNB.

Pepe Berenguer, conocedor de nuestra experiencia con las CRISPR, me planteó abordar un proyecto científico en colaboración que era ambicioso y arriesgado, para intentar demostrar si la actividad de argonauta, descrita en Tt (TtAgo), podría utilizarse en células de mamífero para editar su genoma. El proyecto recibió el apoyo de la convocatoria «Explora» del Ministerio, pensada justamente para este tipo de proyectos frontera de posible gran impacto, pero también de gran riesgo. Durante los siguientes dos años realizamos todos los experimentos que se nos ocurrieron para demostrar si argonauta podía o no utilizarse como herramienta de edición genética en eucariotas. Todos fracasaron. Nunca obtuvimos ninguna evidencia al respecto y, a principios de 2016, tiramos la toalla y cerramos el proyecto.

Por eso nos sorprendió tanto, particularmente a Pepe, como buen microbiólogo y conocedor de los diversos grupos de procariotas, que aquellos investigadores chinos, desconocidos hasta ese momento, describieran que habían tenido éxito editando el genoma de células humanas con una argonauta de otro procariota, *Natronobacterium gregoryi* (Ng), una haloarquea extrema, adaptada a vivir en ambientes alcalinos y extraordinariamente salinos. Nosotros habíamos concluido que probablemente TtAgo (obtenida de una bacteria adaptada a vivir en fuentes termales, capaz de resistir temperaturas muy elevadas y cuya temperatura óptima para vivir es de 65 °C, muy por encima de nuestra temperatura fisiológica) no había funcionado porque todos nuestros experimentos los habíamos realizado a 37 °C. Han Chunyu argumentaba que su NgAgo funcionaba a temperatura fisiológica. Pero, según me explicaba Pepe Berenguer, no parecía probable que proteínas de una arquea adaptadas a funcionar en medios tan alcalinos y salinos siguieran haciéndolo normalmente en condiciones fisiológicas, con mucha menor cantidad de sal y un pH cercano a la neutralidad.

Hoy en día, en ciencia, cualquier resultado inesperado y sorprendente es rápidamente sometido al escrutinio y la verificación por parte de muchos otros laboratorios. Con NgAgo no se hizo una excepción. Todos nos lanzamos a comprobar si lo que decían los investigadores chinos era cierto o no. Recuerdo que escribí a Han Chunyu para felicitarlo por sus experimentos y para pedirle sus reactivos NgAgo para poder reproducirlos. Me contestó que en breve depositaría los reactivos en Addgene, para que estuvieran al alcance de todos los investigadores interesados. Tardó aproximadamente un mes en hacerlo, pero tan pronto lo hizo Addgene recibió miles de peticiones de todo el mundo, también la nuestra. Las propiedades anunciadas de NgAgo: gran especificidad, guías de ADN (mucho más estables y sencillas de generar) en lugar de ARN, no requería secuencias PAM y apenas sin actividad de corte no deseado en secuencias de ADN parecidas, la hacían especialmente atractiva y potencialmente superior a las herramientas CRISPR-Cas9.

Pero en el mes de julio de 2016, dos meses después de la publicación, saltaron las alarmas. Gaétan Burgio, un colega genetista francés que trabaja en Canberra (Australia), fue el primero en publicar un artículo en un blog informando que era incapaz de reproducir los experimentos descritos por los investigadores chinos.

Nosotros, que teníamos la experiencia de haber estado dos años intentándolo con TtAgo, y que tampoco pudimos verificar la actividad de NgAgo, obtuvimos los mismos resultados negativos. Y así lo empecé a explicar a través de listas de correo y redes sociales. En poco tiempo fuimos decenas los investigadores que empezamos a compartir nuestros resultados negativos. Uno de mis correos electrónicos, que envié a través de una lista interna de la sociedad ISTT, que había fundado en 2006, fue filtrado a través de las redes sociales en China. En él alertaba a todos mis colegas de los posibles problemas con los experimentos de Chunyu y les recomendaba que no malgastaran sus esfuerzos y recursos en algo que a todas luces se veía que no funcionaba. Mi buzón electrónico se llenó de mensajes insultantes, la mayoría escritos en chino, en los que me tildaban de querer denostar la ciencia de su país, de ser un defensor a ultranza de las CRISPR, como herramientas «occidentales» (tal cual), frente a la nueva herramienta NgAgo, de origen «oriental». Como era ya el mes de agosto, decidí que lo más recomendable era cerrar unos días mi correo e irme de vacaciones.

A mi regreso, las evidencias negativas seguían aumentando y las sospechas de manipulación de datos o de fraude en la investigación presentada por los investigadores chinos empezaron a acumularse. En los meses siguientes se publicaron diversos estudios con resultados negativos tras vanos intentos de usar NgAgo como editor genético (si te interesan los detalles de esta historia, los tengo recogidos en mi página web sobre CRISPR en el CNB). Finalmente, y tras muchísimas peticiones al respecto originadas desde la comunidad científica, los autores del artículo original retiraron su publicación un año después, a principios de agosto de 2017, «por la incapacidad de la comunidad científica de replicar nuestros resultados», según se podía leer en la sorprendente nota de retractación. Increíble. Retiraban su estudio no por ser falso o manipulado o inventado (sigue sin esclarecerse cómo pudieron obtener esos resultados), sino porque nosotros no éramos capaces de repetirlo. En fin, este es otro ejemplo más que ilustra comportamientos inadecuados que, desgraciadamente, conocemos de vez en cuando en ciencia. Afortunadamente, la propia comunidad científica tiene sus controles y la falta de reproducibilidad de lo publicado destaca de inmediato y resalta los estudios problemáticos o fraudulentos. Este fue un caso que ilustró el poder de la ciencia abierta, de compartir resultados, sean positivos o, como en este ejemplo, negativos, usando canales no tradicionales, fuera de las revistas habituales, en blogs y redes sociales, para conseguir alertar en muy poco tiempo a muchos investigadores antes de que empezaran a usar un sistema que, claramente, no hacía lo que prometía. Más allá del daño moral a la ciencia, lo que de verdad suponen este tipo de actos es la pérdida de enormes cantidades de dinero gastadas sin necesidad y de montones de horas de trabajo que podrían haberse dedicado a otros experimentos. Hablé sobre ello en un artículo en el blog de la Asociación de Comunicadores de Biotecnología (ACB).

«HOY EN DÍA, EN CIENCIA, CUALQUIER RESULTADO INESPERADO Y SORPRENDENTE ES RÁPIDAMENTE SOMETIDO AL ESCRUTINIO Y LA VERIFICACIÓN POR PARTE DE MUCHOS OTROS LABORATORIOS».

Superado el triste escándalo de NgAgo, los investigadores del campo pudimos volver a centrarnos en investigar las capacidades y también las limitaciones de las herramientas CRISPR-Cas9.

Sobre las capacidades de los sistemas de edición me extenderé en los próximos capítulos, explicando ejemplos de aplicaciones, algunas muy sorprendentes, derivadas del uso de editores genéticos, como las CRISPR. Baste ahora recordar que mediante las herramientas de edición genética podemos, entre otros muchos usos:

- Inactivar un gen que esté funcionando hasta apagarlo.

- Reactivar un gen apagado para que vuelva a funcionar.

- Corregir un gen mutado mediante terapia génica.

- Reproducir en un modelo celular o animal las mutaciones observadas en pacientes.

- Reproducir en animales o plantas variantes genéticas presentes en otras variedades.

- Trasladar variantes genéticas entre especies diferentes.

- Eliminar desde una o pocas letras hasta millones de ellas del genoma.

- Insertar desde una o pocas letras hasta millones de ellas en el genoma.

- Substituir desde una o pocas letras hasta millones de ellas en el genoma.

- Substituir una o varias secuencias de ADN o genes por otras en el genoma.

- Invertir la dirección de una o varias secuencias de ADN o genes en el genoma.

- Duplicar una o varias secuencias de ADN o genes en el genoma.

- Marcar una o varias secuencias de ADN o genes en el genoma.

- Promover la herencia no mendeliana de variantes genéticas mediante impulso génico.

- Luchar contra enfermedades infecciosas transmitidas por insectos.

- Cualquier combinación de las aplicaciones anteriores.

Si te fijas bien, muchas de las modificaciones genéticas propiciadas por las herramientas de edición reproducen las alteraciones patológicas que observamos en las enfermedades humanas (deleciones, inserciones, inversiones, duplicaciones) y por lo tanto pueden también usarse para intentar revertirlas, de ahí su enorme interés en biomedicina.

Otra de las propiedades de las herramientas CRISPR es su gran versatilidad. Una misma proteína Cas9 puede cortar en tantos sitios del genoma como guías de ARN le ofrezcamos al sistema. Si le damos tres guías cortará en los tres genes, si le damos treinta cortará en esos treinta genes y si le damos una librería de lentivirus portadores de tantas guías como genes hay en el genoma entonces, virtualmente, cada lentivirus cuando infecte una célula será capaz de inactivar un gen distinto. Estas inactivaciones masivas han servido para descubrir el papel primordial de determinados genes en algún proceso biológico. A las librerías de guías de ARN complementarias a prácticamente todos los genes del genoma se les llama GeCKO (del inglés Genome-scale CRISPR Knock.Out, inactivación mediante CRISPR a escala genómica) y hay ya múltiples ejemplos en la literatura reciente. Quizás uno muy ilustrativo de la capacidad de estas librerías es una investigación reciente llevada a cabo en Australia para descubrir un nuevo antídoto contra el veneno de la avispa de mar, una medusa muy venenosa y mortal para las personas. Unos investigadores usaron una librería GeCKO para inactivar, en células humanas en cultivo, la mayoría de genes del genoma (uno distinto en cada célula) y a continuación expusieron las células editadas al veneno. Aquellas pocas células que sobrevivieron sirvieron para identificar los genes cuya inactivación permitía desarrollar antídotos para sobrevivir a una picadura de estas medusas.

Otra de las características versátiles de las herramientas CRISPR es que sirven para editar prácticamente cualquier especie de ser vivo, incluso aquellas que hasta ahora no habían podido ser modificadas genéticamente con las estrategias anteriores. Un buen ejemplo lo descubrimos en 2019, con la primera edición genética exitosa de lagartijas. Unos investigadores inactivaron el gen *Tyr* (tirosinasa) de estos reptiles y obtuvieron individuos albinos, sin pigmentación.

Los experimentos de edición genética con CRISPR no son infalibles ni sus resultados son predecibles con total seguridad o certeza. Esto deberíamos tenerlo todos muy claro. En parte, esta incertidumbre deriva de su origen biológico como sistema de defensa que usan los organismos procariotas para zafarse de los ataques de virus, como explicaré a continuación, y por lo tanto más que una carencia o limitación del sistema CRISPR es parte de su razón de ser, que deberíamos entender para intentar minimizarla en lo posible.

Hay dos grandes limitaciones en el uso de herramientas de edición genética, sean meganucleasas, ZFN, TALEN o CRISPR: las internas al propio sistema de edición y las externas, que no tienen nada que ver con las nucleasas responsables de propiciar la edición y sí con los sistemas de reparación del ADN propios de todas las células.

Las limitaciones internas a los sistemas de edición genética tienen que ver con la especificidad del sistema. Recuerda que todas las herramientas, bien a través de proteínas (meganucleasas, ZFN, TALEN) o a través de pequeñas moléculas de ARN guía (CRISPR), utilizan algún componente para definir en qué lugar del genoma el otro componente, la nucleasa, realizará su acción, cortando el ADN, y dirigirlo allí. Por ejemplo, en el sistema CRISPR-Cas9 de *Streptococcus pyogenes,* el más común y universalmente utilizado, la nucleasa Cas9 utiliza un ARN de 20 letras (ribonucleótidos) para que se apareen con sus correspondientes 20 letras del ADN (nucleótidos) y, si existe una secuencia PAM inmediatamente adyacente, entonces proceder a cortar el genoma en una posición invariable dentro de la secuencia detectada por la guía, tal y como explicaba en la figura 2.1.

No todas las letras son igual de importantes en la guía de ARN. Las posiciones más cercanas a la PAM (las 12 primeras letras) son las que deben ser exactamente complementarias al gen que se quiere editar (solo se admite una variación en ellas). Sin embargo, en las posiciones más alejadas se admiten más variaciones en la secuencia diana. De esta forma, una guía de ARN se apareará con su secuencia complementaria al 100 % en el gen deseado, pero puede que también se aparee cuando solo coinciden 18 de las 20 letras (o sea, al 90 %) en otra zona del genoma que también tenga una secuencia PAM adyacente y propicie el corte no deseado de este otro gen o secuencia y su consiguiente reparación y previsible inactivación o alteración genética. Este proceso de posible generación de mutaciones no deseadas en secuencias similares en el genoma se denomina, en inglés, *off-target* (fuera de la diana) porque ocurre en lugares distintos a los inicialmente previstos. ¿Quiere esto decir que la proteína Cas9 no es tan fiable ni precisa como pensábamos? Efectivamente, el sistema CRISPR-Cas9 admite una cierta variabilidad que se explica por su origen biológico. Debe anticiparse a posibles cambios en la secuencia del genoma del virus invasor para poder reconocerlo como extraño a pesar de que ya no tenga la misma secuencia, idéntica, que capturó en una ocasión previa en la que visitó a los antepasados de esa bacteria.

Recurro a las secuencias de ADN y a la guía de ARN de ejemplo que mostré en el capítulo 2 para explicar ahora esta limitación interna de los sistemas CRISPR-Cas9. Recuerda que se trata de una secuencia de ADN cualquiera y su guía de ARN correspondiente (las letras en minúscula debajo del ADN), perfectamente alineada en el 100 % de sus 20 posiciones y al lado de una secuencia PAM (en negrita) necesaria para que luego corte la proteína Cas9:

```
→AAGTTTGCATGCGATTAGAGTCTAGCATGCTAGGCTAGCACACAAATG→
←TTCAAACGTACGCTAATCTCAGATCGTACGATCCGATCGTGTGTTTAC←
            cgauuagagucuagcaugcu
```

Imagínate ahora que exactamente la misma guía de ARN es capaz de unirse, con algunas pequeñas variaciones (solo dos de las 20 letras cambian, resaltadas con un asterisco) en otro lugar del genoma. Fíjate en que la secuencia similar también está al lado de una secuencia PAM compatible con el modelo NGG. Esta otra secuencia también se podría cortar y provocar efectos no deseados e inesperados.

```
            *       *
→ACCAATCCTTGCGGTTAGAATCTAGCATGCTGGGCAAGCCCCCTTCTA→
←TGGTTAGGAACGCCAATCTTAGATCGTACGACCCGTTCGGGGGAAGAT←
            cgauuagagucuagcaugcu
```

También podemos explicar el problema de las mutaciones no deseadas recurriendo al ejemplo de la frase que te proponía entonces. Recuerda que lo que pretendíamos era corregir la palabra Ebro y propiciar el cambio de la «v» por la «b».

```
Es el río Evro el que pasa por Zaragoza
```

Pero es posible que haya otra frase similar que esté correctamente escrita en el mismo libro.

```
Es el río Ebro el río más caudaloso de España
```

Fíjate en que las palabras iniciales «Es el río Ebro el» son prácticamente iguales en ambas frases. Nosotros solo queremos corregir la primera, dejando intacta la segunda, pero el sistema CRISPR-Cas9 no discernirá con suficiente precisión las dos frases y la guía ARN que usaremos se apareará de forma similar en las dos, y puede que acabe propiciando la corrección de la primera, como queríamos, pero provoque una alteración en la segunda, que no queríamos modificar. Tal que así:

```
Es el río Ebro el que pasa por Zaragoza ✓
Es el río Emro el río más caudaloso de España ✗
```

A este problema nos referimos cuando hablamos de *off-targets* o mutaciones no deseadas en secuencias de ADN similares a la planeada. Creo que queda suficientemente clara la relevancia de esta limitación.

Naturalmente, el sistema CRISPR-Cas9 cortará preferentemente antes y más eficazmente en los sitios en los que encuentre un 100 % de homología entre la guía ARN y el gen que se quiere editar, y luego, con menor eficacia, acabará encontrando otros sitios con menor homología que puede acabar cortando también. Por lo tanto, hay un aspecto cinético en esta limitación que podemos usar a nuestro favor, limitando tanto la cantidad como el tiempo de actuación de la nucleasa Cas9. A menor cantidad y a menor tiempo de actuación, mayor precisión y menor probabilidad de que se produzcan alteraciones no deseadas.

En el verano de 2013, seis meses después de haberse conocido que las herramientas CRISPR funcionaban en eucariotas, aparecieron tres artículos en la revista *Nature Biotechnology* de los laboratorios de Jennifer Doudna, J. Keith Joung y George Church alertando de la aparición de muchas alteraciones no deseadas en diversos lugares del genoma tras experimentos de edición genética en células de cultivo, a las que se habían transfectado los reactivos CRISPR-Cas9. Evidentemente, causaron mucho revuelo inicial en el campo pues estaban sugiriendo que los sistemas CRISPR no eran nada fiables y eran propicios a modificar zonas del genoma no deseadas con una probabilidad nada desdeñable. Sin embargo, pronto supimos que esos artículos había que leerlos con cuidado, en especial la letra pequeña de cómo habían hecho los experimentos.

En los tres casos usaron modelos celulares. En los tres casos introdujeron en las células (transfectaron) plásmidos de expresión constante de la nucleasa Cas9. Es decir, las células tenían una sobreexpresión permanente de Cas9, mucho más allá de la necesaria. El exceso de la nucleasa Cas9, en cantidad producida y en el tiempo que tenía para actuar, favorecía que acabara detectando secuencias similares, pero no idénticas, a las de la guía ARN, y acabara cortándolas y generando estas mutaciones no deseadas.

Todos los que habíamos trabajado con las técnicas clásicas de ingeniería genética, con las famosas enzimas de restricción, que cortan el ADN en secuencias específicas, conocíamos muy bien aquel problema, pues ya lo habíamos visto con otro nombre. A finales de los años ochenta, si uno tenía un plásmido (una molécula de ADN circular) que solo tenía una secuencia de corte para una enzima de restricción determinada (por ejemplo *Eco*RI, que corta cuando encuentra la secuencia de seis letras GAATTC) y lo ponía a digerir con esa enzima durante una hora a 37 °C y luego resolvía los productos de la digestión en un gel de electroforesis (un instrumento capaz de separar las moléculas de ADN en función de su tamaño), se observaba, lógicamente, solamente una banda. El plásmido había sido cortado en la única secuencia posible y, al abrirse, se había convertido en una única molécula de ADN lineal. Sin embargo, si te olvidabas de la digestión toda la noche y dejabas el ADN en presencia de la enzima más tiempo del necesario, esta acababa cortando en secuencias parecidas (por ejemplo, en GGATTC o GAATGC) y al resolver los productos de la digestión a la mañana siguiente se distinguían varias bandas de ADN, no una sola. ¿Qué había pasado? ¿El milagro de los panes y los peces? ¿Habían «aparecido» por arte de magia nuevas secuencias de corte para *Eco*RI durante la noche? En absoluto, el exceso de enzima y de tiempo de digestión había dado la oportunidad a la enzima de cortar en otras secuencias parecidas que habitualmente no habría cortado. Ese proceso no deseado lo llamábamos actividad *star* (estrella), y ahora lo llamamos *off-target*.

En realidad, es el mismo proceso. La proteína Cas9 no deja de ser una enzima de restricción, mucho más sofisticada, con capacidad programable para cortar donde le indique la guía de ARN, pero una enzima de restricción, al fin y al cabo. Por lo tanto, un exceso de ella, tanto en cantidad como en tiempo, propiciará la aparición de mutaciones no deseadas.

Desde entonces, sabemos que es mucho mejor utilizar una cantidad limitada de ARN que codifique la nucleasa Cas9, que ADN que exprese el gen de la nucleasa Cas9, que puede integrarse en el genoma de la célula o del animal y continuar transcribiendo el gen de la nucleasa indefinidamente, más allá de lo necesario. El ARN se traducirá un número determinado de veces antes de degradarse y desaparecer. Y todavía mejor que el ARN de Cas9 es utilizar proteína Cas9 recombinante, producida en el laboratorio, para que se use inmediatamente y desaparezca cuanto antes, una vez cumplida su función. En nuestros ratones editados solemos utilizar o bien ARN de Cas9 o proteína Cas9 recombinante y nunca vimos mutaciones no deseadas en sitios del genoma potencialmente previstos para ser modificados erróneamente, al diferir entre una y cuatro letras de las 20 de la guía de ARN. En nuestro artículo para la revista *Nucleic Acids Research* de 2015, no nos contentamos y fuimos a comprobar esas otras secuencias genómicas parecidas, para ver si tenían alguna mutación no deseada, sin encontrar ningún cambio. Otros colegas nuestros, del Instituto Sanger, liderados por Bill Skarnes, aplicaron técnicas de secuenciación genómica masiva, más sistemáticas, para repasar todo el genoma y tampoco encontraron alteraciones significativas en otros genes. Publicaron su estudio en la revista *Nature Methods,* también en 2015.

En los trabajos que alertaban de múltiples mutaciones no deseadas se había utilizado un exceso de Cas9 al usar plásmidos de expresión de esta nucleasa introducidos en las células en cultivo. Desde entonces, sabemos que es más habitual encontrar estos fenómenos de mutaciones no deseadas en experimentos en células (donde se suele seguir usando ADN, con plásmidos de expresión de Cas9, que son más sencillos de transfectar) que en animales (donde la tendencia actual es usar o bien ARN de Cas9 o proteína recombinante

Cas9). En cualquier caso, en animales o en plantas, la presencia de estas mutaciones no deseadas en otras zonas del genoma tampoco es un problema demasiado importante, mientras se encuentren en otros cromosomas distintos de donde tenemos nuestro gen editado. Simplemente cruzando los animales editados segregamos las modificaciones planeadas de las no deseadas en la descendencia y podemos seleccionar los animales (o plantas) que llevan las primeras y descartar los demás. Claro, si la mutación no deseada está en el mismo cromosoma, tenderá a cosegregar con nuestra mutación deseada y será más difícil que se produzca una recombinación entre ambas que las separe en la descendencia.

Evidentemente, las mutaciones no deseadas son un problema importante si pensamos usar las herramientas CRISPR-Cas9 en terapia génica sobre pacientes, pues tenemos que anticipar que podrían alterarse genes o secuencias de ADN distintas a las planeadas y aparecer problemas no deseados asociados a estas alteraciones. Esto nos remite al concepto de seguridad, y prudencia, antes de utilizar estas herramientas en terapias con humanos. Quizás por esto último causó tanto revuelo y alteración en el campo un artículo que se publicó en mayo de 2017 en la revista *Nature Methods,* de un equipo norteamericano liderado por Vinit B. Mahajan, de la Universidad de Stanford, en California. Estos investigadores aseguraron haber descubierto miles de mutaciones no deseadas e inesperadas tras un experimento de edición genética con CRISPR-Cas9 en ratones. Y, además, estas mutaciones no parecían estar asociadas a los sitios potencialmente esperables con secuencias similares a las guías de ARN utilizadas. Tal cantidad de mutaciones inesperadas causó una conmoción instantánea en el campo. Las que más lo sufrieron fueron las empresas biotecnológicas que están desarrollando terapias basadas en CRISPR, que perdieron millones de doláres de su valor en bolsa tras disminuir en gran medida sus expectativas de negocio ante tales perspectivas nada halagüeñas para sus productos terapéuticos.

¿Cómo podía ser que estos investigadores hubieran observado tal cantidad de mutaciones no deseadas mientras que el resto de la comunidad científica (incluidos nuestros experimentos en el CNB) no las había visto? El escepticismo con el que fue recibido este artículo por parte de los investigadores usuarios de CRISPR fue máximo. No eran los resultados que el resto de los laboratorios veíamos regularmente en nuestros experimentos. ¿Estábamos ante otro caso de manipulación o uso fraudulento de los datos? No parecía el caso. Por fortuna, los mecanismos de control de la propia comunidad científica se volvieron a activar enseguida y varios laboratorios propusieron explicaciones alternativas para las mutaciones aparentemente observadas por aquellos investigadores.

Lo más importante en un experimento científico son los controles, la referencia, que tenemos que usar para contrastar si los resultados de nuestro ensayo son similares o estadísticamente diferentes a ellos. Si no tenemos unos controles adecuados, podemos llegar fácilmente a conclusiones erróneas. Los investigadores que aseguraban haber detectado miles de mutaciones no deseadas basaban su afirmación en comparar el genoma de los ratones editados con CRISPR-Cas9 con el de ratones no editados de la misma cepa. Hasta ahí todo parecería correcto. Pero como suele decirse, el diablo está en los detalles. Sería correcto si hubieran usado ratones controles correctos. En su lugar utilizaron ratones que, a pesar de ser de la misma cepa que los que habían utilizado para editar, provenían de otra colonia independiente y, por ello, habían acumulado mutaciones espontáneas que habían segregado en su descendencia hasta incorporar muchos cambios respecto al genoma de los ratones editados. Y, claro, al comparar los genomas detectaron todos estos cambios y asumieron (y ahí estuvo su gran error) que estaban producidos por la nucleasa Cas9, cuando, realmente, las herramientas CRISPR-Cas9 no habían tenido nada que ver en todas estas aparentes mutaciones.

La explicación del caso es sencilla para cualquiera que conozca los fundamentos básicos de la genética. Sorprendía no ya que los autores no los tuvieran, que podía entenderse hasta cierto punto si no eran expertos en genética, sino que tampoco los hubieran tenido ni los revisores que trabajaron en este artículo y recomendaron su publicación, ni los editores de la revista, que tampoco detectaron el error y aceptaron publicarlo. En este caso, se trataba de un error de interpretación colosal que había hecho trastabillar a todo el campo CRISPR sin base científica alguna y que podía explicarse sencillamente por las mutaciones que todo ser vivo acumula, produce en cada generación y pasa a su descendencia. Dos ratones de la misma cepa consanguínea, hermanos de camada, inicialmente de genomas prácticamente idénticos, si se cruzan por separado, y sus hijos, y los hijos de sus hijos, etc., hasta varias generaciones, habrán acumulado mutaciones distintas en cada linaje. Si comparamos los genomas de los hermanos originales puede que sean extraordinariamente similares. Pero si comparamos los genomas de dos ratones tras varias generaciones de cruces de los dos linajes independientes, a pesar de ser de la «misma cepa», constataremos que han acumulado miles de mutaciones distintas y sus genomas ya no son tan comparables. Si no usamos como controles ratones de la misma colonia, del mismo linaje genético y generación, lo más probable es que encontremos exactamente lo que describieron esos investigadores, miles de mutaciones, aunque sin relación alguna con las herramientas de edición genética CRISPR-Cas9.

Mi colega Bruce Whitelaw y yo publicamos un resumen de todo este caso en la revista *Transgenic Research* en 2018, explicando todos los detalles y artículos que aparecieron rebatiendo el original, poco después de que la revista *Nature Methods,* ante la avalancha de evidencias científicas que demostraban el error de estos investigadores, no tuviera más remedio que retirar el artículo a finales de marzo de 2018, diez meses después de publicarlo, sin el acuerdo de varios de sus coautores, incluido el investigador principal, que seguía clamando por la veracidad de sus conclusiones, equivocadas, sin que ya nadie lo escuchara. Lo resumí en un artículo en el blog de la ACB en el que anunciaba, con tristeza, que la posverdad había llegado también a la biotecnología.

Lo cierto era que las herramientas de edición genética CRISPR-Cas9 no producen tal cantidad de mutaciones no deseadas, aunque lógicamente pueden producir alguna, y el interés de todos los expertos del campo está en reducirlas a su mínima expresión, hasta hacerlas desaparecer, en lo posible, como explicaré a continuación. Se estima que las mutaciones no deseadas debidas a Cas9 estarían muy por debajo del umbral de mutaciones que se acumulan normalmente en todas las células simplemente al dividirse constantemente y replicar su ADN, por ejemplo.

¿Qué podemos hacer con el sistema CRISPR-Cas9 para disminuir el impacto de las mutaciones no deseadas?

Podemos, en primer lugar, intentar seleccionar las mejores guías de ARN que sean complementarias a secuencias únicas en el genoma de la especie que queramos editar y, a poder ser, con un número limitado de posibles secuencias similares en las que cambien de una a cuatro letras de las 20 de la guía. Esto puede ser complicado de hacer manualmente, pero los ordenadores están para ayudarnos y es relativamente sencillo diseñar un programa bioinformático que, para un gen en concreto, localice y revise todas las guías de ARN posibles para una región determinada y, para cada una de ellas, compute las posibles secuencias similares que se puedan encontrar en el genoma y nos diga dónde están, si en un gen o en ADN intergénico, si en el mismo cromosoma o no, etc., para que podamos escoger la mejor guía de ARN, la más específica y la que propicie un menor número de mutaciones no deseadas.

Hoy en día hay más de cien programas bioinformáticos capaces de seleccionar las mejores guías de ARN para cada experimento de edición genética con CRISPR-Cas9. Desde el CNB, y gracias a los conocimientos bioinformáticos de Juan Carlos Oliveros, Daniel Tabas, Monica Frank y Florencio Pazos, se ha diseñado un nuevo programa que llamaron *Breaking-Cas* (genialidad que se le ocurrió a Juan Carlos, a raíz de coincidir un día Daniel y él con sendas camisetas con el famoso logo de la ya mítica serie de televisión *Breaking Bad*). Juan Carlos nos preguntó a dos usuarios de herramientas CRISPR del centro, a Pilar Cubas (experta en plantas) y a mí (en animales), sobre las características que querríamos ver incorporadas en el programa. Le dimos nuestras «cartas a los Reyes» y los programadores obraron su magia y produjeron el que yo creo, objetivamente, que es uno de los mejores programas de diseño de guías de ARN para cualquier experimento CRISPR en cualquier organismo que tenga su genoma secuenciado y disponible a través del servidor europeo de datos genómicos Ensembl. El programa *Breaking-Cas* se publicó en 2016 en

Nucleic Acids Research y es de acceso libre a través de internet para toda persona interesada.

También podemos intentar mejorar la especificidad de la nucleasa Cas9, produciendo nuevas mutantes y variantes en el laboratorio (que no existen en la naturaleza) y que tengan unas propiedades más beneficiosas. Por ejemplo, que sea mucho menos probable que corten cuando hay una o varias letras dispares entre el ARN guía y el ADN diana; que disminuya su capacidad de corte inespecífico.

Una de las primeras variantes que se obtuvieron fue la nikasa, descrita por el equipo de Feng Zhang durante el verano de 2013 y publicada en la revista *Cell*, probablemente en respuesta a los estudios mencionados que encontraban un exceso de mutaciones no deseadas. A Feng Zhang se le ocurrió mutar uno de los dominios de corte de ADN de la proteína Cas9 y obtuvo una nucleasa que ya no era capaz de cortar las dos cadenas del ADN sino solo una de ellas, a la que llamó nikasa. Si ahora combinaba dos de estas nikasas, con sus guías de ARN respectivas, a ambos lados del sitio previsto de edición en las cadenas de ADN complementarias, estaba, de facto, multiplicando la especificidad. Cualquiera de las nikasas por separado no produciría ningún efecto en el ADN, dado que el corte de una cadena de ADN siempre se repararía de inmediato y de forma correcta utilizando la cadena de ADN complementaria. Ahora bien, si se seleccionaban guías de ARN de tal manera que propiciaran cortes muy próximos en las dos cadenas del ADN, el sistema podría confundir los dos cortes e interpretarlos como un corte de doble cadena y activar los sistemas de reparación que acabarían induciendo la inactivación o edición genética.

La nikasa conseguía aumentar la especificidad, al ser necesario encontrar no una secuencia de 20 letras sino dos similares y en posiciones cercanas, en cadenas complementarias, en el genoma, lo que era significativamente menos probable. A pesar de ser una buena idea, las nikasas no se han utilizado demasiado pues su uso implica tener que diseñar dos guías de ARN cercanas y en cadenas complementarias del ADN para cada sitio que se desee editar, y adyacentes a sus correspondientes PAM cada una de ellas. Además, es posible que la actividad de la nucleasa quede algo reducida por la mutación. Las nikasas representan un producto intermediario hasta generar la *dead* (muerta) dCas9, en la que se han inactivado ambos dominios de corte de Cas9, que ya no es capaz de cortar el ADN, pero sigue marcando la posición del genoma que le indica la guía, lo cual sigue siendo extraordinariamente útil. Hablaré de las dCas9 más adelante, en otros capítulos de este libro.

Otras variantes mutantes de la nucleasa Cas9, con mayor especificidad y menor riesgo de generar mutaciones no deseadas, empezaron a acumularse en el campo gracias al intenso trabajo de varios laboratorios. Feng Zhang lanzó en diciembre de 2015 una primera Cas9 de *Streptococcus pyogenes* (SpCas9) que llamó *enhanced* (potenciada) (eSpCas9), más específica y con menos probabilidad de generar mutaciones no deseadas. El trabajo apareció publicado en enero de 2016 en la revista *Science*. También se aplicó a la misma tarea el grupo de J. Keith Joung, que desarrolló múltiples variantes de SpCas9. Por un lado, con nuevos requisitos para la secuencia PAM, distintos al natural «NGG», lo cual ampliaba el rango para poder seleccionar guías de ARN mediante métodos bioinformáticos. Y, por otro lado, desarrollando lo que denominaron una SpCas9 de alta fidelidad, HF-SpCas9, que como indicaba su nombre era capaz de ser más específica y discriminar, sin cortar, secuencias similares del genoma. Con la HF no se detectaban mutaciones no deseadas. Ambos trabajos aparecerían publicados en la revista *Nature* en los años 2015 y 2016, respectivamente.

Después han aparecido muchas otras variantes mutantes de Cas9, cada vez con mejores características, además de otras nucleasas distintas, como la Cpf1 (hoy llamada Cas12a), de otras bacterias, inicialmente descrita por Feng Zhang a finales de 2015. En abril de 2018, el grupo de David Liu presentó sus xCas9 o Cas9 evolucionadas (*evolved*), que había obtenido en el laboratorio a partir de la Cas9 original y consiguiendo que aceptaran muchas otras secuencias como PAM, distintas de la canónica NGG (como NG, GAA y GAT, con lo que se conseguía aumentar el rango de aplicación de estas nucleasas), mientras se mantenía una elevada especificidad. Adicionalmente, el laboratorio de Jennifer Doudna ha identificado nuevas proteínas Cas9 de bacterias que no pueden cultivarse en el laboratorio y que tienen un tamaño mucho más pequeño, lo que las hace especialmente adecuadas para experimentos de terapia génica.

Por lo tanto, las limitaciones internas de las herramientas de edición genética CRISPR-Cas9 existen, pero podemos reaccionar frente a ellas. Con mejores programas bioinformáticos de diseño de guías de ARN o mediante el uso de nuevas nucleasas Cas9 con mayor especificidad y menor propensión a generar mutaciones no deseadas, podemos reducir este primer problema a valores mínimos. Es importante resaltar esto: tenemos aquí un margen importante de mejora que podemos combinar administrando proteína Cas9 recombinante, en lugar de ARN o ADN, y limitando la cantidad para que la nucleasa administrada solo haga preferentemente lo que esperamos de ella y no tenga ocasión de mutar otras áreas del genoma. Veremos que las limitaciones externas al sistema son mucho menos maleables y, a la postre, mucho más complicadas de gestionar que las internas.

Las limitaciones externas al sistema CRISPR-Cas9 tienen que ver con lo que ocurre tras el corte de doble cadena en el ADN. En ese momento se activan los mecanismos de reparación endógenos, presentes en todas las células, y se intenta por todos los medios reparar la discontinuidad física que ha aparecido en el cromosoma. Si se aporta un ADN con secuencias similares a las circundantes al corte, se tenderá a usar ese ADN como molde, promoviendo la vía de reparación dirigida por esta homología de secuencias, la vía de la derecha de la figura 2.2, la que conduce a la edición del genoma. Si, por el contrario, no se aporta ADN molde, entonces la célula inicia una serie de inserciones y deleciones (INDEL) de nucleótidos al azar, aprovechando los extremos del ADN cortado, hasta que da con letras compatibles, complementarias, que le permiten iniciar la reconstrucción de la cicatriz a través de la vía de la izquierda de la figura 2.2, la vía del velcro-cremallera o de la unión de extremos no homólogos, la que conduce a la inactivación del gen. Incluso en presencia de ADN molde, la vía de la izquierda, del velcro-cremallera, sigue estando activa. Esta vía es la predominante en todas las células. Por el contrario, la vía que repara a través de homología y ADN molde generalmente solo está activa en aquellas células que se están dividiendo. Además, hay que tener en cuenta que la vía de la izquierda y la de la derecha coexisten en la mayoría de tipos celulares. No por aportar un ADN molde tendremos la seguridad de que todas las reparaciones se realizarán por la vía de la derecha. No es así. Seguiremos incorporando INDEL y generando variabilidad genética en el conjunto de moléculas de ADN reparadas.

El problema principal de los sistemas celulares de reparación del ADN es que no tienen ni la precisión ni la especificidad de los sistemas CRISPR-Cas9. La reparación cursa sin memoria. Cuando una molécula de ADN cortada se repara, de alguna manera, mayoritariamente se hace mediante la aparición de INDEL. Inmediatamente después, o de forma simultánea en varias moléculas de ADN a la vez, el sistema acude a reparar otra molécula de ADN distinta, pero no se acuerda de lo que ha hecho con las anteriores y entonces inicia una nueva ronda de inserciones y deleciones, que acaban generando INDEL distintos y una reparación diferente a las precedentes y a las que seguirán. El resultado final de todo ello es una variabilidad, un mosaicismo genético. En lugar de obtenerse un solo tipo de mutación, se obtienen muchos, en distintas moléculas de ADN, en distintas células. Muchas variantes genéticas entre las cuales suele estar la que habíamos planeado, la deseada.

Por ejemplo, cuando microinyectamos los componentes del sistema CRISPR-Cas9 de edición genética en un embrión de ratón de una sola célula, estos reactivos no desaparecen ni se consumen inmediatamente. Pueden seguir estando presentes y activos en un embrión que ya se haya dividido, por ejemplo, tres veces, con ocho células. Y seguir editando nuestro gen planeado en cada una de estas ocho células. Recuerda que, como he comentado con anterioridad, todos tenemos dos copias de cada gen en cada célula. En un embrión de ocho células habría un total de 16 copias del gen, y cada una de ellas podría repararse de forma distinta. El individuo que nacería de este embrión sería un ratón mosaico, porque sus células no serían genéticamente idénticas. Habría partes de su cuerpo derivadas de cada una de esas ocho células embrionarias, portadoras de distintas variantes genéticas.

Para apreciar el significado del mosaicismo genético, de la diversidad de variantes que cualquier experimento de edición genética genera hoy en día, voy a acudir de nuevo a los ejemplos de secuencias de ADN y frases utilizados en el capítulo 2, para resaltar la magnitud del problema. Como verás, este problema de la edición genética, externo a las CRISPR-Cas9, afecta al gen elegido para ser editado, a la diana escogida (por eso se denominan problemas *on-target*, sobre la diana), y es mucho mayor que el problema anterior, interno a las CRISPR-Cas9, de los *off-target* o mutaciones en secuencias similares no deseadas.

Voy a retomar el ejemplo de una secuencia cualquiera de ADN que es cortada tres nucleótidos a la izquierda de la señal PAM por la acción del sistema CRISPR-Cas9.

```
→AAGTTTGCATGCGATTAGAGTCTAGCAT GCTAGGCTAGCACACAAATG→
←TTCAAACGTACGCTAATCTCAGATCGTA CGATCCGATCGTGTGTTTAC←
```

Para simplificarlo, solo voy a mostrar una de las dos cadenas de ADN, la superior. Evidentemente, para cada una de estas moléculas de ADN habrá siempre otra cadena, complementaria, inferior, que se puede deducir fácilmente a partir de la superior.

```
→AAGTTTGCATGCGATTAGAGTCTAGCAT GCTAGGCTAGCACACAAATG→
```

Recuerda que, tras generarse el corte, empiezan a producirse inserciones y deleciones de letras al azar que pretenden reparar el corte y restituir cuanto antes la continuidad física de la molécula de ADN dañada, que es lo que pretende la célula a toda costa. A continuación, muestro un posible resultado de diversas reparaciones. Incluyo, arriba, la secuencia de ADN original, antes de la edición, e inmediatamente debajo una serie de cinco posibles variantes genéticas generadas tras la reparación del corte. Para poder alinear las secuencias y resaltar las letras que mantienen su posición tengo que añadir guiones «−» virtuales, que indican deleciones de nucleótidos, letras que faltan, o inserciones de letras, en función del resto de moléculas de ADN.

Original

→AAGTTTGCATGCGATTAGAGTCTAGCA---TGCT**AGG**CTAGCACACAAATG→

Reparada 1

→AAGTTTGCATGCGATTAGAGTCTAGC------CT**AGG**CTAGCACACAAATG→

Reparada 2

→AAGTTTGCATGCGATTAGAGT---GC---------G**G**CTAGCACACAAATG→

Reparada 3

→AAGTTTGCATGCGATTAGAGTCTAGCAGGA-GCT**AGG**CTAGCACACAAATG→

Reparada 4

→AAGTTTGCAT---------------------------------------TG→

Reparada 5

→AAGTTTGCATGCGATTAGAGTCTAGCA---TGC-**AGG**CTAGCACACAAATG→

Observa que la primera molécula de ADN reparada ha perdido tres letras «ATG», a pesar de que veas seis guiones, producto de añadir tres adicionales (también en la original) para alinear las secuencias debido a la inserción de tres letras «GGA» en la tercera molécula reparada, que además lo combina con la pérdida de una «T». Observa cuántas letras han desaparecido en la cuarta molécula de ADN reparada, en contraste con la quinta, en la que solo ha desaparecido una «T» adyacente a la señal PAM, que sigo resaltando en negrita. Probablemente fuera esta quinta versión la que nos interesaba, la que queríamos obtener. Pero tendremos que segregarla y separarla del resto, que también obtendremos.

Veamos ahora qué sucede con la frase escogida en el ejemplo del capítulo 2. Recuerda que nuestro objetivo era corregir el error tipográfico que habíamos cometido al usar una «v» erróneamente en lugar de una «b». El experimento de edición genética (edición de texto en este caso) va encaminado a corregir la palabra «Evro», y eso es lo único que queremos obtener. Esta es nuestra frase original, de partida:

Es el río E**v**ro el que pasa por Zaragoza

Y ahora mostraré un conjunto de posibles soluciones que pueden obtenerse tras el evento de edición:

Original
```
Es el río Evro el que --- --- pasa por Zaragoza
```

Reparada 1
```
Es el río ---- -l que --- --- pasa por Zaragoza
```

Reparada 2
```
Es el --- --ro el mmm --- --- pasa por .Zaragoza
```

Reparada 3
```
Es el río Evro el que que que pasa por Zaragoza
```

Reparada 4*
```
Es el río Ebro el que --- --- pasa por Zaragoza
```

Reparada 5
```
Es el río Ebro el qu- --- --- pasa por Zaragoza
```

Fíjate en las posibles reparaciones que hemos obtenido. La tercera reparación triplica la palabra «que» y me obliga a incorporar guiones virtuales en las demás frases para poder seguir mostrando las palabras alineadas. La cuarta es la única reparación que nos interesa, resaltada con un asterisco. Ha substituido la «v» por la «b» y no incorpora más modificaciones. Fíjate en que la quinta, aunque también ha corregido la «v», resulta que ha perdido una «e» de la palabra «que» y no nos vale. Por otra parte, la segunda reparación nos ha cambiado las tres letras de la palabra «que» por «mmm», además de borrar algunas letras del principio.

¡Vaya fastidio!, pensarás. Estoy de acuerdo contigo. Pero este es el pan de cada día de los experimentos de edición genética. Sabemos dirigir la Cas9 (o cualquier otra nucleasa) con precisión a una secuencia de ADN, para que sea cortada en un lugar determinado. Pero no sabemos ni podemos, por el momento, controlar cómo se va a reparar este corte y tenemos que contentarnos con revisar todas las reparaciones (ediciones) obtenidas para tratar de encontrar la que nos interesa y descartar todas las adicionales que no nos interesan. Quizás la nueva herramienta creada por David Liu, del instituto BROAD, llamada Prime Editing, o edición de calidad, anunciada en octubre de 2019, pueda mejorar la especificidad de la reparación del corte. Es una nueva variante de los sistemas CRISPR-Cas9 que promete y ha generado muchas expectativas. Me referiré a ella en capítulos posteriores.

La edición genética, lamentablemente, no es todo lo limpia, precisa y segura que quisiéramos. Los sistemas de reparación de la célula generan un ruido genético, una variabilidad, que hace que obtengamos muchas más variantes de las que realmente necesitamos. A ese conjunto de moléculas de ADN finalmente reparadas de diversas maneras lo llamamos mosaicismo genético, porque ciertamente es como un mosaico de reparaciones.

La diversidad y extensión de las alteraciones propiciadas por los sistemas de reparación, tras el corte en el ADN con las herramientas CRISPR-Cas9, es enorme. Probablemente mucho mayor de lo que imaginábamos. Un estudio reciente del grupo de Allan Bradley, del Instituto Sanger de Hixton-Cambridge, en Reino Unido, se ha dedicado a analizar pormenorizada y sistemáticamente, aplicando técnicas de secuenciación masiva del genoma, qué tipo de variantes genéticas podemos encontrar tras el corte único y preciso por Cas9 en diversas zonas del genoma intergénico (del que hablaré en el capítulo 6), en intrones (los fragmentos no codificantes de los genes, que separan los exones, que son los que contienen la información genética de la proteína codificada) o zonas reguladoras alejadas de genes en células de ratón o humanas en cultivo. La diversidad de variantes genéticas que encuentran es sorprendente. Sus resultados, publicados en la revista *Nature Biotechnology,* no dejan lugar a dudas. Alrededor del sitio de corte es posible documentar deleciones mucho mayores que las previamente reportadas en artículos científicos de edición genética. La pérdida de información genética puede ser de miles de nucleótidos, miles de letras que desaparecen tras el corte, al ser reparado por la célula. También detectan reordenamientos complejos alrededor del corte. Además de deleciones, observan inversiones, duplicaciones y combinaciones de todas ellas. Y, evidentemente, todo esto tiene consecuencias, al alterar la expresión de genes vecinos o del propio gen que se quería editar. Según comenta el autor principal del estudio, Michael Kosicki, en una entrevista reciente, dieron con estos resultados por pura serendipia. No los iban buscando, pero se los encontraron dentro de otro proyecto de investigación, se percataron de su relevancia y decidieron investigarlos a fondo. Este trabajo, el más completo publicado hasta el momento, demuestra la extensión de los problemas externos a la edición genética y el daño potencial que pueden causar los sistemas de reparación del ADN a los que no controlamos en absoluto. Muchas de estas enormes alteraciones habitualmente pasan desapercibidas. Al desaparecer grandes fragmentos de ADN, cualquier intento de amplificar regiones internas, que ya no están en el genoma, es infructuoso. Y esos resultados negativos pueden interpretarse erróneamente, como si no hubiera ocurrido mosaicismo alguno, cuando en realidad están ocultando la existencia de alteraciones más graves, más profundas. La única manera de detectarlas, como demuestra este trabajo del grupo de Bradley, es realizar la secuenciación completa del genoma y visualizar la extensión real de las alteraciones alrededor del sitio de corte. Este es un problema al que se han enfrentado otros investigadores en su intento de demostrar la corrección aparente de un gen en embriones humanos, como contaré en el capítulo 13. De nuevo, representa una llamada a la prudencia, a reflexionar sobre potenciales beneficios y ser consciente de los riesgos antes de pensar en trasladar a la clínica prometedores resultados obtenidos en el laboratorio. No estamos listos todavía para dar el salto con el mínimo nivel de seguridad que se requiere. Hace falta mucha más investigación básica.

En el laboratorio, trabajemos con bacterias, arqueas, hongos, plantas o animales, esta variabilidad genética la sabemos gestionar razonablemente bien. Si trabajamos con células, nos dedicamos a analizar un montón de ellas hasta encontrar la que ha incorporado las mutaciones deseadas sin añadir ninguna alteración adicional, seleccionamos esa célula para amplificarla y poder estudiarla y descartamos todas las demás. En hongos, plantas o animales, en los que es posible cruzar los individuos, lo que hacemos es seleccionar aquel primer organismo producto del experimento de edición genética (al que llamamos fundador) que porta la variante genética que nos interese, a pesar de que puede ser también portador de otras muchas variantes. Ponemos a cruzar ese fundador para que todas estas variantes segreguen y se distribuyan entre la descendencia y, allí, en los hijos, en esta primera generación derivada del fundador seleccionado, nos dedicamos a investigarlos, uno por uno, hasta encontrar un individuo que haya heredado solamente la variante que nos interesaba y ninguna más. Y descartamos el resto, que ya no nos interesa.

Claro, todo esto de la selección, el cruce, la segregación, la nueva selección y el descarte lo podemos hacer estupendamente en el laboratorio. Pero ¿cómo lo hacemos en la vida real? ¿Con qué seguridad aplicamos un tratamiento de edición genética sobre una persona? ¿Cómo gestionamos en un paciente que la terapia de edición corrija el gen anómalo, que era nuestra intención, si también le produce otras mutaciones que pueden ser incluso más graves que la que queríamos corregir inicialmente? No es nada fácil. Y yo añadiría: ni prudente. Por eso hay que aplicar la cautela y diferenciar claramente los éxitos que estamos obteniendo en el laboratorio de los que previsiblemente obtendremos en el futuro en personas, en pacientes. Estoy seguro de que estos éxitos llegarán, pero hoy en día todavía sigue siendo imprudente trasladar la edición genética a la terapia especialmente en los experimentos de terapia génica *in vivo*, mientras no aseguremos el control de la reparación del ADN. Hay que arremangarse y seguir investigando. No queda otra.

No siempre el mosaicismo genético es un problema. Puede ser también de ayuda en experimentos de biología del desarrollo para trazar el origen de células adultas a partir de sus progenitoras embrionarias. Unos investigadores insertaron un grupo de secuencias de ADN en el genoma del pez cebra, que podían ser editadas mediante CRISPR-Cas9 en el genoma, y activaron la edición desde las etapas tempranas de la embriogénesis. Lógicamente, en diferentes células del embrión ocurren distintas inserciones y deleciones, producto del mosaicismo genético inducido por Cas9. Todas las células derivadas de cada una de estas células embrionarias heredan también la combinación única de variantes, como si de un código de barras se tratara. Y así se pueden encontrar en el organismo adulto células en diferentes órganos que, sin embargo, comparten el mismo origen embrionario, al tener el mismo código de INDEL característico. Estos resultados se publicaron en la revista *Science* en 2016. Una aplicación mejorada para el desarrollo de códigos de barras genéticos con herramientas CRISPR la ha presentado el laboratorio de George Church en 2018, para el trazado sistemático de linajes y células de un ratón durante el desarrollo embrionario.

¿Qué podemos hacer para disminuir o eliminar el mosaicismo genético?

Responder a esta pregunta ha sido una constante en el campo de la edición genética desde sus inicios. Una de las primeras actuaciones que podemos contemplar para reducir el impacto del mosaicismo es reducir, en lo posible, el número de cortes producidos por Cas9. Los problemas derivados de la reparación ineficiente del ADN vienen promovidos por el corte en la doble cadena del ADN que realiza la nucleasa Cas9. Si limitamos la cantidad de nucleasa y el tiempo de actuación al mínimo imprescindible, también limitaremos el número de cortes y, por consiguiente, el número de variantes genéticas producto de las diversas reparaciones que se obtendrán. En otras palabras, no es una buena idea mantener la expresión de Cas9 más allá de lo estrictamente necesario. De la misma manera que aconsejaba reducir la cantidad y el tiempo de corte de Cas9 para reducir los cortes no deseados en genes similares, ahora te digo que también es bueno limitar Cas9 para reducir el número de cortes que se producen en el propio gen que queremos editar en distintas células.

El máximo beneficio se puede obtener si eliminamos por completo la capacidad de corte de la nucleasa Cas9, que es lo que ocurre cuando usamos la variante «muerta», dCas9, que marca una posición en el genoma pero no la corta. Este es el fundamento de los editores de bases, de los que hablaré en el capítulo 17. Al impedir el corte de doble cadena en el ADN y promover la substitución directa de nucleótidos (por ejemplo, A→G) se reduce muchísimo, pero no desaparece del todo, el mosaicismo genético y la generación de variantes adicionales.

Lo siguiente que podemos hacer es intentar modular qué ruta de reparación va a utilizar la célula para restañar el corte de doble cadena que se ha producido en el ADN. Idealmente nos encantaría que la célula optara por la ruta dirigida por homología de secuencias, la ruta de la derecha de la figura 2.2, en presencia de un ADN molde que le damos a la célula y que esperamos use preferentemente para restaurar la continuidad del cromosoma, introduciendo así las alteraciones genéticas deseadas y editando el genoma. Pero esta ruta limpia de edición está generalmente restringida a las células que se están dividiendo activamente (por ejemplo, en la piel, en la sangre, las células epiteliales que tapizan el interior del tracto respiratorio o digestivo), mientras que no suele estar disponible en células que habitualmente no se dividen, como por ejemplo las neuronas.

Podemos intentar reducir el impacto de la ruta de reparación preferente, la de la izquierda en la figura 2.2, del velcro-cremallera, la que realmente produce la variación genética no deseada. Esta vía de reparación, de unión de extremos no homólogos, usa proteínas distintas a las que intervienen en la reparación mediada por homología. Por ello, varios investigadores propusieron utilizar algún producto que inhibiera, específicamente, alguna de las proteínas de la ruta de la izquierda, con la esperanza de hacer bascular la reparación hacia la ruta de la derecha. Una de esas proteínas específicas es la ligasa IV, que interviene en la restauración del ADN que ocurre en la ruta de la izquierda. Existen diversas drogas disponibles que inhiben su función, como por ejemplo Scr7, brefeldina A y L75507. En 2015 aparecieron varios estudios que parecían demostrar un aumento de la ruta limpia de reparación (la de la derecha) y una disminución pareja de la ruta sucia de reparación (la de la izquierda), aunque los resultados no pudieron reproducirse con la robustez esperada en muchos otros laboratorios y hoy en día esta aproximación prácticamente se ha abandonado. En particular, porque resulta que la ligasa IV es igualmente importante en otros procesos celulares, como la replicación del ADN, la duplicación del material genético que debe preceder a cualquier división de la célula. La mayoría de estos compuestos son medicamentos antitumorales, dirigidos a evitar o reducir la división de las células, que es la terapia de elección en la mayoría de los tipos de cáncer. Pero claro, en un embrión de un animal, que necesita dividirse intensamente para desarrollar el futuro feto y luego el individuo adulto, lo último que se nos debería ocurrir es limitar o ponerle freno a esa replicación del ADN, limitando en consecuencia la división celular. Estas drogas no son inocuas, tienen múltiples efectos secundarios y por ello su uso se ha desechado en el campo.

Otra vía de intervención, en lugar de intentar evitar la ruta de la izquierda, es promover que la célula opte por la ruta de la derecha, la limpia, la que opera dirigida por la homología de las secuencias ADN molde aportadas con la secuencia del gen que se quiere editar en el genoma. Aquí han aparecido diversas propuestas experimentales, innovadoras e imaginativas, cuyo impacto real está todavía por analizar. Se pueden usar pequeñas moléculas que potencien la recombinación homóloga. Se puede incluir en el experimento de edición genética una nucleasa Cas9 asociada a otras proteínas que sabemos que promueven la recombinación homóloga. O se puede ofrecer como ADN molde la molécula más atractiva, más «apetitosa» para el sistema de reparación, para que tienda a usarla en la mayoría de los casos. En este sentido inciden las propuestas que promueven el uso de moléculas de ADN molde de gran longitud, centenares o pocos miles de letras, de cadena sencilla, no de doble cadena, para favorecer la interacción con el gen que se quiere editar pegándose a la zona homóloga y promover la edición planeada del genoma.

Son muchas las pequeñas modificaciones, matizaciones, mejoras, optimizaciones, trucos genéticos y demás propuestas para intentar garantizar una edición genética más limpia y con menos variabilidad que continuamente aparecen en el campo. No hay semana que no aparezca alguna de estas innovaciones. Algunas son tremendamente ingeniosas, como la que acaba de publicar el grupo de Janet Rossant, desde Toronto (Canadá), enganchando el ADN molde a la proteína Cas9 para que cuando esta corte el ADN para repararlo ya esté al lado, inmediatamente disponible, limitando así que la célula opte por la vía rápida de la izquierda para reparar el corte de cualquier manera. En ese mismo trabajo, el laboratorio de

Rossant también propone microinyectar embriones de dos células, en lugar de una célula, para aprovechar el hecho de que tienen una fase del ciclo celular, llamada G2 (donde se replica el ADN y donde es más fácil promover la recombinación homóloga, la substitución de fragmentos de ADN por secuencias similares) mucho más larga en el tiempo. Aunque muchas de ellas consiguen aumentar el porcentaje de moléculas de ADN corregidas según el plan previsto de forma significativa, ninguna, por el momento, garantiza todavía que no pueda producirse una reparación inesperada por la ruta de la izquierda, la que promueve INDEL, y sigan apareciendo entre los resultados variantes genéticas no deseadas. Todos: científicos, médicos, genetistas, biotecnólogos, periodistas y divulgadores deberíamos ser mucho más cautos al valorar cualquiera de estos pequeños avances que continuamente se producen y trascienden de la comunidad científica a la sociedad. Conseguir aumentar el porcentaje de moléculas de ADN reparadas correctamente de un 5 a un 30 % es sin duda una mejora muy significativa de la edición genética, académicamente hablando. Pero aceptar un riesgo del 95 o del 70 % sigue siendo insuficiente para las aplicaciones en la clínica y, por lo tanto, es todavía imprudente proponer el uso de esta estrategia para abordar un tratamiento en personas, especialmente *in vivo*.

Seguimos, pues, necesitando más investigación básica de los procesos de reparación del ADN. Esta es una investigación dura, poco «sexi», probablemente no demasiado atractiva para los cánones mediáticos actuales y alejada de los focos y de las revistas de mayor impacto, pero tremendamente necesaria. Hay que volver a la bioquímica, a la enzimología, a entender cómo la célula decide reparar un corte en el ADN a través de una ruta o de otra.

A veces, alguna de estas respuestas que necesitamos puede llegar del estudio de enfermedades que nos afectan. La anemia de Fanconi (FA) es una enfermedad rara hereditaria causada por mutaciones en alguno de los 22 genes relacionados con la reparación del ADN. Los pacientes con FA no pueden reparar normalmente el ADN, por lo que, ante la aparición de mutaciones o agresiones en el genoma, no las pueden revertir y por ello pueden desarrollar tumores sólidos y de la sangre con mucha mayor facilidad que el resto de las personas, entre otras complicaciones clínicas. Unos investigadores de la Universidad de Berkeley acaban de descubrir que las proteínas de los genes FA son esenciales para la reparación del ADN a través de la ruta mediada por homología, en presencia de ADN molde externo. En otras palabras, las proteínas FA son necesarias para que el ADN molde externo pueda usarse para edición genética. Las proteínas FA no parecen tener nada que ver con la ruta generadora de variabilidad genética. De esta observación se deducen, por lo menos, dos lecciones. En primer lugar, será importante asegurarse de que los genes y las proteínas FA estén activas en la célula en la que deseemos que ocurra la edición genética a partir de ADN molde aportado desde el exterior. En segundo lugar, cualquier intento de usar estrategias de edición genética en pacientes de FA requerirá primero restablecer la ruta de proteínas FA, dado que sin su presencia no podrá obtenerse edición genética a partir de ADN molde externo.

Precisamente una propuesta terapéutica para tratar a pacientes con FA aprovecha su papel fundamental en la reparación del ADN y, por lo tanto, en la supervivencia celular de las células troncales pluripotentes de la sangre. El laboratorio de Paula Río, en el CIEMAT (Madrid), acaba de demostrar que es posible promover corrección génica a partir del azar, en células troncales hematopoyéticas de pacientes afectados por FA. Hablé de ello en mi blog sobre genética en la plataforma *Naukas*.

Y para terminar este capítulo, el penúltimo de los sobresaltos en el campo de la edición genética.

Con los miles de millones de años que la vida lleva evolucionando sobre la Tierra, a nadie debería sorprender que las células hayan desarrollado estos sistemas de reparación que se activan al aparecer cortes de doble cadena en el genoma, una de las agresiones más peligrosas que puede registrar un organismo. Pero ¿te has preguntado alguna vez quién controla esta respuesta de reparación? ¿Quién se encarga de supervisar continuamente el genoma, verificando que todo esté bien?

La proteína p53 se conoce como «el guardián del genoma». Es un componente esencial del sistema que monitoriza constantemente el ADN y su principal función y responsabilidad es mantener la integridad del material genético de nuestras células. La proteína p53 fue descubierta como una más de las llamadas supresoras de tumores (las que impiden que nuestras células escapen al control del ciclo celular y se dividan de forma anómala, generando un tumor). Lo que hace realmente la p53 es detectar el daño en el ADN y tomar medidas inmediatamente en función de la extensión de ese daño. Por ejemplo, si descubre un corte de doble cadena en el ADN, reacciona activando los sistemas de reparación del ADN, cuando es posible. O decide detener la división de la célula, si el daño es más importante y puede ser peligroso mantener la célula dividiéndose de forma anómala, activando un proceso denominado senescencia. O incluso es capaz de inducir que la propia célula se suicide (a través de un proceso de muerte celular programada denominado apoptosis) si el daño que detecta en el genoma es ya demasiado grande e irreversible y no se puede reparar. Naturalmente, como imaginarás, esta proteína p53 es esencial para el normal funcionamiento de la célula. Su falta, bien por mutación o por pérdida del gen p53 que la codifica, es una mala noticia, pues ya no hay quien pare los procesos malignos y entonces se induce (o, mejor dicho, no se contrarresta) la aparición de tumores.

Si la proteína p53 se activa ante los cortes de doble cadena en el ADN y la proteína Cas9 es una nucleasa que produce estos cortes en el genoma, entonces tenemos un problema. Nos enfrentamos a actividades contrapuestas, que trabajan en sentido contrario. Este era un hecho bien conocido por los investigadores. Sin embargo, dos publicaciones aparecidas en julio de 2018 en la revista *Nature Medicine* han vuelto a generar revuelo y han vuelto a alterar las expectativas terapéuticas de las terapias basadas en edición genética, haciendo caer otra vez los valores en Bolsa de las empresas que están desarrollando esas terapias.

En la primera de ellas, unos investigadores escandinavos dirigidos por Jussi Taipale nos cuentan que la inducción de la edición genética con CRISPR-Cas9 sobre células humanas en cultivo provoca una activación inmediata de la proteína p53, que a su vez activa los sistemas celulares de reparación del genoma, contrarrestando la actividad editora de Cas9. Como es lógico, solo se pueden ver los efectos de la edición (la aparición de mutaciones en el gen editado) en aquellas células en las que la p53 haya dejado de funcionar o desaparecido, pues son las únicas que siguen dividiéndose. Las otras habrán detenido su división por obra de la p53. También demuestran que si inhiben la proteína p53, logran aumentar la eficiencia de edición genética, pero a costa de aumentar la probabilidad de que las células escapen al control y se conviertan en tumorales. No parece pues una buena idea inactivar la p53, que seguimos necesitando, para aumentar la eficiencia de edición genética. Incluso haciéndolo de forma transitoria se corre el riesgo (mientras no está activa) de que la célula se convierta en cancerosa.

En la segunda de las publicaciones, unos científicos de la empresa Novartis logran por fin explicar por qué era tan difícil editar genéticamente células pluripotentes (células madre) humanas en cultivo. Resulta que tienen una potente presencia de p53, cuya actividad contrarresta eficazmente los intentos de Cas9 de inducir la edición del genoma. De nuevo, al inhibir la actividad de la p53 se logra aumentar la eficiencia de edición genética. Aunque también se aumenta el riesgo de que las células se conviertan en tumorales. Dado que la medicina regenerativa plantea usar estas células madre, u otras células más especializadas derivadas de ellas, en terapias celulares innovadoras, será importante asegurar que finalmente las células, al trasladarse al paciente, no puedan inducir la formación de un tumor.

Estos estudios también explican por qué la eficiencia de edición genética varía entre distintos tipos de células. Ahora sabemos que se debe, entre otros factores, a la actividad de la proteína p53. En células que tengan una alta actividad de p53 será difícil editar el genoma con CRISPR-Cas9. Por el contrario, en células que presenten una baja actividad de p53 será más fácil aplicar una estrategia de edición genética. Como dicen los autores del artículo, en cualquier caso, y pensando en aplicaciones terapéuticas, será importante asegurar que las células que vayamos a editar sigan teniendo la p53 activa antes y después de la edición genética.

Hay que tranquilizarse. No hay razón tampoco para esta penúltima polémica. Lo que sucede, a medida que descubrimos detalles del proceso de edición genética y de todos los demás procesos que con él interaccionan, es que vamos conociendo algo más de la biología que acompaña al corte y reparación posterior del genoma. No nos queda otra que aceptar humildemente nuestra ignorancia en muchos de estos temas, que seguramente van a ser mucho más complicados de resolver de lo que muchos pensaban. ¡Claro que la edición genética sería más fácil sin la p53! Esta proteína actúa como un típex que vuelve constantemente a situar la secuencia original en el ADN y no acepta las modificaciones propiciadas por el corte de Cas9. Pero no podemos prescindir de ella. Sin el guardián del genoma, estamos expuestos a que cualquier alteración en el mismo, causada por Cas9 o por otros agentes, acabe convirtiendo la célula en tumoral. Y este es otro riesgo que, sencillamente, no nos podemos permitir. Debemos seguir investigando y aprender a utilizar las herramientas de edición genética en un contexto en el que sabemos que la p53 estará presente. Estas son las cartas que hay sobre la mesa y son las cartas con las que hay que jugar. No tenemos otras.

6

DESCUBRIENDO LA PARTE OCULTA
DE NUESTRO GENOMA

Con frecuencia se destacan las cualidades de eficiencia y rapidez en las herramientas CRISPR de edición genética. Y esto es literalmente cierto. Podemos decir, sin temor a equivocarnos, que la generación de organismos mutantes, da igual a qué especie nos refiramos, se acomete más deprisa ahora que con cualquier otra técnica anterior. Y eso es importante, ¡cómo no!, pero hay otros aspectos igualmente destacables de estas fabulosas herramientas de edición, de los que me ocuparé en este capítulo.

Compara Cohen, en una reciente revisión en *Science,* el tiempo necesario, en meses, para la generación de ratones mutantes mediante CRISPR o mediante métodos tradicionales, utilizando las clásicas células pluripotentes embrionarias (ES, por sus siglas en inglés, de *embryonic stem*). Concluye que, para generar un ratón mutante (*knockout,* KO), se necesitaban por lo menos entre 12 y 18 meses. Por el contrario, apunta que la generación de ratones mutantes mediante CRISPR conlleva poco más de 4 meses, entre 4 y 6. El ahorro de tiempo es evidente. Aparentemente se destina un tercio del tiempo que se solía destinar para un proceso de mutagénesis similar. Aunque la realidad es algo más compleja. Es cierto que se tarda menos tiempo en «generar» el ratón mutante, pero también es cierto que ahora se requieren otros tantos meses para «seleccionar» y segregar la mutación en la que uno está interesado del resto de mutaciones que el sistema produce, como he explicado en el capítulo anterior.

Si la rapidez no es lo más relevante de las herramientas CRISPR, ¿qué es lo más destacable? En mi opinión, lo que merece la pena subrayar son todas aquellas aplicaciones que antes, o bien no podían abordarse o eran extraordinariamente difíciles. El universo CRISPR nos permite acercarnos a estudiar el genoma con una precisión y una profundidad que no habíamos conocido nunca. Las CRISPR nos permiten realizar experimentos que antes ni siquiera podíamos soñar. Déjame explicarlo con algo más de detalle, para que puedas compartir la emoción que sentí cuando pude aplicar una solución basada en CRISPR para responder a una pregunta que nos había atenazado durante más de veinte años y para la que no habíamos logrado un abordaje convincente.

Nuestro genoma tiene alrededor de tres mil millones de letras, distribuidas en 23 cromosomas, y en él se hallan los aproximadamente veinte mil genes que necesitamos para realizar todas las funciones vitales. Tenemos dos copias de cada cromosoma, de cada gen. La que heredamos de nuestro padre y la que heredamos de nuestra madre. Por eso decimos que todas nuestras células tienen 46 cromosomas (o 23 pares de cromosomas). Estas cifras son relativamente conocidas. Lo que quizás no sea tan conocido es cómo se reparten estos genes dentro de nuestro genoma. Si sumamos todas las regiones codificantes de todos los genes, todas las regiones del ADN que se transcriben en ARN y acaban dando lugar a una proteína, apenas conseguiremos llegar al 2 % del genoma. ¿Sorprendido? Pues ahora seguro que te preguntarás: ¿qué hay en el 98 % restante del genoma?

Descubrir que la mayor parte del genoma no parece contener información genética fue no solo una sorpresa sino un misterio durante muchos años. Por eso, a esa parte desconocida, oculta, del genoma se la ha llamado materia oscura, materia negra o, despectivamente, genoma basura, más por ignorancia que por ningún otro argumento racional. Yo prefiero llamarla ADN o genoma intergénico, porque efectivamente está entre los genes, o no codificante (pues en general no contiene secuencias que codifiquen o acaben convirtiéndose en proteínas).

De forma progresiva, fuimos descubriendo que todo ese genoma intergénico estaba lleno de secuencias de ADN repetitivo, de familias de secuencias repetidas de diversa índole (por ejemplo: una repetición de tres letras, del trinucleótido AGG, daría lugar a AGGAGGAGGAGGAGGAGGAGGAGGAGG...). También lo poblaban multitud de elementos móviles, transposones (cuyo origen es el ADN) y retrotransposones (cuyo origen es el ARN, por retrotranscripción, como explicaba en la figura 1.1), de diversos tipos, capaces de saltar de un lugar a otro del genoma. Los elementos móviles en el ADN fueron descubiertos en el genoma del maíz por Barbara McClintock, una de las pocas investigadoras premiadas con un Nobel por su hallazgo, ¡aunque tuvo que esperar cuarenta años para que se lo concedieran!

EL UNIVERSO CRISPR NOS PERMITE ACERCARNOS A ESTUDIAR EL GENOMA CON UNA PRECISIÓN Y UNA PROFUNDIDAD QUE NO HABÍAMOS CONOCIDO NUNCA

¿Hay algo más en esa parte mayoritaria del genoma? Naturalmente. Nos faltaba descubrir lo más importante. En ese 98 % de nuestro genoma es donde se encuentran las regiones reguladoras que determinan dónde y cuándo debe expresarse un gen. Es como el libro de instrucciones que necesita tener cada gen para saber dónde debe activarse o desactivarse, según en qué célula se encuentre y en qué momento del desarrollo. Algo así como unos interruptores de corriente eléctrica que permiten encender la luz (activar el gen) o apagarla (silenciar el gen) cuando sea necesario. A nadie se le escapa que estas regiones reguladoras pueden llegar a ser tan importantes como el propio gen. ¿De qué nos sirve tener un gen que debe activarse en el hígado si las instrucciones que hacen que dicho gen se encienda en las células hepáticas no están presentes o no realizan adecuadamente su función?

Yo me topé con el ADN intergénico por pura casualidad. Al principio de la década de los noventa estaba investigando en el Centro del Cáncer Alemán en Heidelberg y trabajaba con un gen que codifica una proteína que es la responsable principal de la síntesis de la melanina, el pigmento que tenemos en piel, ojos y cabello. Dicho gen, llamado tirosinasa (y abreviado como *Tyr*), lo investigábamos en ratones para entender cómo funcionaba. Los humanos y los ratones compartimos la inmensa mayoría de los genes, y también la estructura del genoma del ratón es muy parecida a la nuestra, como mamíferos que somos ambas especies. Por ello podemos utilizar el ratón para hacer preguntas sobre sus genes y, lo que aprendamos, implícitamente nos puede servir para entender cómo funcionan los genes correspondientes (homólogos) de nuestro genoma. Es la base científica para poder utilizar ratones como animales de experimentación que nos sirvan para entender mejor cómo funcionamos nosotros.

El gen *Tyr* se ha utilizado muchas veces como modelo experimental, precisamente por su función esencial en la síntesis de pigmento. Existen ratones mutantes con mutaciones en este gen que son albinos, que no tienen pigmentación. Se pueden utilizar embriones de ratones albinos para introducir un gen *Tyr* que funcione correctamente y el resultado, si todo va bien, son ratones transgénicos pigmentados, muy fáciles de descubrir con tan solo observarlos. Los que han recuperado la pigmentación son transgénicos porque han integrado un transgén que es capaz de expresar una copia correcta del gen *Tyr*.

En 1993 publicamos un método para introducir enormes cantidades de ADN en embriones de ratón, dentro de unas construcciones génicas que denominamos cromosomas artificiales (YAC, por sus siglas en inglés) que podíamos preparar en células de levadura. En ese momento fue un hito poder obtener ratones transgénicos con fragmentos de ADN de gran tamaño. Así pudimos transferir unas doscientas cincuenta mil letras del genoma del ratón alrededor del gen *Tyr*. Pensarás que este gen es muy grande, si ocupa tantas letras. En realidad no. Su parte codificante, la que se transforma en proteína, ocupa solo 1602 letras. El resto es ADN intergénico, no codificante, pero como verás, igualmente importante para la función del gen. Cuando otros investigadores que nos habían precedido en estos estudios transferían solo la información codificante del gen, obtenían unos ratones transgénicos con aspecto muy variable. Algunos con una tenue pigmentación, otros moteados o mosaicos y muchos sin pigmentación apenas, lo cual sugería que había otros elementos reguladores responsables del correcto funcionamiento del gen, probablemente esenciales para ello, que no estaban presentes en esas construcciones génicas de pequeño tamaño. Por el contrario, nuestro YAC con doscientas cincuenta mil letras del gen *Tyr* producía solo ratones perfectamente pigmentados, indistinguibles de cualquier otro ratón pigmentado silvestre no transgénico.

¿Por qué un transgén de doscientas cincuenta mil letras funcionaba mejor que otro de menos de dos mil? ¿Era una cuestión meramente de tamaño? ¿O se debía a que con tantas secuencias transferidas aumentaba nuestra probabilidad de haber incluido esos elementos reguladores, esas instrucciones, cuya existencia intuíamos pero que no habíamos sido capaces de identificar? Efectivamente, esa era la explicación. Tres años más tarde, aplicando unas herramientas para modificar y recortar esos YAC en levaduras, logramos preparar transgenes más pequeños, a los que les faltaban regiones específicas situadas dentro de aquellas doscientas cincuenta mil letras. Y, gracias a la pista que nos dio un trabajo publicado por otros grupos, localizamos un elemento regulador, una secuencia de ADN no codificante, situada a unas doce o quince mil letras del principio de la zona codificante del gen, cuya presencia era necesaria e indispensable para obtener niveles normales de pigmentación en nuestros ratones transgénicos. Cuando faltaba este elemento regulador, se perdía prácticamente la pigmentación. Sin haber modificado ninguna secuencia del ADN codificante que conduce a la obtención de la proteína.

La presencia de ese elemento regulador tan relevante y tan alejado de la zona codificante del gen *Tyr* fue mi particular entrada al mundo del ADN intergénico. Convencer a la comunidad científica de esa relevancia, no ya en los transgenes sino en el gen *Tyr* cromosomal, nos llevó veinte años más de trabajo, hasta que descubrimos las herramientas CRISPR. Claro, dado que usaba transgenes (por grandes que fueran, pero transgenes al fin y al cabo) que se insertaban en algún sitio del genoma del ratón, los revisores de mis publicaciones siempre deslizaban aquello de: «Sí, esto está muy bien, el transgén parece que debe estar completo y contener ese elemento regulador para sustentar expresión máxima y pigmentación normal en ratones transgénicos, pero eso no nos dice nada de lo que hace ese mismo elemento regulador sobre el propio gen *Tyr* endógeno del ratón, situado en el cromosoma que le corresponde, no insertado al azar en otros lugares del genoma, que podrían afectar al comportamiento del transgén». Y tenían razón en su escepticismo.

Para evaluar la importancia del elemento regulador distal en el gen endógeno tan solo había que eliminarlo mediante las herramientas clásicas de modificación genética que estaban disponibles desde finales de los años ochenta. Pero teníamos un problema fundamental, y lo que es peor, irresoluble. Ese elemento regulador del gen *Tyr* estaba ubicado en medio de muchas otras secuencias repetidas (que ya sabemos que abundan en el ADN intergénico), de muchos otros elementos móviles, como los que identificamos de la familia LINE1, de los que se estima que hay más de cien mil copias en todo el genoma del ratón. Incluir fragmentos de LINE1 en cualquier diseño de recombinación homóloga era tanto como jugar a la ruleta, pues la similitud de las secuencias podía llevar la construcción a integrarse en cualquiera de esos cien mil sitios antes que en el sitio deseado, cercano al gen *Tyr*. En un momento de desesperación, nos creímos más listos que la naturaleza y recortamos las secuencias de homología con la esperanza de que pudiera eliminarse el elemento en el sitio preciso del cromosoma. Evidentemente, nos equivocamos. La naturaleza nos dio un baño de humildad y anduvimos persiguiendo fantasmas durante algunos años. Todas las estrategias que probamos fallaron. Veinte años dan para muchas pruebas. A esto nos referimos cuando hablamos de la perseverancia (o la tozudez, según se mire) del científico.

Hasta que aparecieron las herramientas de edición genética. No tuvimos mucha suerte con las primeras que probamos, las TALEN, pero nuestra fortuna cambió de signo con las CRISPR. Mediante esta estrategia pudimos seleccionar, con ayuda de programas informáticos, dos secuencias de ADN únicas, con 20 letras cada una de ellas, situadas a ambos lados del elemento regulador que queríamos estudiar. Por repetitiva que sea una región cromosómica, siempre es posible encontrar pequeños fragmentos únicos en todo el genoma. Es lo único que necesitamos para lanzar dos herramientas CRISPR, con sus guías ARN específicas y sus Cas9, para promover dos cortes. Si estos ocurren simultáneamente (algo muy frecuente con la enzima Cas9, altamente procesiva), entonces los sistemas de reparación se pueden equivocar y unirán los extremos externos eliminando la secuencia que hay en medio de las dos guías de ARN, el fragmento que contiene el elemento regulador que queríamos analizar.

Así fue como, veinte años después de haber obtenido los primeros ratones transgénicos con YAC que tenían el gen completo o les faltaba el elemento regulador, logramos reproducir la eliminación de dicha secuencia en el cromosoma endógeno, en el lugar donde se encuentra el gen *Tyr* en el genoma del ratón, gracias a las herramientas CRISPR de edición genética. Los resultados los publicamos en 2015 y están resumidos en la figura 6.1.

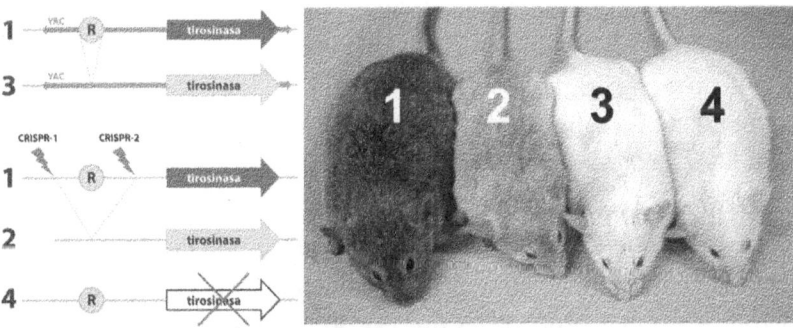

Figura 6.1. Izquierda: diferentes construcciones transgénicas (1 y 3) y génicas sobre el gen endógeno (1, 2 y 4). Derecha: 1. Pigmentación de ratones transgénicos con un YAC que contiene todo el gen *Tyr* incluido el elemento regulador R, idéntica a los ratones silvestres; 2. Pigmentación de ratones editados con dos guías CRISPR en los que se ha eliminado el elemento regulador R; 3. Pigmentación de ratones transgénicos con un YAC que contiene todo el gen *Tyr* excepto el elemento regulador R; 4. Ratón mutante natural albino, con una mutación en la zona codificante del gen. Fotografía: Davide Seruggia. Gráfico: Lluís Montoliu

Al usar un transgén *Tyr* completo dentro de un YAC, lográbamos un ratón pigmentado indistinguible del silvestre. Si usábamos un YAC al que habíamos quitado (en células de levadura, que es donde se pueden manipular los YAC) el elemento regulador, obteníamos un ratón con poquísima pigmentación en la piel, y más evidente en los ojos, lo que sugería un papel fundamental del elemento en la regulación del gen *Tyr*. Pero si eliminamos el elemento regulador no en un transgén sino en el propio cromosoma, obtenemos un ratón con la pigmentación reducida (gris) pero más evidente que el anterior. Obviamente, lo que vale es la observación del papel que desempeña el elemento en el gen endógeno. Los resultados tras el experimento CRISPR indican que es un elemento importante, pero no esencial (como creíamos al analizar los ratones transgénicos que carecían de este elemento).

¿Para qué sirve descubrir que en el ADN intergénico existen elementos reguladores cuyo papel puede ser importante en la expresión de los genes? Además de para aprender cómo funciona el gen, sirve para expandir las secuencias donde buscar probables mutaciones que puedan ser patógenas en humanos.

Los humanos también tenemos el gen de la tirosinasa (que se representa abreviado en mayúsculas, *TYR*) y cuando está mutado también da lugar a una enfermedad rara llamada albinismo, como explicaré en los capítulos siguientes. Uno de los tipos de albinismo, el oculocutáneo de tipo 1 (OCA1), está causado por mutaciones en el gen *TYR*, pero en más del 30 % de las personas diagnosticadas clínicamente como OCA1 no se logra encontrar las dos mutaciones necesarias que expliquen ese albinismo. Este porcentaje recurrente aparece en prácticamente todas las patologías de base genética. La explicación más probable es que ese 30 % de pacientes tenga mutaciones en zonas reguladoras, en el ADN intergénico, que habitualmente no se revisa. Recuerda que los genes apenas ocupan un 2 % del genoma. Estas son las secuencias que se revisan de forma habitual hoy en día en los hospitales, utilizando métodos de secuenciación masiva que permiten obtener la secuencia de esos 20 000 genes. Pero no se suele revisar el 98 % de secuencias restantes del genoma, que incluyen estos elementos reguladores que, como hemos visto en el caso del gen *Tyr* en ratones, pueden ser muy relevantes. El elemento regulador de *Tyr* está conservado en *TYR* y ahora ya podemos añadirlo a las secuencias que debemos obtener para diagnosticar personas con albinismo.

El consorcio internacional ENCODE (siglas en inglés de *Encyclopedia of DNA elements*) se encargó de estudiar sistemáticamente el ADN intergénico, de los genomas humano y de ratón, y llegó a la conclusión de que más del 80 % es funcionalmente relevante (sirve para algo). Así que haríamos bien en no desdeñar eso que antes se llamaba «ADN basura», pues en él residen los elementos reguladores que gobiernan la funcionalidad de los genes.

La complejidad de las especies no reside necesariamente en el número de genes que tienen. Antes de secuenciar el genoma humano, creíamos que tendríamos unos cien mil genes. La decepción fue enorme, para algunos, cuando comprobamos que «solo» tenemos alrededor de veinte mil, un número similar al del genoma del ratón. La mosca de la fruta (o del vinagre), *Drosophila*, tiene nada menos que catorce mil y el gusano *Caenorhabditis elegans* casi veinte mil, como nosotros. Sin embargo, el ser humano, con unos treinta billones de células en el cuerpo, es mucho más complejo que el gusano, que tiene alrededor de mil células únicamente. ¿Cómo se puede explicar este aumento de la complejidad con un mismo número aproximado de genes? Piénsalo unos segundos. Exacto. Gracias a los elementos reguladores. No se necesitan más genes para aumentar la complejidad, solo se necesita añadir (o quitar, o modificar) interruptores o instrucciones a los genes para que empiecen a funcionar en células distintas o en momentos distintos de la vida del organismo, y así aparecen nuevas formas o nuevos órganos, nuevas funciones, y ya tenemos la evolución en marcha. Otras funciones son tan esenciales que deben mantenerse a lo largo de la evolución. Al apasionante estudio de cómo los elementos reguladores del ADN no codificante contribuyen a definir cómo funcionan los genes de cada especie dedicó su vida un investigador español, José Luis Gómez-Skarmeta, desde su laboratorio del Centro Andaluz de Biología del Desarrollo, en Sevilla, hasta su fallecimiento prematuro en septiembre de 2020.

Las herramientas CRISPR de edición genética han sido claves para poder analizar la funcionalidad de los elementos reguladores que se ocultan en el ADN intergénico. Quizás uno de los experimentos más espectaculares (prácticamente imposible de reproducir hace unos años) realizado con CRISPR es el estudio que publicó en 2016 un grupo internacional de investigadores liderado desde California por Axel Visel y Len Pennacchio. Estos científicos se preguntaron algo relativamente simple, pero difícil de abordar con métodos clásicos. Las serpientes son reptiles y nosotros, humanos y ratones, somos mamíferos. Todos somos animales vertebrados. Pero lo que primero salta a la vista como diferencia entre una serpiente y un ratón es la falta de extremidades en la serpiente (o su presencia en el ratón). ¿Cómo explicar estos cambios tan importantes en dos animales vertebrados, por lo demás, relativamente parecidos? ¿Las serpientes han perdido sus extremidades o los ratones las han ganado? Piénsalo unos segundos y sigue leyendo.

Estos investigadores descubrieron el papel primordial de un elemento regulador de un gen muy importante en el desarrollo embrionario de los vertebrados, con nombre de personaje de videojuego: *Sonic hedgehog* (*Shh*). Se dieron cuenta de que, en el ratón, ese elemento regulador es esencial para que funcione el gen *Shh* durante el desarrollo de las extremidades. ¿Qué le ocurre a la serpiente? ¿Acaso le falta el gen *Shh*? En absoluto. Lo que tiene mutado, alterado, es el elemento regulador, que ahora es incapaz de dirigir la expresión del gen *Shh* durante el desarrollo de las supuestas extremidades de la serpiente, hecho que, como todos sabemos, no llega a ocurrir. Simplemente activando o inactivando un elemento regulador, presente en el ADN intergénico, es suficiente para que un animal desarrolle extremidades y otro no. Impresionante. ¿Qué experimento con CRISPR se te ocurriría para confirmar que esto es así?

Esa fue la pregunta que se debieron de hacer esos científicos y optaron por utilizar la tecnología CRISPR en el ratón para reproducir, en el mismo elemento regulador de su genoma, las mutaciones que habían detectado en el genoma de una cobra. ¿Qué sucedió con estos ratones con un elemento regulador de serpiente? Pues tal y como predecía la hipótesis experimental, estos ratones nacieron...

sin extremidades. ¿Y si ahora utilizamos CRISPR para «curar» a estos ratones reintroduciéndoles el elemento regulador de la serpiente, pero corregido en el laboratorio, con sus mutaciones restauradas? Pues nacen de nuevo ratones que vuelven a desarrollar las extremidades con normalidad. ¡Fantástico! Las serpientes han perdido la capacidad de desarrollar extremidades al incorporar mutaciones en un elemento regulador (sin cambiar para nada el gen *Shh* que regula ese elemento) y así han logrado adaptarse evolutivamente a un cuerpo sin extremidades. Y la prueba de todo ello se ha obtenido con unos sorprendentes experimentos de edición genética con herramientas CRISPR, que hubieran sido prácticamente imposibles hace pocos años.

La posibilidad de alterar el ADN intergénico con estrategias CRISPR ha dado lugar a múltiples estudios que han confirmado el importante papel de los elementos reguladores del genoma no codificante en la regulación correcta y fina de la expresión de genes que tienen una función relevante en el desarrollo de órganos, como las extremidades. El grupo de Stefan Mundlos, del Instituto Max Planck de Genética Molecular de Berlín, demostró en 2015 que podía reproducir las alteraciones patológicas en la formación de los dedos observadas en algunos pacientes, tales como fusión de algunos dedos, braquidactilia (dedos más cortos) o polidactilia (más de cinco dedos), en ratones, mediante deleciones, inversiones o duplicaciones de segmentos de ADN generados gracias al uso de estrategias CRISPR.

Las estrategias CRISPR todavía albergaban más sorpresas para ayudarnos a entender cómo funciona todo este genoma oculto, no codificante, intergénico. Además de la información genética, presente en los genes, en el genoma, existe la información epigenética. Es una capa adicional de control que tienen nuestros genomas. Nuestro genoma, el ADN de la mayor parte de los organismos, está compactado para que toda su longitud (recuerda, tres mil millones de letras en el genoma humano) quepa en cada núcleo de cada célula. Esta compactación se logra principalmente gracias a unas proteínas que recubren el genoma, que lo rebozan, llamadas histonas. Estas proteínas pueden ser modificadas y alterar sus propiedades, permitiendo relajar o compactar el genoma, lo cual es esencial para que un gen pueda funcionar, pueda expresarse, o deba permanecer silenciado, inactivo, respectivamente. Para ello las histonas deben interaccionar con otras proteínas presentes en el núcleo de las células, responsables de inducir o reprimir la expresión de los genes, su transcripción. Esto añade otra capa de complejidad para que un gen funcione correctamente. Ya no se trata solo de que contenga o no mutaciones, de que tenga elementos reguladores funcionales o no, sino de cómo se encuentra dentro del genoma. Si acaba compactado, es muy difícil que pueda funcionar. Por el contrario, si la región del genoma en la que se encuentra se relaja, permite entonces su funcionamiento. ¿Cómo ingeniárselas para usar las herramientas de edición genética CRISPR para interactuar con esta capa de información epigenética?

Para ello hubo que desarrollar nuevos reactivos CRISPR. Recuerda que la proteína Cas9 es una endonucleasa que corta las dos cadenas del ADN en un lugar específico, dictado por la guía de ARN que le indica dónde debe cortar. Feng Zhang, del Instituto BROAD en Boston, desarrolló primero una proteína mutante Cas9 que solo podía cortar una de las dos cadenas del ADN, y la llamó nikasa, que ya conocemos. Y a partir de ella, volvió a desarrollar otra Cas9 con una segunda mutación que la tornaba incapaz de cortar el ADN. A esa Cas9 doblemente mutante la llamó Cas9 muerta (o dCas9, del inglés *dead Cas9*), de la que también he hablado en el capítulo anterior. Y ahora te preguntarás: ¿para qué sirven unas tijeras moleculares que ya no cortan el genoma? Pues bien, sorprendentemente sirven para mucho. No cortan, pero marcan una posición del genoma con precisión, como recogieron Doudna y Charpentier en su celebrada revisión del año 2014 en la revista *Science*. Recuerda las palabras del título de este libro: recorta, pega y colorea. Vamos a hablar ahora de «colorear» el genoma.

Si utilizamos la proteína mutante dCas9, ya no vamos a cortar el genoma, pero podemos usarla como transporte, asociándola a otra proteína que pueda interaccionar con la capa de información epigenética y promover alguna acción específica: reactivar o silenciar un gen. Si, por ejemplo, unimos dCas9 a una proteína activadora de la transcripción, como una denominada p300, que promueve el relajamiento del genoma y la interacción con otros factores nucleares responsables de que los genes se activen, entonces estaremos promoviendo la expresión de un gen. Lo estaremos reactivando. La proteína dCas9 localizará una posición precisa del genoma gracias a su guía de ARN, pero no hará nada más. Se quedará allí, enganchada, pero sin cortar el genoma. Ahora bien, si la dCas9 lleva colgando la proteína p300, esta última suscitará la reactivación del gen. ¿Para qué puede servir esto que parece tan complejo? Pues para despertar genes que estaban inactivos y con ello proponer soluciones terapéuticas innovadoras y potencialmente interesantes. Veamos un ejemplo.

El grupo de Charles Gersbach, de la Universidad Duke en Durham, Carolina del Norte (EE. UU.), fue de los primeros en demostrar en 2015 la versatilidad de la proteína dCas9 unida a otros factores que le conferían una nueva funcionalidad. Unida a p300, se convertía en un verdadero promotor de la expresión génica y lo demostró en varios genes diferentes, como por ejemplo los de las betaglobinas, reactivando varios de estos genes que habitualmente están apagados en células adultas pues se expresan solo durante el desarrollo embrionario o fetal. Esta reactivación específica de genes podría tener utilidad terapéutica, al promover la expresión en adultos de genes que habitualmente han dejado de funcionar pero que pueden acudir en auxilio de otros que no cumplen su función de forma correcta. Con los genes de las betaglobinas existen diversas enfermedades causadas por variantes mutantes de estas proteínas en adultos que pueden ser muy graves (como la beta-talasemia o la anemia falciforme). Las betaglobinas son uno de los dos componentes de la hemoglobina (el otro son las alfaglobinas). Si no funcionan correctamente, la hemoglobina es incapaz de transportar el oxígeno que necesitan las células del cuerpo. Sin embargo, si se pudiera reactivar uno de los genes embrionarios o fetales, que ya no están activos en adultos y no contienen la mutación, gracias a una estrategia basada en dCas9-p300 o similar, podría intentar corregirse la deficiencia de hemoglobina que padecen estos pacientes.

Curiosamente, se ha conseguido algo parecido (reactivar genes de betaglobina fetales) gracias también a una estrategia CRISPR terapéutica, dirigiendo los reactivos a una región intergénica de los genes de la betaglobina fetal *HBG1* y *HBG2*, habitualmente silenciados en adultos debido a que una proteína represora se pega a un elemento regulador de este gen. El equipo investigador de Crossley ha aplicado una estrategia CRISPR generando mutaciones sobre este elemento regulador, reproduciendo mutaciones detectadas en algunas personas adultas que siguen expresando esta betaglobina fetal. Con ello se ha conseguido revertir su silenciamiento y mantener la expresión de estos genes fetales en la etapa adulta, lo que abre nuevas posibilidades terapéuticas para muchos de estos pacientes.

En noviembre de 2019 se anunciaron los sorprendentes resultados tras tratar a dos enfermos, uno con anemia falciforme y otro con beta-talasemia, dos enfermedades graves de la sangre asociadas a mutaciones en el gen de la beta-globina en adultos. En este caso, y a partir de una estrategia de ciencia básica con herramientas CRISPR diseñada por el laboratorio de Daniel Bauer (Boston Children's Hospital) se ha eliminado, *ex-vivo,* en células troncales de la sangre de los pacientes, un elemento regulador potenciador de la expresión del gen de la proteína represora BCL11A, reduciendo así significativamente su expresión, y por ello reprimiendo su actividad represora, con lo cual ahora, tras reinfundir las células troncales editadas a los pacientes, se logra reactivar el gen de la globina fetal, que puede substituir a la beta-globina adulta mutada. Estos dos primeros pacientes, de sendos ensayos clínicos liderados por las empresas CRISPR Therapeutics y Vertex, pueden ahora seguir viviendo sin requerir las transfusiones de sangre constantes que necesitaban hasta el momento. Este ejemplo, de la «parte oculta de nuestro genoma» es uno de los primeros grandes éxitos de la terapia génica con CRISPR. En diciembre de 2020 se publicaron los resultados de esta terapia en la web de la revista *New England Journal of Medicine* donde se relata el caso de Victoria Gray, una paciente de anemia falciforme, tratada con esta estrategia CRISPR en julio de 2019 y que ha substituido su beta-globina por su globina fetal, logrando sobrevivir desde entonces sin dolores ni transfusiones de sangre.

Existen muchos otros ejemplos en los que las estrategias CRISPR «colorean» los genes, reactivándolos o silenciándolos, dirigiendo estas herramientas de edición genética a los elementos reguladores presentes en el genoma. Y uno de esos ejemplos quizás sea el más ilustrativo de todos para explicar el concepto de «colorear», pues realmente lo que se hace en este experimento es «pintar» los genes con diferentes colores.

Unos investigadores decidieron explorar en 2016 el uso de guías ARN extendidas, que más allá de llevar a la proteína dCas9 a determinados genes del genoma, permitían incorporar unos lazos de ARN a los cuales se unían específicamente otras proteínas que a su vez estaban asociadas a diversas proteínas fluorescentes. Así, como si de un sándwich de varias capas se tratase, sucede lo siguiente. La guía de ARN, junto a dCas9, se pega a un lugar específico del genoma, a un gen determinado previamente seleccionado (pero no lo corta, dado que dCas9 no puede cortar). De la guía ARN sobresalen unos lazos de ARN a los cuales se adhieren unas proteínas específicas que están asociadas a proteínas fluorescentes. Jugando entonces con tres proteínas fluorescentes con los colores primarios: rojo, verde y azul, y combinando su presencia simultánea sobre un gen con los diferentes lazos que cuelgan de una guía de ARN determinado, se pueden conseguir otros colores. Por ejemplo, combinando azul y rojo se consigue magenta. Azul y verde dan lugar al color cyan. Verde y rojo dan lugar al color amarillo. Y la expresión de los tres colores, verde, azul y rojo, da lugar al blanco fluorescente. Toda una paleta de colores para «pintar» la localización de diferentes genes, simultáneamente, en distintos cromosomas, o sitios diferentes de un mismo cromosoma, de una misma célula. Esto permite seguir determinados genes durante todo el ciclo celular, para entender mejor los procesos de dinámica nuclear, hasta ahora mayoritariamente desconocidos. Además, la técnica permite seguir varios genes a la vez, de forma simultánea, cada uno asociado a un color, algo que antes era relativamente muy complicado y ahora se ve facilitado mediante reactivos CRISPR. No es por azar por lo que los autores denominaron esta técnica *CRISPRainbow* o arcoíris CRISPR.

Las mismas guías de ARN extendidas, combinadas con dCas9, aunque esta vez sin proteínas fluorescentes, simplemente basándose en la capacidad de estos lazos de ARN añadidos de atraer la maquinaria transcripcional y promover la reactivación de genes apagados, es la interesante estrategia con potencial terapéutico que diseñó el grupo del investigador español Juan Carlos Izpisúa-Belmonte, en el Instituto Salk en San Diego, California (EE. UU.), para despertar genes de forma específica mediante una intervención epigenética. El trabajo apareció publicado en la revista *Cell* a finales de 2017. Los autores demostraron su utilidad reactivando genes específicos con utilidad terapéutica en enfermedades como la diabetes, la distrofia muscular de Duchenne o la enfermedad aguda renal. En cada uno de estos ejemplos se rescataba la expresión de un gen que normalmente está silenciado en el tejido u órgano problema. Por ejemplo, en el caso de la distrofia muscular de Duchenne, en la que el gen afectado es la distrofina, se reactiva el gen de la utrofina, habitualmente inactivo en fibras musculares, con la esperanza de que al reactivarse supla con su función la carencia de distrofina. Este proceso los autores lo denominaron modulación transepigenética, puesto que a través de reactivos CRISPR conseguían modular esa capa de información epigenética, logrando en este caso encender genes que estaban apagados.

He dejado un último ejemplo para terminar este capítulo que es el que más me impactó descubrir. Una de las aplicaciones y posibles soluciones terapéuticas más inesperadas que haya podido imaginarse del uso de dCas9. Y de nuevo tiene que ver con la epigenética.

Hay muchas patologías de base genética, enfermedades congénitas, actualmente sin cura, pero con esperanza de que puedan desarrollarse nuevos tratamientos de terapia génica basados en CRISPR, una vez se logren mejorar y estabilizar los aspectos de eficacia y seguridad. Pero si me hubieran preguntado hasta hace pocos meses qué patología creía que sería difícil, por no decir imposible, de tratar mediante estrategias CRISPR, habría respondido sin dudar que el síndrome de la fragilidad del cromosoma X o del cromosoma X frágil (FXS, por sus siglas en inglés). El FXS es la causa más común de discapacidad intelectual. Afecta tanto a hombres como a mujeres, pero suele ser más grave en varones. La incidencia puede llegar a 1 chico afectado de cada 4000. No existe cura por el momento. La explicación molecular del FXS reside en la pérdida de expresión del gen *FMR1,* que deja de funcionar debido a una expansión de tres letras CGG en su interior. La expansión de este trinucleótido acaba induciendo la metilación del ADN (añadir un radical metilo [-CH$_3$] a la C, a la citosina, cuando se encuentra al lado de una G, como en el triplete CGG). La metilación del ADN es una de las modificaciones epigenéticas más habituales, que termina a su vez induciendo la compactación de todo el gen e inhabilitando su transcripción. Por lo tanto, el gen *FMR1* no funciona no porque incorpore mutaciones sino porque su ADN está metilado.

En el laboratorio de Rudolf Jaenisch se les ocurrió una posible solución, con trascendencia terapéutica, para intentar curar el FXS. Decidieron usar la dCas9 unida a una proteína llamada Tet1 que tenía actividad desmetilante, es decir, capaz de eliminar radicales metilo de las citosinas del ADN. La hipótesis experimental que barajaban era que dirigiendo esa dCas9-Tet1 a la zona central del gen rica en tripletes CGG con la ayuda de una guía de ARN, lograrían promover la desmetilación de todo el gen y, a su vez, su apertura para que pudiera reactivarse y volver a funcionar. Tal cual. Eso exactamente fue lo que sucedió. Lo demostraron tanto en células pluripotentes inducidas humanas derivadas de pacientes FXS como en neuronas derivadas de las primeras y al transferir esas neuronas así tratadas al cerebro de un modelo animal, un ratón. En todos los casos se mantenía una expresión del gen *FMR1* estable.

Naturalmente, faltan todavía muchas pruebas y verificaciones para transformar este hallazgo experimental en un tratamiento para pacientes FXS, pero ahora ya no podemos decir que esta patología sea de las más recalcitrantes e imposibles de tratar. Ahora vemos la luz al final del túnel. Se ha abierto una ventana de esperanza. Gracias a un uso novedoso e inesperado de la edición genética con las herramientas CRISPR.

A finales de 2023 se autorizo la terapia CRISPR para tratar determinados pacientes con anemia falciforme o beta-talasemia, primero en el Reino Unido y luego en EE. UU. En febrero de 2024 la Agencia Europea del Medicamento (EMA) autorizó también esta primera terapia CRISPR, comercializada con el nombre de Casgevy. El coste de esta terapia en EE. UU. es de 2,2 millones de dólares por paciente, lo cual limita el acceso a este tratamientos para muchos pacientes.

7

HACIA EL TRATAMIENTO DE LAS ENFERMEDADES CONGÉNITAS RARAS, QUE NO SON TAN RARAS

Llevo investigando sobre enfermedades raras incluso desde antes de saber que estaba trabajando con enfermedades raras. Mientras terminaba mi tesis doctoral sobre genética molecular del maíz (sí, me formé como genetista empezando en plantas), descubrí durante una estancia estival en Heidelberg, en el año 1989, en una todavía dividida Alemania, que detrás de la pigmentación hay una serie de proteínas esenciales, como la enzima tirosinasa, codificadas por genes que cuando dejan de funcionar correctamente o incorporan alguna mutación provocan la disminución o pérdida de esa pigmentación. Los famosos ratones albinos de laboratorio, que muchos creen que siempre fueron así, en realidad son mutantes en ese mismo gen. Su origen se remonta a Oriente, probablemente China, hacia el siglo IV d. C., donde una mutación espontánea en algún ratón de campo debió suscitar la curiosidad de alguien que lo capturó y cruzó hasta establecer las primeras líneas de ratones blancos y con los ojos rojos que durante siglos se vendieron como mascotas. Ese es el origen de la genética del ratón: los criadores de mascotas, que se preocuparon de establecer y mantener distintas variantes de pigmentación en ratones para satisfacer los gustos de sus clientes, sin darse cuenta de que estaban sentando las bases de la genética de mamíferos al crear estas líneas consanguíneas que hoy en día tanto apreciamos en investigación biomédica y tanto nos han ayudado a entender el genoma de ratón y, por su similitud, nuestro genoma.

Esos ratones albinos que descubrí en 1989 eran (y siguen siendo) una herramienta de investigación muy útil, pues podían utilizarse como modelos experimentales para restaurar la expresión del gen de la tirosinasa mutado, como he contado en el capítulo anterior. Al hacerlo, al reintroducir una copia correcta del gen mediante un procedimiento de transgénesis, recuperábamos ratones pigmentados. *Sensu stricto* se trataba de un procedimiento de terapia génica germinal, prohibida en humanos en la mayoría de los países (lo comentaré en el capítulo 13) pero habitual y rutinaria en animales de laboratorio. Nuestra publicación al respecto, de 1993, generó debate y expectación. Uno de los investigadores que contactó conmigo fue Glen Jeffery, del Instituto de Oftalmología de Londres, para proponerme unos experimentos con nuestros ratones, albinos y transgénicos repigmentados. Recuerdo que mientras hablábamos por teléfono, como quien no quiere la cosa, mencionó de pasada: «porque como sabes, los ratones albinos son ciegos…».

¡Un momento! ¿Ciegos? Así fue como descubrí que el albinismo, más allá de impactar en lo evidente, en la falta de pigmentación, cursa con alteraciones muy significativas en la visión, que son las verdaderamente discapacitantes. Y de pronto me percaté de que aquellos ratones albinos, que hasta ese momento solo había considerado un modelo experimental para mis pruebas genéticas de restauración de la pigmentación, eran también modelos animales de una enfermedad que con el mismo nombre afectaba a personas que también mostraban ese déficit visual característico. Esa fue mi entrada por sorpresa, y con conocimiento, en el mundo de las enfermedades raras, hace 25 años. Aproximadamente al mismo tiempo que Francis Mojica descubría, también en 1993, la presencia de unas repeticiones características en el ADN de arqueas de las salinas de Santa Pola. Si has leído *El ojo desnudo* (Editorial Crítica, 2016), el estupendo libro escrito por Antonio Martínez Ron, recordarás que Antonio también cita a mi colaborador y buen amigo Glen Jeffery, que fue quien primero me habló de albinismo, en relación con su curiosidad por investigar los detalles funcionales de la visión de muchos animales, como los renos de zonas árticas, adaptados a vivir con muy poca luz gran parte del año.

Las enfermedades raras toman su nombre del inglés *rare diseases*. La acepción del término «raro» se refiere a su prevalencia estadística en la población, pues son enfermedades poco o muy poco frecuentes, y no necesariamente a que sean «raras», en el sentido de extrañas, con cierta connotación negativa que no tiene en el término original en inglés, pero que sin embargo es una interpretación frecuente del término en español. Por eso es más neutral, y correcto en mi opinión, referirse a ellas como enfermedades de baja prevalencia. El criterio para considerar o no una enfermedad como rara es arbitrario y estadístico, y varía ligeramente en diferentes países. Aquí, en Europa, las definimos como aquellas que afectan a menos de 5 de cada 10 000 personas (menos de 1 de cada 2000), mientras que en EE. UU. son aquellas que afectan a menos de 200 000 de sus ciudadanos, lo cual, teniendo en cuenta su población actual, correspondería a menos de 1 de cada 1700 estadounidenses, aproximadamente. En Japón consideran de baja prevalencia las enfermedades que afectan a menos de 50 000 japoneses, o lo que es lo mismo, alrededor de 1 de cada 2500. En cualquier caso, da igual qué referencia numérica tomemos, el albinismo es una de ellas, pues afecta a 1 de entre cada 10 000 y 20 000 (se suele indicar 1 de cada 17 000) personas, en la mayoría de los países europeos y en EE. UU.

El concepto «raro» también chirría en las familias con algún miembro afectado por una de estas enfermedades. Para cualquiera de ellas, esa afección no tiene nada de raro, pues conviven con ella todo el día y tienen que adaptar todas sus rutinas en función de esta. Es el centro de sus vidas. Lo más normal y lo habitual.

El propio concepto de «enfermedad» es asimismo abiertamente discutible. Muchas de estas enfermedades, su gran mayoría (más de un 80 %), tienen un origen genético, una mutación en algún gen que determina unos síntomas característicos. En algunos casos estos síntomas son degenerativos y la situación se agrava con la edad, como por ejemplo la retinosis pigmentaria, causada por mutaciones en alguno de los más de 200 genes que se conocen asociados a esta enfermedad, que acaba causando la ceguera de las personas afectadas. En ocasiones, la degeneración funcional puede tener consecuencias fatales y acabar causando la muerte, como la distrofia muscular de Duchenne, que progresa con pérdida funcional de los músculos y es irreversible cuando impacta en algunos esenciales, como el diafragma o el corazón. En estos casos hay consenso en denominar estas situaciones clínicas como enfermedades, que son además raras por su baja prevalencia en la población.

Sin embargo, en otros casos la persona afectada por alguna de estas enfermedades de baja prevalencia no se reconoce como enfermo. Por ejemplo, una persona afectada de algún tipo de sordera congénita no sindrómica (sin alteraciones significativas en ningún otro órgano más allá de la pérdida de audición), con mutaciones en alguno de los más de 100 genes que pueden causar estas patologías, que nunca ha oído ningún sonido, puede considerar que su normalidad es esa, la de no oír nada, y rechazará ser considerada una enferma. Es, simplemente, una persona sorda. O las personas con acondroplasia, con mutaciones en el gen *FGF3*, que no desarrollan la longitud normal de las extremidades y por ello acaban con una estatura muy reducida, ¿diríamos que están enfermas? No, son personas de baja estatura. O como el genial Raúl Gay, autor del libro *Retrón* (Next Door Publishers, 2017), con focomelia o síndrome de Roberts, que altera el desarrollo de las extremidades, sobre todo las superiores, que llegan a desaparecer. ¿Diríamos que Raúl está enfermo? No, es una persona con focomelia. O, en definitiva, como las personas con albinismo.

No padecen ninguna enfermedad. Son personas con albinismo. Para todos estos casos se aplica la acepción de «condición genética» como alternativa preferible a enfermedad. Por ello debemos referirnos a ellas como personas con una determinada condición genética.

¿Cuántas enfermedades o condiciones genéticas raras conocemos? Las estimaciones oscilan entre más de 6000 y alrededor de 7000, por lo que podríamos optar por un valor intermedio y considerar, sin temor a equivocarnos demasiado, que conocemos unas 6500 enfermedades o condiciones genéticas raras. Por su baja prevalencia, de algunas de ellas apenas habrá unas decenas de personas afectadas o diagnosticadas. En otros casos serán centenares o quizás unos pocos miles. Lo realmente relevante es tener en cuenta a todas las personas que están afectadas por alguna de estas enfermedades raras. Entonces es cuando nos damos cuenta de la verdadera dimensión social y clínica de este tipo de condiciones.

La Federación Española de Enfermedades Raras (FEDER) considera que hay en España unos tres millones de personas afectadas por alguna de estas aproximadamente 6500 enfermedades raras. Esto representa un 6,5 % de la población actual de nuestro país. Valores similares se han estimado y confirmado en otros países, aunque un estudio reciente, publicado en septiembre de 2019, por parte del equipo responsable de Orphanet, una de las bases de datos más utilizadas de enfermedades raras, revisa ligeramente a la baja este porcentaje y sugiere usar un intervalo para estimar el número de personas afectadas, que probablemente estaría entre el 3,5 % y el 5,9 % de la población, en cualquier caso, un número importante de personas afectadas. Sorprende descubrir que, aunque estemos tratando con enfermedades de baja prevalencia, en realidad, si las consideramos todas en conjunto, afectan a mucha gente.

Su relevancia numérica también puede estimarse si las consideramos dentro de todas las patologías que conocemos hoy en día y que pueden afectar al ser humano. ¿Cuántas enfermedades o patologías conocemos? Esta pregunta se la hizo recientemente Pablo Lapunzina, genetista responsable del Instituto de Genética Médica y Molecular del Hospital General Universitario La Paz de Madrid y director científico del Centro de Investigación Biomédica en Red en Enfermedades Raras, al que pertenece mi laboratorio. Pablo estima que hay unas 9500 enfermedades comunes, unas 6500 enfermedades raras, unos 500 tipos de malformaciones congénitas y unos 1500 tipos de intoxicaciones y envenenamientos. En total serían, pues, alrededor de 18 000 las enfermedades que conocemos, de las cuales aproximadamente nada menos que un tercio son raras. ¡Así que las enfermedades raras no son tan raras!

Existen otros elementos que las caracterizan. En primer lugar, su enorme diversidad. Pueden afectar a cualquier célula, tejido, órgano o momento de la vida, aunque por lo general suelen impactar mayoritariamente durante el desarrollo embrionario, fetal o durante las primeras etapas de la vida; por eso la mayoría de las enfermedades raras se detectan y diagnostican en recién nacidos y menores. Es muy difícil ser especialista en enfermedades raras. Es un contenedor de enfermedades que solo tienen en común su baja prevalencia y que pueden ser tan diversas como los ataques epilépticos que constantemente sufren los niños afectados del síndrome de Dravet o la progeria infantil, también conocida como síndrome de Hutchinson-Gilford, que hace que los niños envejezcan de forma rápida y prematura y, lamentablemente, fallezcan a temprana edad.

En segundo lugar, hoy en día, comparten la carencia de tratamientos validados que puedan servir para curar la inmensa mayoría de ellas. A lo sumo, para algunas, se aplican tratamientos sintomáticos, que persiguen aliviar el dolor o mejorar la calidad de vida de la persona afectada, pero que no tratan ni se dirigen al origen de la enfermedad. Por eso la aparición de propuestas para nuevas estrategias de terapia avanzadas, basadas en el uso de las herramientas de edición genética, como las CRISPR, ha suscitado tanto interés y expectación.

Todo en el mundo CRISPR va a velocidades lumínicas. Es difícil mantenerse al día de todo lo mucho y bueno que se publica, de todos los avances que van apareciendo. Pero de vez en cuando, como si se tratara de un homenaje a Stephen Jay Gould, el padre de la evolución discontinua, a saltos, aparecen uno o varios artículos que cambian el *statu quo* y obligan a reiniciar todo lo que sabíamos y a empezar a pensar en otras direcciones.

Recuerdo perfectamente la nochevieja de 2015, cuando todos andábamos intentando contener y sobrevivir a la tradicional avalancha de mensajes y *whatsapps* que nos deseaban feliz año nuevo, y me llegó por correo electrónico una alerta de la revista *Science* que anunciaba la publicación *online,* en la web de la revista, de tres artículos de tres equipos independientes que habían usado, por vez primera, la tecnología CRISPR para tratar, con éxito, unos ratones llamados *mdx,* que son un modelo animal de la enfermedad rara que ya he mencionado, la distrofia muscular de Duchenne (DMD). Los tres equipos, siguiendo estrategias terapéuticas parecidas, pero no idénticas, habían hecho llegar los componentes del sistema CRISPR a los músculos de estos ratones para corregir el gen de la distrofina, afectado en esta enfermedad, y habían conseguido una recuperación funcional significativa, de entre un 5 y un 25 % de las fibras musculares de los ratones tratados. ¡Fascinante! Los tres artículos acabarían publicados en el mismo número de *Science* el 22 de enero de 2016.

La enfermedad DMD es una enfermedad congénita grave y rara, que afecta a 1 de cada 3300 personas, mayoritariamente varones, pues el gen cuyas mutaciones causan esta patología se encuentra en el cromosoma X. Los chicos tenemos solo un cromosoma X (somos XY), que heredamos de nuestra madre; por eso, si recibimos un cromosoma X con algún gen mutante no hay escapatoria, no hay una segunda copia a la que agarrarse para compensar la mutación, y por ello los chicos son los que manifiestan directamente la enfermedad. Esto también ocurre con el daltonismo o ceguera de colores, o con la hemofilia, cuyos genes responsables también residen en el cromosoma X. Las chicas tienen dos cromosomas X (son XX) y, para resultar afectadas, deberían haber recibido los dos cromosomas mutantes, uno de un padre afectado y el otro de una madre afectada o portadora, lo cual es improbable, pero no imposible.

«TODO EN EL MUNDO CRISPR VA A VELOCIDADES LUMÍNICAS».

La DMD, aunque es rara, es la más frecuente de las patologías neuromusculares severas en la infancia. La enfermedad cursa con deterioro progresivo y rápido de los músculos, que tiene consecuencias fatales cuando los músculos afectados impiden la normal función respiratoria o la circulación normal de la sangre (diafragma y corazón). La pérdida de movilidad ocurre alrededor de los 9 años y la mayoría de los afectados fallece durante la adolescencia. El gen causante de la DMD es el que codifica la distrofina, una proteína esencial para la contracción muscular. El gen de la distrofina es probablemente el gen de mayor tamaño que tenemos, con 79 exones, y ocupa más de 2,6 millones de letras de nuestro genoma. Los genes suelen tener la información genética que portan distribuida en fragmentos de ADN que llamamos exones, separados por otras secuencias que no contienen información codificante (que se convierta en proteína) llamadas intrones.

El modelo animal escogido por los tres equipos investigadores, el ratón *mdx*, contiene en el exón 23 una mutación sin sentido (mutación que genera un STOP, una parada de la traducción de la proteína a partir de ese punto) que también se puede encontrar en los pacientes DMD. Los investigadores diseñaron una estrategia CRISPR mediante la cual dirigieron dos guías de ARN a las secuencias limítrofes al exón 23. Dado que el exón anterior (22) y el posterior (24) están en la misma fase de lectura, la eliminación del exón portador de la mutación debería restaurar la síntesis de la proteína, que acabaría completándose, aunque siendo un poco más pequeña (le faltaría el exón 23). Lo explico gráficamente en la figura 7.1.

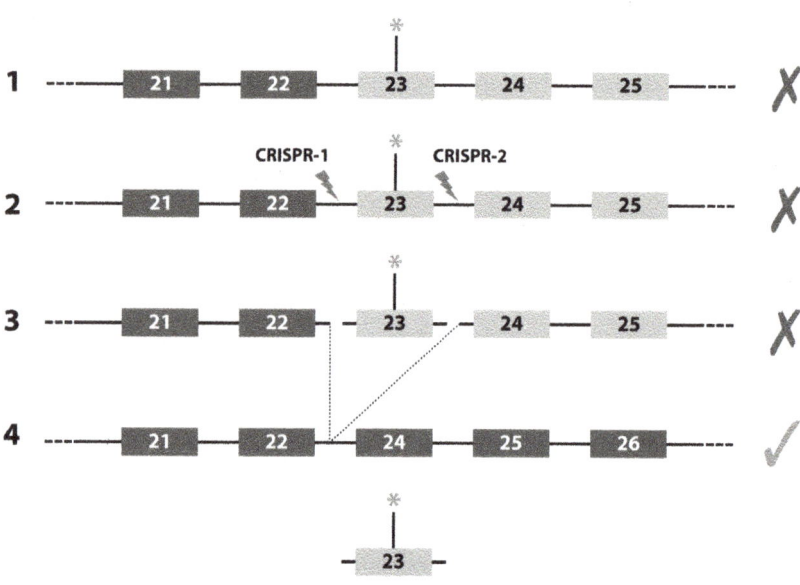

Figura 7.1. Terapia génica somática en ratones mdx, portadores de una mutación sin sentido (*) en el exón 23: 1. Alelo original en el ratón mdx; 2. Estrategia CRISPR para eliminar el exón patogénico; 3. Corte del exón 23 y reconstrucción génica ligando el exón 22 al 24; 4. Alelo restaurado (sin el exón 23) capaz de producir una proteína distrofina correcta, aunque de menor tamaño. Gráfico: Lluís Montoliu

Recuerda que, en un gen, cada tres letras del ADN, luego transcritas a tres letras del ARN, se codifica la información de un solo aminoácido de la proteína final. Si uno de los exones termina en la tercera letra de un triplete y el siguiente exón empieza en la primera letra del siguiente triplete, decimos que están en la misma fase de lectura, porque se mantiene la pauta de tripletes. Si, por el contrario, un exón terminara en la segunda letra de un triplete y otro exón empezara en la primera letra de otro triplete, la fusión de ambos cambiaría la pauta de lectura y se produciría una proteína distinta, anómala.

Para llevar los reactivos CRISPR con preferencia hacia las células musculares, los incluyeron dentro de unos vectores virales (adenovirus asociados, AAV) de los cuales se conocen muchos serotipos específicos (que infectan preferentemente a distintos tipos celulares).

Estos virus generalmente no se integran en el genoma y permanecen dentro de las células durante largo tiempo. Y para administrar estos vectores virales utilizaron diversas rutas: inyección intramuscular, intraperitoneal o intravenosa. Uno de los equipos detectó niveles de corrección variables, entre el 3 y el 18 % de las células musculares. Otro de los equipos elevó el porcentaje hasta un 25 % de las fibras en algunos experimentos y el tercer grupo demostró que había logrado detectar distrofina en un 67 % de la fibras musculares tratadas. Todos estos valores son compatibles con los niveles mínimos necesarios (alrededor de un 4 %) para esperar un efecto terapéutico substancial y significativo en pacientes. Se estima que hasta un 80 % de los pacientes con DMD podrían beneficiarse de esta estrategia de evitar, escindiéndolos mediante CRISPR, exones portadores de mutaciones patogénicas.

El uso de los vectores virales AAV tiene muchas ventajas debido al gran número de serotipos que se conocen, específicos de distintos tipos celulares y listos para ser usados para vehicular los reactivos CRISPR a cualquier célula u órgano que necesitemos. Sin embargo, también tienen un gran inconveniente: su pequeño tamaño y la máxima capacidad de carga de secuencias de ADN que admiten en su interior, inferior a 4700 letras o nucleótidos. Este tamaño no es suficiente para incluir el gen que codifica la nucleasa Cas9 de

Streptococcus pyogenes (SpCas9), la más común y utilizada en todos los experimentos de edición genética, que tiene una longitud de 1368 aminoácidos (lo cual corresponde, si multiplicamos por 3, a 4104 nucleótidos), a lo que hay que sumar las secuencias reguladoras necesarias para que el gen se exprese correctamente. Por ello tuvieron que esperar a que, unos meses antes, el laboratorio de Feng Zhang, del BROAD, en colaboración con Osamu Nureki, de la Universidad de Tokio, hubieran caracterizado otra nucleasa Cas9 derivada de otra bacteria: *Staphylococcus aureus* (SaCas9), mucho más pequeña (1053 aminoácidos) y por lo tanto más adecuada para incluirla dentro del virus AAV. Tampoco era posible incluir todos los reactivos CRISPR en el mismo virus. Un virus incluía la SaCas9 y el otro la construcción génica que transcribía los ARN guías necesarios y, cuando hiciera falta (no en estos casos de DMD), el ADN molde para que los sistemas de reparación lo usaran para restaurar la continuidad del gen tras el corte.

Los tres equipos, liderados por los investigadores estadounidenses Amy Wagers, Eric Olson y Charles Gersbach, demostraron que el uso de las herramientas de edición genética CRISPR podía extenderse a protocolos de terapia génica somática, la que trata a los individuos afectados, frente a la terapia génica germinal, la que trata embriones que todavía no han dado lugar a ningún individuo. Esta última está explícitamente prohibida en todos los países firmantes del Convenio de Asturias (1997) y no es legal en muchos otros países. En cualquier caso, estos tres artículos abrían la esperanza terapéutica para esta terrible enfermedad rara y, por el protocolo diseñado de administración directa de los componentes CRISPR *in vivo*, en el cuerpo del individuo afectado, con la ayuda de virus, a muchas otras enfermedades raras sistémicas que afectan a células dispersas por todo el cuerpo, que pueden aspirar a disponer de tratamientos validados en un futuro próximo.

Es importante resaltar que se trata de un cambio substancial frente a las estrategias tradicionales de terapia génica somática que, casi invariablemente, desde los años noventa, se basaban en extraer células del cuerpo de la persona o animal, realizar alguna operación de modificación genética y selección sobre esas células fuera del cuerpo, en el laboratorio, y finalmente reintroducir las células seleccionadas en el cuerpo del paciente. Esta terapia se denomina *ex vivo*, dado que ocurre fuera del individuo. Lógicamente, el factor limitante para las terapias *ex vivo* es la posibilidad de extraer células del cuerpo para cultivarlas en el laboratorio y poder volver a reintroducirlas posteriormente y que recolonicen el tejido u órgano adecuados. Esto hizo que la mayoría de los protocolos se enfocaran mayoritariamente a enfermedades de la sangre, en la que es posible substituir todas las células de la médula ósea, irradiando y eliminando todas las células preexistentes, antes de reintroducir las seleccionadas y corregidas.

Hay que subrayar también que los tres experimentos fueron realizados solo en ratones *mdx*, no en pacientes. Hay quien critica el modelo animal utilizado, pues el modelo de ratón es relativamente benigno y no reproduce la severidad de la DMD observada en humanos. El modelo de ratón sería más similar a la distrofia muscular de Becker (DMB), mucho menos grave y generalmente sin consecuencias fatales, que afecta a mutaciones en el mismo gen de la distrofina y reducen la actividad, pero no eliminan la proteína. El laboratorio de Eckhard Wolf, desde Múnich, ha generado un modelo animal de DMD en cerdo que reproduce los síntomas clínicos de las personas afectadas por esta enfermedad degenerativa muscular y que podría ser el modelo más adecuado para evaluar la eficacia de estas terapias avanzadas. Y también desde China, en 2015, se generó un nuevo modelo en primates no humanos, utilizando monos *Rhesus* y una estrategia de inactivación del gen de la distrofina mediante CRISPR en esta especie muy cercana a nosotros. Uno de los equipos pioneros en la aplicación de técnicas CRISPR para curar la DMD en ratones, liderado por Olson, ha presentado en agosto de 2018 unos primeros estudios realizados en perros modelo de esta misma enfermedad con resultados modestos pero prometedores.

Tras los éxitos preclínicos (en ratones) reportados por estos tres equipos, han aparecido muchos otros estudios similares que han demostrado la eficacia de los sistemas CRISPR para poder corregir, *in vivo*, modelos animales de enfermedades raras congénitas, como por ejemplo las enfermedades raras metabólicas, causadas por mutaciones en genes que codifican enzimas que suelen ejercer su acción fundamentalmente en el hígado. En marzo de 2016 aparecieron dos estudios publicados en *Nature Biotechnology* de dos equipos que usaron una estrategia similar a la utilizada para DMD en modelos animales de otras dos enfermedades metabólicas de baja prevalencia: la deficiencia en ornitina transcarbamilasa (OTC) y la tirosinemia hereditaria de tipo I (HT1).

Es importante resaltar de nuevo que todos estos experimentos relatados *in vivo* están realizados en ratones, en animales de laboratorio. Por el momento, la mayoría de estos experimentos de terapia génica somática *in vivo* con herramientas CRISPR han sido realizados solamente en animales de experimentación, con la única excepción de un ensayo clínico *in vivo* con pacientes de una enfermedad degenerativa de la retina, que comentaré a continuación. Como ya he comentado en capítulos anteriores, todavía no controlamos suficientemente bien la reparación que debe ocurrir en el ADN tras el corte generado por las herramientas de edición genética para garantizar que este sea un procedimiento con la eficacia y la seguridad necesarias para trasladar un ensayo de laboratorio, adecuado para ratones, a la clínica, aceptable para pacientes, de forma rutinaria. Es previsible que estos experimentos preclínicos continúen con nuevas investigaciones y nos permitan seguir avanzando hacia la validación de nuevas terapias basadas en CRISPR adecuadas para personas. En 2019 hemos conocido un primer ensayo clínico de terapia génica *in vivo* para tratar un tipo de ceguera, la amaurosis congénita de Leber de tipo 10, causada por mutaciones en el gen *CEP290*. En este caso algunos pacientes tienen unas secuencias erróneas en un intrón de este gen, lo que causa un procesamiento inadecuado del mismo y da origen a la enfermedad. Dos empresas del sector, Editas Medicine y Allergan, han desarrollado una estrategia de edición genética con herramientas CRISPR-Cas9, inyectadas intraocularmente y subretinalmente en los pacientes, para promover la eliminación de esas secuencias de ADN erróneas y rescatar la funcionalidad del gen. Se trata de un ensayo clínico muy limitado, con muy pocos pacientes, a quienes solamente se les tratará uno de los dos ojos, para explorar posible toxicidad y, en el mejor de los casos, posible efectividad.

Siendo un experimento arriesgado el ojo es un órgano privilegiado, aislado del resto del cuerpo, y por lo tanto con una mayor seguridad para evaluar estas terapias.

Un campo que está en pleno desarrollo es la utilización de sistemas no virales para distribuir los reactivos CRISPR a las células adecuadas. A pesar de que los virus AAV son relativamente inocuos, son por otra parte igualmente inmunogénicos, generan una respuesta inmune que prepara al cuerpo frente a una segunda infección o entrada de estos virus. Una segunda administración de estos virus provocaría una respuesta inmunitaria que atacaría a estos vectores portadores de reactivos CRISPR y podría provocar también una reacción alérgica en el paciente. Adicionalmente, en un estudio reciente de Hanlon y colaboradores, publicado en la revista *Nature Communications* en septiembre de 2019, los autores observan que los genomas de los AAV también parecen integrarse con una elevada frecuencia, hasta del 50 %, según los tejidos, total o parcialmente, precisamente aprovechando los cortes de ADN de doble cadena inducidos por la proteína Cas9. Si estas observaciones se confirman obligarían a reconsiderar el uso actualmente muy extendido de estos vectores para terapia génica. Por ello los sistemas no virales, que utilizan nanotecnología, basados en nanopartículas (partículas de ínfimo tamaño, en la escala de los nanómetros), pueden ser una alternativa realista para considerar en un futuro próximo.

En 2016, un equipo de investigadores norteamericanos utilizó unas nanopartículas lipídicas para asociarlas con los reactivos CRISPR y con ellas conseguir que una mayoría de células humanas en cultivo pudieran editarse genéticamente. También validaron el proceso para la administración *in situ* de estos reactivos en el cerebro de ratones. Pero probablemente el avance más prometedor en el campo del tratamiento de enfermedades raras con reactivos CRISPR vehiculados por nanopartículas lo consiguió un equipo de la empresa Intellia Therapeutics Inc., que demostró eficacia terapéutica en un modelo de ratón de amiloidosis, inactivando el gen de la transirretina mediante edición genética. A los ratones se les administró sistémicamente (por vía intravenosa) una sola dosis de nanopartículas lipídicas asociadas a reactivos CRISPR y los beneficios terapéuticos esperados persistieron durante los doce meses posteriores. Destaca la capacidad de estos sistemas no virales, que utilizan nanobiotecnología, para distribuir y entregar los reactivos CRISPR a las células diana adecuadas con una única administración.

Desarrollos similares preclínicos de terapias génicas somáticas han servido para demostrar la utilidad de estas estrategias CRISPR para corregir un número substancial, significativo, más allá del umbral terapéutico, de células del órgano diana en diferentes modelos animales de enfermedades congénitas raras. Es importante entender que estos sistemas no corrigen la totalidad de las células de un órgano, solo un porcentaje variable de ellas, pero con frecuencia suficiente para que el órgano pueda recuperar, aunque sea parcialmente, su función, obteniéndose el deseado beneficio terapéutico, impensable incluso para modelos animales hace apenas unos pocos años.

En la literatura científica reciente podemos encontrar ejemplos adicionales de modelos celulares y animales usados para corregir, mediante CRISPR, enfermedades graves como las cataratas congénitas o la enfermedad crónica granulomatosa; enfermedades graves de la visión como la retinosis pigmentaria o la amaurosis congénita de Leber; enfermedades neurodegenerativas como la enfermedad de Huntington, la ataxia espinocerebelar de tipo 2, la demencia frontotemporal o la esclerosis lateral amiotrófica (ELA), entre muchas otras.

Todos estos buenos resultados obtenidos en células y en modelos animales todavía no tienen su traducción en terapias validadas y aprobadas para pacientes, debido a la incertidumbre demasiado alta que tienen los sistemas de reparación, esenciales tras el corte con el sistema CRISPR-Cas9, como ya he explicado en capítulos anteriores. Administrar reactivos CRISPR *in vivo* a pacientes es todavía demasiado arriesgado, con la excepción de los primeros ensayos clínicos para tratar el caso de ceguera anteriormente comentado. Sin embargo, en algunos casos, sí se ha utilizado esta técnica en aproximaciones terapéuticas *ex vivo*, por ejemplo, en las recientes terapias exitosas, ya comentadas en capítulos anteriores, para tratar pacientes con anemia falciforme o beta-talasemia, o en intervenciones compasivas en pacientes de cáncer desahuciados tras fallar todas las terapias convencionales, a quienes se les ha extraído linfocitos T de la sangre para, ya en el laboratorio, inactivar el gen *PD-1*, una especie de regulador negativo de la respuesta inmunitaria. Con el gen inactivado, y tras haber sido oportunamente seleccionados y amplificados, se han retornado al cuerpo del paciente, al que previamente se irradia para reducir el número de linfocitos T no editados residentes, esperando que los editados desaten una respuesta inmunitaria contra las células cancerosas. Expertos inmunólogos consideran que hay un elevado riesgo de respuesta autoinmune del paciente, al tener estos linfocitos T inactivado el sistema endógeno represor, mediado por *PD-1*. Tuvimos noticia de este tipo de aproximaciones en China, en el verano-otoño de 2016. Otras intervenciones parecidas ya han sido programadas en EE. UU. y próximamente se harán también en Europa. Nada sabemos, formalmente, del éxito o fracaso de estos primeros ensayos *ex vivo*. Algunas publicaciones desde China informan de que estas técnicas parecen haber sido efectivas en un 40 % de los pacientes, pero los resultados no han sido todavía publicados.

En estos momentos (febrero de 2021) en la página web de ensayos clínicos del NIH en EE. UU., donde se registran todos los ensayos previstos o que tienen lugar en cualquier parte del mundo, hay registrados 43 ensayos clínicos con estrategias CRISPR. De ellos, la mayoría (24) están todavía en la fase de reclutar pacientes y 4 han sido retirados o suspendidos. Siete aparecen como terminados o completados. El resto están activos. Diecinueve de ellos están programados en China, dieciséis en EE. UU., y solamente cinco en Europa. Diez de los ensayos están encaminados a inactivar el gen *PD-1* mediante CRISPR en diferentes tipos de cáncer. La mayoría de ellos están orientados a tratar algún tipo de cáncer. El resto están enfocados a otras patologías como: anemia falciforme, beta-talasemaia, infección for HIV (SIDA), tuberculosis, amaurosis congénita de Leber de tipo 10 o síndrome de Kabuki. En China los comités de ética en los hospitales parecen más propensos a autorizar su uso que en EE. UU., donde los riesgos de esta estrategia CRISPR todavía están retrasando la puesta en marcha de los ensayos. Probablemente sea demasiado pronto para saber si alguno de estos ensayos ha sido finalmente efectivo y exitoso.

¿Y qué pasa con los tratamientos *in vivo*? En los modelos animales parece relativamente sencillo administrar reactivos CRISPR vehiculados dentro de partículas víricas AAV o asociados a nanopartículas. Ya he apuntado que los niveles de corrección celular no parecen demasiado elevados, pero son suficientes para superar el umbral del beneficio terapéutico. ¿Por qué no se están inyectando ya reactivos CRISPR directamente, dentro de virus AAV o junto con nanopartículas a pacientes? (con la excepción del ensayo clínico ya comentado para tratar la amaurosis congénita de Leber de tipo 10 aprovechando el hecho de que el ojo es un órgano privilegiado, aislado del resto del cuerpo por la barrera hematoencefálica, que le permite pasar, de alguna manera, desapercibido al sistema inmunológico; y de un nuevo ensayo clínico para tratar la amiloidosis transtiretina hereditaria (ATTR) mediante CRISPR combinadas con nanopartículas inyectadas sistémicamente, por la sangre).

La respuesta la conocimos el mes de enero de 2018 con un estudio inesperado, pero tremendamente importante, llevado a cabo por Matthew Porteus, de la Universidad de Stanford, en California (EE. UU.). Porteus es un experto en desarrollo de terapias génicas y el suyo es uno de los laboratorios más avanzados, que probablemente use de forma pionera estrategias CRISPR de edición genética para curar enfermedades de la sangre en pacientes. Su laboratorio ha puesto a punto protocolos de terapia génica avanzada, con CRISPR, para tratar diferentes inmunodeficiencias, beta-talasemia y anemia falciforme, todas ellas enfermedades graves del sistema hematopoyético, de la sangre. Precisamente por ello a Porteus se le ocurrió revisar algo que, hasta ese momento, había pasado desapercibido para el resto de los laboratorios que andaban también a la carrera para utilizar CRISPR en terapias *in vivo* en pacientes.

Porteus se preguntó si nosotros, los humanos, tendríamos algún tipo de inmunidad contra los reactivos CRISPR, en particular contra la proteína Cas9, la endonucleasa esencial para cualquier ensayo de edición genética, teniendo en cuenta que se obtiene generalmente de dos bacterias: *Streptococcus pyogenes* (SpCas9) o *Staphylococcus aureus* (SaCas), y sabiendo que los humanos tenemos una larga historia en común con estos microorganismos, puesto que son patógenas para nosotros. ¿Quién no ha tenido una faringitis o una otitis en su vida? (causadas generalmente por *S. pyogenes*). ¿Quién no ha tenido alguna infección tras cualquier intervención quirúrgica en un hospital o en el dentista? Estas infecciones que habitualmente ocurren en ambientes hospitalarios se denominan nosocomiales y suelen estar causadas por *S. aureus*. Todas estas infecciones bacterianas, causadas habitualmente por estas dos bacterias, hacen que nuestro sistema inmunitario haya tenido ocasión de desarrollar anticuerpos y linfocitos T contra todos sus componentes, incluida la nucleasa Cas9, que es una proteína de considerable tamaño y probablemente muy inmunogénica.

Los resultados de Porteus dejaron boquiabiertos a muchos laboratorios y empresas del sector. Sus resultados indican que la mayoría de las personas (79 %) tienen (¡tenemos!) anticuerpos anti-SaCas9. Un porcentaje algo inferior (65 %), pero todavía mayoritario, tiene anticuerpos anti-SpCas9. Finalmente, Porteus también encontró que casi la mitad de las personas investigadas (46 %) también tenían linfocitos T contra la proteína Cas9. Estos experimentos se depositaron en el servidor bioRxiv en enero de 2018, pero fue suficiente para provocar un pequeño colapso en el sector empresarial, tan sensible al cambio de expectativas. Porteus recibió críticas y sus resultados fueron puestos en duda al principio, pero pronto (en abril) apareció un estudio independiente, de investigadores alemanes, que confirmaba sus observaciones iniciales. Finalmente, los resultados de Porteus fueron publicados en la revista *Nature Medicine* a finales de enero de 2019, un año después de que la comunidad científica los hubiera conocido gracias a que los depositó en el servidor abierto bioRxiv. Gracias a compartir sus datos tempranamente estoy seguro de que Porteus evitó que muchos otros ensayos clínicos programados o planeados se activaran con posibles consecuencias fatales, si alguno de los pacientes tratados hubiera fallecido tras un shock anafiláctico, por una reacción hiperalérgica a las proteínas Cas9 bacterianas inyectadas.

Los resultados de Porteus confirmaban que, en efecto, la mayoría de las personas ya tienen inmunidad humoral (anticuerpos) y celular (linfocitos T) contra Cas9. Por ello, cualquier intento de administrársela tendría un riesgo de provocar una reacción alérgica o respuesta inmunitaria exacerbada que podría incluso poner en riesgo la vida del paciente, además de dar al traste con el pretendido tratamiento de terapia génica. Sorprendente. Pero mejor saberlo antes de administrar un reactivo que puede provocar una reacción tan intensa en pacientes. Este es el típico experimento que, cuando lo lees, te preguntas: ¡anda!, ¿y esto por qué no se me ocurrió a mí? Pues se le ocurrió a Matt Porteus, a él debemos agradecerle que haya detenido los ensayos clínicos *in vivo* en pacientes antes de que pudieran causar unas reacciones adversas inesperadas.

Ante esta enorme decepción, te preguntarás si se puede hacer algo. Por supuesto, siempre se pueden resolver los problemas biológicos. Con más biología. Porteus descubrió el problema e inmediatamente propuso la solución. Para empezar, por mayoritaria que sea la inmunidad contra Cas9 en la población humana, los resultados de Porteus indican que hay personas que no tienen esa inmunidad. En ellas no habría problemas para administrar Cas9. Eso sería lo primero que habría que hacer con cualquier paciente en lista de espera para recibir un tratamiento con terapias génicas avanzadas basadas en CRISPR-Cas9. Para el resto, que sí tienen inmunidad contra Cas9, Porteus propuso diseñar la coadministración de un tratamiento inmunosupresor, similar al que ya se administra regularmente a los pacientes que han recibido cualquier órgano trasplantado, como explico con más detalle en el capítulo 10.

Otra solución, que requiere mucho más trabajo y regresar a la investigación básica, pero que probablemente sea la más exitosa a medio o largo plazo, es aislar y caracterizar otras proteínas Cas de otras bacterias con las que las personas no hayamos tenido nada que ver, con las que no nos hayamos relacionado nunca, para las cuales sea altamente improbable que tengamos inmunidad. Existen centenares de miles, si no millones, de bacterias con sistemas CRISPR activos de las que pueden obtenerse nuevas proteínas Cas que no deberían tener los mismos problemas de rechazo que suscitan SpCas9 y SaCas9. Ya hay diversas nucleasas alternativas disponibles y muchas más en estudio y en camino. Es solo cuestión de tiempo que se aíslen, se caractericen y substituyan las actuales SpCas9 y SaCas9. Me referiré a ello en el último capítulo del libro.

He dejado para el final una paradoja que quizás hayas descubierto ya. Si parece que va a ser complicado utilizar SpCas9 o SaCas9 en pacientes *in vivo*, por la existencia de una inmunidad en la mayoría de la población, entonces… ¿cómo se explica que no hayamos visto problemas ni reacciones adversas en los ratones cuando les hemos administrado, con éxito, virus y nanopartículas asociadas tanto con SpCas9 como con SaCas9? ¿Por qué no hemos detectado esa inmunidad preexistente también en ratones contra Cas9 de estas bacterias tan comunes?

La respuesta sí que es una verdadera paradoja. No hemos encontrado problemas en ratones porque los animalarios donde tenemos estabulados los animales de laboratorio son unas zonas extraordinariamente limpias, higienizadas y esterilizadas al máximo, con múltiples filtros y precauciones de todo tipo. En realidad, en ese tipo de zonas, que habitualmente conocemos como «barreras» o «zonas SPF» (del inglés *specific pathogen free*, libres de patógenos específicos), no hay, no existen ni *Streptococcus pyogenes* ni *Staphylococcus aureus*. Simplemente no están presentes en el ambiente. Por eso los ratones de laboratorio no tienen inmunidad frente a la proteína Cas9 de estas bacterias. Por eso es tan relevante la observación de Porteus. Si nos hubiéramos fiado exclusivamente de los ensayos preclínicos en ratones de laboratorio antes de saltar directamente a pacientes, podríamos haber cometido un tremendo error y haber causado reacciones adversas a los pacientes que tratábamos de curar.

Matthew Porteus estuvo en Madrid a finales de enero de 2018, participando en un simposio sobre aplicaciones de la edición genética en enfermedades raras que yo mismo organicé junto a José Carlos Segovia (CIEMAT), con la ayuda de la Fundación Ramón Areces y del CIBERER, al cual pertenecemos también los dos. Su conferencia fue interesante y clarificadora. Probablemente sea una de las personas más decididas a lanzar un primer ensayo clínico de terapias avanzadas con estrategias CRISPR de edición genética. Pero también es una persona inteligente y prudente, preocupada por desarrollar terapias que además de eficaces para sus pacientes sean, sobre todo, seguras. ¡Muchas gracias, Matt!

8

LOS RATONES AVATAR

Ya he dicho en varias ocasiones en este libro que creo más interesante resaltar aquellas aplicaciones de la edición genética que son novedosas, que simplemente no podían hacerse anteriormente, que subrayar que determinados procedimientos puedan realizarse más rápido. Es el caso de los ratones avatar, una estrategia innovadora que nos ha cambiado la vida a muchos investigadores en biomedicina. En particular, a aquellos que nos dedicamos a investigar sobre enfermedades raras congénitas, de origen genético.

El ratón es un animal vertebrado, como nosotros; mamífero, como nosotros, aunque pertenece a otro orden, el de los roedores. Nosotros pertenecemos al orden de los primates. Los roedores son uno de los grupos de animales más exitosos y numerosos sobre la Tierra, con alrededor de 2000 especies conocidas. Incluye animales tan dispares como los ratones, las ratas, los hámsters, los gerbos, los conejillos de indias, los puercoespines, las ardillas, los castores y hasta los capibaras, el mayor roedor que existe, que puede llegar a pesar 70 kg, cuya carne se consume y es muy apreciada en varios países de Sudamérica.

Los roedores y los primates derivamos de un mismo mamífero primitivo, parecido a un roedor actual, que convivía con dinosaurios hace unos 75 millones de años. Desde entonces, los dos linajes se separaron y evolucionaron de forma independiente. Teniendo en cuenta que el origen de la vida sobre la Tierra se remonta a unos 3500 millones de años, podríamos decir que nuestro antepasado en común con los roedores es relativamente reciente. Nuestros antepasados en común con otros animales son muy anteriores. Por ejemplo, con los anfibios, con las ranas, nuestro último antepasado común vivió hace más de 400 millones de años. Y con las pequeñas moscas *Drosophila* de la fruta nuestro último antepasado en común vivió hace más de 700 millones de años, unas 10 veces más que nuestro antepasado en común con los ratones.

Ratones y humanos somos parientes relativamente cercanos, desde un punto de vista evolutivo, a pesar de que las apariencias nos engañen. Cualquier persona diría: ¡pero si no nos parecemos en nada a un ratón! Ellos están cubiertos de pelo, tienen cola y suelen pesar unos 30 o 40 gramos cuando son adultos. Nosotros, en cambio, solemos pesar entre 60 y 80 kg (¡ya lo sé, no todos!), perdimos la cola hace unos 25 millones de años y os aseguro que algunos siguen (¡seguimos!) cubiertos de pelo. No saquemos pues conclusiones precipitadas solo del tamaño cuando somos individuos adultos. Si en lugar de compararnos cuando estamos formados nos comparásemos durante el desarrollo embrionario (recuerda que un humano tarda nueve meses en gestarse, mientras que un ratón completa su gestación en unos 20 días), observaríamos, con sorpresa, que nos parecemos enormemente, mucho más de lo que creíamos (ver figura 8.1). La ubicación de nuestros órganos, dónde aparecen las extremidades, cómo se desarrollan el cerebro y el sistema nervioso, la implantación del cordón umbilical, dónde y cómo aparecen ojos y oídos… En todo ello nos parecemos más que nos diferenciamos. Claro, la colita delata al embrión de ratón. Pero haz una prueba: tapa con un dedo la colita del embrión de ratón y verás que resaltan todavía más los parecidos entre los embriones de las dos especies. Nos parecemos tanto, humanos y ratones, porque compartimos muchos genes en común. Más del 95 % de los genes humanos tienen su correspondiente homólogo en el ratón. Algunas publicaciones aumentan esta cifra al 99 %. Por otra parte, si comparamos los genes humanos y los del ratón, su grado de similitud, en promedio, es muy alto, entre el 85 y el 90 %.

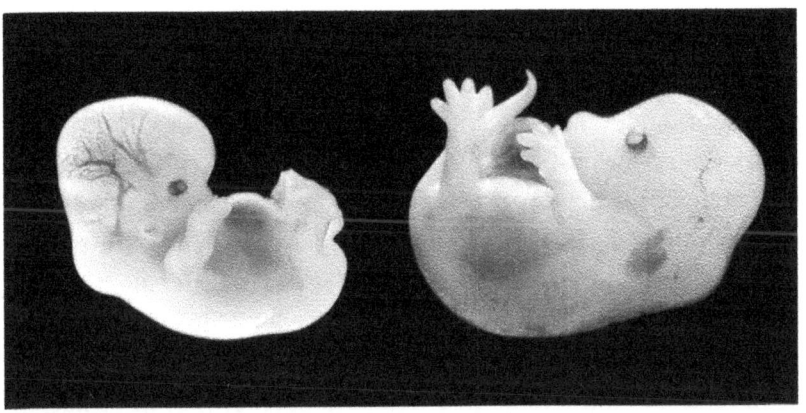

Figura 8.1. Comparación de un embrión humano de seis semanas (izquierda) y uno de ratón de quince días (derecha) durante el desarrollo. La posición y la forma de las estructuras anatómicas son muy similares. Destaca la presencia de la cola en el embrión de ratón, ausente en el humano. Imagen del embrión humano (Neil Harding) y del embrión de ratón (Michael F. McElwaine).

El hecho de que humanos y ratones compartamos la mayoría de nuestros genes (a pesar de que cada especie tenga un reducido número de genes específicos que no se hallan en la otra) hace de estos últimos una especie muy adecuada para la investigación genética. Investigando sus genes, implícitamente estamos investigando los nuestros. Lo que aprendemos de sus genes lo podemos aplicar para entender los nuestros. Por eso, entre otros motivos, el ratón es el animal de experimentación por excelencia y es la especie más utilizada de todas. Los últimos datos disponibles (2019) en la página web del Ministerio de Agricultura, Pesca y Alimentación, responsable de monitorizar el uso de animales destinados a la experimentación en nuestro país, indican que en España se contabilizaron 460761 usos de ratones, que suponen el 56,3 % de todos los animales usados durante 2019 con fines de experimentación. Es un porcentaje muy mayoritario; los siguientes grupos de animales usados, en porcentaje, son los peces (12,3 %), las aves (12 %) y las ratas (5,9 %).

Los ratones son además de pequeño tamaño, lo cual permite establularlos en espacios reducidos y en gran número, se reproducen fácil y rápidamente, tienen muchas crías (entre 5 y 10, según las cepas) y tienen cola, que facilita su manipulación y trasiego entre jaulas de forma rápida y precisa. Sería más difícil con los hámsters, sin cola, pues habría que estar cogiéndolos repetidamente por el cuerpo, lo cual, además de no ser práctico, sería peligroso, principalmente para el investigador. Los investigadores que trabajamos con ratones nos dividimos en dos clases: aquellos a los que alguna vez nos ha mordido un ratón y aquellos a los que les va a morder algún ratón. Recomiendo el manual de genética de roedores de laboratorio de Fernando Benavides y Jean-Louis Guénet, publicado en 2003 y hoy de libre acceso a través de internet, para obtener más información sobre el ratón como especie animal de elección en experimentos de genética y para entender el genoma humano.

El genoma del ratón se secuenció y publicó en 2002, un año después que el humano. Al año siguiente, en la conferencia que tuvo lugar en el Centro Banbury, en el laboratorio de Cold Spring Harbor, de Nueva York, EE. UU., se discutió y estableció el *Knockout Mouse Project*, el proyecto de inactivación sistemática de todos los genes del genoma del ratón, idea que aparecería publicada en un artículo en *Nature Genetics* en 2004. Dicha iniciativa internacional nació con la intención de generar tantos ratones mutantes como genes tenía su genoma (y el nuestro). Es decir, una iniciativa para generar unos veinte mil ratones mutantes, cada uno de ellos con un gen distinto inactivado mediante las técnicas habituales de modificación genética en el ratón, usando las células embrionarias pluripotentes (ES) y el sistema de selección ideado por Mario Capecchi en 1987 a partir de las células ES aisladas por Martin Evans y usando los procedimientos de recombinación homóloga diseñados por Oliver Smithies. Los tres investigadores recibieron el Premio Nobel en 2007 por haber desarrollado esta técnica que permite establecer la función de un gen inactivándolo específicamente en el ratón y observando las características (el fenotipo) del ratón resultante.

El objetivo de esta iniciativa, muy ambiciosa, era generar una biblioteca de mutaciones (al menos una por cada gen del ratón) a la que los investigadores pudiéramos acudir para solicitar el ratón mutante en el que estuviésemos interesados para poder continuar nuestras investigaciones en biomedicina. La iniciativa, surgida en EE. UU., tuvo su eco en Europa y otras partes del mundo (Canadá, Japón, China, Australia y Corea) y paulatinamente acabó coordinándose, de alguna manera, para evitar, en lo posible, repetir la misma mutación y repartirse la tarea de inactivar los genes del genoma del ratón ordenadamente, algo fácil de decir pero relativamente complicado de llevar a la práctica, con tantos países e intereses implicados. La iniciativa recibió el nombre de IKMC (*International Knockout Mouse Consortium*), o Consorcio Internacional de Ratones Mutantes.

«RATONES Y HUMANOS SOMOS PARIENTES RELATIVAMENTE CERCANOS, DESDE UN PUNTO DE VISTA EVOLUTIVO, A PESAR DE QUE LAS APARIENCIAS NOS ENGAÑEN».

Unos años más tarde, la Comisión Europea dejó de financiar esta iniciativa, que quedó en esencia en manos de un consorcio internacional, mayoritariamente financiado por EE. UU., con contribuciones del resto de países o continentes, excepto Europa, y que evolucionó hacia la caracterización de todos los mutantes generados por el anterior proyecto IKMC. La nueva iniciativa, actualmente en marcha, cambió su nombre a IMPC (*International Mouse Phenotyping Consortium*) o Consorcio Internacional para la Fenotipación del Ratón. En el verano de 2017, el consorcio IMPC hizo públicos los resultados de más de 3300 ratones mutantes distintos generados y analizados, un enorme trabajo que puede también deducirse por el gran número de autores de la publicación correspondiente.

Te estarás preguntando: ¿y qué tiene todo esto que ver con la edición genética? Ahora mismo te saco de dudas, pero necesitaba poner en contexto el valor del ratón como modelo animal para investigar genes y enfermedades humanas y las iniciativas internacionales para intentar entender la función de todos y cada uno de los genes del ratón (para poder inferir de esos resultados, en lo posible, cómo funcionan nuestros genes).

Teniendo en cuenta que los primeros ratones mutantes (prefiero usar este término en español al anglicismo habitual, *knockout*, o KO, de claros orígenes pugilísticos) se obtuvieron en 1987, podemos decir que llevamos más de treinta años generando ratones mutantes. ¿Cuántos se han generado hasta el momento? ¿Para cuántos genes de los aproximadamente veinte mil que tiene el genoma del ratón ya tenemos su correspondiente mutante? ¿Cuántos de ellos representan un modelo animal de enfermedad humana? Para responder a estas preguntas, podemos consultar las estadísticas que regularmente se publican tanto en la web de la iniciativa IMPC como en la web del laboratorio internacional de referencia en genética del ratón, el laboratorio Jackson, en Bar Harbor, Maine (EE. UU.). Los datos más actuales disponibles del proyecto IMPC (diciembre de 2020) hablan de más de 8000 ratones mutantes ya generados, de los cuales han podido completar el análisis (fenotipado) de 7970 líneas de ratones independientes. Esto representa más de un tercio del total de las líneas de ratón que deben generar y analizar, pero son un número y una cantidad de trabajo extraordinarios. Hay que destacar que todos los resultados que obtienen los comparten libremente a través de la página web del consorcio IMPC. Es una de las señas identificativas de este proyecto, el apostar por la ciencia abierta para que todos los investigadores interesados puedan beneficiarse de estos nuevos ratones que se van generando y analizando. Nuestro grupo, a través del nodo español de la plataforma europea INFRAFRONTIER-EMMA (Archivo Europeo de Ratones Mutantes), sito en el CNB, que tengo el placer de dirigir, colabora con IMPC, contribuyendo a distribuir a investigadores de todo el mundo los diferentes modelos animales mutantes generados en forma de embriones o esperma criopreservados, o como ratones vivos.

Si visitamos la web del laboratorio Jackson, encontraremos que, teniendo en cuenta la iniciativa IMPC y el resto de los laboratorios de genética del ratón mundial, hasta hoy (febrero de 2021) se han obtenido ratones mutantes para 15 109 genes, un poco más de la mitad de los que se deben obtener. Tenemos evidencias experimentales, datos de laboratorio, de unos cuantos más, de 19 963 genes, un número significativo. Pero esto también quiere decir que en febrero de 2021 todavía quedan muchos genes (hasta 20 000) de los que sabemos muy poco o nada, tanto del genoma del ratón como de nuestro genoma.

Adicionalmente, las estadísticas del laboratorio Jackson indican que hasta la fecha se han obtenido 7003 ratones modificados genéticamente para el estudio de enfermedades humanas, que son representativos de 1660 enfermedades humanas distintas (generalmente hay más de un modelo animal para cada enfermedad estudiada). ¿Son muchas o son pocas 1660 enfermedades estudiadas? ¿Cuántas enfermedades humanas conocemos? En el capítulo anterior decía que conocíamos alrededor de 18 000 enfermedades, de todos los tipos. Si hemos logrado generar 1660, esto quiere decir que no hemos logrado analizar en modelos animales de ratón ni el 10 % de las patologías que nos afectan.

Seguro que pensabas que, con tanto modelo animal y tanta noticia sobre ratones para estudiar enfermedades en los medios de comunicación, ya poco más o menos que habríamos completado investigaciones para todas las enfermedades. No es así, como ves. Quedan todavía muchas enfermedades y muchos genes por estudiar. Iniciativas como IMPC siguen siendo necesarias para tener una información básica de lo que hace o puede hacer cada uno de los genes del ratón. Y para, a partir de esos datos, poder inferir qué hacen nuestros correspondientes genes homólogos. Así que aún nos queda mucho trabajo por hacer.

Es probable que te abrume tanto número y tanto ratón mutante. Son muchos ratones, pero debes entender que han sido ciertamente indispensables para entender la implicación de cada gen en el desarrollo y funcionamiento del organismo. Ahora bien: ¿nos sirven realmente todas estas mutaciones en el ratón para acercarnos de una forma más precisa a lo que les ocurre a los pacientes o personas afectadas por una determinada condición genética? ¿Qué tipo de mutaciones se han analizado en estos ratones? Revisa unos instantes la figura 8.2 y sigue leyendo.

Tal y como está esquematizado en la figura, la aproximación clásica para inactivar un gen está basada en la eliminación del primer exón, del primer fragmento del gen. Mediante una estrategia de recombinación homóloga y usando dos genes de selección (a favor: neo, y en contra: tk) en células ES, se logra introducir uno de los genes selectores en el lugar del exón 1, para finalmente eliminar

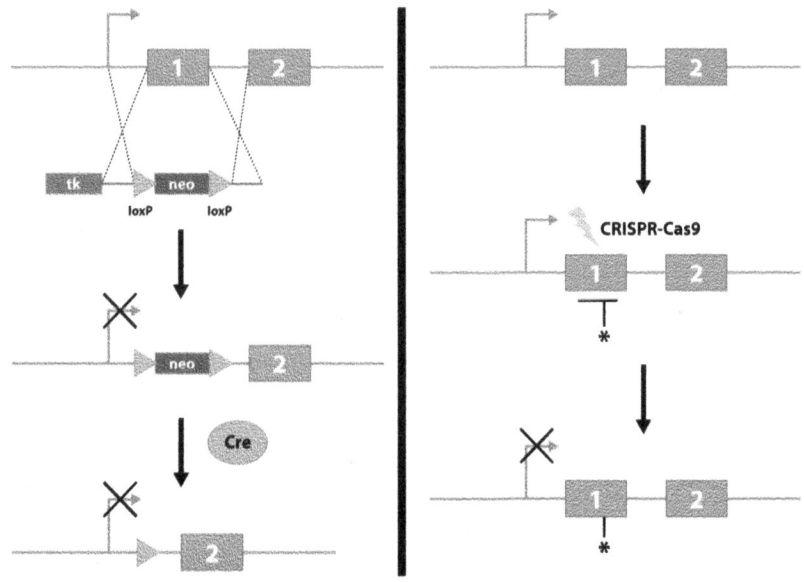

Figura 8.2. Izquierda: estrategia clásica para la inactivación de genes en el genoma de ratón. Derecha: nueva estrategia de inactivación de genes basada en herramientas CRISPR de edición genética.
Gráfico: Lluís Montoliu

incluso este gen selector que se inserta flanqueado por unas pequeñas secuencias denominadas loxP, de apenas 34 letras, que son reconocidas por una recombinasa llamada Cre, responsable de eliminar todo lo que hay entre dos señales loxP consecutivas. El sistema loxP/ Cre también deriva, como las CRISPR, de las bacterias. Es otro de los ejemplos que los eucariotas aprovechamos de los procariotas, como comentaba en el capítulo 1. Lo que obtenemos con las aproximaciones tradicionales, usadas todavía por el consorcio IMPC, son ratones que tienen un gen determinado inactivado porque se les ha eliminado el primer exón. Claro, sin el primer exón los genes dejan de funcionar y se puede estudiar lo que les ocurre a los ratones mutantes y, a partir de esas observaciones, inferir cuál podría ser la función normal del gen.

Solo hay un pequeño problema. No hay prácticamente personas cuya mutación sea que carezcan del primer exón de un gen. Simplemente no las hay en la población. Estamos utilizando, como modelos animales de una enfermedad humana con base genética, ratones en los que hemos eliminado un trozo grande de un gen porque eso es lo más sencillo y reproducible que sabíamos hacer con las técnicas clásicas de modificación genética. Esos ratones han sido muy útiles para entender cómo funcionaba el gen y las implicaciones que tenía su desaparición. Pero quizás no sean igualmente ilustrativos de la situación que se da en los pacientes.

¿Qué tipo de mutaciones somos capaces de detectar en pacientes cuando realizamos un diagnóstico genético? Pues habitualmente el cambio de una sola letra, una A que se convierte en una C, o una T que se convierte en una G. O la eliminación de una letra, con el consiguiente cambio en la pauta de lectura del gen, como explicaba en los capítulos 2 y 7. O, lo que puede tener idénticas consecuencias catastróficas, la inserción de una letra, que también altera la pauta de lectura del gen. O una duplicación de pocas letras, o quizás una inversión de un número limitado de ellas. O cualquier combinación de estas mutaciones. En general, cambios mucho más sutiles que la eliminación entera de un fragmento del gen, que es lo que hacíamos hasta ahora.

¿Cómo abordar estas mutaciones mucho mas específicas y precisas? Difícil lo tendríamos si solo dispusiéramos de la tecnología de mutagénesis clásica del ratón. Pero desde 2013 todo cambió. La incorporación de las herramientas CRISPR a nuestra caja de herramientas nos permitió diseñar estrategias que reproducían limpiamente el tipo de mutaciones que vemos en los pacientes. Ahora podemos eliminar una letra, quizás insertar otra o puede que substituir aquella por otra, de la misma manera que observamos estos cambios al diagnosticar genéticamente a los pacientes.

Pongamos el siguiente ejemplo: la Sra. María García Gutiérrez (nombre inventado) acude a nosotros con sospechas clínicas de albinismo (que es la condición genética poco frecuente que investigamos en el laboratorio) para que la diagnostiquemos genéticamente, dentro de las actividades que realizamos en el Centro de Investigación Biomédica en Red en Enfermedades Raras (CIBERER), dependiente del Instituto de Salud Carlos III, al que pertenecemos. Entonces procederemos a aplicar las diversas tecnologías de secuenciación que tenemos a nuestro alcance para determinar la causa genética del albinismo de esta persona. Puede que lleguemos a descubrir que esta persona es portadora de una mutación en homocigosis (recuerda, las dos copias del gen tienen la misma mutación) en el gen *TYR* (cuyas mutaciones determinan el tipo de albinismo OCA1, oculocutáneo de tipo 1). La secuenciación de su genoma nos dice que en la posición 140 del gen, donde tendría que haber una G, tiene una A (que se expresa técnicamente como c.140G>A), lo cual implica que el aminoácido codificado por el triplete afectado, que es el numero 47 (recuerda que se necesitan tres letras para codificar un aminoácido), que debería ser una glicina, pasa a ser en realidad un aspártico (que técnicamente se expresa como p.G47D). Y esa mutación G47D en el gen *TYR* en homocigosis es la causa genética del albinismo de la señora.

Ahora analizamos el genoma del ratón y comprobamos que el gen *Tyr* silvestre también tiene en posición 140 una G y también codifica en posición 47 para una glicina. Diseñamos una guía de ARN que corte cerca de esa posición, la combinamos con la proteína Cas9 y una pequeña secuencia de ADN con el cambio que queremos incorporar, para que el sistema de reparación del corte lo use de molde, y microinyectamos todos estos componentes CRISPR en embriones de ratones pigmentados. Analizamos los que nacen y encontramos alguno con manchas albinas (recuerda que la mayoría de los animales editados son mosaicos), lo cual ya nos da buenas pistas de que es portador de alelos, de copias del gen *Tyr* mutantes, cuyo efecto es la falta de síntesis de pigmento. Analizamos los animales, secuenciamos sus mutaciones y seleccionamos aquel que porta el alelo buscado, el que tiene el cambio planeado. Lo cruzamos varias veces, para poder llegar a tener la misma mutación en homocigosis, y finalmente tenemos un ratón albino que, *sensu stricto*, tiene exactamente la misma mutación que la que diagnosticamos en el genoma de la Sra. García. Ese ratón es el avatar de la Sra. García, porque reproduce estrictamente su misma mutación.

El concepto de avatar no es nuevo en ratones. La palabra avatar se empezó a utilizar en modelos animales de cáncer y se aplicó para aquellos ratones inmunodeficientes capaces de recibir células humanas tumorales bajo la piel para que siguieran creciendo (los tumores) sin ser rechazados. De un mismo paciente se extraen células cancerosas y se introducen en estos ratones en los que los tumores siguen creciendo. A cada ratón se le administra una droga anticancerígena diferente y aquella que da mejores resultados, la que provoca que el tumor deje de crecer o revierta y desaparezca, absorbido, es la que se selecciona para administrar al paciente, que ha estado esperando en el hospital a que se evaluase el mejor tratamiento para su cáncer. Estos ratones que reciben células tumorales del paciente son sus avatares. Los empezó a utilizar en 2014 un investigador español especialista en cáncer, Manuel Hidalgo, que ha regresado a EE. UU., a Boston, tras pasar unos años en el Centro Nacional de Investigaciones Oncológicas en Madrid.

Sin embargo, el sentido en el que nosotros aplicamos el término «avatar» es distinto. Para nosotros es una metáfora de la película de ciencia ficción de James Cameron del mismo nombre, *Avatar* (2009), en la que unos curiosos seres azules de alguna manera estaban «conectados» a un ser humano, emparejados, y eran sus avatares. En este sentido usamos el término en edición genética, para indicar que estamos usando las herramientas CRISPR para reproducir fielmente en un modelo animal la misma mutación genética que hemos diagnosticado en una persona concreta, con nombre y apellidos. El ratón resultante, portador de la misma mutación, pasa entonces a ser el avatar de esa persona.

Obviamente es un símil metafórico. Existen muchos otros genes, tanto en la persona como en el ratón, que son distintos, pero con el término «avatar» queremos indicar que para ese gen en concreto hemos aplicado las herramientas más modernas que conocemos, las CRISPR, las que nos permiten reproducir esa mutación detectada en la persona y recrearla en el gen homólogo del ratón. En febrero de 2019, coincidiendo con el lanzamiento de la primera edición de este libro, realizamos un vídeo muy ilustrativo de lo que son los ratones avatar en colaboración con el equipo de periodistas de *Materia-El País*, accesible en YouTube,[4] en el que Patty, la persona diagnosticada

---

[4] https://www.youtube.com/watch?v=Sigxo3Virho

con OCA4, tuvo ocasión de conocer personalmente a su ratón avatar, visitando el animalario del Centro Nacional de Biotecnología.

En mi laboratorio hemos generado ya muchos ratones avatar que portan mutaciones detectadas en personas con diferentes tipos de albinismo. Hoy en día conocemos hasta veinte tipos distintos de albinismo, causados por mutaciones en veinte genes distintos. Uno de ellos es el gen *TYR*, del que ya he hablado en capítulos anteriores, cuyas mutaciones están asociadas al albinismo oculocutáneo de tipo 1 (OCA1). Todos los tipos de albinismo conocidos cursan con alteraciones visuales características de esta condición genética. La falta de pigmentación está igualmente presente en la mayoría de los tipos de albinismo, pero no en todos.

Uno de los primeros modelos animales avatar de albinismo que generamos, que todavía estamos analizando, fue un ratón que reproducía la mutación c.986delC (*SLC45A2*), que quiere decir pérdida por deleción de una letra C en posición 986 del gen *SLC45A2*, cuyas mutaciones están asociadas al albinismo oculocutáneo de tipo 4 (OCA4). En la figura 8.3 se puede apreciar el aspecto de la persona diagnosticada genéticamente con OCA4 y esta mutación y, a su derecha, el ratón mutante que porta exactamente la misma mutación, y que también muestra este tipo de albinismo a causa de la pérdida de una letra en el gen homólogo del ratón (*Slc45a2*).

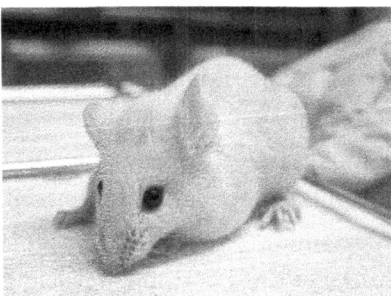

Figura 8.3. Izquierda: persona con albinismo oculocutáneo de tipo 4 (OCA4), causado por la mutación c.del986 en el gen *SLC45A2*. Fotografía: Ana Yturralde. Derecha: ratón mutante en el que se ha reproducido la misma mutación c.del986 en el gen homólogo *Slc45a2* mediante las herramientas CRISPR de edición genética. Este animal es el ratón avatar de esa persona. Fotografía: Diego Muñoz.

¿Para qué sirven los ratones avatar? ¿Cuál es la utilidad de generar ratones avatar para muchas mutaciones distintas que se diagnostican en personas afectadas de enfermedades o condiciones genéticas? Para responder a esta pregunta, antes tengo que hacer una breve reflexión. En medicina se dice que no hay enfermedades, sino enfermos. Lo que quiere decir esta frase es que lo que llamamos enfermedad es el conjunto de síntomas que más o menos aparecen asociados a una determinada patología. Pero ni todos los síntomas aparecen en todas las personas afectadas de esa enfermedad ni, cuando lo hacen, aparecen con la misma intensidad. Cada persona manifiesta la enfermedad a su manera, según sus condicionantes genéticos y fisiológicos. Cada persona presenta ciertamente una enfermedad distinta. Por ello nos equivocamos si intentamos buscar soluciones universales, tratamientos horizontales que puedan servir para todos. Nada me gustaría más que poder desarrollar un solo tratamiento que sirviera para revertir los problemas de visión y pigmentación que tienen las personas con alguno de los veinte tipos distintos de albinismo. Pero no es posible. Vamos hacia una medicina personalizada, que además tiene que ser de precisión. Caminamos hacia tratamientos individualizados que puedan ser útiles para determinadas personas pero que no lo serán para otras, que deberán recibir tratamientos alternativos. Los medicamentos o los protocolos de terapia génica que desarrollaremos serán cada vez más específicos y serán válidos para unas mutaciones, pero no para otras. O servirán para un gen, pero no para los demás. Por ello será importante poder desarrollar ratones avatar, modelos animales que porten mutaciones específicas de pacientes, sobre los que podamos validar la seguridad y la eficacia de los diferentes tratamientos, en el ámbito preclínico, antes de administrárselos a los pacientes. Para eso nos van a servir esencialmente los ratones avatar.

Si algo nos aporta la revolución CRISPR, es la posibilidad de generar mutaciones de forma mucho más sencilla, rápida, precisa y asequible que antes. Por eso ahora es posible plantearse desarrollar ratones avatar modelo de una serie de mutaciones y genes que ilustren la complejidad de una determinada patología. Tales herramientas nuevas, esos modelos avatar, serán imprescindibles para progresar en el conocimiento de cómo se establece la enfermedad y cómo debemos tratarla en cada caso. Una publicación del laboratorio Jackson en la revista *EMBO Reports* lo recogía perfectamente en 2017 titulándola «Of mice and CRISPR» («De ratones y CRISPR»), parafraseando la obra del gran novelista estadounidense John Steinbeck *Of mice and men* (*De ratones y hombres*).

Por ejemplo, en el caso del albinismo, hace unos doce años nuestro laboratorio descubrió que la L-DOPA (L-dihidroxifenilalanina), un compuesto intermediario en la ruta de síntesis del pigmento melanina, era en realidad esencial para el desarrollo correcto del sistema visual. La L-DOPA se produce por oxidación del aminoácido L-tirosina por parte de la enzima tirosinasa, y posteriormente se convierte en otros productos que acaban generando melanina. En ausencia de actividad de la tirosinasa, cesa la producción de melanina, pero también se detiene la producción de L-DOPA. Mediante un truco genético generamos un ratón transgénico que era capaz de acumular L-DOPA en la retina durante el desarrollo del ojo, de forma independiente de la pigmentación. Así obtuvimos ratones albinos que tenían más L-DOPA en la retina que los ratones no transgénicos, que seguían siendo albinos. Pero los primeros tenían corregidos los problemas visuales y, lo que es más importante, veían mejor. Esos resultados, que publicamos en 2006, se han utilizado posteriormente para iniciar ensayos clínicos en EE. UU. No tenemos claro si la administración de L-DOPA revertirá de alguna manera la visión muy deficiente que tienen las personas con albinismo; por eso podemos usar diferentes ratones avatar para administrarles L-DOPA y observar en cuáles esta terapia tiene algún impacto o mejora en su visión. Resultados recientes del laboratorio de Seft publicados en la revista *Pigment Cell & Melanoma Research* sugieren que la administración de L-DOPA a ratones albinos recién nacidos, en las primeras semanas de vida, podría mejorar la visión de estos animales.

Más recientemente, el laboratorio de Brian Brooks, del Instituto Nacional de la Salud (NIH) en EE. UU., ha propuesto utilizar un medicamento aprobado para el tratamiento de otra enfermedad rara totalmente distinta, la tirosinemia hereditaria de tipo 1 (HT1). Esta enfermedad está causada por la acumulación de compuestos neurotóxicos ante la falta de función (por mutación en el gen correspondiente) de una enzima de la ruta de degradación del aminoácido L-tirosina. Hace años se encontró un compuesto, llamado nitisinona, que bloquea un paso anterior de la ruta, impidiendo la degradación de la L-tirosina y el acúmulo de compuestos tóxicos. Pero tiene como efecto secundario que aumenta considerablemente el nivel de L-tirosina en sangre, lógicamente, al no poder degradarla. Brooks y su equipo pensaron que podían aprovechar esta gran cantidad de L-tirosina en algunas situaciones de albinismo, en las que no desaparece totalmente la función del gen de la tirosinasa, sino que queda algo de actividad residual. En estos casos, un incremento del substrato disponible (L-tirosina) desplazaría el equilibrio hacia un aumento en la producción de producto, la melanina. Existe un tipo de albinismo con estas características, denominado OCA1B, con mutaciones características en el gen *TYR* que no bloquean totalmente pero sí reducen la actividad de la enzima codificada.

La hipótesis lanzada por el equipo de Brooks se demostró en 2011 en una publicación en la que usaron un modelo animal con un ratón de mutaciones OCA1B, el ratón Himalaya. Este ratón tiene una mutación que afecta al gen de la tirosinasa y determina la aparición de una enzima tirosinasa que solo funciona en las zonas más frías del cuerpo, a dos o tres grados por debajo del resto, como son las puntas de las orejas, el hocico, las puntas de las extremidades o la punta de la cola. Esta mutación (que técnicamente se denomina termosensible, sensible a la temperatura) es la misma que la que tienen los gatos siameses, que también son albinos. Brooks y colaboradores administraron nitisinona a estos ratones, les afeitaron un flanco dorsal y cuando les volvió a crecer el pelo (la pigmentación en los ratones se acumula esencialmente en el pelo, no en la piel y el pelo, como pasa en los humanos), este era pigmentado. Habían logrado repigmentar un modelo animal de albinismo. Todavía no está claro si esos ratones repigmentados tenían una visión mejorada también. Hacen falta más estudios. De la misma manera, hay que analizar cuáles son las mutaciones que permiten retener alguna actividad enzimática residual que fuera compatible con la administración de nitisinona. Y para estos experimentos necesitamos nuevamente ratones avatar, que ilustren diferentes mutaciones y diferentes genes (es posible que esta droga funcione en varios tipos de albinismo) antes de correr el riesgo de administrársela a personas con albinismo. Los resultados de los primeros ensayos clínicos en humanos adultos con albinismo tratados con nitisinona constatan, en algunos casos, la repigmentación de piel y pelo, aunque no queda claro si mejora su agudeza visual.

Los modelos de ratones avatar también se han desarrollado para el estudio de enfermedades cardiovasculares, como la reproducción de mutaciones en los genes *Sap130* y *Pcdha9* en el ratón, mediante una estrategia CRISPR, como modelos animales del síndrome del corazón izquierdo hipoplásico. Este experimento, publicado en 2017, no solo se modelizó en ratones sino también en peces cebra, como modelo animal alternativo.

Para resaltar la relevancia de los ratones avatar, una publicación reciente sobre otra enfermedad rara grave, la fenilcetonuria (PKU), que afecta a 1 de entre cada 10 y 20 000 personas, por mutaciones en el gen que codifica la enzima fenilalanina hidroxilasa, se refería a posibles tratamientos en función del tipo de mutación. Describía la posibilidad de utilizar aminoglucósidos para intentar saltar algunas mutaciones sin sentido, de parada de traducción (STOP o FIN), que aparecen en algunos pacientes (aproximadamente en un 10%), que son incapaces de completar la síntesis completa de la enzima y detienen la producción de la proteína cuando se topan con estas mutaciones. Los autores de este estudio de 2014 se lamentaban de que no hubiera todavía modelos animales disponibles de PKU con mutaciones sin sentido idénticas a las detectadas en pacientes, para poder validar en ellos estas terapias antes de trasladárselas a los pacientes. Implícitamente, estos autores estaban solicitando la generación de nuevos modelos animales avatar donde poder ensayar tratamientos innovadores que pudieran servir para algunos pacientes PKU, no para todos. Hasta el momento, hay disponible un modelo en ratón de PKU obtenido por mutagénesis química (ENU) que ya ha sido usado para corregir la mutación mediante editores de bases CRISPR, pero no parece haber otros ratones modelo disponibles portadores de mutaciones frecuentemente diagnosticadas en pacientes.

Los modelos animales de mutaciones detectadas en pacientes se han obtenido también en otras especies, más allá del ratón, principalmente el cerdo, como animal metabólica y fisiológicamente mucho más parecido a nosotros que los roedores. Por ejemplo, un equipo chino obtuvo en 2016 un modelo de cerdo de la variante familiar (congénita) de la enfermedad de Parkinson combinando mutaciones en los tres genes, *DJ-1*, *PARKIN* y *PINK1*, frecuentemente detectadas en pacientes de esta patología neurodegenerativa, reproducidas en el animal gracias a una estrategia basada en la edición genética mediante herramientas CRISPR.

La generación de modelos animales específicos de pacientes es sin duda una de las ventajas y fortalezas más relevantes y de más largo recorrido de las herramientas CRISPR de edición genética en biomedicina. Antes debíamos contentarnos con modelos animales genéricos, que tenían que valer para entender la situación de todos los pacientes a pesar de que, con frecuencia, la mutación que portaban era muy rara o desconocida en humanos. Hoy en día, en el tiempo de la medicina personalizada de precisión, tenemos la posibilidad de generar modelos animales más ajustados a cada paciente, para entender no ya «la» enfermedad sino «su» enfermedad, reproduciendo gracias a las estrategias CRISPR, en un ratón avatar, exactamente la misma mutación del paciente en el mismo gen (el gen homólogo) del animal. Es un salto cualitativo.

9

VACAS SIN CUERNOS Y OVEJAS
PARA CARNE Y PARA LANA

Aunque la biotecnología animal no nació con la oveja Dolly, sí le debe mucho a este primer animal clonado a partir de células adultas, que es como reza la placa exhibida en su honor en el Instituto Roslin de Edimburgo, donde se creó.

Las técnicas de modificación genética, que se desarrollaron y triunfaron rápidamente en el ratón desde la década de los ochenta, tuvieron que afrontar no pocas dificultades, técnicas y biológicas, al intentar ser replicadas en ovejas, cabras, cerdos y vacas. Aunque era posible introducir material genético nuevo en estas especies de granja mediante una simple microinyección de ADN en embriones de una sola célula, la eficacia del proceso era paupérrima, frecuentemente inferior al 0,5 % (mientras que en el ratón estos valores eran por lo menos diez veces mejores). Ese valor promedio de 0,5 % quiere decir que había que microinyectar, por ejemplo, 200 embriones de bovino antes de poder encontrar un ternero que hubiera integrado el ADN inyectado en su genoma. Y todo ello con unos costes desorbitados. No es lo mismo obtener 200 embriones de ratonas (que suelen producir 20 embriones por animal tras un estímulo hormonal y por ello con 10 ratonas es suficiente) que de vacas (que pueden producir 5 óvulos por vaca tras la estimulación y por ello se necesitarán 40 vacas para conseguir el mismo número de embriones). A nadie se le escapa que el coste de mantener una jaula con 20 ratonas es varios órdenes de magnitud inferior al de un establo con 40 vacas.

En el ratón, Martin Evans (Reino Unido) había aislado en 1981 las células troncales pluripotentes embrionarias (las células madre embrionarias) obtenidas de blastocistos, los embriones poco antes de implantarse. Estas células, de las que derivaban todos los tipos celulares que tiene el cuerpo del ratón, se pudieron cultivar sin que perdieran esta capacidad indiferenciada y, mientras se mantenían en cultivo, podían usarse para inactivar genes mediante recombinación homóloga, aprovechando los estudios genéticos que había realizado Oliver Smithies y el diseño experimental que inventó Mario Cappechi, ambos investigadores norteamericanos, a finales de los ochenta. Con este método se generaron miles de ratones mutantes y se pudo conocer la función de muchos genes.

Pero de nuevo los animales de granja, donde había mucho interés en explorar proyectos biotecnológicos, eran distintos. No se conocía, ni se conoce aún para muchas especies, el equivalente a las células madre embrionarias de ratón. Por ello la inactivación específica de genes no era posible en esas especies. Durante muchos años solo fue posible en el ratón.

Todo cambió con Dolly a partir de 1997. Nunca un único animal había dado un vuelco tan espectacular a las tecnologías de modificación genética en animales de granja. El artículo de Wilmut y colaboradores, publicado en la revista *Nature,* describía la técnica de transferencia nuclear de células somáticas (SCNT, por sus siglas en inglés) mediante la cual un embrión de oveja enucleado se reconstruyó con un núcleo de otra célula somática, adulta o embrionaria, y el animal resultante, tras la gestación, se parecía mucho al que había aportado el núcleo, lo cual se simplificó diciendo que era un «clon» del mismo. El proceso se conoció rápidamente como clonación.

Recordemos que, en realidad, estos animales no son clones verdaderos. Las células tienen material genético en el núcleo (98 %) y fuera de él (2 %), principalmente en las mitocondrias, las factorías de energía celular. Por eso la substitución solo de núcleos produce animales extraordinariamente parecidos a los donantes (al 98 %), pero no idénticos.

Nada impedía cultivar las células que iban a usarse como donantes del núcleo para reconstruir el embrión. Durante ese cultivo se podían reproducir las técnicas que habían sido desarrolladas en el ratón para inactivar un gen. Por lo tanto, tras reconstruir el embrión del animal con un núcleo que contenía un gen inactivado, el animal «clonado» resultante nacería precisamente con la inactivación en ese gen. La clonación de Dolly en 1997 resolvió de alguna manera la carencia de células troncales embrionarias en animales de granja para poder generar mutantes a voluntad, como los investigadores que trabajaban con ratones llevaban haciendo diez años.

Las técnicas de clonación-SCNT evolucionaron rápidamente en vacas y cerdos, las dos especies más empleadas en biotecnología animal, hasta alcanzar grados de eficiencia similares a la obtención de mutantes en ratón. Sin embargo, seguía existiendo un paso limitante. En el cerdo, la inactivación específica de genes por recombinación homóloga en las células en cultivo (habitualmente fibroblastos porcinos fetales), que luego se usarían como donantes de núcleos en la reconstrucción de embriones, era un proceso extraordinariamente ineficiente, a menudo bastante inferior al 1 %.

La aparición de las primeras nucleasas programables, las primeras herramientas de edición genética, capaces de modificar genes específicamente con eficiencias significativamente superiores cambió el panorama en toda la biología. Primero las ZFN, luego las TALEN y finalmente las herramientas CRISPR. Si hay un campo en el que el impacto e influencia de estos nuevos métodos fue más evidente, sin duda es el campo de la biotecnología animal.

Mediante edición genética mediada por ZFN, TALEN o CRISPR, era posible alterar cualquier gen de la vaca, del cerdo, de la oveja o de la cabra en células en cultivo de estas especies, para aprovechar luego los núcleos de dichas células editadas para reconstruir embriones en experimentos de clonación-SCNT, obteniéndose fácilmente los animales con las mutaciones deseadas. También se podía evitar el paso de clonación si se microinyectaban directamente en el embrión todos los componentes del sistema ZFN, TALEN o CRISPR.

Con esta estrategia se han desarrollado animales más resistentes a enfermedades, o con modificaciones que afectan a su bienestar animal, o con alteraciones que incrementan su valor productivo. Un grupo de estas modificaciones genéticas en el cerdo merece un capítulo propio. Son las que se usaron para desarrollar mejores cerdos para xenotrasplantes, para poder llegar a usar sus órganos en primates no humanos y, con el tiempo, en humanos. Lo explicaré en el próximo capítulo.

La obtención de animales con características especiales, beneficiosas tanto para el animal como para su aprovechamiento productivo por nuestra parte, ha sido una constante desde los inicios de la ganadería. La mejora genética tradicional ha progresado, lenta pero inexorablemente, hacia multitud de nuevas razas creadas por los ganaderos tras centenares o miles de cruces y de selección de los individuos resultantes, escogiendo siempre aquellos que presentaban los rasgos preferentes. Llamamos a este proceso «mejora genética tradicional». En realidad, lo que hace el ganadero, muchas veces sin ser consciente de ello, es mover alelos (variantes) de genes que determinan características especiales entre individuos hasta conseguir en un determinado animal la combinación de alelos más favorable. Una vez conseguido ese animal, le interesa poder reproducirlo y que sus hijos sean lo más parecidos a él, idealmente idénticos. Así, intenta que esos alelos favorables estén en homocigosis (que los dos alelos del gen en cuestión sean idénticos), para evitar variaciones en la descendencia. La homocigosidad se consigue mediante consanguinidad, cruzando individuos genéticamente relacionados (hermanos entre sí, o hijos con padres, por ejemplo). Gracias a estas estrategias tradicionales, hoy en día tenemos vacas que producen más de 25 litros de leche al día, como las de la raza Holstein o frisona (las típicas vacas blancas con manchas negras). O razas de vacas muy apreciadas por la calidad de su carne como las Charolais (las vacas color beis claro muy musculadas que vemos pastando en muchos campos del norte de España y en Francia), las Angus (vacas negras y de porte poderoso, de carne muy apreciada), las Hereford (con una capa marrón claro y manchas blancas, muy populares para consumo de carne roja), las Longhorn de Texas (EE. UU.), famosas por

Figura 9.1. Vacas de la raza Longhorn (cuernos largos) cerca de Austin (Texas, EE. UU.), apreciadas por su carne magra. El enorme tamaño de sus cuernos impide mantenerlas en establos tradicionales y por ello viven y crecen pastando libremente en grandes extensiones de terreno, por lo que hacen mucho más ejercicio que otras razas bovina.
Fotografía: Lluís Montoliu.

su cornamenta y por su carne magra. O la más apreciada de todas, la Wagyu, la famosísima ternera originaria de la región de Kobe, en Japón, cuya carne tierna y jugosa, de exquisita textura, se vende a precios prohibitivos.

El problema o la limitación de la mejora genética tradicional es que no es todo lo selectiva que quisiera el granjero, al trabajar esencialmente a ciegas. Lo que el ganadero consigue al seleccionar los cruces de sus animales es transmitir cromosomas enteros o grandes fragmentos de padres a hijos, en los que puede hallarse el gen con los alelos preferidos, pero en los que viajan también muchos otros genes que no necesariamente aportan beneficios o ventajas sino, a veces, problemas para esa raza. Una raza vacuna con una extraordinaria producción láctea puede ser muy sensible a desarrollar infecciones en las ubres, las temibles mastitis, que pueden acabar con la producción de cualquier granja y llevarla a la bancarrota. Otras vacas pueden ser naturalmente resistentes a la mastitis, pero en cambio su producción de leche puede que sea mucho más limitada. Podría pensarse que la solución está en cruzar ambas razas, para tener lo mejor de cada una de ellas. Craso error. Los ganaderos lo saben bien. Los animales, al cruzarse, generan gametos (óvulos y espermatozoides) en los que barajan y mezclan en infinitas combinaciones (técnicamente se dice que se segregan) todas las variantes alélicas de los genes que portan hasta seleccionar una copia de cada gen, solo una, para que cuando vuelvan a reunirse con el gameto contrario, en la fertilización, restauren las dos copias génicas, la que proviene del padre y la de la madre.

Este proceso de segregación y selección estocástica de alelos se llama meiosis y se da exclusivamente en la línea germinal, en ovarios y en testículos. Es esencial para mantener la variabilidad de la especie y es lo que nos hace a todos afortunadamente distintos y únicos. Somos parecidos a nuestros padres, pero somos diferentes. Y por ello el cruce de vacas de alta producción de leche con vacas resistentes a la mastitis, lejos de dar lugar a la deseada super raza bovina óptima en ambos caracteres, acaba dando, la mayoría de las veces, vacas con una producción intermedia o más baja de leche o que tienen una resistencia intermedia o más baja frente a las bacterias que causan la mastitis. Un desastre genético. Los ganaderos lo intentan solucionar volviendo a cruzar los animales resultantes con alguna de las dos razas parentales, repetidamente, año tras año, con la esperanza de que, en algún momento, den con la combinación alélica mágica que produzca individuos con las características adecuadas. Un proceso muy ineficiente y totalmente azaroso. Algo así como jugar a la ruleta y apostarlo todo a un número. Claro que puedes ganar mucho, pero habitualmente perderás todo lo apostado. Se llama probabilidad matemática.

¿No hay ningún proceso que haga más eficiente la mejora genética animal? Desde finales de los años ochenta se intentó obtener animales transgénicos, genéticamente modificados, con resultados en general poco exitosos. En esos experimentos se microinyectaba en embriones un ADN con la variante génica que debía generar los beneficios esperados. Lo que suele suceder así es que se pierde el control de dónde se inserta ese fragmento externo de ADN (denominado transgén) en el genoma del animal y, por ello, es muy probable que acabe «aterrizando» en zonas que no sean compatibles con adecuados niveles de expresión del transgén y el impacto de la modificación genética sea muy inferior al esperado. Y así sucedió en la mayoría de los animales transgénicos que se obtuvieron, tras grandes inversiones de dinero. Esa incertidumbre de alguna manera se resolvió con la clonación, en tanto en cuanto permitía seleccionar el sitio de inserción del transgén en el genoma, aunque el proceso de selección, como ya he comentado, era tedioso y muy poco eficiente.

La revolución vino de nuevo de la mano de las herramientas de edición genética. Primero las ZFN, luego las TALEN y finalmente las CRISPR. Los tres tipos de estrategias de edición de genomas se han usado, con éxito, para la obtención de nuevos animales con propiedades especiales. El ardid está en evitar la necesidad de introducir nuevos genes (como se había hecho durante años mediante transgénesis, con muy pocos resultados aprovechables). La idea es identificar cuáles son las variantes genéticas que hay que modificar y lanzar sobre ellas una herramienta de edición que corrija o substituya las letras necesarias para cambiar un alelo sensible a otro resistente a una enfermedad, reproduciendo el conocimiento que ya existe en la naturaleza.

Una raza de vacas es resistente a la mastitis no porque tenga un gen adicional que no esté presente en la raza de vacas que es sensible a esta infección, sino porque ambas razas tienen el mismo gen pero distintas variantes, distintos alelos. La primera posee un alelo que determina resistencia a la enfermedad, mientras que la segunda posee otro alelo que condiciona su mayor posibilidad de desarrollar esa infección. A veces la diferencia entre esos dos alelos de un determinado gen es muy sutil, de apenas una o pocas letras (nucleótidos) del genoma, los cambios necesarios para que la proteína codificada por el gen incluya este o aquel aminoácido al sintetizarse y acabe teniendo un papel activo contra las bacterias, o no. Por eso la edición genética ha entrado de forma tan revolucionaria en la biotecnología animal. Veamos algunos ejemplos.

El cerdo es uno de los animales más utilizados en alimentación humana. En España las estadísticas del Ministerio de Agricultura, Pesca y Alimentación (MAPA) nos hablan de prácticamente tantos cerdos como habitantes en España, alrededor de 46 millones, aunque no todos se consumen en el país y muchos solo se engordan aquí para exportar luego los cerdos adultos a otros países. El cerdo puede sufrir diversas enfermedades infecciosas graves, para las cuales no hay cura y solo pueden controlarse sacrificando e incinerando a todos los animales afectados y a todos aquellos que pudieran haber estado en contacto con los afectados, lo cual, además de una catástrofe de bienestar animal, supone pérdidas económicas importantísimas. Además, determinadas enfermedades infecciosas son endémicas en determinados países, como la peste porcina africana, muy contagiosa y causada por un virus (AFSV), que es la responsable de que no se pueda exportar por ejemplo carne de cerdo ni sus derivados (p. ej., jamones curados) de España a EE. UU., a no ser que se haga desde instalaciones y granjas aprobadas por las autoridades norteamericanas. El virus no afecta a las personas, pero lógicamente impide que la carne de los cerdos infectados pueda comercializarse. Hace tiempo que no hay casos en nuestro país, pero recientemente se ha detectado el virus AFSV en jabalíes centroeuropeos que se cazan para luego importar y exhibir sus cuerpos como trofeos cinegéticos en los países de origen de los cazadores, con el consiguiente riesgo de dispersar la enfermedad de nuevo entre los cerdos domésticos. En 1960, la aparición de cerdos infectados por este virus en Portugal, cerca de Lisboa, obligó a sacrificar a todos los cerdos de Extremadura como medida de precaución para evitar la dispersión de la enfermedad. La relevancia actual de la peste porcina se pone de manifiesto en China, donde desde 2019 sufren las consecuencias de una epidemia rampante de AFSV. De los 375 millones de cerdos que se estima existían en China para alimentar a los casi 1400 millones de habitantes, durante 2019 las autoridades chinas tuvieron que sacrificar e incinerar más de 200 millones para intentar contener y combatir la enfermedad. Más de cuatro veces todos los cerdos que existen en España.

Bruce Whitelaw, investigador escocés del Instituto Roslin, y sus colaboradores propusieron en 2011 que la razón por la que el cerdo doméstico es sensible a la infección por el virus AFSV podría estar en una variante alélica del gen *RELA*. Existe una variante de este mismo gen en el facócero o facóquero, el jabalí salvaje africano (caricaturizado como Pumba en la famosa película de Disney *El rey león*), animal relativamente próximo al cerdo común, que parece ser responsable de la resistencia de esta especie a la peste porcina africana. Luego si fuera posible trasladar la variante alélica del gen *RELA* del facócero al cerdo común, podríamos convertirlo en resiliente al virus de la peste porcina africana. Se pusieron manos a la obra y decidieron usar las herramientas ZFN de edición genética para propiciar la substitución de un fragmento del gen *RELA* del cerdo común por su homólogo del facócero y acabaron documentando la obtención de dichos cerdos editados, presumiblemente resistentes al virus AFSV, en un trabajo publicado en 2016. Se están llevando a cabo los primeros ensayos en un laboratorio de contención y alta bioseguridad, en los que estos cerdos editados con la variante alélica del gen *RELA* del facócero serán expuestos al virus AFSV y se evaluará su resiliencia al mismo. Creo que este es un ejemplo extraordinario de una mejora genética dirigida por herramientas de edición genética que nunca podría haberse acometido por métodos tradicionales (el facócero y el cerdo común no pueden cruzarse).

También en el cerdo se han desarrollado animales resistentes a otra enfermedad que causa pérdidas millonarias a las explotaciones porcinas, el síndrome reproductivo y respiratorio porcino, causado por el virus PRRSV, descubierto en 1991. Este virus afecta principalmente a las cerdas gestantes y causa la muerte de muchos lechones por abortos o por debilidad de los cerditos recién nacidos, y en ocasiones hasta de la propia madre. También afecta al sistema respiratorio y reduce el crecimiento en los cerdos adultos, impactando de forma muy importante tanto en el bienestar de los animales como en su explotación ganadera. Los equipos de Whitelaw y Archibald, de Roslin, en colaboración con otros investigadores norteamericanos y polacos, han desarrollado un cerdo editado, con herramientas CRISPR, en el que han eliminado un pequeño fragmento del gen que codifica la proteína CD163, presente en la superficie de las células del cerdo, que el virus PRRSV usa como puerta para acceder al interior celular. El razonamiento de los investigadores es sencillo: la proteína mutante CD163 resultante es incapaz de interaccionar con el virus y, por ello, este patógeno no puede entrar en las células porcinas. Los reactivos CRISPR-Cas9 necesarios para eliminar el trozo del gen *CD163* los microinyectaron en embriones de cerdo de una célula que luego fueron transferidos a cerdas para su gestación. Estos cerdos editados genéticamente, que no manifiestan ningún problema a pesar de tener la proteína CD163 modificada, se han descrito en junio de 2018. Todavía deberán ser analizados y expuestos al virus PRRSV para constatar su esperada resistencia al mismo, pero sin duda representan un gran avance en biotecnología animal producto de la aplicación de la edición genética con las herramientas CRISPR.

Hay otras modificaciones genéticas que no van dirigidas al desarrollo de animales con mayor resistencia a enfermedades sino a mejorar su bienestar, haciéndolo compatible con las necesidades de las explotaciones ganaderas. ¿Te has fijado en las vacas lecheras Holstein o frisonas? ¿Qué tienen en común? Piénsalo unos segundos y sigue leyendo después.

Efectivamente, las vacas lecheras no suelen tener cuernos. Seguro que no te habías fijado en ese detalle. Tampoco suelen tener cuernos los terneros que se destinan a carne y se mantienen en establos. La ausencia de cornamenta es beneficiosa tanto para los animales (no pueden hacerse daño al estar conviviendo en establos, en espacios reducidos) como para los granjeros (que pueden trabajar mejor con los animales en sus explotaciones, evitando cualquier cornada inesperada que podría llevarlos al hospital o algo peor).

¿Te has preguntado alguna vez cómo pierden las vacas sus cuernos? El descornado es un procedimiento desagradable y doloroso, principalmente para la vaca o el toro, pero también para el granjero que tiene que amputar, cortando o serrando los cuernos cuando los animales los tienen ya formados. Como alternativa se puede optar por desmocharlos, aplicando substancias cáusticas que cauterizan el botón del cuerno cuando empieza a formarse (en las primeras 4 o 6 semanas de vida, cuando apenas sobresalen un centímetro de la cabeza del animal). Los números detrás de esta actividad rutinaria en granjas impresionan. Solo en EE. UU. la mayoría de las vacas lecheras (80 %, 4,8 millones de animales) y una buena cantidad de vacas de carne (25 %, 8,75 millones de animales) son descornadas anualmente.

¿Te imaginas que las vacas nacieran genéticamente predispuestas a no desarrollar cuernos y se evitara así la ingrata, estresante y costosa tarea del descornado o desmochado? ¿Existe alguna variedad de vaca que, de forma natural, no tenga cuernos? Estas preguntas también se las hizo Scott Fahrenkrug, de la Universidad de Minnesota, en Mineápolis (EE. UU.), fundador de la empresa Recombinetics.

Lo cierto es que hay razas de vaca que carecen de cuernos, como la raza Angus. Se ha logrado identificar la causa genética de ello. Estos animales portan un alelo mutante dominante denominado *POLLED* cuya variante genética ha sido investigada y es conocida. Scott se propuso trasladar esa mutación detectada en el genoma de vacas Angus a células de fibroblastos fetales de vacas Holstein mediante edición genética. Lo consiguió en 2013 usando las herramientas TALEN y obtuvo células homocigotas que portaban ambos alelos convertidos a la mutación *POLLED*. Posteriormente, utilizó procedimientos de clonación (SCNT) para derivar vacas Holstein a partir de los núcleos de esas células fetales editadas que dieron lugar a vacas frisonas sin cuernos. El resultado, dos preciosas terneritas Holstein llamadas Spotigy y Buri, sin rastro de cuernos, se publicó en *Nature Biotechnology* en 2016. Son vacas frisonas como otras cualesquiera, pero carecen de cuernos y no los van a desarrollar, por lo que tampoco tendrán que ser descornadas. Ni ellas ni ninguno de sus descendientes, nunca más. Todos ganan: vacas y granjeros. ¡*Voilà!* Impresionante, ¿no?

Nuevamente en este caso el trasiego del alelo *POLLED* de Angus a Holstein, si se hubiera abordado por procedimientos de cruce, de mejora genética tradicional, habría dado lugar a vacas intermedias con menor producción láctea al mezclarse todos los alelos de las dos razas, y a los granjeros les habría costado muchísimos años y decenas de generaciones de cruces conseguir algo parecido a lo que Fahrenkrug obtuvo directamente mediante edición genética con TALEN. La importancia del experimento queda patente con la firma, en mayo de 2018, de un acuerdo entre Recombinetics y una cooperativa de ganaderos canadiense, Semex, para incorporar la misma mutación *POLLED* por edición genética y distribuirla en todas sus vacas lecheras, en aras de una mejora evidente en bienestar animal.

Desde 2016 el ejemplo de las vacas editadas sin cuernos ha sido utilizado profusamente, tanto por la propia empresa como por muchos investigadores, para ilustrar la limpieza y seguridad de la edición genética en animales. Y para justificar que estos animales no eran transgénicos, pues solamente habían sido editados en un lugar determinado del genoma para reproducir una mutación ya existente en la naturaleza en otra raza bovina. La empresa se enfrentó a la poderosa FDA para defender la pulcritud del proceso de edición, y se negó a solicitar una autorización para poder comercializar las vacas sin cuernos resultantes, al no estar de acuerdo con todos los análisis que la FDA exigía antes de poner estas vacas editadas en la cadena alimentaria. La sorpresa saltó en verano de 2019 cuando un equipo de investigadores de la FDA, usando los datos genómicos de estas vacas editadas proporcionados por Recombinetics, detectó que uno de los dos alelos editados que contenían la mutación *POLLED* tenía adyacente una copia completa del vector, del plásmido usado para vehicular la mutación *POLLED* a las células inicialmente usadas para la edición con las TALEN, junto a una segunda copia de la mutación *POLLED*, insertada a continuación. Esta anomalía, inesperada, embarazosa y sorprendente, detectada por la FDA, demostró que la empresa no se había percatado de la introducción no deseada de secuencias de bacterias en el genoma de la vaca (lo cual las convertía en transgénicas, *sensu stricto*, al haber incorporado genes de otra especie). En octubre de 2019 se conocieron los resultados de los análisis que había llevado a cabo el laboratorio de Alison Van Eenenanaam (UC Davis, CA, EE. UU.), que había usado el semen de Buri (su hermano Spotigy había sido sacrificado para análisis) para generar diversas terneras sobre las que analizar un montón de parámetros fisiológicos y productivos. Dado que Buri portaba la mutación *POLLED* en homocigosis, todos sus hijos no desarrollaron cuernos, solo que algunos heredaron el alelo *POLLED* correcto, y otros el alelo *POLLED* contaminado con el plásmido. Sin embargo, Alison no encontró diferencias significativas entre ellos, ni al compararlos con otras terneras de la misma edad no editadas, concluyendo que eran en todo idénticas a cualquier otra ternera, con la excepción de que no desarrollaban cuernos. A pesar de que los datos científicos indicaban que la desafortunada presencia del plásmido bacteriano en algunos de los hijos de Buri no parecía alterar sus características fisiológicas o productivas, a nivel regulatorio se trataba de organismos modificados genéticamente (o derivados de OMG), que por lo tanto debían seguir el proceso de análisis de riesgos frente a humanos y al medio ambiente, como cualquier otro animal transgénico. Algo que no estaba en los planes de la empresa, que decidió eliminar estos animales y empezar de nuevo el experimento, asegurándose esta vez de que la mutación *POLLED* se introdujera limpiamente en el genoma de las células de las vacas Holstein.

«EL TALENTO NO ENTIENDE DE FRONTERAS NI DE RIQUEZA ECONÓMICA. LAS BUENAS IDEAS SURGEN EN CUALQUIER LUGAR DEL MUNDO».

Este malogrado ejemplo ilustra que debemos permanecer constantemente atentos y alerta, escépticos y listos a revisar, comprobar y verificar todos los pasos de la edición genética realizada. Cualquier error o despiste tiene consecuencias tremendas, como (de momento) terminar inesperadamente con un proyecto biotecnológico modélico, que había sido usado de ejemplo en el mundo entero, y al que el resto de las empresas del sector tenían como referencia y guía. Dan Carlson, CSO de Recombinetics, asistió a una reunión de la asociación ARRIGE, en noviembre de 2019 en Paris, para pedir perdón ante la comunidad científica por el error que habían cometido, y para explicar cómo pensaban retomar este mismo proyecto en un futuro próximo, revisando, ahora sí, cuidadosamente todos los pasos del proceso de edición genética. Esta fue una de las pocas veces que recuerdo haber visto a una empresa disculparse públicamente por el error que cometieron, y por ello les agradecimos el gesto inusual.

La edición genética con herramientas ZFN, TALEN o CRISPR se ha realizado con éxito en múltiples animales de granja, principalmente en porcinos y en bovinos. Por ejemplo, se han obtenido vacas con una mayor resistencia a la tuberculosis bovina, una de las infecciones que causa mayores pérdidas a los ganaderos. Un equipo de investigadores chinos introdujo en 2015 el gen *SP110*, que confiere resistencia a la tuberculosis, mediante edición genética con TALEN en células y luego estas se usaron mediante clonación, por SCNT, para obtener las vacas editadas.

He dejado para el final del capítulo un ejemplo al que tengo mucho cariño, porque ilustra no solo la versatilidad y la potencia de las técnicas de edición genética en ganadería sino su universalidad y también la democratización de estos métodos tan avanzados de modificación genética de precisión, accesibles hoy en día en cualquier lugar del mundo sin grandes inversiones de dinero. Estamos acostumbrados a recibir noticias de avances científicos desde EE. UU., Reino Unido, China o Japón. Raramente nos llegan noticias científicas desde el denominado «Sur global», término que engloba América central y Sudamérica, toda África, India y el sudeste asiático. Es en esos territorios donde vive la mayor parte de la población mundial y son esos países los destinatarios también de muchas de las aplicaciones que se diseñan frecuentemente desde el Norte, como por ejemplo los mosquitos editados genéticamente para luchar contra la malaria (de los que hablaré en el capítulo 11), animales mejor adaptados a los climas tropicales, etc. Afortunadamente, el talento no entiende de fronteras ni de riqueza económica. Las buenas ideas surgen en cualquier lugar del mundo. Con frecuencia no se pueden llevar a cabo por las limitaciones tecnológicas del país en cuestión, pero a veces aparecen métodos transformadores, como la edición genética mediante CRISPR, cuya aplicación es relativamente sencilla y no requiere grandes sumas de dinero ni equipos costosísimos para ponerlas en marcha. Es otra de las grandezas y ventajas que me encanta subrayar de estas herramientas de edición genética. Han llevado la posibilidad de aplicarlas a países que habitualmente no aparecían en los boletines informativos por sus desarrollos científicos.

¿Recuerdas haber leído alguna noticia científica originada por investigadores en Uruguay? Probablemente no. Sin embargo, fue en Montevideo donde se obtuvieron en 2015 las primeras ovejas

Figura 9.2. Izquierda: oveja de la raza Texel, apreciada por su carne. Derecha: oveja de la raza Merina, apreciada por su lana. Feria agraria y ganadera en Montevideo-Expo Prado 2015. Fotografías: Lluís Montoliu.

editadas genéticamente con herramientas CRISPR. Podrá haber otras, pero las primeras se las apuntaron estos colegas desde Uruguay. El trabajo fue fruto del esfuerzo colaborativo de los equipos de Martina Crispo, del Instituto Pasteur de Montevideo; Alejo Menchaca, del Instituto de Reproducción Animal de Uruguay; e Ignacio Anegón, investigador uruguayo radicado en la Universidad de Nantes (Francia).

En Uruguay se produce y se consume mucha carne. Si hay algún país carnívoro (en el mejor sentido de la palabra) por excelencia, es sin duda Uruguay. Además, la carne de vacuno y ovino que generan es de una excelente calidad. Y esto no hace falta que lo cite de ningún estudio de terceros, lo puedo atestiguar en persona, tras haber visitado el país y degustado dichas carnes. En cuanto a ovejas, en Uruguay suelen consumir corderos adultos, de mayor edad que los que habitualmente se consumen en España. Aquí preferimos corderos más jóvenes, como los lechales (con menos de 30 días de vida, que todavía se alimentan exclusivamente de leche) o los ternascos (de entre 70 y 100 días, ya destetados).

Como ocurre con el ganado bovino, existen muchas razas de ovejas. Unas son específicas para la producción de carne (como la raza Texel, muy musculosas, con mayor cantidad de músculo, que es lo que se consume) y otras son características para la producción de lana (como la raza Merina, con una gran cantidad de lana de excelente calidad). Por el contrario, las ovejas Texel no producen lana de calidad ni las merinas producen una carne que sea especialmente apreciada. En la figura 9.2 se pueden ver ejemplares de estas dos razas de ovejas. La razón por la cual las ovejas Texel tienen esa apariencia más musculada es que portan un alelo mutante en el gen *MSTN* que codifica una proteína llamada miostatina, un regulador negativo del desarrollo de fibras musculares. Es decir, en ausencia de la miostatina, las ovejas Texel producen más músculo del que deberían y acaban teniendo este aspecto hipermusculado (se conocen como «doblemente musculadas», *double muscle*) tan apreciado por la mayor cantidad y calidad de la carne que producen por animal, con menos tejido conectivo y más magra. Estas mutaciones naturales no son exclusivas de las ovejas. Existen razas de vaca como la Belga Azul (*Belgian Blue*) o la Charolais que son portadoras de mutaciones en el mismo gen y tienen un aspecto hipermusculado, e igualmente su carne es muy valorada.

Según las estimaciones de la FAO (Organización de las Naciones Unidas para la Alimentación y la Agricultura), la producción de alimentos se deberá incrementar un 70 % para 2050, para poder dar respuesta a toda la demanda de una población creciente y cada vez más agrupada en ciudades. Los investigadores uruguayos razonaron que se desaprovechaba una gran cantidad potencial de carne de las ovejas merinas, de las que solo se suele aprovechar su lana superfina y de gran calidad. Y se propusieron trasladar a esta raza una mutación en el gen *MSTN*, similar a la existente en ovejas de la raza Texel, mediante el uso de una estrategia de edición genética con herramientas CRISPR. El objetivo es convertir las ovejas merinas en ovejas hipermusculadas, para poder aprovechar tanto su carne como su lana.

Consiguieron su objetivo y documentaron el nacimiento de los primeros corderitos de raza Merina editados, e hipermusculados, en una publicación de 2015. Los reactivos CRISPR los microinyectaron en embriones unicelulares que fueron transferidos a otras ovejas para su gestación. Diez de los veintidós corderitos que nacieron presentaban mutaciones en el gen *MSTN* (una eficiencia del 45,5 %) y en cinco de ellos se pudieron detectar mutaciones inactivantes

Figura 9.3. Corderos mutantes en el gen *MSTN* (con un cordel en el cuello) junto con sus madres. Instituto de Reproducción Animal de Uruguay. Fotografía: Alejo Menchaca.

del gen en ambos alelos. Estos fueron los corderos que mostraron el fenotipo hipermusculado, tal y como se esperaba. Los corderitos editados presentaron una ganancia significativa en el peso corporal, debido al incremento de masa muscular derivado de la inactivación del gen *MSTN*.

Estos corderos editados de la raza Merina reproducen mutaciones en el mismo gen que ya existen en la naturaleza y que se han utilizado durante muchos años sin problemas (por ejemplo, en la raza Texel). Simplemente, ahora las mutaciones se inducen a través de un sistema de edición genética mediada por las herramientas CRISPR. Nada más. No hay introducción de material genético externo, no existen transgenes. Por ello se requiere que estos animales editados no se consideren organismos modificados genéticamente (OMG) y no deben ser regulados por las normativas que se aplican sobre los organismos transgénicos. Estos animales nacidos en Uruguay ilustran uno de los mejores ejemplos de aumentar el valor añadido de razas existentes, tornándolas duales, en este caso con aprovechamiento de carne y lana, con el fin también de reducir el número de ovejas requeridas para conseguir la producción de carne necesaria.

Todos estos ejemplos de aplicación de las técnicas de edición genética en ganadería muestran la versatilidad de estas herramientas para la obtención de variantes mutantes con características especiales, beneficiosas tanto para los animales como para los ganaderos. Todas ellas representan un cambio substancial en las técnicas de mejora genética animal que dejan a años luz los procedimientos clásicos de cruce y selección tradicional de individuos más adecuados en cada generación.

10

PÓNGAME POR FAVOR ESTE RIÑÓN
PORCINO DE TALLA XXL

Los humanos somos muy parecidos a los cerdos. Sí, no te sorprendas. A pesar de que las apariencias indiquen lo contrario, lo cierto es que compartimos muchas similitudes fisiológicas y de tamaño corporal con los cerdos. Las dos especies somos omnívoras, esto es, comemos de todo, y lo que es más interesante, nuestros órganos internos se parecen mucho, tanto en estructura anatómica como en funcionamiento. Estas semejanzas de los órganos del cerdo con los nuestros no han pasado desapercibidas a médicos y científicos y, desde hace ya más de cincuenta años, los investigadores han intentado utilizar órganos de cerdo en humanos o en primates no humanos.

El proceso de trasplantar órganos entre especies distintas se denomina xenotrasplante, pues es un trasplante que proviene de un *xenos*, extranjero o extraño en griego. ¿Para qué pueden servir los xenotrasplantes? Pues por ejemplo para suplir las necesidades actuales de alotrasplantes, los trasplantes de órganos entre personas genéticamente diferentes, que continuamente se requieren y que por desgracia no se cubren con las donaciones de órganos.

Según los últimos datos disponibles de la Organización Nacional de Trasplantes (ONT), correspondientes a 2019, en España se registraron en ese año 2302 donaciones eficaces que permitieron realizar 5449 trasplantes de órganos. Esto nos sitúa a la cabeza del resto de países del mundo, con una tasa de donación de 49 por millón de habitantes. También somos líderes en cuanto al número relativo de trasplantes realizados por millón de habitantes, con un valor de 116 correspondiente al año 2019, muy por encima del resto de países. Tan solo EE. UU. se acerca a nuestros números de trasplantes. Sin embargo, la pregunta que debemos hacernos es: ¿son estas donaciones suficientes para todos los trasplantes de órganos que deberían realizarse en España anualmente? La respuesta es un rotundo no. Sigue existiendo una evidente escasez de órganos. Por ello, las personas que están a la espera de ser trasplantadas se sitúan en unas listas ordenadas por criterios médicos para que, a medida que se produzcan las donaciones, los primeros puestos de la lista puedan recibir los deseados órganos.

Según la ONT, y a pesar de los evidentes avances en el número y en los procedimientos de donación, así como en los protocolos de trasplante, los órganos disponibles siguen siendo absolutamente insuficientes. El proyecto europeo EUDONORGAN, liderado por la Universidad de Barcelona, informó en 2017 de que había más de 87 000 personas esperando ser trasplantadas en Europa, para las cuales solo había 10 500 donantes anuales disponibles. La tasa de mortalidad en las listas de espera para ser trasplantados de corazón, hígado o pulmón oscila entre un 15 y un 30 %, según el tipo de órgano. Hay pacientes que tienen una probabilidad bajísima de ser trasplantados, bien por ser de edad avanzada o por tener valores muy altos en la prueba de detección de anticuerpos anti-HLA (los antígenos de histocompatibilidad), que mide la probabilidad de rechazar órganos de otras personas. Por eso es necesario actuar en diferentes frentes.

Por un lado, con campañas informativas y de concienciación, que promuevan la donación de órganos ante un fallecimiento clínico compatible con el proceso. Actualmente, apenas el 0,05 % de las personas que fallecen en el mundo acaban donando sus órganos. Tendríamos que poder multiplicar este valor por diez (para llegar a un 0,5 %, 1 de cada 200 personas) para conseguir un número de órganos compatible con el de personas que necesitan ser trasplantadas.

Sin embargo, hay factores que hacen difícil que aumenten de forma significativa las donaciones. El aumento global de la esperanza de vida, la reducción de los accidentes de tráfico y una mayor sofisticación de la medicina que se practica en las Unidades de Cuidados Intensivos (UCI), todos ellos grandes avances en salud, han hecho que no logre incrementarse como se esperaría el ritmo de donaciones de órganos.

Y, por otro lado, investigando la posibilidad de uso de órganos animales en humanos mediante xenotrasplantes. El objetivo último es que el grado de inmunosupresión que se necesite para los xenotrasplantes sea similar al que se requiere hoy en día para los alotrasplantes. Para las personas que están en esas listas de espera, la existencia de órganos animales que pudieran ser trasplantados a su cuerpo a la espera de recibir un órgano humano definitivo, significaría alargar notablemente sus expectativas de vida.

> «A PESAR DE QUE LAS APARIENCIAS INDIQUEN LO CONTRARIO, LO CIERTO ES QUE COMPARTIMOS MUCHAS SIMILITUDES FISIOLÓGICAS Y DE TAMAÑO CORPORAL CON LOS CERDOS».

Para poder acometer xenotrasplantes, por ejemplo, con órganos de cerdo en humanos, o en primates no humanos (macacos, babuinos u otras especies de monos utilizadas en investigación biomédica), debemos primero ocuparnos de resolver un problema fundamental, que aparecerá inmediatamente tras cualquier intento de xenotrasplante. Me refiero al rechazo fulminante del órgano trasplantado, orquestado por nuestro sistema inmunitario (o del primate no humano), que identificará ese órgano como extraño, no reconocerá sus células como propias y desatará una reacción que terminará rápidamente, en minutos, con su funcionalidad, dejándolo totalmente necrotizado, fuera de combate. Los sistemas de defensa inmunitaria de cada especie están preparados para reconocer las células propias frente a las extrañas y reaccionar frente a estas últimas. No existe un solo tipo de rechazo, sino varios, que actúan en diferentes ámbitos.

Tener presente su existencia y comprender cómo se activan es esencial para intentar regularlos e impedir que acaben provocando el rechazo de órganos de otras especies animales.

En los años ochenta se aumentó la supervivencia de órganos xenotrasplantados de minutos a horas, evitándose el rechazo hiperagudo al descubrirse el papel que desempeñaban los anticuerpos naturales en este proceso y poder reducirse su presencia mediante procedimientos de absorción. En la década siguiente, los primeros cerdos transgénicos, modificados genéticamente para producir factores reguladores de la ruta del complemento humano (una de nuestras primeras barreras de defensa), sirvieron para lograr aumentar la supervivencia de órganos porcinos en primates no humanos de días a semanas. También en los años noventa se descubrió un compuesto derivado de un azúcar, denominado alfa1,3-Gal, que se acumulaba en la superficie externa de las células porcinas endoteliales (las que forman los vasos sanguíneos), causante de un nuevo tipo de rechazo al tener nosotros (y los simios y monos del Viejo Mundo) anticuerpos contra ese compuesto. Las células de estos primates no tienen este azúcar en su superficie, por eso nuestros anticuerpos contra alfa1,3-Gal no nos afectan a nosotros, pero sí a las células porcinas.

El nacimiento de la oveja Dolly en el Instituto Roslin de Edimburgo y la consiguiente popularización de las técnicas de clonación animal provocaron una revolución tecnológica que permitió la generación no solo de ovejas sino también de cerdos modificados genéticamente de una forma más eficaz y precisa. Por primera vez se pudo inactivar genes del cerdo a voluntad. Naturalmente, uno de los primeros genes que se eliminó del genoma del cerdo fue el que codifica una enzima llamada alfa1,3-Gal-transferasa. Esta proteína es responsable de añadir el compuesto alfa1,3-Gal a otras proteínas situadas en la superficie de las células porcinas. Los primeros cerdos sin esta proteína (y, por lo tanto, sin alfa1,3-Gal en sus células) se obtuvieron en 2002, en la Universidad de Misuri (EE. UU.).

La combinación de todos estos avances tecnológicos para evitar el rechazo de los órganos xenotrasplantados, junto con el desarrollo de nuevos tratamientos inmunosupresores, elevó notablemente la supervivencia de órganos de cerdo dentro del cuerpo de primates no humanos, hasta superar los seis meses. El récord actual probablemente lo tienen unos investigadores norteamericanos del Instituto Nacional de la Salud (NIH) en Bethesda (Maryland) que, combinando diferentes estrategias, consiguieron en 2016 que un corazón de cerdo siguiera latiendo normalmente dentro del tórax de un babuino cerca de tres años.

Los avances en xenotrasplantes han sido también extraordinarios con el riñón. Se ha pasado de supervivencias de apenas 22 días en 1989 a más de 300 días (alrededor de un año) en 2016, con riñones de cerdo xenotrasplantados a primates no humanos, como recoge una reciente revisión de Cooper y colaboradores. En este caso la supervivencia es funcionalmente relevante, dado que los primates dependen al 100 % de la función renal del órgano trasplantado desde el cerdo pues en los experimentos no conservan ninguno de sus propios riñones.

De igual manera, investigadores coreanos han logrado mantener con vida durante más de 600 días a primates no humanos xenotrasplantados con islotes pancreáticos de cerdo, capaces de producir insulina de forma regulada según las necesidades fisiológicas. Este experimento, publicado en 2015 por el grupo de Chung-Gyu Park, de la Universidad Nacional de Seúl, fue concebido para evaluar la posibilidad futura de tratar a pacientes de diabetes tipo 1. En el caso de estos primates, la diabetes fue inducida experimentalmente mediante la administración previa de estreptozotocina, una droga citotóxica las células beta del páncreas, las encargadas de producir insulina.

Ante los aparentes éxitos conseguidos en el campo de los xenotrasplantes quizás te preguntes: si somos capaces de mantener corazones, riñones e islotes pancreáticos de cerdo en primates no humanos durante largos periodos de tiempo, entonces ¿por qué no están ya disponibles los xenotrasplantes para pacientes humanos? ¿Por qué siguen muriendo pacientes en las listas de espera?

La respuesta a estas preguntas deriva de unos inesperados resultados que aparecieron en varias publicaciones científicas a finales de los años noventa, en las que los investigadores constataban la posibilidad de que determinados virus endógenos propios de los cerdos pudieran saltar la barrera entre especies e infectar células humanas.

Estos virus, de la familia de los retrovirus, se denominaron PERV, por las siglas en inglés de retrovirus endógenos porcinos. Por supuesto, estos hallazgos provocaron un terremoto considerable en el campo de los xenotrasplantes, con múltiples voces que solicitaban una moratoria antes de proceder a usar órganos de cerdo en humanos ante la evidencia de que podían, además, causar nuevas infecciones por estos PERV, de consecuencias imprevisibles.

Los retrovirus, cuando saltan de célula a célula, acaban integrándose en el genoma de la célula infectada, más o menos al azar y, por ello, con una cierta probabilidad de interrumpir algún gen preexistente y provocar consecuencias no deseadas. El descubrimiento de los PERV y la confirmación de que células porcinas en el laboratorio puestas en contacto con células humanas eran capaces de infectarlas con esos virus detuvo durante algunos años el progreso en este campo de los xenotrasplantes. De nada sirvió la aparición de muchos otros estudios que, no ya en el laboratorio sino en animales xenotrasplantados o en personas expuestas a órganos porcinos, eran incapaces de encontrar estos virus del cerdo en las células de los primates o de los pacientes. La posibilidad de infección estaba ahí y, claro, una persona xenotrasplantada que va a estar sujeta a un régimen inmunosupresor importante de por vida, con el sistema inmunitario debilitado, lo último que necesita es la aparición de un nuevo virus porcino que infecte sus células humanas.

Dado que los PERV están insertados en el genoma del cerdo, es imposible eliminarlos mediante estrategias sanitarias o de contención. Todos los cerdos los llevan en sus células y raramente les causan problemas a ellos. La solución para inactivar los virus PERV tenía que venir de otro sitio, con buenas dosis de imaginación, ambición y decisión por igual.

George Church, investigador del departamento de Genética de la facultad de Medicina de Harvard, en Boston (EE. UU.), es uno de los científicos actuales más prominentes, un visionario capaz de desarrollar ideas brillantes, espectaculares o alocadas (según algunos de sus críticos) que resultan casi imposibles de acometer para el resto de sus colegas de profesión, pero que en su laboratorio, gracias a los recursos y al talento humano que acumula, se convierten en realidad. El laboratorio de Church es un espacio en el que todos los investigadores gozan de una enorme libertad y flexibilidad para desarrollar sus ideas. Él, si bien es una persona afable y generalmente tranquila, tiene una norma muy estricta cuyo incumplimiento puede sacarlo de sus casillas. La palabra «imposible» está prohibida en su laboratorio. Tal cual. Si algún investigador o estudiante recién llegado comete la imprudencia de usarla, Church detiene la conversación y le recuerda públicamente a esa persona la norma del laboratorio.

Church decidió aplicar las nuevas herramientas CRISPR de edición genética para intentar resolver el problema de los PERV en las células porcinas. Muchos pensaron que este sería un proyecto imposible y que nunca funcionaría. Incluso se publicó un artículo en la revista *PLOS One*, en abril de 2015, en el que unos investigadores alemanes compartían su fracaso al intentar utilizar otras herramientas de edición genética, las ZFN, para inactivar los PERV del genoma del cerdo. Adicionalmente, estos investigadores reportaron una inesperada citotoxicidad en las células porcinas, producto del uso de las ZFN.

Teniendo en cuenta que, para Church, no hay nada imposible, su laboratorio se puso manos a la obra. Lo primero que hizo fue investigar, en unas determinadas células porcinas en cultivo, cuántas copias de estos virus PERV llevaban integradas. Sus experimentos lo llevaron a concluir que esas células tenían nada menos que 62 copias de PERV insertadas en el genoma. Lo siguiente que se le ocurrió fue diseñar dos guías de ARN dirigidas contra secuencias internas del ADN del virus PERV, en una zona que el virus necesita para sobrevivir y replicarse, el gen *pol*. Este gen codifica una proteína polimerasa (en realidad una transcriptasa reversa, capaz de copiar ARN en ADN) esencial en el ciclo biológico del virus. Las guías ARN dirigirían el corte de la endonucleasa Cas9 del sistema CRISPR y acabarían provocando mutaciones en el gen *pol*, alteraciones que dejarían inactivas las 62 copias. Al menos esa era la teoría, la hipótesis de trabajo.

Para sorpresa de propios y extraños, Church y sus colaboradores obtuvieron dos tipos de células porcinas editadas tras exponerlas a los componentes del sistema CRISPR. La mayoría de las células parecían haber inactivado apenas entre un 10 y un 15 % de las copias de los virus. Pero en un número limitado de clones de las células analizadas detectaron eficiencias de inactivación de los PERV superiores al 93 %. Tres de estos clones presentaban una eficiencia de inactivación del 97 al 100 %. Dos de estos clones tenían virtualmente todas las copias de PERV inactivadas. Publicaron estos resultados en un artículo de la revista *Science* en 2015.

La caracterización de estos clones de células porcinas editadas, ya sin PERV activos, incluyó una evaluación de las posibles alteraciones cromosomales que tal cantidad de cortes y ediciones podían haber provocado, así como una revisión de posibles secuencias parecidas a las homólogas a las guías de ARN, por si hubieran aparecido cortes y mutaciones en otros lugares del genoma. No encontraron alteraciones significativas observables. ¡Sorprendente! Como alguien que sabe lo que ha costado, durante muchos años, la inactivación de un solo gen en células, al descubrir que el equipo de Church fue capaz de eliminar simultáneamente hasta 62 copias de PERV insertadas en el genoma de esas células porcinas, no puedo menos que aplaudir y quitarme el sombrero mientras hago una genuflexión en reconocimiento al logro nunca visto que consiguieron estos investigadores.

La prueba definitiva de la seguridad de estas células porcinas editadas, ya sin PERV activos, la obtuvieron al cocultivarlas con células humanas y evaluar si estas podían resultar infectadas. Sus experimentos demostraron que la posibilidad de infección por virus PERV se había reducido por lo menos mil veces, tres órdenes de magnitud (y desaparecía por completo en las células con todas las copias de PERV inactivadas). Con esta estrategia, basada en una aplicación novedosa, innovadora, de las herramientas CRISPR, Church y sus colaboradores demostraron que era posible reducir de forma muy significativa el riesgo de infección por PERV de células porcinas a humanas, relanzando de nuevo el interés y el desarrollo de los xenotrasplantes. Resulta curioso que esta segunda revolución de los xenotrasplantes venga ahora de nuevo de EE. UU., en colaboración con China, tras varios lustros de liderazgo europeo en este campo, con investigadores tan relevantes como Eckhard Wolf y Angelika Schnieke en Múnich, Heiner Neimann en Hannover o Cesare Galli en Cremona. Angelika Schnieke tiene ya una larga experiencia en este campo, que empezó responsabilizándose del experimento que dio lugar al nacimiento de la oveja Dolly.

Ahora seguro que estarás pensando: muy bien, habrán conseguido células porcinas sin PERV, pero... de ahí a que consigan cerdos sin PERV ya va a ser otro cantar. Pues bien, apenas hubo que esperar dos años para resolver esta cuestión, que de nuevo se antojaba prácticamente imposible. En el verano de 2017, el mismo laboratorio liderado por George Church, ahora con un grupo de nuevos colaboradores chinos, presentó en sociedad varios cerditos sin PERV, obtenidos mediante clonación (mediante la técnica de transferencia nuclear que se usó para obtener la oveja Dolly). El artículo científico correspondiente, publicado también en la revista *Science*, fue todo un hito tanto en el campo de la edición genética como en el campo de la biotecnología animal. No digamos ya en el campo de los xenotrasplantes.

Para conseguir los cerdos sin PERV partieron de otras células porcinas, unos fibroblastos fetales de cerdo habitualmente utilizados en protocolos de clonación para recuperar cerdos completos tras reconstruir embriones con el núcleo de una de estas células.

Figura 10.1. Cerdos desarrollados en la Universidad Técnica de Múnich (TUM) para xenotrasplantes. Izquierda: cerdos portadores de siete modificaciones genéticas, cinco transgenes *(CD46, CD55, CD59, HO1* y *A20)* y dos genes inactivados *(GGTA1* y *CMAH).* Derecha: lechón obtenido con cuatro genes inactivados mediante edición genética con herramientas *CRISPR-Cas9 (CMAH, GGTA1, B4GalINT2* y *Beta2m).* Fotografías: Angelika Schnieke, Konrad Fischer y Beate Riebling (TUM, Múnich, Alemania).

Constataron la presencia de unas 25 copias de PERV y desarrollaron una estrategia de inactivación similar a la utilizada anteriormente, basada en reactivos CRISPR, usando dos guías ARN contra el gen *pol* del retrovirus y la proteína Cas9. Tras aplicar una serie de ingeniosos trucos para conseguir obtener células con el 100 % de copias de PERV inactivadas y que retuvieran su capacidad para crecer en cultivo, lograron finalmente obtener clones en los que virtualmente no quedaba ninguna copia de PERV activa. El análisis de cinco de ocho clones editados demostró la presencia de anomalías cromosómicas observables, fundamentalmente traslocaciones (fragmentos de un cromosoma que habían sido cortados y enganchados en otro cromosoma), muy probablemente relacionadas con la actividad CRISPR-Cas9 y los cortes producidos por el sistema en las múltiples copias de estos virus integradas por todo el genoma del cerdo. Sin embargo, los tres clones restantes no parecían tener alteraciones cromosomales evidentes, ni traslocaciones ni deleciones. No parecía faltar nada de material genético en esas células editadas ni nada tampoco parecía estar fuera de su sitio.

Utilizando los núcleos de estas células porcinas fetales editadas, sin PERV, consiguieron reconstruir centenares de embriones de cerdo previamente enucleados mediante el procedimiento de transferencia nuclear. La eficiencia del proceso no es muy alta, habitualmente inferior al 1 %. Según detallan en los experimentos publicados, transfirieron de 200 a 300 embriones reconstruidos por cerda, para su gestación, para obtener, en promedio, camadas de 2 a 3 cerditos. En agosto de 2017, cuando conocimos esta segunda publicación de Church sobre cerdos sin PERV para xenotrasplantes, relataban la obtención de 37 cerditos clonados sin retrovirus, de los cuales habían sobrevivido 15, el mayor de todos ellos de 4 meses de edad. Impresionante.

Ahora, sobre esta nueva variedad de cerdos, sin PERV, se podrán incluir o incorporar todas las demás modificaciones genéticas ya evaluadas anteriormente para conseguir órganos que no solo funcionen eficazmente en el cuerpo de primates, sino que además sean seguros para los receptores, para que no puedan causar infecciones por PERV no deseadas.

No obstante, la consulta atenta de los autores responsables de este hito en biotecnología animal todavía me reservaba una sorpresa. Fue en el verano de 2017 cuando descubrí que entre los coautores y colaboradores del equipo de George Church había un nombre que parecía catalán: Marc Güell. También estaba en el equipo del estudio anterior, publicado en 2015, sobre células porcinas. Investigué un poco y rápidamente confirmé que se trataba de un investigador catalán, Marc Güell Cargol, que acababa de volver a nuestro país como investigador del Ramón y Cajal y había empezado a establecer su laboratorio en la Universidad Pompeu Fabra de Barcelona. Marc, a quien no tardé en escribir para ponerme en contacto con él, había trabajado en el laboratorio de Church desde enero de 2011. Es decir, había sido testigo de la explosión tecnológica de las CRISPR como herramientas de edición genética en células de mamífero. De hecho, revisé el primero de los artículos que publicó Church en enero de 2013 (de forma simultánea al que publicó el equipo de Feng Zhang) y, efectivamente, allí, en ese mítico *Science* pionero de todos los trabajos que vendrían después, también estaba Marc como coautor. Resulta que teníamos un investigador español en Boston, en el epicentro del terremoto CRISPR, y no lo sabíamos (al menos yo, y creo que mucha otra gente).

Una mesa redonda de divulgación científica sobre las CRISPR a la que nos invitaron a los dos, organizada conjuntamente por la Sociedad Española de Bioquímica y de Biología Molecular y el Institut d'Estudis Catalans (IEC) a finales de 2017, en la sede histórica del IEC, sirvió de excusa perfecta para que nos juntásemos por primera vez y pudiéramos conversar sobre un montón de aspectos de las CRISPR. Marc es químico, además de tener dos grados adicionales en Ingeniería Química y Telecomunicaciones. Es un tipo encantador, muy despierto y con una gran capacidad emprendedora para desarrollar ideas-frontera. Tuvo buenos maestros. Además de efectuar su estancia posdoctoral con George Church, realizó su tesis doctoral con Luis Serrano, experto en biología de sistemas, en su última etapa en el laboratorio EMBL de Heidelberg, en Alemania, y su posterior traslado al Centro de Regulación Genómica, del que hoy es director.

Marc Güell y su exequipo del laboratorio de Church acabaron publicando a finales de 2017 un comentario en el que ponían en valor y subrayaban todo lo que habían conseguido: unos cerdos carentes de copias activas de PERV mediante las herramientas CRISPR de edición genética, y con una capacidad de infectar células humanas insignificante, enormemente disminuida en comparación con la que tendría cualquier otra célula de cualquier otro cerdo no editado. Si alguien pregunta por una aplicación tangible en biotecnología animal derivada directamente del uso de las herramientas CRISPR, este es el ejemplo por excelencia: cerdos sin retrovirus más seguros para xenotrasplantes.

En estos momentos no hay modelo de cerdo más seguro para usarlo como potencial proveedor de órganos para las personas que lo necesitan, las que están en las listas de espera. Aunque todavía haya que incorporar a estos cerdos todas las modificaciones genéticas y mutaciones aprendidas tras muchos años de trabajo en el campo de los xenotrasplantes.

Pero ahora el final ya se ve más cerca. Ya intuimos que, más pronto que tarde, los pacientes a la espera de trasplantes de órganos podrán llamar a Marc para decirle: «Doctor Güell, póngame por favor este riñón porcino de talla XXL».

En septiembre de 2021 conocimos el primer experimento de xenotrasplante, realizado en Nueva York (EE. UU.), cuando unos investigadores conectaron un riñón de uno de estos cerdos modificados genéticamente para xenotrasplantes a la pierna de una mujer cadáver, pero con latido cardiaco y respiración mecanica. Durante más de 50 horas el riñón, conectado a la circulación sanguínea de la mujer clínicamente muerta, funcionó sin problemas, sin ser rechazado, fabricando orina. En enero de 2022 un primer paciente en Baltimore (EE. UU.) recibió un corazón de estos cerdos y sobrevivió dos meses al xenotrasplante, falleciendo no debido al mismo sino a los virus que inadvertidamente le habían introducido los médicos con el corazón del cerdo, infectado por aquellos. Posteriormente se ha producido un goteo de experimentos de xenotrasplantes y se han anunciado ensayos clínicos para evaluar su seguridad y eficacia terapéutica.

11

ESTE MOSQUITO YA NO ME VA A PICAR

Hay artículos científicos que, al leerlos, te dan escalofríos. Instintivamente te das cuenta de lo trascendentes que son. Captas que estás ante un fenómeno transformador, algo nuevo, un hallazgo que puede propiciar extraordinarias aplicaciones, pero también inesperados problemas. En función de cómo se use ese descubrimiento, puede resultar tremendamente beneficioso o desatar situaciones peligrosas que resulten difíciles o imposibles de controlar.

Esa fue mi primera impresión al leer en marzo de 2015 el trabajo de Valentino Gantz, estudiante de doctorado de Ethan Beier, de la Universidad de California en San Diego, en La Jolla (EE. UU.), publicado en la revista *Science*. Los investigadores de este estudio, realizado con moscas *Drosophila*, la típica mosca de la fruta o del vinagre, mostraron que eran capaces de diseñar una estrategia genética que les permitía retar y evitar las leyes de la herencia genética definidas por Mendel. Tamaña osadía la habían logrado con un uso innovador y sorprendente de las herramientas CRISPR de edición genética.

Con las leyes de Mendel hemos convivido durante más de 150 años, naturalmente ampliándolas y aprendiendo muchos nuevos detalles y complejidades de la genética, pero lo que seguía siendo relativamente invariable era que un individuo heterocigoto transmite

253

normalmente sus dos alelos distintos al 50 % a su descendencia. Excepciones conocidas a esta regla son, por ejemplo, los transposones, los elementos móviles que pueden saltar y transmitirse con frecuencias superiores a las esperadas por Mendel.

Gantz y Beier diseñaron una construcción genética, un fragmento de ADN, que contenía las instrucciones necesarias para producir la nucleasa Cas9 y una guía de ARN homóloga a una secuencia determinada del genoma de la mosca. Adicionalmente, esta construcción estaba flanqueada por las mismas secuencias que están a izquierda y derecha del corte que dirige la guía de ARN. De esta manera, al introducir esta construcción en el genoma de la mosca, se producirán los reactivos CRISPR (la nucleasa Cas9 y la guía ARN) que dirigirán el corte a la secuencia prevista. A continuación, cuando el sistema intente reparar el corte, podrá echar mano de la construcción, que tiene exactamente las mismas secuencias homólogas a las que flanquean el corte, promoviendo su uso como molde para restaurar la discontinuidad mediante recombinación homóloga. Al hacerlo, acabará con una copia de toda la construcción insertada en el lugar del corte. Dado que la producción de Cas9 y ARN guía seguirá constantemente, se promoverá el corte en el otro alelo del mismo gen (suponiendo que los dos alelos sean idénticos o muy similares) y de nuevo este se acabará reparando de la misma manera, insertándose una vez más toda la construcción en el mismo lugar del corte. Y convertiremos un individuo inicialmente heterocigoto en homocigoto, de forma automática. Y todos sus hijos serán homocigotos, con ese fragmento integrado, en contra de lo que Mendel predijo en sus leyes. Este proceso los autores lo denominaron MCR, siglas en inglés de «reacción mutagénica en cadena», por similitud a la PCR, siglas en inglés de «reacción de la polimerasa en cadena», la técnica clásica de amplificación del ADN descrita por Kary Mullis en 1985 y por la que recibió el Premio Nobel de Química en 1993. En realidad, se trata de un proceso de conversión génica en la que un alelo se autoperpetúa y dirige su réplica al otro alelo gracias al corte promovido por las herramientas CRISPR que se incluyen en la construcción génica integrada y a los mecanismos de reparación por recombinación homóloga que actúan a continuación. En inglés, este proceso,

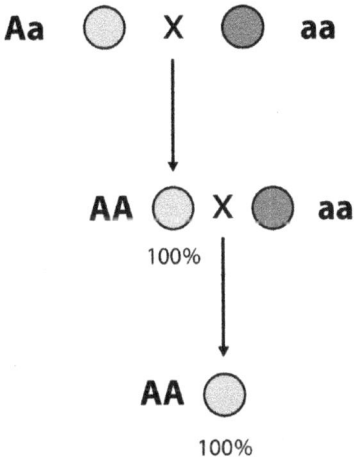

Aa ◯ X ⬤ aa

AA ◯ X ⬤ aa
100%

AA ◯
100%

Figura 11.1. Incumpliendo las leyes de Mendel. Un individuo heterocigoto, en lugar de transmitir el alelo (A) al 50% a su descendencia, lo transmite al 100% y, además, elimina el otro alelo (a), que desaparece de la progenie. Esos individuos resultantes (AA) a su vez autoperpetúan el alelo (A) de forma uniforme en las próximas generaciones sin importar con quién se crucen.
Gráfico: Lluís Montoliu

descubierto y estudiado anteriormente, se conoce como *gene drive*, cuya mejor traducción en español es «impulso génico», término sugerido por el investigador del CSIC Jaime Carvajal, del Centro Andaluz de Biología del Desarrollo (CABD) en Sevilla, gracias a sus más de veinte años de experiencia posdoctoral en Reino Unido.

Si volvemos al ejemplo de los guisantes de Mendel, este «milagro genético» o impulso génico sería comparable a que un guisante heterocigoto amarillo cruzado con uno verde diera lugar solo a guisantes amarillos homocigotos, lo que desde el punto de vista de las leyes de Mendel sería imposible. Y que, si volviéramos a cruzar estos guisantes con otros, todos sus descendientes volverían a ser homocigotos amarillos, sin importar con qué otros guisantes se hubiesen cruzado, incumpliendo de nuevo las leyes de Mendel. Obsérvalo en la figura 11.1 (que sigue el mismo esquema utilizado en el capítulo 1).

¿Estás confundido? ¿Sorprendido, quizás? Yo también lo estaba cuando leí ese artículo por primera vez. Lo tuve que leer varias veces para entenderlo. He resumido los tres pasos fundamentales del impulso génico, de forma simplificada, en la figura 11.2.

En el impulso génico los dos reactivos del sistema CRISPR-Cas9, el gen de la nucleasa Cas9 y el gen que permite producir el ARN guía específico dirigido a una diana precisa del genoma, están incluidos en la construcción génica. Adicionalmente, la construcción está flanqueada por secuencias de ADN homólogas (idénticas o similares) a la zona donde el ARN guía dirigirá el corte de la nucleasa Cas9. Por eso, al cortarse el ADN en ese sitio, el sistema de reparación de la célula podrá usar la construcción para reparar el corte (los extremos de la construcción y los dos extremos abiertos alrededor del corte contienen secuencias de ADN homólogas, que permiten usarlas para la reparación mediante la ruta de recombinación homóloga), insertando así los dos genes en el sitio del corte. Una vez insertados en uno de los alelos del gen diana en el genoma, los dos genes seguirán expresándose, produciendo ARN guía y nucleasa Cas9, y localizarán las secuencias de la misma diana en el otro alelo, provocando el corte y, de nuevo, su reparación con la propia construcción, que será insertada en el mismo sitio. Finalmente, las dos copias del gen diana habrán sido convertidas en mutantes al haber sido interrumpidas por la construcción génica. Esto tiene una aplicación evidente en el control de enfermedades infecciosas causadas por parásitos que son transmitidos por mosquitos. Si el gen diana es un gen vital en el genoma del mosquito, el impulso génico provocará su muerte. Si el gen diana es un gen necesario para la transmisión del parásito, el mosquito dejará de transmitir la infección.

Piensa unos segundos sobre lo que te acabo de contar y te darás cuenta del porqué de mi escalofrío inicial y de la potencia que oculta esta estrategia genética innovadora. La fuerza del impulso génico radica en que a partir de muy pocos individuos puedes forzar la distribución de un alelo mutante rápidamente en una población. El alelo mutante, con la construcción génica insertada, lleva las instrucciones para convertir cualquier otro alelo silvestre en mutante. Por eso, el alelo mutante se expandirá prácticamente al 100 % de los descendientes y en homocigosis (transformando los dos alelos de todos los individuos afectados), por lo que se autoperpetuará y amplificará hasta el infinito en una determinada población hasta que todos sus individuos sean mutantes para ese gen. Si se quiere distribuir un

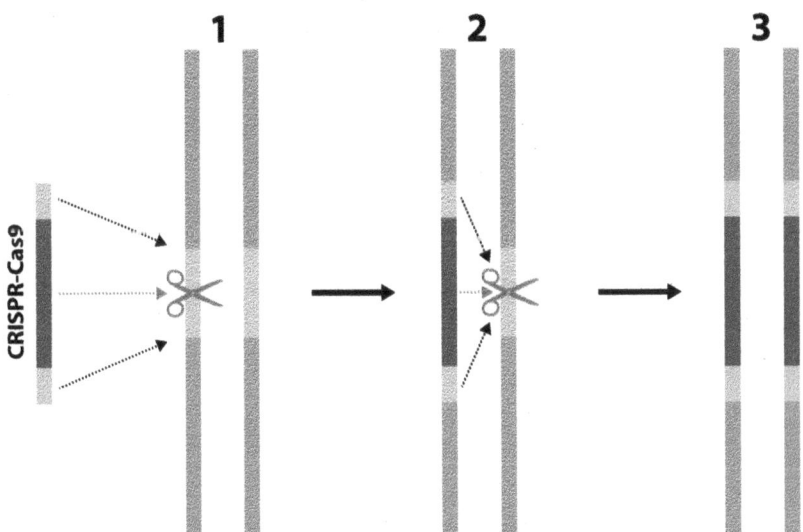

Figura 11.2. El impulso génico en tres pasos: 1. Se introduce una construcción génica capaz de producir el complejo CRISPR-Cas9, con ARN guía específico y la nucleasa Cas9 (barra negra en la figura) flanqueada por secuencias de ADN homólogas al lugar de inserción en el genoma (barra amarilla); 2. La construcción entera se inserta en uno de los alelos del gen (una de las dos copias) y sigue fabricando reactivos CRISPR-Cas9 que promueven la inserción de la misma construcción en el segundo alelo, gracias al corte realizado y a la homología de secuencias; 3. Los dos alelos han sido transformados por la construcción génica portadora de los reactivos CRISPR-Cas9. Gráfico: Lluís Montoliu

alelo de un gen con unas características determinadas, esta parece la mejor estrategia para hacerlo. ¡Y la más efectiva!

Por supuesto, este experimento también genera un problema de bioseguridad importante. Imagina qué habría pasado si alguna de estas moscas se hubiera escapado del laboratorio de estos investigadores en La Jolla. Pues que una buena parte o la mayoría de las moscas de la misma especie de la región acabarían convirtiéndose en mutantes. Basta un solo individuo para introducir el alelo de impulso génico en la población de moscas y para que sus hijos y nietos lo distribuyan inmediatamente por doquier. Para el experimento, los investigadores usaron un gen que determina el color del abdomen del animal, normalmente oscuro, pero que se torna amarillo cuando se muta el gen responsable de la pigmentación, que no por casualidad se llama *yellow*. ¿Has visitado alguna vez un laboratorio de genética de *Drosophila*? ¿Sabes qué se ve volando por todas partes? ¡Moscas *Drosophila*! Por ello, estos investigadores tuvieron que obtener un permiso especial para poder acometer este experimento que tuvo que realizarse en un laboratorio especial de contención de seguridad biológica de segundo nivel (BLS2), precisamente para evitar el escape accidental de alguna de estas moscas, que podría tener consecuencias ecológicas catastróficas. ¿Vas entendiendo mi escalofrío inicial?

> **«LA FUERZA DEL IMPULSO GÉNICO RADICA EN QUE A PARTIR DE MUY POCOS INDIVIDUOS PUEDES FORZAR LA DISTRIBUCIÓN DE UN ALELO MUTANTE RÁPIDAMENTE EN UNA POBLACIÓN».**

En realidad, la biología siempre es un poco más complicada, y este proceso no es efectivo en el 100 % de los casos. Los investigadores descubrieron que en sus cruces de impulso génico la mayoría de las moscas adquirían el color amarillo, muchas más de las que cabría haber esperado de acuerdo a las leyes de Mendel, pero no todas.

A continuación, muestro, en dos figuras (figuras 11.3 y 11.4), utilizando mosquitos, lo que cabría esperar de una herencia mendeliana y de otra basada en impulso génico.

¿Para qué podría servir un procedimiento de impulso génico? Esta pregunta se la hicieron inmediatamente estos investigadores y todos los que leímos el trabajo. Ellos mismos se autorrespondieron con dos posibles aplicaciones: para el control efectivo de enfermedades infecciosas causadas por virus o parásitos distribuidas por insectos, o para el desarrollo de estrategias de terapia génica que aseguren la inactivación masiva, en el máximo número de células, de un alelo mutante.

O su conversión, igualmente mayoritaria, a su variante correcta. Ambas son aplicaciones potencialmente beneficiosas. Pero también se le podría ocurrir a alguien distribuir entre una población de individuos de una determinada especie una mutación que tuviera consecuencias fatales y acabara llevándose por delante todos o la mayoría de los individuos de esa especie. Escalofrío total. Por eso los propios investigadores, siguiendo la estela de propuestas similares realizadas por otros en el campo, propusieron desde un principio convocar una conferencia donde debatir los aspectos de bioseguridad y los límites en la utilización de las estrategias de impulso génico, cuyo potencial es extraordinariamente beneficioso y peligroso por igual.

El testigo de las aplicaciones del impulso génico lo recogieron rápidamente otros investigadores que estudiaban procedimientos efectivos para el control de plagas de insectos cuya picadura causa enfermedades a las personas, no por los ataques en sí mismos, sino porque a través de esas picaduras o mordeduras transmiten virus o parásitos responsables de enfermedades infecciosas tan graves como la malaria, la fiebre amarilla, el virus Zika, Chikunguya, fiebre del Nilo, dengue o la enfermedad del sueño, entre otras. Todas estas enfermedades se transmiten por mosquitos, moscas u otros insectos de diferentes especies que atacan a los humanos y transmiten

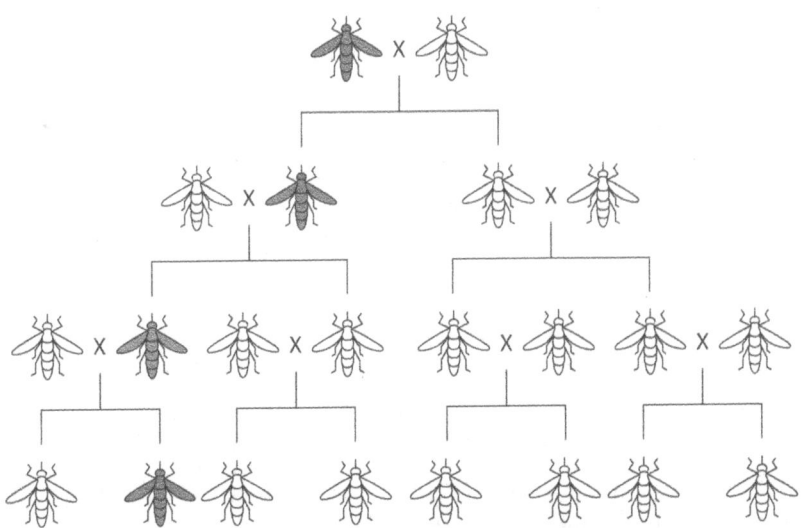

Figura 11.3. Herencia genética mendeliana. El mosquito heterocigoto mutante inicial traslada el alelo mutante al 50 % en su descendencia. Rápidamente el número de mosquitos mutantes se diluye hasta desaparecer en la población. Gráfico: Lluís Montoliu.

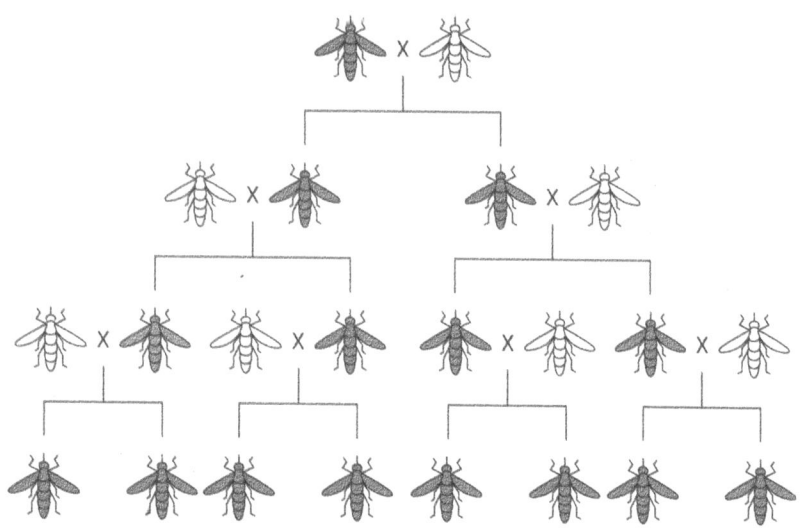

Figura 11.4. Herencia genética en presencia de un impulso génico. El mosquito heterocigoto mutante inicial, con el alelo de impulso génico, traslada el alelo mutante al 100 % en su descendencia, y estos a su vez hacen lo mismo. Rápidamente el número de mosquitos mutantes aumenta hasta llegar a la práctica totalidad de la población. Gráfico: Lluís Montoliu.

los parásitos. Otros mosquitos (o la especie que corresponda en cada caso) pican a las personas infectadas, adquieren el parásito y lo transmiten a otras personas al seguir picándolas. Y así se mantiene el parásito en la población y es muy difícil erradicar estas enfermedades. Para darnos cuenta de la relevancia de estas enfermedades infecciosas, que afectan habitualmente a países en zonas tropicales y subtropicales, solo hay que recordar que, por ejemplo, cada año se infectan de malaria por lo menos 300 millones de personas (hay estimaciones que suben esta cifra a 500 millones de infectados anuales), de las cuales más de un millón morirá anualmente por las complicaciones asociadas a la enfermedad. Cualquiera que viaje, por trabajo o por placer, a alguno de estos países sabe que tiene la obligación de someterse a una terapia preventiva, que reduce el riesgo de sufrir malaria, pero que también puede tener consecuencias para la salud. No hay vacunas aprobadas todavía contra la malaria, aunque es un campo en el que se sigue investigando intensamente y es previsible que pronto dispongamos de alguna. El investigador español Pedro Alonso participa en un consorcio internacional que está probando vacunas contra la malaria que, aunque parecen tener una eficacia reducida, pueden llegar a proteger a un número de personas muy significativo, dada la cifra de las que resultan infectadas anualmente.

La lucha contra la malaria sería mucho más efectiva si luchásemos contra el vector, contra el mosquito. Estos parásitos necesitan pasar por el tracto digestivo del mosquito para completar su ciclo biológico. Si lográramos eliminar el mosquito, se detendría la transmisión del parásito y se podría, al menos en teoría, erradicar la enfermedad en grandes áreas de población. Hasta el momento todas las iniciativas, más o menos efectivas, han pasado por el uso de insecticidas (aunque rápidamente aparecen mosquitos resistentes a estos agentes), o por algo mucho más sencillo, pero tremendamente efectivo: el uso de telas mosquiteras para dormir en las puertas y ventanas de las casas, para impedir el acceso de los mosquitos.

Tony Nolan, del Imperial College en Londres, ha sido uno de los primeros investigadores en diseñar una estrategia de impulso génico para reducir la población de mosquitos transmisores de la malaria. En su artículo de la revista *Nature Biotechnology*, que conocimos a finales de 2015, detallaba los primeros resultados de sus experimentos, financiados por el Consejo Europeo de la Ciencia (ERC) y la Fundación Bill y Melinda Gates. Nolan seleccionó la especie de mosquito *Anopheles gambiae*, que es el vector principal de transmisión de la malaria, y decidió dirigir tres estrategias de impulso génico distintas a tres genes que tenían un papel relevante en la fertilidad de las hembras de esos mosquitos y restringir la acción de la nucleasa Cas9 a la línea germinal, a las gónadas de los mosquitos. Al inactivar estos genes, las hembras se volvían estériles y, en consecuencia, disminuiría significativamente la población de mosquitos en un área determinada. No obtuvo un 100 % de transmisión del alelo de inactivación con los elementos CRISPR, pero sí anduvo muy cerca, entre el 91,4 y el 99,6 %, de nuevo muy por encima del 50 % de transmisión que habría cabido esperar según Mendel. El investigador realizó un estudio poblacional en una caja cerrada, donde pudo seguir la pista al alelo mutagénico en la población. Las predicciones informáticas eran muy favorables. Los resultados experimentales, sin embargo, mostraban alguna de las limitaciones que pronto aparecieron en estas estrategias.

El fundamento del impulso génico y de su rápida diseminación en una población debe estar sustentado en una alta tasa de fiabilidad a la hora de corregir el alelo cortado y repararlo con el alelo mutado que actúa de donante y sirve de molde para replicar la inserción de la mutación, que a su vez sirve de molde para lo mismo en la siguiente generación, etc. Pero el sistema tiene un talón de Aquiles evidente. Ya hemos visto que la limitación principal de los sistemas CRISPR es la variabilidad genética que los sistemas de reparación propician en el lugar del corte en el ADN. Es decir, si el sistema velcro o cremallera, que genera INDEL (inserciones y deleciones al azar), empieza a resolver el corte antes de que intervenga el sistema de reparación por homología, se acabarán generando cambios en la secuencia del alelo reparado. Este ya no será substrato para la recombinación homóloga ni, lo que es peor, podrá ser detectado por la guía ARN, al haberse alterado la secuencia diana. Casi sin quererlo, el sistema CRISPR de impulso génico genera (por sus deficiencias) alelos resistentes, en una determinada proporción que, aunque pueda ser baja al principio, rápidamente tomará ventaja y acabará siendo mayoritaria, desplazando totalmente en la población el alelo de impulso génico. En esencia, solo sobrevivirán las hembras que contengan alelos reparados sin impulso génico que, en algunos casos, podrán seguir siendo fértiles y acabar restableciendo la población inicial de mosquitos, como si nunca hubiera pasado nada.

No hay mucho que hacer frente a las matemáticas. Los números mandan, también en la naturaleza. Basta una pequeña ventaja selectiva propiciada por alelos reparados erróneamente, sin incorporar la mutación del impulso génico, para que estos mosquitos resistentes (que no se mueren ni son estériles) acaben, tarde o temprano, volviendo a reinar y a seguir transmitiendo el parásito *Plasmodium* causante de la malaria, haciendo desaparecer el alelo inductor del impulso génico de la población. Esto mismo fue lo que observó Nolan en su estudio posterior de 2017, en el que constató que, en contraste con la predicción informática, sus mosquitos mutantes paulatinamente desaparecían e iban siendo substituidos por mosquitos resistentes.

¡Nuestro gozo en un pozo! La naturaleza siempre sabe un poco más que nosotros y no deja de sorprendernos.

La lectura positiva de esa decepción radica en que la introducción de alelos resistentes al corte en una población de mosquitos sometida a impulso génico puede convertirse *de facto* en una especie de cortocircuito, un sistema de seguridad, que detenga y revierta el efecto mutagénico del impulso génico. Por tanto, se podría controlar la eliminación de individuos de una especie, bien esperando que de forma natural aparecieran alelos resistentes o bien introduciéndolos en el sistema *ex profeso*. ¡Brillante!

Frente a la constatación de que el mosquito puede generar alelos resistentes al impulso génico, se pueden diseñar procedimientos en los que se combinen varios alelos con la misma estrategia correspondientes a genes distintos (o a zonas distintas del mismo gen) para que sea más improbable (aunque no imposible) que aparezcan alelos resistentes a todas las estrategias de forma simultánea. Esa es una de las aproximaciones que siguen explorando Nolan y sus colaboradores. Algo parecido a la solución que se encontró en 1996 para convertir el temido SIDA en una enfermedad crónica, pero ya no mortal, al tratar a los enfermos con una terapia combinada, con diferentes drogas que atacan a los diferentes genes virales para que sea casi imposible que el virus evolucione y desarrolle resistencias a todas ellas a la vez. Una alternativa, tal y como ha anunciado el equipo de Nolan en un trabajo publicado en *Nature Biotechnology* en septiembre de 2018, es identificar un sistema de impulso génico que sea inmune a la acumulación de errores y que, por lo tanto, no pueda generar alelos resistentes para escapar al continuo corte por las nucleasas.

George Church, desde Harvard (EE. UU.), también aportó su grano de arena desarrollando estrategias controlables de impulso génico. Preocupado por la posibilidad de que estos alelos estuvieran fuera control una vez lanzados a la naturaleza y esto pudiera causar ediciones del genoma no deseadas o alteraciones inesperadas en el ecosistema, diseñó varios sistemas ingeniosos en células de levadura para mantenerlos confinados o poder revertir estrategias de muta-génesis basadas en impulso génico. El investigador español Víctor López del Amo, en el laboratorio de Valentino Gantz (UCSD) ha desarrollado también estrategias de control del impulso génico, bien separando sus componentes, bien activando el sistema a voluntad mediante una pequeña molécula.

Uno de los investigadores que más se ha significado en su crítica al uso de sistemas de impulso génico para el control de poblaciones naturales de mosquitos es el genetista francés Gaétan Burgio, cuyo laboratorio, especializado en malaria y otras enfermedades infeccio-sas transmitidas por insectos, está en Canberra (Australia). Burgio, en un artículo de opinión publicado en 2017, duda de la efectividad de estos sistemas de impulso génico, hasta el momento solo testados en cajas de laboratorio, no en la naturaleza, en campo abierto.

Burgio argumenta que hoy en día es muy difícil prever cuán-tos mosquitos portadores del alelo de impulso génico habría que «soltar» en una zona determinada para que la penetración del alelo mutagénico fuera significativa desde el punto de vista poblacional. Y recuerda la extraordinaria capacidad que tienen estas diferentes especies de mosquitos para adaptarse a cualquier cambio ambiental y sobrevivir a prácticamente todas las estrategias que se han dise-ñado para erradicarlos. Finaliza Burgio su comentario recordando la capacidad de virus y parásitos de adaptarse a nuevos anfitriones, a nuevos vectores, a otras especies de insectos, si la que habitualmente usan resulta afectada o disminuye su número en la población a causa de, por ejemplo, una estrategia de impulso génico. Esto quiere decir que seguro que hay otras moscas, mosquitos o chinches que ahora no son el vector habitual de la malaria o de la fiebre amarilla, pero que pueden tomar el relevo y substituir a los mosquitos que sí trans-miten esas enfermedades si ellos desaparecen o se reduce su nú-mero. En otras palabras, el parásito puede adaptarse a otra especie de insecto para la cual no esté prevista ninguna forma de erradica-ción. Las consecuencias ecológicas de intentar alterar el equilibrio en la naturaleza entre parásitos, mosquitos y especies infectadas (los humanos entre ellas) pueden volverse en nuestra contra y aca-bar revitalizando especies de insectos que ahora mismo no son un problema, pero que pueden llegar a serlo si tienen la posibilidad de demostrarlo. Todo ello exige reflexionar y estudiar al máximo todos los aspectos antes de lanzar alguno de estos mosquitos editados y portadores de alelos de impulso genético a la naturaleza. Y, por supuesto, hacerlo tras haber obtenido los permisos correspondientes y haber dialogado extensamente con los responsables del territorio, haciéndolos partícipes de los beneficios esperables, pero también de los riesgos, muchos de ellos incontrolables e irreversibles, que deben valorarse antes de tomar una decisión de estas características.

Existen también otras estrategias diseñadas para luchar contra los mosquitos transmisores de enfermedades infecciosas que no están basadas en el impulso génico y pueden ser incluso más efectivas. La empresa británica Oxitec, hoy parte de la corporación Intrexon, diseñó unos mosquitos transgénicos (OX513A) que mueren al poco de ser liberados, tras transmitir el gen suicida a su descendencia, para disminuir el número de individuos. A diferencia del impulso génico, esta es una estrategia que no se autoperpetúa. En este caso hay que liberar regularmente mosquitos transgénicos, dado que estos y su descendencia, en el medio natural, acaban pereciendo todos tarde o temprano. Aunque en septiembre de 2019 se publicó un artículo que constata en el medio natural, en Brasil, donde se liberaron estos mosquitos en un ensayo de campo hace unos años, que algunos de los mosquitos transgénicos OX513A que se sabía que habían sobrevivido lograron transmitir y mezclar su genoma con el de los individuos locales. Se desconoce cuál puede ser el impacto real en la naturaleza de este hallazgo inesperado. También se han infectado experimentalmente mosquitos con bacterias del género *Wolbachia*, que bloquean la transmisión del parásito o patógeno al interferir con su replicación. Los primeros ensayos de campo con ambas tecnologías son prometedores, aunque serán necesarias más investigaciones para constatar la seguridad y eficacia de estas estrategias alternativas.

Para terminar este capítulo sobre impulso génico, hablemos de otros animales. Si la estrategia de impulso génico puede funcionar en animales invertebrados como los insectos, ¿por qué no en vertebrados? Los australianos y neozelandeses están estudiando estrategias basadas en impulso génico que puedan impactar en la fertilidad de algunas especies para controlar sus plagas de conejos, sapos, ratas y demás animales que campan por millones en sus territorios sin apenas depredadores (más allá de algún perro doméstico que los persigue) y que fueron introducidos en un pasado reciente con la llegada de las poblaciones humanas, causando graves daños a los ecosistemas tan delicados de estas islas que habían estado aisladas del resto de los continentes durante millones de años. ¿Pueden ser efectivas estas estrategias? ¿Pueden generar un problema medioambiental mayor del que se quiere erradicar? La respuesta es que no lo sabemos. No tenemos idea de cómo puede funcionar el impulso génico en mamíferos, por ejemplo. O, deberíamos decir, no lo sabíamos.

Una posible respuesta se conoció en febrero de 2019. Los mismos investigadores Gantz y Beier, en colaboración con otros científicos, han desarrollado una estrategia para validar un experimento de impulso génico en ratones, y publicaron su trabajo en la revista *Nature*.

En este reciente experimento con ratones, los investigadores utilizan mutantes en el gen de la tirosinasa, que codifica la enzima principal en la síntesis de melanina, con el fin de detectar fácilmente ratones sin pigmentación al generar los mutantes correspondientes. Los autores generan diversas combinaciones y detectan, en un primer experimento, la capacidad de un alelo de impulso génico para alterar el otro alelo con gran eficacia, pero no de autorreplicarse ni de copiarse entero. Es decir, la proteína Cas9 realiza el corte en el alelo contrario y este se intenta reparar por la vía del velcro-cremallera y, tras incorporar algunos INDEL (inserciones y deleciones), el gen acaba siendo mutado, pero no porque haya incorporado la totalidad de la construcción, como se había visto en el experimento con moscas, sino porque el sistema de reparación ha generado sus habituales errores de corrección. Solo detectan el verdadero impulso génico y la conversión del otro alelo por recombinación homóloga (y solo en algunos casos, no en todos los cruces) cuando logran producir la nucleasa Cas9 en la línea germinal de las hembras de ratón, durante la formación del ovario y los óvulos, pero no cuando la Cas9 se produce en machos, durante la formación del testículo y los espermatozoides.

A la vista de todos estos resultados, probablemente debamos reevaluar los temores y escalofríos que generan las estrategias de impulso génico. En insectos parece posible usarlas, pero, tarde o temprano, se autorregulan y pierden eficacia. Es dudoso que puedan tener impacto en el medio natural. Y sin embargo es más probable que puedan propiciar la aparición de nuevas relaciones entre parásitos y otras especies de vectores que actualmente no son un problema. Por lo que sí, es posible que podamos decir «este mosquito ya no me va a picar más», pero que otra especie de mosquito, prima hermana de la primera, sea la que acabe picándonos.

También deberemos seguir atentos a otras estrategias para luchar contra los mosquitos, que no están basadas en impulso génico, como posible solución al grave problema de salud causado por las enfermedades infecciosas que transmiten.

De cualquier manera, deberíamos también escuchar a los países afectados e involucrarlos en la toma de decisión. Son los países que aportan la mayoría del medio millón de muertes que se cobra la malaria cada año. Y sopesar en la balanza si merece la pena correr el riesgo de explorar el uso de estas nuevas tecnologías (sean de impulso génico o de transgénesis) para intentar controlar y reducir las poblaciones de mosquitos que siguen dispersando el parasito causante de la malaria a pesar de las posibles alteraciones en el ecosistema.

Y en cuanto a los mamíferos, aunque sobre el papel una estrategia de impulso génico sea posible, la situación hoy en día dista mucho de parecerse a la de los insectos. La eficacia de autoperpetuación del alelo de impulso génico es muy inferior en ratones a lo que se había visto en moscas y además depende del sexo que produce la nucleasa Cas9 necesaria para el proceso. Por lo tanto, a pesar de que estos resultados en ratones puedan aprovecharse en el laboratorio, para facilitar la transmisión de alelos de genes que viajan en el mismo cromosoma, su aplicación en estrategias de control de plagas parece extraordinariamente limitada, y lejana, en estos momentos, para que tengamos que preocuparnos.

12

SOBRE CHAMPIÑONES, REPOLLOS
Y TOMATES EDITADOS

Los periódicos están llenos de noticias sobre lo que podría llegar a suceder si se usaran finalmente las herramientas CRISPR de edición genética en pacientes. Páginas y más páginas se rellenan de expectativas terapéuticas que, si no se gestionan adecuadamente, pueden generar pronto el desánimo entre los colectivos de afectados por alguna enfermedad sin cura, confiados en que las CRISPR serán la solución definitiva a sus problemas. Sin embargo, no se destina el mismo espacio a comentar las múltiples aplicaciones de la tecnología CRISPR en plantas u hongos, en productos o alimentos destinados al consumo animal o humano. Y eso seguramente se debe a un error de estimación o percepción.

Deberíamos ser conscientes de que, si la tecnología CRISPR va a influir en nuestra vida de alguna manera, probablemente lo haga antes a través de lo que nos vayamos a comer y no de nuevos tratamientos innovadores, que todavía tardarán en llegar de forma rutinaria a la clínica, y no lo harán hasta lograr los niveles de seguridad y eficacia requeridos.

La generación de plantas transgénicas, modificadas genéticamente, resistentes a plagas y tolerantes a determinados herbicidas es una realidad desde los años noventa. Después se han sumado otros ejemplos de plantas con mejores cualidades nutricionales y hasta algunas resistentes a la sequía. El descubrimiento de una bacteria (*Agrobacterium*) que infecta a muchas plantas e induce la generación de tumores fue clave para la generación de plantas transgénicas. Se descubrió que la bacteria transmitía e insertaba parte de su material genético en el genoma de la planta. Este hallazgo permitió desarrollar un método básico de transgénesis, al substituir la mayor parte del ADN transferido por la bacteria por el gen que se desea insertar. Simplemente exponiendo la bacteria a las células de la planta, estas incorporaban el gen seleccionado, derivándose finalmente una planta modificada genéticamente por la introducción de ese gen. Hoy en día existen centenares de plantas transgénicas con propiedades o capacidades especiales, aunque sean solo unas pocas las que se explotan comercialmente (sobre todo soja, algodón, maíz, alfalfa, remolacha y colza).

Es ya incontestable el beneficio derivado del uso de plantas transgénicas en cuanto al incremento significativo de la producción. Y esto es así, a pesar de las polémicas interesadas y carentes de fundamento científico que durante años colapsaron el debate público de la biotecnología vegetal, en parte también propiciadas por la falta de transparencia y una política de comunicación de las empresas productoras que se demostró equivocada. No se ha demostrado ningún peligro ni riesgo adicional por el cultivo y consumo de productos derivados de plantas transgénicas. El consumo de plantas transgénicas y de sus derivados en tan seguro como el de cualquier otra planta no transgénica autorizada para el consumo. Probablemente más, incluso, debido a los múltiples análisis que cualquier planta transgénica debe superar (y que no se aplican a las variedades no transgénicas).

Lamentablemente, en Europa estos problemas sociales no han ido desvaneciéndose con el paso del tiempo, como cabría esperar, a pesar de la desautorización académica de los grupos contrarios a las plantas transgénicas, sino que han ido en aumento, sobre todo en países como Francia, mayoritariamente contrarios a los organismos modificados genéticamente. Todo ello ha repercutido en la regulación tan estricta que tenemos en Europa, que en la práctica acaba limitando o evitando la aprobación para el cultivo de cualquier planta transgénica (a pesar de que se sigue importando grano de estas mismas plantas transgénicas, fundamentalmente para alimentación animal, provenientes de otros países fuera de Europa).

La normativa actual sobre organismos modificados genéticamente (OMG) deriva de la Directiva Europea 2001/18/CE, sobre liberación intencionada en el medio ambiente de OMG. Estos se definen como «el organismo, con excepción de los seres humanos, cuyo material genético haya sido modificado de una manera que no se produce naturalmente en el apareamiento ni en la recombinación natural». Adicionalmente se aclara, en un anexo, qué técnicas de modificación genética quedan exentas de la regulación porque se consideran seguras. Por ejemplo, las técnicas de mutagénesis por irradiación o por métodos químicos, muy utilizadas desde los años cincuenta, están exentas de regulación. En la actualidad hay más de tres mil variedades vegetales obtenidas por estos métodos clásicos de mutagénesis que consumimos habitualmente (trigo, cebada, arroz, soja, patatas, cebollas, manzanas, cerezas, uvas...). Cualquiera puede consultar estas variedades mutantes en la página web de la FAO. El tipo de daño que inducen en el ADN estos métodos físicos y químicos (roturas de doble cadena en el ADN que deben repararse e inducen inserciones, deleciones y reordenamientos genómicos) es muy similar al corte y reparación posterior que provocan las herramientas de edición genética, cuya regulación por parte de esta misma legislación es hoy objeto de discusión. Naturalmente, antes de 2001 las técnicas de transgénesis vegetal conocidas no incluían la edición genética con CRISPR, que todavía tardaría doce años en aparecer.

Las técnicas clásicas para obtener plantas transgénicas se basan en la introducción de genes o construcciones génicas que no están en el genoma de la planta y que les confieren unas características especiales. Esas construcciones transgénicas, o transgenes, eran fácilmente identificables en el genoma de la planta transgénica, al estar insertadas en algún cromosoma. Por lo tanto, era relativamente sencillo detectar plantas transgénicas y hacer caer todo el peso de la legislación sobre ellas, como ha sido una constante en Europa desde los inicios de los OMG. De hecho, el método de detección del transgén y su validación para poder cuantificar su presencia en alimentos procesados son parte indispensable del dosier que cualquier promotor de plantas transgénicas debe presentar a las autoridades para su evaluación y final obtención del permiso correspondiente.

Parte del problema de los transgénicos ha sido también su mala imagen. Detrás del lanzamiento de nuevas plantas transgénicas, la sociedad no veía científicos ni universidades sino grandes empresas que generaban temores y suspicacias. Bastó que algunos grupos ecologistas supieran explotar estas fobias ya presentes en la población para polarizar el debate, como así ha sido desafortunadamente todos estos años.

En cambio, las estrategias de edición genética basadas en CRISPR tienen un origen netamente académico, en universidades y centros de investigación que, es cierto, siguen batallando por la titularidad de las patentes en el campo, pero, a la vez, permiten su uso libre en entornos académicos, lo cual propulsa la innovación constante de muchos miles de investigadores.

Además, si algo tienen las técnicas de edición genética con CRISPR es que no suelen dejar huella ni requieren el uso de genes marcadores para seleccionar la mutación deseada. El análisis de unas cuantas decenas de individuos lleva rápidamente a localizar la alteración planeada y a separarla del resto. La ventaja de las estrategias basadas en los sistemas CRISPR es que son capaces de generar mutaciones muy sutiles, con cambios aparentemente insignificantes, de eliminación o substitución de apenas pocas letras (nucleótidos) en el ADN. Y, claro, una vez retirados los reactivos CRISPR tras la modificación del genoma, a ver quién es el listo que sabe diferenciar dos variedades vegetales naturales, conocidas, que tienen normalmente una A o una T en una determinada posición de un gen, de una tercera variante en la que mediante CRISPR se ha substituido esa misma A por una T en ese gen. En ausencia de transgenes, inserciones de construcciones génicas o genes marcadores, cuesta definir la tercera variedad como transgénica, dado que es genéticamente indistinguible de la segunda variedad mencionada en ese gen, que ya tenía la T en ese lugar.

Este razonamiento es el que esgrimen muchos investigadores, entre los que me incluyo, con el fin de evitar que las plantas editadas mediante CRISPR se consideren transgénicas (y repitamos con las plantas editadas los mismos errores que se cometieron con las plantas transgénicas y que causaron, literalmente, la retirada de casi todas las empresas biotecnológicas de plantas de Europa y su traslado a otros países con legislaciones más permisivas y razonables). Es evidente que la generación de inserciones de material genético mediante CRISPR deberá seguir controlándose bajo la tutela de la directiva europea sobre OMG, pues entran de lleno en la definición oficial de transgénicos. Pero el resto de las mutaciones menores, mutaciones puntuales y deleciones que reproducen variedades genéticas ya existentes y que podrían haberse obtenido por cruces naturales (aunque el proceso habría llevado mucho tiempo y muchas generaciones), resulta difícil aceptar que deban considerarse transgénicas.

Esta también parece la dirección que están tomando las modificaciones legislativas en EE. UU., siempre orientadas al producto final (lo que se consume) y no al proceso para obtenerlo, que es lo que sucede en Europa. El responsable (secretario) del Departamento (ministerio) de Agricultura estadounidense (USDA) publicó una opinión en marzo de 2018 en la que aseguraba que su departamento no tenía pensado regular plantas generadas por edición genética que podrían haber sido desarrolladas a través de técnicas tradicionales de cultivo y cruzamiento, siempre y cuando no se tratara de plagas de plantas o de un desarrollo que usara plagas de plantas. En EE. UU. son conscientes de que estas técnicas expanden las posibilidades de explotación para empresas, granjas y granjeros, aportándoles mayor innovación y competitividad, pues permiten introducir cambios sutiles de forma rápida y eficiente, ahorrándoles décadas de cruces que serían necesarios para trasladar un carácter de interés desde una variedad vegetal a otra. Medidas similares, en favor de la edición genética de plantas, se han adoptado en Australia y Japón.

Curiosamente, uno de los primeros organismos editados que no fue regulado por el USDA no fue una planta sino un hongo, unos champiñones que no ennegrecían al ser cortados en láminas. Este ennegrecimiento u oxidación espontánea está propiciado por unas enzimas (polifenol oxidasas, PPO) que se activan al cortar los champiñones y exponerse el contenido celular al aire. El proceso oxidativo produce la acumulación de un pigmento negro (melanina, muy parecida a la que tenemos en nuestra piel y cabellos) que le da al champiñón un aspecto negruzco y estropea su aspecto visual haciéndolo menos apetecible (aunque no altera sus propiedades como alimento, pues sigue siendo apto para el consumo a pesar de que su aspecto negruzco no invite a consumirlo). Lo que hizo Yinong Yang, un patólogo vegetal de la Universidad Estatal de Pensilvania, fue inactivar uno de los seis genes *PPO* del champiñón común (*Agaricus bisporus*), causante del ennegrecimiento, mediante una estrategia de edición genética basada en las herramientas CRISPR-Cas9, promoviendo la eliminación de unas cuantas letras del gen y provocando la disminución de la actividad enzimática PPO en un 30 %. Y todo ello sin introducir ningún transgén o ADN de nuevo en su genoma. Por ello el USDA concluyó que estos champiñones no contenían material genético introducido ni podían considerarse las herramientas CRISPR-Cas9 una plaga para otros organismos. El USDA concluyó que estos champiñones editados no debían regularse según la normativa de OMG y autorizó de forma implícita su comercialización (regulada también por otras agencias que se ocupan de la seguridad de los alimentos, como la FDA y la EPA, las poderosas agencias norteamericanas de Administración de Alimentos y Medicamentos y de Protección Medioambiental, respectivamente).

En Europa, Stefan Jansson, un investigador de la Universidad de Umeå (Suecia), aplicó en 2015 la tecnología CRISPR-Cas9 para desarrollar una nueva variedad de *Arabidopsis* (una pequeña planta herbácea muy usada en estudios genéticos) con el genoma editado y retó a las autoridades suecas a definir si las plantas resultantes eran o no eran transgénicas, como él mismo explica en una conferencia TEDx fácilmente localizable en internet y en una publicación reciente en la revista *Physiologia Plantarum* (2018).

Posteriormente, junto a otros colaboradores, Jansson reprodujo un experimento similar con el repollo y obtuvo una nueva variedad editada con mutaciones en el mismo gen. El ministerio de agricultura sueco determinó durante el verano de 2016 que aquellas modificaciones en el genoma de estas plantas no debían considerarse dentro de la clasificación de transgénicos y, por tanto, podían cultivarse y consumirse sin estar sometidas a la regulación de organismos transgénicos, al no habérseles insertado ningún ADN foráneo. En realidad, las alteraciones genómicas producidas por CRISPR no insertaban nuevo material genético. Por el contrario, lo que inducían eran deleciones, eliminaciones de algunas letras del genoma de la planta, cuyo resultado era la inactivación de un gen, *Psbs,* para el cual el mismo investigador había obtenido diferentes variedades a través de diferentes métodos de mutagénesis.

Jansson y sus colaboradores cultivaron el repollo editado y lo usaron el 16 de agosto de 2016 para degustar un plato de pasta *(tagliatelle)* aderezado con repollo frito, un repollo que había sido editado con CRISPR. Las autoridades suecas ya habían emitido un veredicto favorable y esta comida, probablemente la primera planta editada consumida por personas, era perfectamente legal. Se pueden encontrar por internet imágenes y vídeos de todo el proceso, que fue documentado escrupulosamente por los investigadores, sabedores de la singularidad de este ágape histórico. Incluso la receta del plato fue publicada y algún otro restaurante sueco, como el Sjömagasinet en Gotemburgo, se animó a ofertar a sus clientes más distinguidos ese «repollo CRISPR», que es como se incluyó en la carta.

El experimento de Jansson mostró al mundo lo ridículo del argumento legal que diferenciaba plantas por el método seguido para obtener los mutantes (el proceso), a pesar de que el resultado (el producto final) fuera el mismo. Todas ellas eran plantas prácticamente idénticas, con mutaciones similares en el mismo gen. Pero solo debían regularse como OMG si se habían utilizado tecnologías clásicas para la obtención de plantas transgénicas (como el uso de *Agrobacterium* y su transferencia de genes a la planta), pero no si estas mutaciones se obtenían gracias a la exposición de las semillas a radiación o a agentes mutagénicos químicos. ¿Dónde situar las plantas con mutaciones obtenidas por edición genética mediante CRISPR? Jansson proponía que esas plantas no fueran reguladas como OMG y el ministerio sueco de agricultura le dio la razón. Sin embargo, poco después, la Unión Europea avisó a Suecia de que todavía tenía que pronunciarse sobre este tema y que, cuando lo hiciera, la directiva o normativa que se aplicara tendría un rango superior a la legislación nacional. Es decir, por mucho que Suecia hubiera decidido no regular las plantas editadas mediante CRISPR como OMG, si finalmente la UE optaba por lo contrario, la normativa sueca quedaría supeditada a la comunitaria. Una situación verdaderamente rocambolesca. Holanda también se sumó en 2017 a los postulados suecos y propuso no regular como OMG las plantas editadas genéticamente.

En julio de 2018 conocimos la sentencia del Tribunal de Justicia de la UE respecto a una demanda de un sindicato de agricultores franceses, sobre si debían también excluirse de la regulación como OMG aquellos organismos obtenidos por los nuevos métodos de mutagénesis, es decir, los procedimientos de edición genética mediada por ZFN, TALEN o CRISPR, de la misma manera que se excluyen actualmente los organismos mutantes obtenidos por mutagénesis química o por radiación. En enero de 2018 conocimos la posición del abogado general de la UE, quien dejó por escrito que no veía razones para considerar los organismos editados de forma distinta y, por consiguiente, proponía considerarlos exentos de la regulación de los OMG siempre y cuando no contuvieran ADN recombinante (ADN foráneo) u otros OMG.

Lamentablemente, la sentencia del Tribunal de Justicia de la UE fue en sentido contrario, y no es recurrible. Este alto tribunal falló que los organismos editados genéticamente deben considerarse OMG y estar regulados como cualquier otro organismo transgénico, mediante la Directiva Europea 2001/18/EC. El Tribunal ha decidido aplicar el principio de precaución y asumir (sin evidencias científicas) que los organismos editados genéticamente podrían suponer riesgos similares a los del resto de los organismos transgénicos para la salud humana y el medio ambiente (que no los tienen). Una decisión sorprendente y no por esperada menos decepcionante, que sin duda afectará al desarrollo del sector biotecnológico agrario que confiaba en poder aprovechar los beneficios de la edición genética, como ha ocurrido hasta ahora con otros procedimientos para obtener mutantes (que usan mecanismos similares de reparación y cuyo resultado es también similar, a pesar de estar mediados por otros agentes, físicos y químicos, u ocurrir de forma espontánea y no a través de la acción de editores genéticos). De nuevo Europa parece ir en sentido contrario al resto del mundo, de nuevo perderemos el tren del progreso y la innovación. Me temo que todo esto afectará a nuestra competitividad y las empresas con intereses en este sector, si no se habían ido ya de la UE, acabarán por marcharse e instalarse en entornos legislativos más favorables.

Más allá de los hongos y plantas editados, más allá de champiñones y repollos, existen hoy en día múltiples especies vegetales editadas genéticamente, en su mayoría producidas en ambientes académicos, que están en diferentes estadios de evaluación para su futura producción y comercialización. A continuación, destacaré algunos ejemplos significativos.

A partir de agosto de 2013, varios grupos de investigadores chinos documentaron las primeras ediciones genéticas exitosas con CRISPR realizadas en plantas. Un grupo desde Shanghái editó con CRISPR los genomas de *Arabidopsis* y del arroz y lo publicó en la revista *Cell Research*. Otro grupo de científicos, de Pekín, editó los genomas del arroz y del trigo y lo publicó como comentario en la revista *Nature Biotechnology*. Estas fueron las primeras especies vegetales editadas con estas herramientas. En el mismo número de la revista *Nature Biotechnology* aparecían dos comentarios adicionales que reportaban el uso de estrategias de edición génica similares en plantas de *Arabidopsis* y de tabaco, combinando la tecnología de *Agrobacterium* (insertando el gen de la endonucleasa Cas9 y una construcción que produjera la guía de ARN en el fragmento de ADN (ADN-T) para transferir entre la bacteria y la planta) con las nuevas estrategias CRISPR para generar mutantes específicos. En todos estos primeros casos se había escogido la inactivación de algunos genes específicos para validar estas primeras aproximaciones experimentales y se produjeron tanto inactivaciones como substituciones por recombinación homóloga, con eficiencias muy variables (desde un exiguo 1 % hasta superar en algunos casos el 30 %) según la especie y el locus génico de la planta. Estos estudios y los que siguieron también detectaron una bajísima proporción de secuencias no deseadas modificadas (los *off-targets*), inferior a lo observado en animales. También se pudo constatar que el sistema de reparación por velcro-cremallera era mucho más efectivo que el sistema de reparación dirigido por homología a partir de ADN molde externo. Tal y como he comentado anteriormente, la ruta limpia está presente solo en células en división, que en las plantas están situadas en los extremos de tallos y raíces, los denominados meristemos.

En octubre de 2015 se describió otra endonucleasa, la Cpf1 (hoy llamada Cas12a), prima hermana de la Cas9, en el laboratorio de Feng Zhang, en el Instituto BROAD de Boston. A diferencia de la Cas9, que deriva de la bacteria *Streptococcus pyogenes,* la Cpf1 provenía de otras dos bacterias no relacionadas: *Prevotella* y *Francisella.* Cpf1 tiene un modo de corte del ADN distinto al de Cas9. Cpf1 corta dejando extremos protuberantes y parece inducir deleciones con mayor frecuencia y de mayor tamaño. Dado que la mayoría de las aplicaciones desarrolladas para las primeras plantas editadas estaban encaminadas a inactivar genes (por ejemplo, por deleción), Cpf1 ha sido la nucleasa que se ha acabado utilizando en muchos casos, por encima de Cas9, en el mundo vegetal. De nuevo, unos investigadores chinos fueron los primeros en demostrar la eficacia de la Cpf1 en experimentos de edición genética en plantas de arroz, en junio de 2017.

En nuestro país, un grupo de investigadores del Instituto de Agricultura Sostenible del CSIC en Córdoba, dirigidos por Francisco Barro, ha obtenido una nueva variedad, no transgénica, de trigo cuyo genoma ha sido editado con herramientas CRISPR, alterando y disminuyendo su contenido en alfa-gliadinas, que son las proteínas principales del gluten. Por ello, estas plantas editadas, que conocimos en 2018, serían útiles para obtener trigo y alimentos derivados bajos en gluten, para su consumo por parte de personas celíacas. Sin embargo, la sentencia del Tribunal de Justicia Europeo ha bloqueado el posible cultivo de este trigo en la Unión Europea y ha impedido que los celíacos puedan beneficiarse del pan que podría fabricarse con él. Estos investigadores han acabado explorando acuerdos con otras empresas de EE. UU. que muy probablemente serán las encargadas de llevar al mercado este trigo editado originario de España y que sin embargo no se podrá cultivar en la Unión Europea. Y, naturalmente, esas empresas norteamericanas serán quienes nos venderán en Europa los panes con bajo contenido en gluten fabricados con el trigo cordobés. Este caso, tremendamente ilustrativo de la sinrazón en la que vivimos actualmente en Europa, debería hacernos reflexionar sobre nuestras normas y sobre la necesidad de adaptarlas a nuestro conocimiento científico actual y a las técnicas de hoy en día.

Mediante estrategias de edición genética basadas en las herramientas ZFN, TALEN y, principalmente, CRISPR, se han generado multitud de plantas con el genoma editado y propiedades beneficiosas. La resistencia a infecciones por bacterias u hongos se ha investigado en el arroz y en el trigo. Se ha podido alterar el aroma de determinadas variedades de arroz al inactivar un gen en concreto mediante edición genética. Se han generado variedades de maíz editadas que acumulan menos fósforo como fitatos, que la mayoría de los animales no pueden digerir y acaban acumulándose en el medio ambiente debido a los excrementos y orines de los animales que consumen esas plantas. Se han generado plantas de soja editadas con TALEN con un contenido más equilibrado de ácidos grasos, con una mayor proporción de ácido oleico (monoinsaturado) y una menor proporción de ácido linoleico (poliinsaturado), lo cual genera plantas de soja más saludables para el consumo humano. En Japón se ha obtenido una nueva variedad de tomates editados con CRISPR que no tienen semillas, denominados técnicamente tomates partenocárpicos, como tantos otros frutos sin semillas muy apreciados por el consumidor. También en Japón se ha obtenido recientemente una nueva variedad de trigo con CRISPR inactivando genes asociados a la germinación prematura, para impedir la germinación de las semillas en la espiga tras episodios de grandes lluvias, lo que habitualmente significa la pérdida de la cosecha. Los resultados de esta investigación se publicaron en la revista *Cell Reports* en julio de 2019.

La gran variedad de plantas editadas genéticamente alcanza también las denominadas plantas ornamentales, cultivadas y comercializadas por las formas y los colores de sus flores. Por ejemplo, Zhang y sus colaboradores consiguieron en 2016 obtener nuevos mutantes albinos en variedades de petunia editadas genéticamente mediante CRISPR. La edición genética permite obtener nuevas formas y nuevos colores, hasta ahora prácticamente imposibles o muy difíciles de conseguir en estas plantas ornamentales.

Para completar este capítulo, me referiré a un experimento reciente de edición genética en plantas de tomate que probablemente sea ilustrativo de la diversidad de aplicaciones que las herramientas CRISPR pueden desplegar en organismos vegetales. Rodríguez-Leal y sus colaboradores publicaron en 2017, en la prestigiosa revista *Cell,* un magnífico estudio que detallaba cómo pueden utilizarse las herramientas CRISPR para generar alteraciones genéticas no ya en los genes de interés sino en sus zonas reguladoras, las regiones limítrofes que contienen las instrucciones que le dicen al gen dónde y cuándo tiene que empezar a transcribirse a ARN para acabar dando lugar a la proteína que será la responsable de la función de ese gen. Estos autores decidieron dirigir las guías ARN de los sistemas CRISPR a las zonas reguladoras de tres genes distintos, cuyos productos controlan el tamaño del fruto, la arquitectura de la flor y el tipo de crecimiento en el tomate. Obtuvieron muchos mutantes que pudieron estudiar por separado, cada uno de ellos con cambios progresivos, medibles en alguno de los tres parámetros seleccionados, y demostrando la utilidad de las herramientas CRISPR para analizar la contribución de los llamados caracteres cuantitativos en la producción de frutos de tomate con diferentes características.

Según el Consejo de Ciencia y Tecnología Agrícola (CAST, 2017), la producción actual de vegetales no será suficiente para satisfacer las necesidades futuras de alimentación de toda la población mundial, que sigue aumentando. Es por tanto esencial que se desarrollen tecnologías (como la edición genética mediante CRISPR) para producir nuevas variedades de plantas que logren aumentar los rendimientos de producción, que aprovechen mejor los suelos y estén mejor adaptadas a las condiciones ambientales extremas de calor y sequía que se prevén para grandes áreas de nuestro planeta. La edición genética es una de las oportunidades tecnológicas que no deberíamos desaprovechar. Nos jugamos el futuro.

«LA EDICIÓN GENÉTICA ES UNA DE LAS OPORTUNIDADES TECNOLÓGICAS QUE NO DEBERÍAMOS DESAPROVECHAR».

Todo parece indicar que en Europa deberemos contentarnos con ser meros espectadores de lo que ocurra en otros países, tras la reciente sentencia del Tribunal de Justicia de la UE, que ha determinado regular los organismos editados genéticamente como si fueran transgénicos, cuando en realidad no lo son.

Un rayo de esperanza ha surgido en noviembre de 2018, con el informe hecho público por el Grupo de Altos Asesores Científicos de la Comisión Europea. Estos investigadores subrayan las inconsistencias y alertan de las consecuencias negativas para Europa de dicha sentencia. Recomiendan que las decisiones judiciales o políticas se tomen en base a evidencias científicas, no en base a otras consideraciones de índole social o económica, que nada tienen que ver con la ciencia. Y, finalmente, recomiendan que se ponga el foco de la regulación y la inspección en el producto final, no en el proceso elegido para llegar a él.

Es importante reseñar que numerosos investigadores e instituciones científicas europeas han instado a la Comisión Europea a actualizar o cambiar la Directiva Europea 2001/18 para permitir que los organismos editados no sean regulados de igual manera que los transgénicos. Si finalmente somos capaces de cambiar una norma que se gestó a finales de los 90 del siglo pasado, mucho antes que descubriéramos las posibilidades que nos ofrecen las herramientas CRISPR, conseguiremos que esta nueva revolución biotecnológica no pase de largo en Europa. Si no lo conseguimos condenaremos nuestro continente a tener que adquirir fuera de la Unión Europea, los productos editados, mejor adaptados y más productivos.

En el mes de julio de 2023 la Comisión Europea publicó una propuesta de reforma legislativa para regular el uso de las plantas editadas genéticamente, que todavía sigue hoy en día (julio de 2025) en discusión con el Consejo Europeo y el Europarlamento.

13

¿CURAMOS AL ENFERMO O AL BEBÉ QUE TODAVÍA TIENE QUE NACER?

Desde el mismo momento en que las tecnologías de edición genética con CRISPR se convirtieron en una realidad, en 2013, y rápidamente se popularizaron, era evidente que la frontera de los nuevos métodos estaría en los embriones humanos. La posibilidad de editar el genoma de embriones humanos y, con ello, influir sobre su desarrollo y características finales, era demasiado tentadora para no discutirse extensamente en múltiples debates que se organizaron *ad hoc*. También sabíamos, todos los que trabajamos en este campo, que sería cuestión de tiempo que alguien, en algún lugar del mundo, decidiera usar embriones humanos para experimentos de edición genética en el laboratorio. Por eso no sorprendió constatar las encendidas discusiones que se mantuvieron al respecto en medios de comunicación y en congresos, con partidarios a favor y en contra de la edición genética en embriones humanos.

En el próximo capítulo contaré, más en detalle, lo que puede hacerse y lo que no desde el punto de vista legal. Y lo que debe hacerse y lo que no desde el punto de vista ético. Baste aquí mencionar que la modificación irreversible del genoma humano en embriones y el uso posterior de estos embriones para implantarlos en una mujer para su gestación es una técnica prohibida en la gran mayoría de los países que han legislado al respecto. Por el contrario, la posibilidad de usar embriones humanos, cuando son sobrantes de protocolos de reproducción asistida, y destinarlos a investigación, dentro de unos límites temporales y sin que puedan implantarse en ningún caso, es ciertamente posible en muchos países, como en España. En cambio, la constitución de embriones humanos, *ad hoc,* con el objeto de poder usarlos en investigación, creándolos a tal efecto, también está muy restringida y habitualmente no se permite en la mayoría de los países. En la primavera de 2015, las noticias de que algún laboratorio podía haber ya editado embriones humanos y que algún manuscrito con la descripción de los resultados podía estar siendo considerado para su publicación corrieron como la pólvora. Y muchos investigadores acudieron a los foros de debate a posicionarse al respecto, favorables o contrarios a esta posibilidad, ¡sin saber todavía si el experimento se había llevado a cabo! Los partidarios ondeaban la bandera de la cura o erradicación de muchas enfermedades congénitas como potencial beneficio a tener en cuenta para permitir su aplicación. Los contrarios pedían prudencia, recordando que todavía no se podía controlar suficientemente la técnica de edición genética para asegurar el resultado esperado y que, para la gran mayoría de las aplicaciones propuestas, casi siempre había alternativas que no requerían la modificación genética de embriones. En lo que todos parecían estar de acuerdo era en la necesidad de convocar alguna reunión internacional donde discutir urgentemente estos temas, que todos anticipaban serían una realidad y estarían encima de la mesa más pronto que tarde. En todos estos artículos y foros se recordaba la famosa conferencia de Asilomar (California, EE. UU.) en 1975, donde se discutieron los potenciales beneficios y peligros de la entonces naciente ingeniería genética, los métodos que empezaban a permitir cortar y pegar fragmentos de ADN de distintas especies en lo que se llamaron técnicas de ADN recombinante. En esa primera conferencia, se propusieron las primeras recomendaciones y las primeras normas mínimas de seguridad para el uso responsable de aquellas nuevas tecnologías. La explosión de las técnicas de edición genética mediante las herramientas CRISPR, cuarenta años más tarde, parecía aconsejar una segunda conferencia en Asilomar. Paul Berg, uno de los organizadores de la conferencia de 1975, resumió esa reunión histórica en un artículo que apareció en *Nature* en 2008 refiriéndose a la conferencia como «congresos que cambiaron el mundo».

A mediados de marzo de 2015, un grupo de investigadores muy prestigiosos, que incluía varios galardonados con el Premio Nobel y otros muy significados en el campo de la edición genética, publicó en la revista *Science* un artículo de opinión con voluntad de influir en el debate sobre la posible edición genética de embriones humanos. La reflexión llamaba a ejercer la transparencia, como elemento principal de cualquier debate, para ganar credibilidad frente a la sociedad, a la que se debía informar adecuadamente de los posibles beneficios, así como de los riesgos de estas nuevas tecnologías fascinantes y maravillosas que, sin embargo, debían estudiarse con cautela antes de dar el salto desde el laboratorio a la clínica. Los autores de la tribuna eran conscientes de que el debate no estaba ya en si se debía permitir o no la edición genética en embriones humanos, sino en qué íbamos a hacer y cómo íbamos a responder cuando conociéramos el primer experimento realizado con embriones humanos. Todo el mundo sabía que era cuestión de tiempo que se publicara el primer trabajo al respecto. El artículo de opinión incluía cuatro recomendaciones importantes: (1) desaconsejar firmemente, incluso en países en los que estuviera permitido por la ley, cualquier intento de editar genéticamente embriones humanos con fines clínicos mientras estas técnicas estén todavía en discusión, desde una perspectiva científica o social; (2) constituir foros de debate donde expertos científicos y en bioética puedan aportar información al respecto de estas técnicas y sus implicaciones, en todos los ámbitos; (3) promover la investigación sobre la especificidad y eficiencia de las técnicas de edición genética con CRISPR en humanos y en otros organismos; y (4) convocar un comité internacional de expertos de todas las áreas relevantes para estudiar todos estos aspectos de la edición genética y para que recomienden las políticas que deberían seguirse al respecto.

La noticia que todos esperaban y algunos temían saltó un mes más tarde. El 18 de abril de 2015 apareció publicado un primer estudio, de Liang y colaboradores, realizado por investigadores chinos de la Universidad Sun Yat-sen, de Cantón, en el que documentaban los primeros ejemplos de edición genética mediada por CRISPR en embriones humanos. El artículo había sido valorado por algunas de las revistas más prestigiosas, pero, al parecer, o bien no se habían atrevido a publicarlo o consideraron que no tenía suficientes méritos científicos. Rechazaron su publicación en las revistas *Nature* y *Science*. Lo cierto es que daba igual dónde acabara publicado. Finalmente fue en la revista *Protein Cell,* digna, pero con mucho menor prestigio y repercusión, que de pronto recibió una atención desmesurada a raíz de aquel artículo. A los investigadores chinos les llovieron críticas y acusaciones por todas partes y de todo tipo. Pero también hubo otros (entre quienes me incluyo, y así lo manifesté en artículos e intervenciones en medios de comunicación donde comentaba la llamada «noticia del siglo» sin sospechar entonces que la verdadera noticia del siglo llegaría en noviembre de 2018, con el nacimiento de los primeros bebés en China derivados de embriones editados genéticamente con CRISPR, como comentaré más adelante) que consideraron que, si estos experimentos se habían realizado, lo más importante era conocer su resultado y saber exactamente cómo se habían hecho para poder aprender de ellos.

Circunstancialmente, yo había tenido ocasión de visitar Cantón hacía dos años, en marzo de 2013, con motivo de un congreso internacional de transgénesis animal que celebramos allí, organizado en colaboración con la sociedad ISTT, que habíamos fundado en España en 2006. Y recuerdo que quedé abrumado por una ciudad de más de 14 millones de habitantes, la tercera más poblada de China tras Shanghái y Pekín. Por su población (por su insoportable contaminación) y por su enorme avance tecnológico. En el congreso incluimos un curso práctico de manipulación de embriones de ratón que se celebró precisamente en el flamante Centro de Modelos Animales de Enfermedad, recién inaugurado y perteneciente a la misma Universidad Sun Yat-sen de la cual provenía aquel primer estudio de edición genética en embriones humanos. Recuerdo perfectamente mi asombro al descubrir las decenas de laboratorios nuevos e impolutos, perfectamente dotados con los equipos microscópicos de última generación necesarios para poder microinyectar embriones de mamífero, que se abrían a derecha y a izquierda en los interminables pasillos del centro. Por todo ello, no me sorprendió en absoluto descubrir que la primera publicación que demostraba que la edición genética en embriones humanos era posible tuviera su origen en esa misma universidad.

¿Qué experimentos reportaron los investigadores de Cantón? Para empezar, hay que decir que estos eran muy conscientes de la relevancia de su experimento y, en consecuencia, tomaron todas las medidas posibles para realizarlo con la máxima seguridad y credibilidad, asegurándose de obtener los permisos del comité de ética de su universidad antes de abordar el experimento. Decidieron utilizar embriones humanos anómalos, triplonucleares, producto de fecundaciones *in vitro* aberrantes que suelen darse en cualquier ciclo de reproducción asistida. Estos embriones derivan de la fecundación simultánea de un óvulo por dos espermatozoides. El resultado es un embrión que tiene tres copias de cada gen (3N) en lugar de la dos normales (2N). Estos embriones 3N (que también se dan en procesos de fertilización *in vitro* en el ratón) pueden continuar dividiéndose durante un tiempo limitado, pero rápidamente degeneran y nunca dan lugar a un embrión implantado ni a un feto ni mucho menos a un bebé. Por ello, los procedimientos rutinarios de control de calidad que se aplican en las clínicas de infertilidad humana los detectan inmediatamente y los separan, o bien para su destrucción o, como sucedió en este caso, tras obtener los permisos correspondientes, para investigación. Para que quede claro: estos investigadores decidieron usar unos embriones humanos que sabían que, si alguien hubiera tenido la tentación de implantarlos, nunca habrían podido llegar a término ni dar lugar a ningún bebé editado.

Decidieron explorar la posible edición genética del gen de la betaglobina humana *(HBB)*, cuyas mutaciones pueden ocasionar graves enfermedades de la sangre, como la beta-talasemia o la anemia falciforme. Diseñaron una serie de guías ARN dirigidas a zonas internas del gen, seleccionaron las más adecuadas en células humanas en cultivo y las microinyectaron, junto con ARN para la nucleasa Cas9 y ADN molde portador de varias mutaciones silenciosas (que cambian el ADN, pero no alteran los aminoácidos codificados por el gen) para investigar la posibilidad de edición. En total inyectaron

86 embriones humanos 3N y los recolectaron 48 horas más tarde para su análisis. Mas del 80 % sobrevivieron a la agresión física que representa la microinyección. En aproximadamente un tercio de ellos encontraron pruebas de que la proteína Cas9 había cortado en la zona prevista. En cuatro embriones constataron la presencia de alelos editados, de acuerdo al ADN que se le había ofrecido al sistema como molde. Y en siete embriones adicionales hallaron evidencias de que la reparación parecía haber ocurrido tomando otro gen endógeno muy parecido *(HBD)* como molde. En todos los casos en los que había edición, los embriones aparecían como mosaicos genéticos (diferentes células del embrión habían acumulado variantes genéticas alélicas distintas). También encontraron evidencias de corte de las guías ARN junto con la Cas9 en secuencias similares no deseadas del genoma, los denominados *off-target*.

A nadie con conocimientos de cómo funcionan los reactivos CRISPR en cualquier otra especie de mamíferos deberían sorprender estos resultados. Ni a mí ni a mis colegas que usamos embriones de ratón y los editamos constantemente con herramientas CRISPR. Encontramos un bajo nivel de edición genética de acuerdo a los planes experimentales (alrededor de un 5 % en el experimento reportado por los investigadores chinos), encontramos regularmente ese mosaicismo genético que ellos también detectaron, con la aparición de múltiples alelos producto de diversos intentos de reparación de la propia célula tras el corte inducido por las herramientas CRISPR. Y podemos encontrar también, a veces, evidencias de alteraciones en secuencias parecidas del genoma que se cortan y se reparan de forma no deseada debido a su similitud de secuencias.

En definitiva, ¿qué descubrieron estos investigadores chinos tras todo el revuelo causado por la primera edición genética reportada de embriones humanos? Pues nada distinto de lo que ya sabíamos y habíamos detectado en otras especies de mamífero, particularmente en el ratón. Es decir, no somos tan distintos. La cautela y la prudencia que recomendábamos quienes trabajamos con ratones se confirmaba con este experimento en embriones humanos. A mí, obtener un 5 % de embriones de ratón con la modificación correcta, planificada, me puede parecer un triunfo estupendo, un gran resultado experimental. Este porcentaje, por ejemplo, sobre 20 ratones nacidos, quiere decir que encuentro uno que ha recombinado tal y como queríamos. Ese es el ratón que yo selecciono para mis experimentos, mientras que descarto los otros 19, que no necesito. Sé gestionar bien esos porcentajes con animales de laboratorio. Pero no sé cómo podríamos gestionar estos porcentajes en personas. En el supuesto e imaginario caso de que hubiéramos podido implantar todos esos embriones humanos en mujeres, para su gestación, al ver que solo un 5 % (4 de 86) habían sido editados de forma correcta, ¿cómo deberíamos gestionarlo? ¿Qué hacemos con los 82 restantes? ¿Los descartamos también, como haríamos con los ratones? Además, como en los ratones, los embriones humanos resultantes darían lugar a personas mosaico, con diversos alelos genéticos en sus células. En el ratón, yo sé gestionar perfectamente ese mosaicismo genético. Simplemente, pongo a cruzar el animal portador del alelo deseado y, mediante cruces y selección de crías, me quedo con aquellas que heredan la variante genética en la que estoy interesado y descarto el resto de las crías que heredan otras variantes del animal mosaico original. ¿Cómo lo haríamos en personas?

Por supuesto, ese experimento es éticamente inasumible y legalmente imposible en muchos países. Afortunadamente, añadiría yo. Ni es prudente ni es recomendable aplicar todavía las técnicas de edición genética en embriones humanos. Consideraciones legales aparte, simplemente el grado de eficacia y seguridad que podemos conseguir hoy en día es todavía muy insuficiente para garantizar de forma razonable el resultado deseado. Alguien podría decir que esto se podía haber intuido ya a partir de los experimentos que realizamos con ratones y otras especies de mamíferos, cuando encontramos las mismas limitaciones y resultados no deseados. Pero, gracias al trabajo de Liang y sus colaboradores, ahora lo podemos confirmar experimentalmente en embriones humanos. Por eso es importante que se llevara a cabo este experimento, con todas las garantías y los permisos. Y por eso era tan importante que se comunicaran y compartieran los resultados.

Tras esa primera publicación de Liang siguieron otras similares, también de diferentes equipos de investigadores en China, que se publicaron en los dos años siguientes. En la mayoría de los casos, los científicos seguían utilizando embriones humanos 3N, descartados de procedimientos de fecundación *in vitro*. Kang y sus colaboradores exploraron en 2016 la posibilidad de incorporar una mutación en el gen del receptor *CCR5* como una posible vía terapéutica para limitar o bloquear la infectividad del virus del SIDA, que utiliza esta proteína para penetrar en el interior de los linfocitos. Encontraron la mutación deseada en entre el 5 y el 15 % de los embriones inyectados, y en más del 50 % detectaron mutaciones adicionales que indicaban mosaicismo genético. En este estudio no detectaron mutaciones no deseadas. Tang y colaboradores, además de utilizar también embriones humanos 3N, reportaron en 2017, por vez primera, el uso de embriones humanos 2N, obtenidos a partir de óvulos inmaduros de mujeres, madurados en el laboratorio y fertilizados con esperma humano de donantes mediante procedimientos de ICSI (inyección intracitoplasmática de espermatozoides), un procedimiento rutinario en las clínicas de infertilidad que se ofrece a parejas en las cuales el varón tiene un esperma de baja calidad o baja motilidad, incapaz de fecundar un óvulo sin ayuda. Es decir, en este estudio, las mujeres y varones participantes aceptaron donar sus óvulos y espermatozoides para poder usarlos en un procedimiento de fecundación *in vitro* y destinar los embriones humanos resultantes a la investigación. Esto es ilegal en muchos países, como el nuestro. De nuevo estos investigadores reportaban eficiencias de edición generalmente inferiores al 25 %, con alguna excepción con porcentajes superiores, pero de nuevo con un altísimo porcentaje de mosaicismo genético.

Ante la ya gran cantidad de experimentos publicados encaminados a la edición genética de embriones humanos, la bióloga española Anna Veiga, responsable del primer procedimiento de fecundación *in vitro* que culminó en el nacimiento de una niña en nuestro país, en la clínica Dexeus de Barcelona en 1984, coordinó una interesante revisión que recogía los diversos procedimientos que, técnicamente, podrían utilizarse para modificar el genoma de embriones humanos si alguna vez se consideraba oportuno hacerlo, bien actuando directamente sobre ellos o sobre los gametos o durante la generación de los mismos, o sobre células pluripotentes embrionarias, entre otros métodos.

La publicación del primer experimento de edición genética en embriones humanos propició la celebración de una cumbre internacional sobre el tema, coorganizada por las academias de ciencias de EE. UU. y de China y la Royal Society británica, que se celebró en Washington en diciembre de 2015. En internet pueden encontrarse todas las intervenciones de los participantes, que son bien interesantes y muy recomendables de escuchar. En especial quiero referirme aquí a la intervención de Eric Lander, director del Instituto BROAD de Boston, pues aporta argumentos adicionales para recapacitar antes de lanzarnos alegremente a editar genéticamente embriones humanos.

«Ni es prudente ni es recomendable aplicar todavía las técnicas de edición genética en embriones humanos».

Ya he dicho que la edición genética en embriones humanos es todavía imprudente, en muchos países ilegal, y ahora voy a explicar que probablemente sea innecesaria en muchos casos, en su gran mayoría. Ese fue el mensaje de Lander en 2015. Si una pareja sana se sabe portadora de mutaciones en un mismo gen que pueden causar una enfermedad congénita grave, hoy en día puede solicitar un diagnóstico genético preimplantacional (DGP). Para ello, deberán acudir a una clínica de infertilidad y aportar una muestra de sus óvulos y su esperma, que se usarán para obtener embriones humanos mediante fecundación *in vitro* o ICSI y, a continuación, de cada uno de los embriones resultantes, cuando alcanzan el estadio en el que están formados por entre 8 y 16 células (cuando se denominan mórulas), utilizar el micromanipulador bajo el microscopio para obtener una o dos células de ese embrión en desarrollo, una biopsia, para poder diagnosticarlas genéticamente y descubrir si son embriones portadores o exentos de la mutación, y por lo tanto sanos, o si por el contrario son portadores de las dos copias anómalas y entonces ese embrión daría lugar a un niño o niña con la enfermedad que se quiere evitar. En otras palabras, mediante procedimientos de selección de embriones en el laboratorio, actualmente disponibles, es posible decidir qué embrión se va a implantar finalmente en el útero de la mujer para su gestación, con seguridad, sin necesidad de aplicar protocolos todavía inseguros e ineficaces de corrección mediante edición genética. Es por lo tanto innecesario, por el momento, aplicar las técnicas de edición genética para embriones humanos cuando tenemos a nuestra disposición tecnologías como el DGP en prácticamente todas las clínicas de infertilidad del mundo.

Evidentemente, y a eso también se refirió Lander, hay excepciones para el uso del DGP. Por ejemplo, si uno de los miembros de la pareja es portador de una mutación en homocigosis (los dos alelos son mutantes) y dicha mutación es dominante (basta una sola copia para manifestar la enfermedad), entonces todos los embriones, todos los hijos de esa persona manifestarán la enfermedad y no habrá manera de encontrar ningún embrión por DGP que no herede una de las copias mutantes. Este sería el caso de una persona portadora de alelos mutantes de la enfermedad de Huntington en homocigosis y por lo tanto también afectada por esta patología. Es un caso muy improbable, aunque posible. Otra excepción sería que los dos miembros de una pareja estén, padre y madre, afectados por una enfermedad y sean portadores de mutaciones en homocigosis en el mismo gen, o portadores de mutaciones heterocigotas compuestas (un alelo distinto, todos mutantes, en cada copia) también en el mismo gen. En este caso, todos los hijos heredarán dos copias anómalas de ese gen y manifestarán también la enfermedad. Y de nuevo el DGP no podría discriminar.

Para estos casos, en los cuales el DGP puede no ser útil para discriminar embriones libres de mutación, existen hoy en día múltiples soluciones mediante procedimientos de reproducción asistida. Por ejemplo, usar óvulos o esperma donados por otras personas que no presentan mutaciones en esos genes. O, por supuesto, tomar en consideración la adopción de niños abandonados o huérfanos de padres.

En la reunión de Washington no solo se discutió la posibilidad de usar la edición genética en embriones humanos con fines terapéuticos, sino también con fines de mejora, para adquirir o mejorar alguna característica, algo que no está en el objetivo de los investigadores pero que sin duda exacerba de forma recurrente la imaginación y suscita el debate sobre los llamados «bebés de diseño», al que me referiré en el capítulo siguiente. De cualquier manera, y subrayando las muchas incertidumbres que todavía tenemos respecto a la técnica de edición genética, que aconsejan no utilizar estos métodos para la modificación dirigida de embriones humanos mientras no se haya avanzado mucho más en el control de estos métodos y la sociedad haya reflexionado al respecto, una de las conclusiones de esa reunión de 2015 que rápidamente llegó a los titulares fue que se acordó no prohibir la edición genética en embriones humanos: la llamada terapia génica germinal. Pero otro de los mensajes importantes de la cumbre fue el de promover la investigación y el desarrollo de nuevos tratamientos que pudieran administrarse a personas afectadas de alguna enfermedad congénita sin que ello tuviera impacto en generaciones futuras: la llamada terapia génica somática.

Por el contrario, en Europa, a través del Comité de Bioética del Consejo de Europa, el mismo mes de diciembre de 2015, se volvía a aludir al principio de precaución para analizar los posibles riesgos asociados a la edición genética de embriones humanos y se recordaba la existencia del Convenio de Asturias, firmado en Oviedo en 1997 y subscrito por la mayoría de los países europeos, que prohíbe explícitamente, en su artículo 13, la inclusión de modificaciones genéticas en el genoma humano que puedan trasladarse a la descendencia, inhabilitando *de facto* cualquier intento de edición genética de embriones humanos. De nuevo, la tradicional diferencia a ambos lados del océano Atlántico. Por un lado, EE. UU. no prohíbe, pero recomienda no aplicar las técnicas de edición genética en embriones humanos mientras no mejoremos mucho su seguridad y eficacia. Y, por otro lado, Europa prohíbe la aplicación de las mismas técnicas en embriones humanos, invocando el principio de precaución y la existencia de convenios firmados y en vigor que explícitamente lo prohíben.

Una nueva vuelta de tuerca en este debate estaba gestándose durante 2016 y 2017 y culminó con la publicación el 2 de agosto de 2017 de otro artículo científico en la revista *Nature* que revolucionó el campo de la edición genética de embriones humanos. El nuevo estudio estaba dirigido desde Oregón (EE. UU.) por Shoukhrat Mitalipov, experto en embriología de primates y en el desarrollo de nuevas tecnologías de manipulación embrionarias en primates no humanos y en humanos, con la colaboración de otros equipos norteamericanos y coreanos.

El trabajo de Mitalipov, siguiendo la estela del experimento realizado por Tang y colaboradores unos meses antes en China, procedía a investigar la posible corrección de una mutación en embriones humanos mediante edición genética con CRISPR. Para ello, estos investigadores no utilizaron embriones humanos derivados de procedimientos de reproducción asistida, sobrantes o anómalos y cedidos para la investigación, sino que optaron por crear, *ad hoc*, los embriones que necesitaban, en el laboratorio. Este es un procedimiento ilegal en muchos países, como España. Mitalipov y sus colaboradores obtuvieron los embriones para realizar sus experimentos mediante fecundación *in vitro* a partir de óvulos donados por mujeres sanas y esperma de un varón portador (heterocigoto) de una mutación dominante en el gen *MYBPC3*, asociada al desarrollo de una enfermedad cardiovascular grave llamada cardiomiopatía hipertrófica, que puede presentarse de forma súbita en la edad adulta. Los donantes consintieron libremente en donar sus gametos para realizar estos experimentos.

Estos investigadores exploraron diferentes rutas para administrar los reactivos CRISPR para corregir la mutación en el gen *MYBPC3* aportada por el varón, tanto después de la fecundación *in vitro*, microinyectándolos en el zigoto, como durante la misma, realizada en este caso mediante ICSI. Utilizaron 167 óvulos que, tras los diferentes métodos de fertilización y edición, dieron lugar a 142 embriones humanos, que pudieron mantenerse en cultivo y de los cuales 131 pudieron llegar a ser analizados en el estadio de 4 a 8 células. El análisis de los embriones resultantes indicaba lo siguiente. En los embriones de control, usados para fertilizar los óvulos con el esperma heterocigoto del varón portador de la mutación, hallaron que, aproximadamente, el 50 % de los embriones resultantes habían heredado la mutación y el ~50 % restante habían heredado el alelo silvestre intacto, tal y como esperaríamos de un individuo heterocigoto. En el segundo grupo de embriones, en el que los reactivos CRISPR (la guía ARN específica, la proteína Cas9 y el ADN molde de cadena simple para restaurar la mutación) se habían microinyectado en el citoplasma del zigoto, poco después de la fertilización, encontraron un 66,7 % de embriones sin mutación (esto es, un 16,7 % más de lo que cabría esperar, y esta diferencia sería en principio atribuible a la edición genética), un 9,3 % con la presencia de la mutación, que no había sido reparada, y el 24 % restante correspondía a embriones mosaico con diferentes alelos. El tercer grupo de embriones, obtenidos mediante ICSI, en los que se había aprovechado la inyección del esperma para comicroinyectar los reactivos CRISPR, encontraron un 72,4 % de embriones sin mutación (de nuevo el 22,4 % sería atribuible a la edición genética), y el resto (24,6 %) eran embriones con inserciones y deleciones (INDEL) distintas a las esperadas, pero no se documentaba aparentemente la presencia de embriones mosaico.

Algunas notas de prensa difundidas tras el estudio hablaban de un experimento con embriones humanos que había logrado eficiencias muy significativas de corrección génica, del 66,7 o del 72,4 %, olvidando que el esperma utilizado provenía de un varón heterocigoto y que, por lo tanto, por lo menos el 50 % de esas cifras no sería atribuible a correcciones por edición genética mediada por CRISPR sino al resultado normal de la genética en un cruce de estas características.

En el tercer grupo de embriones, en los que se habían comicroinyectado los reactivos CRISPR junto con el esperma en el óvulo, mediante la técnica ICSI, sorprendía no encontrar embriones con algún alelo mutante (como si todos hubieran sido corregidos o editados de alguna manera) y, todavía más, que ninguno de ellos fuera mosaico, algo nunca observado en experimentos similares de otros laboratorios. Pero, sin duda, lo más sorprendente de todo era un subgrupo de experimentos, incluidos en la publicación, en el que los investigadores documentaban la presencia de embriones sin mutaciones en porcentajes superiores al 50 % (en los que cabría suponer que la edición genética era responsable de cualquier porcentaje por encima del 50 %), incluso cuando eliminaban de la mezcla de componentes CRISPR el ADN molde de cadena sencilla con la secuencia correcta del gen. La interpretación de los autores era que, en estos casos, el alelo materno (derivado del óvulo de una mujer sana) sería el que se utilizaría de molde para corregir el alelo mutante aportado por el padre de ese embrión. Estos dos hechos sorprendentes ocurrían cuando la administración de los reactivos CRISPR se realizaba a través de ICSI, concediéndole a esta técnica de reproducción asistida un valor añadido adicional, no descubierto hasta entonces. Los autores no encontraron alteraciones significativas en otras partes del genoma, en secuencias no deseadas.

Naturalmente, el artículo causó mucho revuelo mediático y fueron muchas las opiniones, a favor y en contra, del experimento y su posible utilidad terapéutica, que parecía demasiado prometedora, con mejoras significativas en los porcentajes de corrección y en la precisión de los resultados obtenidos. Pero, en cualquier caso, la prudencia recomendaba esperar a que estos experimentos se replicaran en otros laboratorios para poder confirmarse. El problema principal radicaba en que el experimento realizado por Mitalipov era ilegal en muchos países, incluido el nuestro, y por lo tanto era difícilmente comprobable o repetible. Si nosotros lo hubiéramos intentado repetir en Madrid, habríamos acabado seguramente en la prisión de Soto del Real. Como comentaba Heidi Ledford en la revista *Nature*, se trataba de un experimento que empujaba los límites científicos y éticos más allá de lo logrado hasta el momento.

La credibilidad del equipo parecía fuera de toda duda. ¿Quién es Shoukhrat Mitalipov? Mitalipov es un reconocido embriólogo de primates, nacido en Kazajistán y formado en Moscú, que acabó trabajando en Portland (EE. UU.), en la Universidad de Salud y Ciencia de Oregón. En 2012, fue pionero en experimentos con embriones quiméricos[5] en monos Rhesus. En 2013 fue quien acabó reportando las primeras células embrionarias pluripotentes humanas clonadas, un experimento que se había resistido a los especialistas del campo tras los experimentos fraudulentos de Woo Suk Hwang publicados en 2004 y 2005 y luego retirados. Y también es uno de los pioneros

---

[5] Las quimeras u organismos quiméricos se obtienen al mezclar células genéticamente diferentes o de invididuos distintos. El embrión o animal resultante tiene partes de su cuerpo con células derivadas de las diferentes células utilizadas.

en desarrollar las técnicas de transferencia de placa metafásica de cromosomas o corpúsculos polares entre óvulos,[6] en 2013 y 2017, respectivamente, que han permitido generar embriones libres de mutación de madres portadoras de mutaciones en genes mitocondriales (los bebés popularmente conocidos como hijos de tres padres: el padre que aporta el esperma, la madre que aporta solo los cromosomas de su óvulo y una mujer sana que aporta el óvulo enucleado con las mitocondrias sin mutación). Por todo ello, el artículo suscitaba apoyos entre los expertos del campo, aunque no acabó de convencer a todos.

A finales de agosto de 2017, un grupo de investigadores especialistas en recombinación homóloga y en las primeras fases de desarrollo embrionario, como Dieter Egli, George Church, Allan Bradley o Maria Jasin, depositaron un manuscrito en el servidor de BioRxiv en el que cuestionaban elegante pero abiertamente la interpretación de los resultados del trabajo de Mitalipov. Este comentario argumentaba que los éxitos en la reparación del gen *MYBPC3* en el experimento citado estaban basados en la no detección del alelo mutante y la amplificación del alelo sano, lo cual tenía unos riesgos considerables. En efecto, tras el corte propiciado por la nucleasa Cas9, guiada por la guía ARN, el sistema de reparación de la célula empieza a resolver el corte. Si usa la ruta de la cremallera o velcro (explicada en el capítulo 2), acabará incorporando inserciones y deleciones de letras (INDEL) que pueden extenderse a grandes distancias, en ambas direcciones alrededor del sitio del corte en el genoma. Y puede que entre las secuencias modificadas estén las complementarias a los cebadores, unas pequeñas secuencias de ADN que se usan para amplificar, mediante la reacción de la polimerasa en cadena (PCR),[7] el fragmento que debe contener la mutación corregida.

---

[6] Técnicas de reproducción asistida que permiten tener hijos a parejas cuya madre es portadora de mutaciones en los genes de sus mitocondrias.

[7] La reacción de la polimerasa en cadena o PCR, mencionada en el capítulo 11, permite amplificar grandes cantidades de una secuencia de ADN específica utilizando dos cebadores, dos pequeñas secuencias que flanquean la secuencia que se quiere amplificar, y una proteína polimerasa capaz de producir muchas copias de esta secuencia.

En todos los casos, al tratarse de mujeres sanas las que aportaron sus óvulos, hay por lo menos una copia correcta del gen (la materna), perfectamente amplificable. Estos investigadores cuestionan que al amplificar con esos cebadores y solo encontrar el alelo silvestre, no sea porque es imposible amplificar el alelo paterno, no corregido, pero cuyas secuencias de ADN para ser amplificado han resultado afectadas. En otras palabras, es muy posible que Mitalipov contabilizara como positivas para la corrección del gen situaciones en las cuales la modificación del alelo paterno habría sido considerable, inhabilitando así su amplificación. Para confirmar o desmentir esto no queda otra que secuenciar completamente (secuencia genómica total) todos los embriones humanos usados por los investigadores, y no solo algunos como documentan en su publicación.

La segunda crítica vertida sobre este estudio tiene que ver con la posibilidad, real en experimentos de ICSI, en alrededor del 10 % de los casos, de que se pierda el genoma paterno y se obtenga un embrión partenogenético, derivado solo del genoma materno, que lógicamente se amplificaría como silvestre dando a entender, falsamente, que se ha corregido el alelo paterno.

La tercera crítica del comentario de Egli y sus colaboradores es una carga de profundidad. Desmienten que sea físicamente posible que el alelo materno pueda actuar como molde para corregir el alelo paterno en el momento utilizado para la microinyección de reactivos CRISPR, en el que los núcleos paterno y materno del zigoto están geográficamente en lugares distintos y no se encuentran juntos hasta que el embrión no llega, posteriormente, a la fase de embrión de dos células. Todas estas críticas podrían rebatirse o confirmarse con análisis adicionales por parte del equipo de Mitalipov.

A principios de agosto de 2018, un año más tarde, la revista *Nature* ha publicado finalmente tres artículos que llevábamos meses esperando: (1) el manuscrito con las críticas de Egli y colaboradores; (2) otro estudio realizado en el laboratorio de Paul Thomas, en Adelaida (Australia), que replica los experimentos de Mitalipov en ratones; y (3) finalmente la esperada respuesta de Mitalipov a todas estas críticas, con evidencias científicas adicionales. Analicemos brevemente estas aportaciones recién publicadas. Es importante discutir estos experimentos porque se trata de demostrar si realmente se corrigió o no una mutación genética en embriones humanos mediante una estrategia CRISPR.

La primera de las publicaciones ya está comentada, pues corresponde esencialmente al trabajo que Egli y sus colaboradores depositaron en el servidor de publicaciones no revisadas BioRxiv a finales de agosto de 2017, ahora ya revisado y publicado en la revista *Nature*.

La segunda publicación es muy interesante, pues incide directamente en una de las críticas principales al trabajo de Mitalipov. En este segundo trabajo, Fatwa Adikusuma y sus colaboradores reproducen en embriones de ratón una parte de la estrategia de Mitalipov para acabar demostrando, en seis genes distintos del genoma del ratón, que cuando se usan reactivos CRISPR-Cas9 para provocar mutaciones en ellos, pueden llegar a generarse deleciones de gran tamaño. En efecto, estos autores localizan muchos ratones portadores de mutaciones con grandes fragmentos de ADN delecionado alrededor del sitio de corte, que no habían sido detectadas al intentar amplificar bandas analíticas mediante PCR con cebadores próximos al corte. Al ampliar sucesivamente la distancia de los cebadores, consiguieron ir aumentando de manera progresiva el número de ratones mutantes. En definitiva, que la no existencia de bandas específicas (como estableció el equipo de Mitalipov en su primer estudio de 2017) no puede tomarse como prueba definitiva de la no existencia de mutaciones. Es mucho más probable que las mutaciones hayan ocurrido y afecten a grandes regiones de ADN que no logren ser amplificadas por los cebadores situados demasiado próximos al lugar del corte, dado que sus secuencias complementarias directamente habrían sido eliminadas y no podrían aparearse con el genoma para amplificar bandas analíticas. Un trabajo exquisitamente documentado que se dirige de pleno a la línea de flotación del estudio de Mitalipov.

De hecho, el estudio de Thomas confirma la observación realizada, de forma independiente, por Kosicki y Bradley (coautores también del comentario crítico de Egli) en un trabajo reciente aparecido en *Nature Biotechnology*, del que hablé ya en el capítulo 5, cuando demuestran que la reparación azarosa de los cortes inducidos por

CRISPR-Cas9 puede producir deleciones inesperadas que pueden alcanzar una extensión de muchos miles de letras del genoma y tener por ello consecuencias patológicas imprevistas. Estas deleciones inesperadas parecen más frecuentes de lo que creíamos.

¿Qué responde Mitalipov a todo ello? Un año después, el equipo de Mitalipov aporta nuevas evidencias científicas para reafirmarse en sus conclusiones de que sí lograron la corrección de un gen en embriones humanos y que lo hicieron con gran eficiencia.

En primer lugar, responden a la crítica de Egli sobre la separación física de los genomas paternos y maternos en el momento de la microinyección como prueba de la imposibilidad de que el gen correcto materno actúe de molde para reparar al gen paterno mutante. El equipo de Mitalipov, en su respuesta actual, indica que, aunque ellos depositan los reactivos CRISPR-Cas9 en esos estadios iniciales, entienden que aquellos no desaparecen y que pueden seguir activos en fases posteriores, cuando ya los genomas materno y paterno se han fundido en el genoma del zigoto o en estadios de embrión de dos células posteriores, cuando se están dividiendo las células por mitosis.

Hoy sabemos, gracias a un estudio reciente publicado en *Science* por Reichmann y colaboradores, que la recombinación entre cromosomas homólogos (a la que alude Mitalipov para explicar cómo el gen materno puede llegar a usarse como molde para corregir el gen paterno) solo puede ocurrir a partir del estadio embrionario de dos células, pero no antes, pues los genomas materno y paterno se mantienen separados hasta entonces.

En relación con la idea de que podrían haber detectado como embriones corregidos aquellos que tuvieran una deleción del gen paterno, alrededor del lugar del corte, siendo solo posible amplificar el gen materno (correcto) que se anotaría entonces como un (falso) evento de corrección genética, Mitalipov aporta nuevas amplificaciones. En su nueva respuesta aporta los resultados de amplificar ADN sobre esos embriones humanos supuestamente editados con cebadores progresivamente situados a mayores distancias y, en todos los casos, obtiene las bandas de tamaño esperado. Pero también obtiene un montón de bandas de ADN de mucho menor tamaño (que podrían representar el producto de deleciones). Mitalipov se quita de encima estas bandas adicionales arguyendo que son inespecíficas, producto de la unión de los cebadores a otras zonas del genoma, tras obtener su secuencia, pero no dice de cuántas bandas de ADN ha realizado el análisis y en los geles que presenta se observan un montón de ellas.

Esta es su evidencia menos convincente y la que sigue generando más dudas. La secuenciación completa de la zona alrededor del corte, incluyendo secuencias situadas a miles de letras de este, hubiera aportado más luz y servido para eliminar las dudas.

En realidad, la falta de evidencias convincentes aportadas por Mitalipov, junto con la demostración de la aparición de deleciones de gran tamaño tras un experimento CRISPR similar, realizado por dos equipos independientes, y los comentarios críticos de un tercer equipo apuntan a que probablemente la mayoría de los embriones humanos (o quizás todos) contabilizados como producto de una corrección génica serían en realidad producto de deleciones, erróneamente anotadas como corregidas. En ellas solo se habría podido amplificar el gen materno, intacto, y no el paterno, afectado por las deleciones. Lo explico gráficamente en la figura 13.1 adjunta.

Todo apuntaría a que los embriones humanos supuestamente corregidos por Mitalipov en realidad fueran producto de deleciones en el gen paterno que solo permitirían detectar el gen correcto materno.

La otra crítica de Egli sobre el estudio original de Mitalipov era que también podría tratarse de embriones partenogenéticos (solo derivados del genoma materno) en los que, obviamente, solo se detectaría el gen correcto materno y se podrían contabilizar también como positivos para una supuesta edición o corrección genética. Para responder a esta crítica, Mitalipov incorpora el uso de polimorfismos de una sola letra (SNP), posiciones en las que saben que el genoma paterno y materno tenían letras diferentes. Localiza tres de ellos, situados a ambos lados del corte, a diferentes distancias. De esta manera, si el gen materno se hubiera utilizado como molde, sería probable que alguno de los tres polimorfismos maternos, o los tres, hubieran convertido también el gen paterno. Los análisis que muestra Mitalipov de este experimento son, de nuevo, poco claros y bien podrían explicarse como mosaicismo y no como reparación

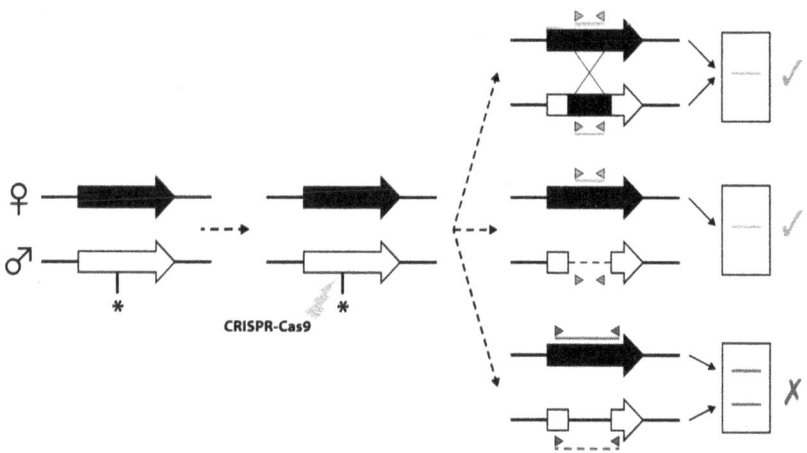

Figura 13.1. Posible explicación del experimento realizado por Mitalipov sobre embriones humanos. El gen materno está intacto (flecha negra), mientras que el gen paterno (flecha blanca) es portador de una mutación (asterisco). Tras utilizar reactivos CRISPR-Cas9, Mitalipov propone que el gen materno se usa como molde para reconstruir el corte en el gen paterno, cercano a la mutación. (arriba) Una amplificación posterior usando cebadores (triángulos blancos) amplificaría correctamente tanto el gen materno como el paterno, y así se detectaría una sola banda analítica de ADN sobre un gel, correspondiente a ambos genes. (medio) Sin embargo, si el gen paterno se ha reparado incorrectamente tras el corte por CRISPR-Cas9 y se ha producido una deleción (flecha cortada) y faltan las secuencias con las que se tienen que aparear los cebadores, estos no podrán unirse al genoma y no podrán amplificar el gen paterno, y solo se amplificará el materno, lo cual se interpretará incorrectamente como si se hubiera producido la corrección, como en el caso anterior. (abajo) Solo cuando se usen cebadores situados a mayor distancia del punto de corte (triángulos oscuros) y que logren unirse a secuencias del genoma paterno, se podría detectar la deleción y el evento incorrecto de edición. En este último caso, aparecerían dos bandas en el gel correspondientes al gen materno y paterno, esta última de menor tamaño, debido a la deleción. Gráfico: Lluís Montoliu.

genética. En definitiva, algunas de estas evidencias sugieren que pudo tener lugar la corrección del gen paterno tal y como defiende el equipo de Mitalipov, pero otras muchas apuntan hacia explicaciones alternativas. Me temo que no es un tema cerrado y seguiremos discutiendo sobre ello durante algún tiempo.

Mitalipov, por su parte, sigue invitando al resto de la comunidad científica a reproducir sus experimentos para validar sus observaciones. Pero esto es algo extraordinariamente difícil, e ilegal, en muchos países. En estas circunstancias hay que poner, todavía, este artículo científico en cuarentena y no sacar conclusiones precipitadas, a la espera de que pueda confirmarse por parte de otros laboratorios si se produjo, o no, la corrección del gen en embriones humanos, como anunciaba el título original del estudio.

Personalmente, tras revisar para este libro este artículo y los comentarios posteriormente aparecidos, me siguen quedando dudas de que realmente consiguieran obtener lo que concluyeron. Me reafirmo en lo que he expresado anteriormente. La terapia génica germinal, esto es, la modificación de embriones humanos mediante edición genética por CRISPR con una finalidad terapéutica sigue siendo, hoy, prematura, imprudente, insegura, irresponsable, innecesaria y, para muchos países, como España, ilegal.

Por el contrario, tal y como explicaba en el capítulo 7, tenemos millones de pacientes con enfermedades raras de base genética, incurables, que tienen un resquicio de esperanza puesto en las técnicas de edición genética con CRISPR para tratar sus células somáticas y conseguir superar el umbral terapéutico. En este caso, las modificaciones genéticas de esas personas no pasarían a su descendencia por lo que estaríamos perfectamente dentro de parámetros legales, y solo deberíamos ocuparnos de mejorar la seguridad y eficacia de estos tratamientos innovadores de terapia génica somática, validándolos primero en modelos celulares y animales, antes de trasladarlos a la clínica, a los pacientes.

Personalmente, creo que tenemos que destinar nuestro tiempo, recursos y esfuerzos a desarrollar protocolos de terapia génica somática robustos, eficaces y seguros, para los pacientes actuales. Son muchísimos los pacientes de infinidad de enfermedades raras que se podrían beneficiar, personas que ya están entre nosotros, personas que conviven con enfermedades incurables, antes de pensar en modificar un embrión humano para que el bebé que fuera a nacer no manifieste una determinada enfermedad, si es que eso es algún día científica y legalmente posible. En estos momentos no lo es, ni es de interés para muchos investigadores, entre los que me cuento.

¿Cuál es la situación actual en relación con el uso de estrategias de edición genética para el tratamiento de pacientes adultos? En el capítulo 7 me he referido a los 43 ensayos clínicos que hay registrados que tienen pensado usar herramientas CRISPR, fundamentalmente a través de procesos *ex vivo*, editando células de pacientes fuera de su cuerpo para después retornarlas esperando un beneficio terapéutico. Pero las herramientas CRISPR apenas aparecieron en 2013. ¿Qué hay de las TALEN, que conocemos desde 2011, por lo menos? ¿O qué hay de las ZFN, que conocemos por lo menos desde 2009 en animales y mucho antes en células? ¿Existen ya ensayos clínicos en los que las TALEN o las ZFN se hayan usado, con éxito, en protocolos de terapia génica somática avanzada?

En diciembre de 2019 existían seis ensayos clínicos previstos con TALEN para el tratamiento del cáncer causado por el virus del papiloma, los dos en China. En noviembre de 2015 conocimos el primer caso de una paciente en Reino Unido, en el Hospital Pediátrico Great Ormond Street, en el que se trató a una niña de 1 año llamada Layla, afectada de leucemia, con linfocitos T universales editados genéticamente con herramientas TALEN. Las herramientas de edición génica se utilizaron para que los linfocitos T sobreviviesen a una droga habitualmente usada en el tratamiento de leucemias (alemtuzumab, inactivando el gen *CD52*), para que no fueran rechazados los linfocitos (inactivando el gen del receptor de las células T, TCR) y, finalmente, para que se dirigieran específicamente y eliminaran las células tumorales mediante la expresión de receptores quiméricos de antígeno (CAR, por sus siglas en inglés) contra CD19, dentro de un método que se acabó conociendo como inmunoterapia con células CAR-T, hoy en día ya aplicado con éxito a muchos otros pacientes en otros hospitales del mundo. Una consulta sobre los ensayos clínicos actualmente en marcha basados en inmunoterapia CAR-T da como resultado 1220 ensayos clínicos registrados, indicativo de que es un campo en expansión. Por lo tanto, la edición genética ya es una realidad en terapias somáticas *ex vivo* a través de las herramientas TALEN. Estrategias análogas usando CRISPR han sido diseñadas y están actualmente en estudio.

En relación con las herramientas de edición genética más longevas que conocemos, las ZFN (si obviamos las meganucleasas, a las que me refería en el capítulo 5), existen por lo menos once ensayos clínicos registrados, de diversa índole, muchos activos, entre los que se encuentran los encaminados a editar el gen del receptor celular *CCR5*, para limitar la infectividad del virus del SIDA; el tratamiento de enfermedades raras como las mucopolisacaridosis de tipo 1 y 2; o la corrección del gen del factor IX de coagulación en pacientes con hemofilia B severa; inactivación de represores del gen de la hemoglobina fetal para tratamiento de beta-talasemias. Es lógico que estén activos y sean tan numerosos los basados en herramientas como las ZFN, que aparecieron por vez primera en 2001, y que por lo tanto llevan 17 años entre nosotros.

Precisamente ha sido una estrategia basada en ZFN la que se ha utilizado por vez primera para el tratamiento *in vivo* (en el paciente) con herramientas de edición genética, antes que con TALEN o CRISPR. Este primer tratamiento *in vivo*, administrando ZFN al paciente, tuvo lugar en un hospital de Oakland, en California, el 13 de noviembre de 2017. Ese día un paciente llamado Brian Madeux, de 44 años, tuvo el honor (y el riesgo) de recibir de forma pionera ZFN dirigidas a curar su enfermedad rara grave; el síndrome de Hunter, una mucopolisacaridosis de tipo II causada por mutaciones en el gen hepático *IDS*, en cuya ausencia se acumulan una serie de azúcares complejos (mucopolisacáridos) que acaban siendo tóxicos para las células. En esta ocasión los médicos, de acuerdo con la empresa promotora de las ZFN, Sangamo, decidieron evitar la corrección de la mutación específica y optaron por dirigir una contrucción génica de expresión del gen *IDS* para que se integrara en el gen de la albúmina, presente y activo en todas las células hepáticas. El vector utilizado era del tipo adenoasociado (AAV). Esta es una estrategia inteligente, que indica que estos investigadores han reflexionado sobre las limitaciones de la técnica. Intentar dirigir la corrección hacia el propio gen *IDS* habría dado lugar a muchas más mutaciones, inducidas por el corte en el gen y reparadas de forma incorrecta, con un riesgo de producir mutaciones peores que la que se quería corregir. En cambio, dirigiendo la inserción del gen *IDS* al gen de la albúmina, uno de los genes más activos y con mayor grado de expresión en todas las células del hígado, esperaban que los pocos casos en que este proceso de reparación progresara con éxito fueran suficientes para garantizar niveles terapéuticos de esta enzima *IDS* y contrarrestar los síntomas de la enfermedad. Y, en el peor de los casos, habrán generado alguna mutación en alguna célula hepática que inhabilitará o reducirá la expresión del gen de la albúmina en esas pocas células, lo cual tendrá poca o nula trascendencia, teniendo en cuenta la gran cantidad de albúmina que las células hepáticas producen constantemente. Los primeros resultados de esta terapia, conocidos en agosto de 2018, indican que no se han observado síntomas de toxicidad (luego el tratamiento parece seguro), pero no se han detectado efectos terapéuticos significativos (luego el tratamiento todavía no parece efectivo) con las dosis de virus AAV administradas. Habrá que seguir este ensayo pionero *in vivo*, y los que seguirán, con mucha atención para observar su evolución.

Para terminar este capítulo, regreso a los embriones humanos.

Creo que ha quedado claro que el uso de herramientas de edición para editar embriones humanos con finalidad terapéutica no tiene mucho sentido en estos momentos. Pero eso no quiere decir que los embriones humanos sobrantes, derivados de fecundaciones *in vitro*, no utilizados y almacenados por miles en muchas clínicas de infertilidad, no puedan ser utilizados en investigación. De hecho, nuestra legislación y la de muchos otros países europeos lo permiten: con el consentimiento de los padres de los embriones y tras obtener el permiso preceptivo, en España de la Comisión de Garantías para la Donación y Utilización de Células y Tejidos Humanos, del Instituto de Salud Carlos III.

Mucho de lo que sabemos del desarrollo preimplantacional del embrión humano lo inferimos de lo aprendido de embriones de otras especies de mamíferos, fundamentalmente del ratón, del que conocemos muchísimos más detalles que del embrión humano. Generalmente se asume que los mecanismos que operan en estas fases embrionarias antes de la implantación son relativamente equivalentes en ambas especies. Pero lo cierto es que las eficiencias de fecundación *in vitro* en el ratón están cerca del 100 % y las de gestación también son muy altas. En cambio, en embriones humanos muchos no se desarrollan adecuadamente tras la fecundación *in vitro* ni posteriormente acaban implantándose. Un estudio acumulativo en EE. UU., de 2010, con casi 60 000 óvulos usados en fecundación *in vitro* y para su gestación, concluía con unos valores de éxito cercanos al 10 % de los casos (que incluso pueden ser menores, del 6 %, si se tiene en cuenta el número de óvulos inicialmente utilizados). Los autores del estudio comparaban ese 6 % con el aproximadamente 30 % de éxito que se estima en mujeres sanas por fertilización y gestación natural. Estos valores sugieren que las técnicas *in vitro* tienen aproximadamente un quinto de la eficacia de los métodos naturales. Estas diferencias ostensibles indican nuestra falta de conocimiento de lo que realmente ocurre en el desarrollo temprano de los embriones humanos y cómo protegerlo y potenciarlo *in vitro,* en el laboratorio. Sin ese conocimiento, no podemos interactuar con el sistema para intentar mejorar y aumentar los porcentajes de éxito.

Esta fue la argumentación que usó la investigadora Kathy Niakan, del centro Crick de Londres, cuando solicitó y obtuvo en febrero de 2016 permiso para utilizar embriones humanos sobrantes de procedimientos de fecundaciones *in vitro* para inactivar diferentes genes y observar su efecto durante esas fases tempranas de desarrollo, antes de la implantación. La propuesta generó un revuelo considerable pues, efectivamente, se iban a usar, en Europa, por vez primera estrategias de edición genética con CRISPR para inactivar genes específicos en embriones humanos, pero con fines de investigación, no con fines terapéuticos ni por supuesto para implantarlos y transmitir esas mutaciones a la descendencia. La autoridad británica en temas reproductivos (HFEA) aprobó este proyecto y muchos aplaudimos, a contracorriente, su valentía, tanto la de la investigadora como la de la HFEA. Como publiqué en un artículo de opinión en prensa, a mí el experimento me parecía razonable y justificado.

Un año y medio después, en octubre de 2017, la investigadora Niakan y su grupo nos regalaron una estupenda publicación en *Nature* con los resultados y las conclusiones de su estudio, confirmando la validez y relevancia de su propuesta. En el estudio, Niakan demostraba que uno de los genes más importantes durante el desarrollo temprano de embriones de mamífero tenía un papel muy diferente en embriones humanos y de ratón. La proteína *OCT4* es uno de los factores esenciales para mantener la pluripotencia de las células embrionarias. El gen que la codifica en el genoma de ratón, *Oct4*, si se inactiva mediante CRISPR no impide al embrión de ratón llegar al estadio de blastocisto, ni parecen alterarse la expresión de otros genes relacionados con la pluripotencia, como *NANOG* y *CDX2*. En cambio, al inactivar el gen *OCT4* en embriones humanos también mediante CRISPR, estos no lograban desarrollarse hasta blastocistos. Y, además, se observaba la supresión de la expresión de los genes *NANOG* y *CDX2*. Es decir, un comportamiento totalmente distinto (opuesto) de los mismos genes, en ratones y humanos. Sin este experimento seguiríamos asumiendo que el papel del OCT4 en el desarrollo inicial de los embriones podría ser limitado y prescindible (como lo es en el ratón), pero ahora, gracias al experimento del equipo de Niakan, conocemos su importancia. De esta manera pueden desarrollarse estrategias que potencien la expresión del *OCT4* en embriones humanos y garanticen su desarrollo hasta blastocisto de forma más eficaz.

Creo que este estudio de Niakan representa la quintaesencia de por qué hay que seguir investigando con embriones humanos, utilizándolos, con todos los permisos y consentimientos necesarios, para progresar en nuestro conocimiento del desarrollo temprano de los embriones de nuestra especie, aprendiendo directamente sobre ellos. En un tiempo en el que la salud reproductiva de la población en general se reduce progresivamente (por muchos factores, en especial al retrasar la edad reproductiva por motivos laborales), poder interactuar con algunos factores que incrementen la eficiencia del proceso reproductor en las etapas iniciales de la embriogénesis no puede ser más que beneficioso. Y, desde mi punto de vista, representa un uso muy digno y éticamente responsable para algunos de los miles de embriones humanos que hay almacenados y que ya no son de interés reproductor para las parejas que los originaron. En febrero de 2020, los investigadores Anna Veiga, Ángel Raya y Montse Boada, del IDIBELL y de la clínica Dexeus Dona, recibieron finalmente el primer permiso de la Comisión Nacional de Reproducción Humana Asistida para poder realizar en España experimentos similares a los abordados por Kathy Niakan en el Reino Unido, con embriones humanos en el laboratorio, para investigar la fase preimplantatoria del desarrollo embrionario.

A finales del mes de noviembre de 2018 conocimos una noticiaque no por temida y esperada causó menos desasosiego y perplejidad. Un investigador chino de Shenzhen, He Jiankui, utilizó la tecnología CRISPR para editar genéticamente por lo menos 31 embriones humanos, con objeto de inactivar el gen *CCR5*, que codifica la proteína que actúa como puerta de entrada del virus del SIDA en linfocitos. Esto no sería novedoso, si se hubiera limitado a realizar el experimento en el laboratorio, como otros tantos, desde 2015. Lo preocupante y terriblemente irresponsable fue su decisión de implantar dichos embriones editados en mujeres y dejar que la gestación llegara a término. Al parecer consiguió convencer a por lo menos 8 parejas (una pareja abandonó el estudio, dos quedaron embarazadas, una de ellas la que dio a luz a las gemelas, y en las cinco restantes no se consiguió la gestación) cuyos padres fueran portadores del virus VIH para realizar este experimento temerario. Parece que abordó el experimento sin el conocimiento ni los permisos de las autoridades, ni de las instituciones a las que pertenecía. Anunció el nacimiento de dos gemelas, Lulu y Nana, y la existencia de por lo menos otro embarazo en curso, cuya confirmación llegó a finales de diciembre de 2019, cuando las autoridades chinas confirmaron la existencia de un tercer bebé nacido de embriones editados genéticamente. Lo que finalmente nos contó este investigador, sin aclarar si las gemelas eran portadoras de las mutaciones deseadas en el gen *CCR5* ni si presentaban alteraciones adicionales (a través de vídeos en su canal de YouTube y una tensa presentación científica en la Segunda Cumbre Internacional de Edición Genética Humana, en Hong Kong) sugería que este científico habría cruzado dos líneas rojas. Un despropósito que no debería haber ocurrido.

En primer lugar, permitiendo el desarrollo y el nacimiento de bebés a partir de embriones editados, con el consiguiente riesgo debido a las alteraciones genéticas imprevistas en genes similares y al mosaicismo genético inherente al gen editado, como ya he relatado en capítulos anteriores. Sus células serán genéticamente diversas, lo que podría tener consecuencias negativas en múltiples órganos.

Deberán estar por ello monitorizadas de por vida (como ya apuntaba el informe de la Academia Nacional de Ciencias de EE. UU. de 2017). Ellas y naturalmente su descendencia, sus hijos, nietos, etc.

En segundo lugar, estos embriones humanos eran sanos. Y la edición genética aplicada tiene la intención de aportarles una característica adicional, para mejorarlos, para potenciarlos. No para curarles ninguna enfermedad genética subyacente. Pero si algo concita consenso entre la comunidad científica es en destinar esfuerzos al desarrollo de terapias génicas eficaces y seguras para «curar», no para«mejorar» seres humanos, que abre el peligroso camino hacia la eugenesia.

A principios de diciembre de 2019, un año después de conocer el nacimiento de Lulu y Nana, y tras habérsele perdido la pista a He Jiankui desde diciembre de 2018 (su última imagen conocida la publicó el periódico *New York Times*, en un balcón con barrotes de una casa de apartamentos de Shenzhen, dando a entender una reclusión domiciliaria) y tras haber obtenido confirmación de las autoridades chinas mediante un único comunicado público en enero de 2019 de la existencia del experimento y de las niñas gemelas, el diario digital *MIT Technology Review* publicó extractos del manuscrito que escribió He Jiankui con la descripción del experimento y que remitió a varias revistas para su publicación.

El análisis de los textos hechos públicos del manuscrito no deja lugar a dudas. Es demoledor. Tal y como se temía la intención de He Jiankui era reproducir en estos embriones la mutación delta32 descubierta en algunas personas que son inmunes al virus VIH, causante del SIDA. Esta mutación elimina 32 nucleótidos del gen *CCR5* y produce un receptor que ya no puede ser usado por el virus VIH para entrar en los linfocitos. Tras inyectar los reactivos CRISPR a los embriones humanos He Jiankui y sus colaboradores dejaron dividirse, *in vitro*, estos embriones hasta alcanzar las fases previas a la implantación. En ese momento obtuvieron unas pocas células de los embriones editados para su análisis genómico y determinaron que: (1) los embriones eran mosaicos, no todas las células tenían el gen *CCR5* editado; (2) las mutaciones detectadas eran diversas, desconocidas en la población humana, y por lo tanto igualmente desconocidas las consecuencias clínicas asociadas; (3) ninguna de las mutaciones detectadas correspondía a la delta32 inicialmente planeada; (4) se detectaron mutaciones en regiones similares no deseadas. Ante estos resultados, altamente preocupantes, cualquier investigador del campo hubiera detenido el experimento y hubiera optado por no implantar estos embriones editados, por la grave imprudencia, los riesgos y la gran irresponsabilidad que representaba. Sin embargo, He Jiankui, conociendo todas estas alteraciones distintas a las que había planeado decidió continuar con el experimento e implantó los embriones en el útero de una mujer, lo cual llevó al nacimiento de las gemelas Lulu y Nana. El análisis de la placenta y del cordón umbilical confirmó el mosaicismo de las niñas (como el de cualquier otro animal editado producto de la inyección de reactivos CRISPR en el estadio embrional). Es decir, aun sabiendo del riesgo cierto en el que incurría He decidió llevar a término su desafortunado experimento sin tener en cuenta las consecuencias que para las niñas (y sus descendientes) representaría ser portadoras de mutaciones no planificadas, cuya fisiopatología e impacto clínico eran totalmente desconocidos.

Inicialmente se había especulado que la intención de He Jiankui al mutar el gen *CCR5* era impedir que los bebés se infectaran con el virus VIH del padre, ignorando la existencia de procedimientos médicos de reproducción asistida (lavado de esperma) que permiten a los padres portadores de VIH concebir hijos libres de virus. Ahora sabemos, tras leer las partes hechas públicas del manuscrito, que He Jiankui aplicó ese procedimiento de lavado. ¿Cuál era la intención de este investigador al abordar este experimento? De la lectura de los párrafos conocidos del manuscrito se deduce que su intención, ridícula, absurda, irrealizable, utópica, era generar niños resistentes a la infección por VIH como una posible medida de control de la dispersión de la enfermedad. Una verdadera ensoñación mesiánica.

El artículo al parecer se remitió por lo menos a dos revistas para su publicación. Primeramente, a *Nature*, que lo rechazó, tras constatar la falta del registro *a priori* de este experimento ante las autoridades chinas y, seguidamente, a *JAMA*, donde no queda del todo claro si lo rechazaron del todo, tras involucrar hasta once revisores, un número muy superior al habitual. He Jiankui también intentó, sin éxito, depositar su manuscrito en el servidor *bioRxiv*.

Ignoro si podremos leer algún día la totalidad del manuscrito. Los fragmentos conocidos permiten descubrir un sinfín de problemas y errores científicos, técnicos y éticos en los que incurrió este experimento. Hay investigadores que opinan que sería importante publicar este estudio para mostrar al mundo entero las consecuencias de abordar este tipo de experimentos sin control y de forma totalmente irresponsable. Para que las autoridades de cada país tomarán medidas e impidieran que ningún otro caso parecido pudiera ocurrir.

La mayoría de los investigadores e instituciones han manifestado vehementemente su oposición y repulsa al experimento realizado por He Jiankui. Lo único positivo que podemos concluir es que ha puesto encima de la mesa la discusión sobre la edición genética de embriones humanos con fines reproductivos, para terapia y para mejora, y ha fomentado la publicación de numerosos estudios que alertan contra la aplicación de estas técnicas en embriones humanos, cuando todavía no las controlamos. Lo preocupante es constatar, una vez más, que los seres humanos no aprendemos de nuestros errores. En junio de 2019 conocimos las intenciones de un investigador ruso, Denis Rebrikov, que dice querer repetir el experimento de He Jiankui, en un país que no tiene regulación sobre estos temas. Esperemos que su anuncio lleve a las autoridades rusas a impedir otra irresponsabilidad. En cualquier caso, deberemos permanecer atentos y alerta ante cualquier indicio de que experimentos similares puedan llegar a repetirse, algo totalmente desaconsejado e imprudente (además de ilegal en muchos países) con los conocimientos actuales de estas técnicas de edición genética.

A finales de diciembre de 2019 hemos conocido finalmente la condena de un tribunal de Shenzhen a He Jiankui y a dos de sus colaboradores (embriólogos, probablemente los responsables directos del uso de las herramientas CRISPR en esos embriones humanos) por los experimentos que supusieron el nacimiento de tres bebés editados genéticamente, las dos gemelas ya conocidas, y un nuevo bebé, otra niña, nacido del otro embarazo anunciado. El tribunal los condena por haber llevado a cabo de forma ilegal la edición genética de embriones humanos con fines reproductivos. La sentencia también detalla que los condenados fabricaron el informe favorable del supuesto Comité de Ética que validó el experimento. El tribunal indica que ninguno de los tres acusados tenía licencia para practicar la medicina, que buscaban fama y riqueza, y que violaron deliberadamente diversas normas de la práctica científica y médica, cruzando líneas rojas éticas en ambos campos. He Jiankui ha sido condenado a tres años de cárcel, al pago de una multa de 3 millones de Yuan (unos 384 000 Euros) y ha sido inhabilitado de por vida para cualquier investigación que suponga trabajar con embriones humanos, en reproducción humana o en cualquier otro aspecto de salud humana. Sus dos colaboradores, coautores de los manuscritos ahora conocidos, han recibido penas similares, aunque no tan importantes como las recaídas sobre He Jiankui.

Espero que esta sentencia ejemplar sirva para que este experimento no vuelva a repetirse. Espero también que otros investigadores desistan de abordar experimentos similares mientras la tecnología no permita controlar mucho mejor los resultados de la edición genética y mientras siga siendo imprudente e ilegal su uso en embriones humanos con fines reproductivos. Cualquier intento futuro de aplicar las técnicas de edición genética con las herramientas CRISPR sobre embriones humanos deberá ser analizado en detalle, teniendo en cuenta los posibles beneficios y riesgos asociados, la oportunidad del experimento, su justificación ética y, por supuesto, su legalidad.

He Jiankui fue liberado en abril de 2022. Salió de prisión anunciando, sin ninguna credibilidad, que iba a dedicar ahora su investigación a desarrollar una terapia contra la distrofia de Duchenne. No ha pedido perdón por el experimento que realizó y que nunca debería haber realizado. No sabemos nada de las tres niñas con su genoma editado. Las autoridades Chinas aseguran que están bajo supervisión médica.

14

¿TODO LO QUE PODEMOS HACER
LO DEBEMOS HACER?

La ciencia siempre va por delante de la legislación, abriendo fronteras y descubriendo nuevos caminos que la más moderna y adelantada de las leyes jamás habría sido capaz de prever. Pero la ciencia también necesita que la sociedad le indique las normas de lo que se puede y lo que no se puede hacer, de acuerdo con una moral con la que la misma sociedad ha acordado funcionar y que delimita lo que está bien y lo que está mal. A veces lo que está bien no es una bondad absoluta, sino que interfiere con otro valor de bondad similar y hay que acudir a la ética para dilucidar el dilema y acordar lo que se debe y no se debe hacer. Este capítulo es una reflexión sobre los límites que existen en el desarrollo de cualquier avance científico, como por ejemplo la edición genética, de acuerdo con nuestra moral, nuestras leyes y nuestros principios éticos y de responsabilidad.

Desde el despertar de la ingeniería genética, en los años setenta, es posible recortar y unir fragmentos de ADN de diferente origen, e incluso de diferentes especies, para construir artificialmente nuevos genes. Las herramientas de genética molecular permiten generar construcciones génicas imposibles, que la evolución no habría imaginado jamás. Con la ingeniería genética podemos instruir a una bacteria para que acepte sintetizar insulina humana, de una forma que un procariota nunca habría pensado. Y gracias a ello tenemos insulina recombinante en cantidades ilimitadas, a disposición de todos los diabéticos que la necesiten. Si lo pensamos un par de segundos, son ciertamente unas herramientas poderosísimas las que permiten construir nuevos genes. No debería sorprendernos por ello que en 1975 la conferencia convocada en Asilomar plantease acotar el campo de acción, delimitando con normas y recomendaciones lo que debería y no debería hacerse, a pesar de poder hacerse.

Uno de los primeros temores que surgió, prácticamente a la vez que se descubrían las ventajas y posibilidades de la ingeniería genética, fue la posibilidad de que dichos métodos se emplearan para modificar el ADN humano. La imaginación y nuestra historia reciente en Europa y otras partes del mundo hicieron el resto. La tentación eugenésica apareció ya entonces, la posibilidad (aunque fuera en aquel momento absolutamente remota, tan remota por cierto como lo sigue siendo ahora) de seleccionar genes que no solo curaran sino que mejorasen la especie humana, de acuerdo claro a los criterios subjetivos de cada cual, hacía temblar a filósofos, bioeticistas y religiosos, y algunos no dudaban en resumir todos estos nuevos procedimientos que tenía ante sí un científico tildándolo de «jugar a ser Dios».

Los primeros métodos para modificar animales genéticamente se desarrollaron en los años ochenta. Aunque era posible, al menos en teoría, modificar embriones humanos de forma similar a como se modificaban los embriones de ratón, mediante una simple microinyección de ADN, el método seguía siendo muy ineficiente (alrededor de un 5 % de éxito en ratones, pero hasta diez veces menos, un 0,5 %, en vacas) y absolutamente estocástico, con resultados impredecibles en función de dónde aterrizara y se insertara el transgén. Nadie en su sano juicio, que fuera experto en el campo, pensaba que dichas técnicas podrían trasladarse para su aplicación en embriones humanos, aunque naturalmente seguían existiendo los discursos apocalípticos que anunciaban el fin de nuestra especie ante esas, en apariencia, poderosas tecnologías. Hay que decir que no fue hasta 2001 cuando un equipo de investigadores generó el primer primate no humano transgénico, usando técnicas tradicionales. Estos investigadores infectaron embriones de macaco con un retrovirus portador de una construcción génica que incluía el gen *GFP*, que codifica la proteína verde fluorescente. Utilizaron 224 embriones, 126 llegaron al estadio de 4 células y 40 de ellos se transfirieron a 20 hembras, con el resultado de 5 preñeces y solo 3 macacos macho nacidos, uno de ellos transgénico, con una eficiencia global del 2,5 %, teniendo en cuenta solo los embriones transferidos, o muy inferior si tenemos en cuenta los embriones originales. Estas dificultades en una especie relativamente similar a nosotros de nuevo dan una idea veraz de la posibilidad lejana e inverosímil de trasladar estas técnicas a los humanos.

De embriones tempranos de ratón (pero no de otras especies de mamíferos) se aislaron en 1981 unas células embrionarias con características pluripotentes que sirvieron pocos años después para diseñar un método de inactivar genes específicos del genoma de ratón. Esta tecnología no podía trasladarse a otras especies animales, incluida la humana, dado que no disponíamos de células equivalentes. Las primeras células embrionarias pluripotentes humanas no se describieron hasta 1998, por Thomson y colaboradores.

En febrero de 1997, el mundo descubrió a la oveja Dolly, el primer animal clonado a partir de células adultas, y todo cambió. Ese animal abrió la caja de Pandora y desató múltiples debates sobre la posibilidad de adaptar la tecnología desarrollada en ovejas para clonar embriones humanos y así poder multiplicar determinados individuos con características seleccionadas. De nuevo la imaginación corrió más rápido que la realidad. Algo técnicamente muy complicado (la clonación de un ser humano), y todavía nunca realizado, se asumió como posible y se organizaron diversos foros de debate y conferencias para intentar regular y acotar las posibilidades de esa nueva tecnología de clonación.

Una de las iniciativas que tuvo mayor impacto y trascendencia fue promovida por el Consejo de Europa poco después de conocerse la existencia de Dolly. Se trata naturalmente del Convenio para la protección de los Derechos Humanos y la Dignidad del Ser Humano con respecto a las aplicaciones de la Biología y la Medicina, conocido también como Convenio sobre Derechos Humanos y Biomedicina o «Convenio de Asturias», firmado en Oviedo el 4 de abril de 1997, cuyo promotor y embajador español más conocido es Marcelo Palacios, médico, parlamentario socialista durante varias legislaturas y actual presidente de la Sociedad Internacional de Bioética (SIBI). Ese acuerdo, inicialmente subscrito por 21 países, ha sido ya ratificado por 29, entre los que se encuentran España, Francia, Portugal o Suiza, pero faltan otros muchos, como Reino Unido, Alemania, Estados Unidos de América, China, Japón o Corea, líderes en investigación biomédica, que no consideraron oportuno subscribirlo bien por considerarlo demasiado estricto (Reino Unido) o demasiado laxo (Alemania).

El Convenio de Asturias, ratificado e incorporado a nuestra legislación desde 1999, delimita lo que puede o no puede hacerse en diversos campos de la biomedicina. Por ejemplo, en su artículo 13, prohíbe la transmisión a la descendencia de modificaciones genéticas en el genoma humano, aunque la redacción escogida dé lugar a múltiples interpretaciones: «Únicamente podrá efectuarse una intervención que tenga por objeto modificar el genoma humano por razones preventivas, diagnósticas o terapéuticas y solo cuando no tenga por finalidad la introducción de una modificación en el genoma de la descendencia». El artículo 18 permite la investigación con embriones humanos *in vitro* (18.1): «Cuando la experimentación con embriones " in vitro" esté admitida por la ley, ésta deberá garantizar una protección adecuada del embrión», pero prohíbe producir embriones humanos para investigar (18.2): «Se prohíbe la constitución de embriones humanos con fines de experimentación».

El 12 de enero de 1998 se firmó un protocolo adicional que se incorporó a la Convención de Asturias y añadía la prohibición de clonar seres humanos. Este protocolo fue ratificado e incorporado a nuestra legislación en 2001 y especificaba en su artículo 1.1: «Se prohíbe toda intervención que tenga por finalidad crear un ser humano genéticamente idéntico a otro ser humano vivo o muerto» y, por si quedaba alguna duda, detallaba a continuación en el artículo 1.2: «A los efectos de este artículo, por ser humano "genéticamente idéntico" a otro ser humano se entiende un ser humano que comparta con otro la misma serie de genes nucleares», teniendo en consideración que los métodos de clonación establecidos lo que hacían era reconstruir embriones con núcleos de células somáticas, manteniendo todo el material genético extranuclear presente, por ejemplo, en las mitocondrias, como ya he explicado en el capítulo 9.

Los límites legales de lo que puede hacerse con embriones humanos, atendiendo a lo estipulado en el Convenio de Asturias, quedan recogidos en nuestro país en la Ley 14/2006, de 26 de mayo, sobre Técnicas de Reproducción Humana Asistida, y la Ley 14/2007, de 3 de julio, de Investigación Biomédica.

La clonación de seres humanos, muchas veces anunciada fraudulentamente por iluminados e interesados personajes pseudocientíficos, no se ha realizado jamás. Para hacernos una idea de la complejidad que representa aplicar las técnicas de clonación en primates, como nosotros, sirva una reciente publicación en la que unos investigadores, también chinos, reportan la primera clonación efectiva en primates no humanos, en macacos, 21 años después de Dolly. Sorprendentemente, a pesar de los muchos años que han pasado desde la oveja Dolly, la eficiencia del proceso de clonación sigue siendo muy similar e igual de paupérrima en esta especie de primates (1,5 %). Hay que procesar y reconstruir centenares de embriones e iniciar decenas de gestaciones para conseguir una gestación exitosa que llegue a término y dé lugar a un animal clonado. Todo indica que para nuestra especie las dificultades técnicas serían similares o superiores, lo que explica que no tengamos noticias de que se haya clonado ningún ser humano hasta la fecha. El experimento, de llegar a plantearse, sería injustificable desde cualquier punto de vista: científico, técnico, ético o humano.

En 2013 hicieron su aparición efectiva las técnicas de edición genética mediante las herramientas CRISPR. Si bien es cierto que la edición genética era posible mucho antes, desde 1995 con las meganucleasas, desde 2001 con las primeras ZFN y desde 2011 con las TALEN, la facilidad, versatilidad, asequibilidad y eficiencia de las CRISPR convirtieron estas últimas en las herramientas de elección para cualquier protocolo de edición genética. El hecho de que aportasen una enorme precisión y unos altos niveles de éxito (el porcentaje de inactivación dirigida de genes en el ratón aumentó por lo menos de 20 a 50 veces, pasando del 1-2 % a valores en ocasiones superiores al 80 %) desató de nuevo la polémica, puesto que con estos valores ya parecía que sería técnicamente posible la modificación genética de embriones en humanos.

Pero de nuevo la tozuda realidad nos recordó lo difícil que seguía siendo manipular embriones de primates. En 2014 se obtuvo el primer primate no humano, un macaco cangrejero o mono *cynomolgus,* con un gen inactivado mediante CRISPR, de nuevo gracias al trabajo de investigadores chinos. Estos decidieron inactivar tres genes del genoma del macaco. Inyectaron 186 embriones, de los cuales 83 pudieron aprovecharlos para transferencias embrionarias. De las 29 hembras transferidas, 10 se convirtieron en gestantes, dando lugar a cuatro crías individuales, tres gemelos y tres trillizos, 19 crías en total. Mutaciones en dos de los tres genes fueron detectadas en un par de gemelos, que además eran también mosaicos, portadores de múltiples mutaciones. Este experimento demuestra que es posible usar CRISPR en primates, pero también nos recuerda que es mucho más ineficaz que los valores de edición que observamos en roedores.

En cualquier caso, la popularización de las técnicas de edición genética y la sensación, quizás erróneamente transmitida por algunos investigadores y medios de comunicación, de la facilidad con la cual se podían usar las herramientas CRISPR para modificar genomas a voluntad, hicieron regresar los temores y el debate sobre la modificación genética de seres humanos. En particular, sobre la posibilidad de alterar el genoma de embriones humanos para dar lugar a personas con características diferentes, que incluían parámetros que podían suscitar el apoyo de una parte de la sociedad (corrección de mutaciones patológicas, erradicación de enfermedades congénitas) y otros caracteres que generaban mucha más polémica o controversia (individuos más altos, rubios con ojos azules, más inteligentes…).

En general, creo que la inmensa mayoría de los investigadores no estamos preocupados ni está entre nuestros objetivos el desarrollar aplicaciones del segundo grupo, encaminadas a mejorar algunas características estéticas, físicas o cognitivas del ser humano. Sinceramente, creo que la mayoría tenemos tanto trabajo por hacer para desarrollar aplicaciones terapéuticas que puedan ser útiles a los millones de personas afectadas por alguna alteración genética, principalmente a través de terapia génica somática, que considero que es una tremenda irresponsabilidad destinar tiempo y recursos a todos estos usos que no están, en mi opinión, éticamente justificados.

Sin embargo, el papel lo aguanta todo y por ello se suelen usar frecuentemente, como ejemplo, estos postulados sobre la posibilidad de determinar genéticamente el color de los ojos y del pelo de nuestros hijos, dando por hecho que esto ya es posible cuando no lo es. Hoy en día conocemos por lo menos 650 genes (de los 20 000 genes que tenemos) que codifican proteínas directa o indirectamente relacionadas con la pigmentación. No existe pues un gen que determine inequívocamente ojos azules, ni un gen que determine pelo rubio. Son caracteres poligénicos, complejos, cuya manifestación final es producto de las interacciones entre muchos genes. Actualmente es imposible predecir el color del pelo y de los ojos, exceptuando algunos casos singulares. Por ejemplo, las mutaciones en un solo gen, *MC1R*, son las que están asociadas a individuos pelirrojos. Y la inactivación de alguno de los 20 genes asociados al albinismo condiciona la aparición de esta condición genética en personas, caracterizadas generalmente por una evidente pérdida de pigmentación.

Lo mismo ocurre con los múltiples genes asociados a caracteres cognitivos, como la inteligencia, ciertamente con una base genética, pero también con una importante carga de interacción con el entorno, de aprendizaje, que es lo que acaba determinando la capacidad intelectual de las personas. Recientemente un estudio sugiere que por lo menos 40 genes influyen de alguna manera y contribuyen a determinar la inteligencia de una persona. Y seguramente son muchos más. Por todo ello, pensar que podemos manipular «fácilmente» alguno de estos genes para incidir sobre los caracteres finales que regulan es poco menos que utópico y, en cualquier caso, actualmente irrealizable.

Hago todas estas precisiones porque a menudo, en los informes éticos sobre la posibilidad o conveniencia de modificar genética e irreversiblemente embriones humanos, no se suelen aportar las evidencias científicas que sustentan tales postulados y se da a entender que somos ya capaces de abordar experimentos que son extremadamente difíciles o imposibles todavía.

Con los datos en la mano, hoy en día, a pesar de que podríamos generar seres humanos transgénicos, no deberíamos hacerlo. No es prudente ni sensato hacerlo. El proceso es sumamente azaroso y las posibilidades de completar el experimento con éxito son muy bajas, con los consiguientes riesgos, elevadísimos, de que el experimento salga mal y no se obtengan los resultados esperados, con consecuencias no esperadas o negativas para algunos de los pocos individuos que nacerían del mismo. Adicionalmente, en algunos países, como en España, la legislación prohíbe expresamente alterar el genoma humano con el objetivo de transmitir los cambios a la descendencia.

Igualmente, con los datos acumulados tras más de dos décadas de experimentos de clonación, a pesar de que podríamos clonar seres humanos, en realidad no deberíamos hacerlo. La eficiencia de todo el proceso y la posibilidad de que los embriones clonados lleguen a término con normalidad es bajísima (tomando como referencia la de especies cercanas a la nuestra, de otros primates). Tampoco está permitido en muchos países, como el nuestro.

Finalmente, en relación con la edición genética, a pesar de que técnicamente sería posible aplicar estos métodos para modificar embriones humanos, tampoco deberíamos hacerlo. Aunque las posibles eficiencias puedan ser algo mayores que con la transgénesis (los pocos datos disponibles de otros primates nos dicen que sigue siendo difícil editar genéticamente embriones de primates), en este caso la problemática principal sería la obtención de individuos mosaico, portadores de numerosas variantes genéticas, entre las que podría estar la inicialmente planteada. Tal grado de incertidumbre y riesgo cierto de obtener individuos distintos a los previstos aconseja prudentemente no abordar estos experimentos en humanos todavía. Y de todas maneras tampoco estaría permitido en aquellos países que han ratificado el Convenio de Asturias, como España. Sin embargo, como ya he comentado en el capítulo anterior, la realidad suele ir por delante de nuestros deseos y lo que no debería haber sucedido (el uso de las técnicas de edición genética para modificar embriones humanos) ya tenemos constancia de que ha ocurrido en

China, por lo menos, en los tres bebés nacidos del experimento del investigador He Jiankui.

Así pues, plantear hoy en día la aplicación de métodos de transgénesis, clonación o edición genética en embriones humanos para obtener individuos con características diferentes es técnicamente posible, aunque extraordinariamente difícil de completar el proceso con éxito. Por ello es abiertamente imprudente e irresponsable abordar estos experimentos, además de no estar éticamente justificados y ser ilegales en muchos países, como el nuestro. La modificación genética irreversible de un embrión humano y el individuo que resultaría de ello suponen consecuencias más allá de las propias para el individuo afectado, dado que impacta sobre el resto de la población. Ese individuo podría dispersar esas nuevas características genéticas entre sus hijos, y estos entre sus nietos. El alcance de las mutaciones en embriones va pues más allá del propio individuo involucrado.

Por otra parte, se deberían poder aplicar estas técnicas sobre embriones humanos con el fin de investigar sobre ellos, siempre y cuando se evite transferir los embriones resultantes para su gestación. Por lo menos existen tres tipos de embriones humanos que podrían usarse en experimentación: (1) embriones anómalos, descartados tras un proceso de fecundación *in vitro*, como por ejemplo los que son 3N, como he comentado en el capítulo anterior; (2) embriones normales obtenidos por fecundación *in vitro* y donados por sus padres para la investigación, porque ya no los necesitan con fines reproductivos; y (3) embriones obtenidos *ad hoc,* mediante fecundación *in vitro* a partir de óvulos y esperma de donantes para realizar investigación sobre ellos. En EE. UU., China, Corea y otros países puede usarse cualquiera de estos tres tipos de embriones en investigación. En países como el nuestro, solo los dos primeros. En estos casos, el tercer origen es directamente ilegal.

Me suelen preguntar por este tema de la edición genética de embriones humanos. Yo suelo contestar que, más allá de los aspectos de legalidad y moralidad, todavía no creo que tengamos una pregunta biológica que deba ser resuelta mediante la modificación o edición genética de un embrión humano y que no pueda ser resuelta, u obviada, a través de métodos alternativos. Cuando la tengamos, si además disponemos de mayor grado de certidumbre tecnológica, podremos volver a debatir sobre la oportunidad de editar o modificar el genoma humano.

El genoma humano no es una entidad inmutable. Cualquiera de nosotros comparte con otra persona aproximadamente el 99,9 % de su genoma. Nos diferenciamos en apenas un 0,1 %, suficiente para que seamos todos genéticamente distintos, por fortuna. Si analizas este valor, te darás cuenta de la gran cantidad de letras distintas que diferencian a dos seres humanos. Un 0,1 % aplicado sobre los 3000 millones de letras que tenemos en nuestro genoma corresponde a 3 000 000 letras, una de cada 1000. Adicionalmente, en cada generación, cada vez que nace un hijo nuestro, durante la generación de gametos (óvulos y espermatozoides) se producen centenares de mutaciones adicionales durante el proceso de meiosis, que añaden variabilidad genética a todo el conjunto. Como ves, no existe «un» genoma humano intacto y constante, sino que existen tantos genomas humanos como personas hay sobre la Tierra. Creo que es importante hacer esta reflexión cuando hablamos de prohibir la edición genética para evitar alterar irreversiblemente el genoma humano del embrión afectado y las generaciones posteriores. De hecho, montones de alteraciones genéticas en el genoma humano están ocurriendo de forma natural en cada generación.

No obstante, han aparecido numerosos informes de academias, sociedades e instituciones científicas, de grupos de opinión y de expertos en bioética que analizan la posible aplicación de las técnicas de edición genética en embriones humanos desde el punto de vista ético. En general todos estos documentos recomiendan prudencia, debate, análisis de posibles riesgos y beneficios y transparencia. Sugieren explorar la precisión y seguridad en otros modelos animales antes de pasar a aplicar estas técnicas en humanos. Varios miembros del Observatorio de Bioética y Derecho de la Universidad de Barcelona publicaron en 2017 un exhaustivo análisis comparativo de la mayoría de estos informes, documentos y posicionamientos de las instituciones en relación con la edición genética en humanos.

Probablemente uno de los estudios más completos sea el que publicó en 2017 la Academia Nacional de Ciencias de EE. UU. (NAS), con la participación de numerosos expertos. En este informe, se recomendaba inesperadamente (a diferencia de la mayoría de informes anteriores de otras instituciones, principalmente europeas) autorizar el uso de técnicas de edición genética en embriones humanos con la consiguiente obtención de alteraciones genéticas heredables, siempre y cuando se cumplieran una retahíla de condicionantes, entre ellos: uso restringido a temas clínicos, única y exclusivamente para tratar o prevenir una enfermedad grave, en ausencia de alternativas razonables, solo para genes cuya asociación con la enfermedad haya sido demostrada fehacientemente, solo para convertir esas variantes patológicas a otras existentes en la población asociadas a una salud normal y sin evidencia de efectos adversos, con un seguimiento cuidadoso de las personas que nacieran de estos ensayos y de sus descendientes y todo con total transparencia, compatible con la privacidad debida a los pacientes involucrados. En el capítulo anterior ya me he referido a la existencia de alternativas, como el diagnóstico genético preimplantacional (DGP), actualmente disponibles, que evitarían tener que considerar la edición genética de embriones humanos con objetivo terapéutico en la mayoría de los casos, pero este informe NAS 2017 es el primero que plantea la posibilidad de autorizar la edición genética de embriones humanos con finalidad terapéutica, para tratar o prevenir enfermedades graves.

«EL GENOMA HUMANO NO ES UNA ENTIDAD INMUTABLE».

El informe NAS 2017 continúa siendo muy claro en su recomendación de no autorizar otros usos no clínicos o terapéuticos de la edición genética en embriones humanos, como los encaminados a mejorar, embellecer o incrementar determinadas características del aspecto o las capacidades físicas o intelectuales de la persona.

En julio de 2018, otro informe sobre edición genética en embriones humanos ha sido presentado por el Nuffields Council on Bioethics (NCB, Londres, Reino Unido), y amplía algunos de los aspectos ya tratados por la misma institución en su completísimo informe de 2016 sobre esta tecnología. De nuevo, siguiendo la estela del informe NAS 2017, el informe NCB 2018 considera que la aplicación de técnicas de edición genética en intervenciones que tengan por objeto la generación de alteraciones genéticas heredables, que puedan trasladarse a generaciones futuras, podría estar justificada y ser éticamente aceptable en algunas circunstancias. En particular, siempre y cuando las modificaciones incorporadas sean consistentes con el bienestar de la persona que puede nacer a raíz de tales intervenciones, y mientras se mantengan los principios de justicia y solidaridad. Esto último se refiere a asumir que dichas alteraciones no deberían incrementar las desventajas, discriminaciones o divisiones existentes en la sociedad.

La posición del NCB es todavía más abierta que la expresada por el informe NAS, teniendo en cuenta que no limita la posible utilización de estas técnicas sobre embriones a usos clínicos o terapéuticos, como sí hace la NAS. Sin embargo, a continuación, reconoce que la ley británica actualmente prohíbe el uso de técnicas de edición genética en reproducción humana y que, por ello, estas consideraciones deberían discutirse con amplios sectores de la sociedad antes de poder ser implementadas en la práctica.

En septiembre de 2020, la NAS, junto con la Academia Nacional de Medicina y la Royal Society Británica publicó un nuevo informe que reiteraba lo dicho en 2017 sobre las condiciones que deberían cumplirse para usar CRISPR con fines terapéuticos en embriones humanos, y, de forma similar al informe de NCB de 2018, empezaba a reflexionar sobre la posibilidad de futura para el uso no terapéutico de CRISPR sobre embriones.

En relación con otros organismos editados genéticamente y el medio ambiente, tal y como he contado ya en los capítulos anteriores dedicados a plantas, hongos, otros animales, vacas, cerdos y mosquitos, existen numerosas situaciones en las que podemos reflexionar sobre lo que podemos o no hacer. Y, si lo podemos hacer, sobre lo que deberíamos o no hacer.

Las estrategias de impulso génico son una de las aplicaciones de la edición genética que ha suscitado mayores expectativas para el control de enfermedades infecciosas diseminadas por vectores como mosquitos, o para la erradicación de especies invasoras en un territorio determinado. Asumiendo que hayamos involucrado en el debate a las autoridades y habitantes de las áreas en las cuales se plantea liberar individuos con variantes de impulso génico, y que hayamos obtenido los permisos para ello, la cuestión es si deberíamos lanzar estas estrategias en la naturaleza sin ninguna consideración adicional. Las matemáticas predicen que el sistema se autorregulará y se desactivará, tarde o temprano, por la acumulación de mutaciones en el gen diana que dejarán de ser reconocidas por el sistema de edición y pasarán primero a ser variantes resistentes hasta convertirse de nuevo en las mayoritarias en la población. Existen alternativas para contrarrestar esta autorregulación, combinando más de una variante de impulso génico de forma simultánea. En cualquiera de los casos, la pregunta, para la cual no creo que tengamos todavía una respuesta clara y universal, es si en estos casos deberíamos lanzar estas estrategias de control. Probablemente lo más prudente sea evaluar los riesgos que podamos anticipar, como la existencia en el ambiente de otras especies de vectores que podrían substituir fácilmente la que está siendo controlada. O la posibilidad de que el sistema de impulso génico salte de la especie inicial a otras relacionadas y se expanda en la naturaleza sin control. En este caso, de nuevo, lo que se puede hacer probablemente no se debería hacer sin estudios y controles adicionales. En octubre de 2020 el consejo asesor científico de la asociación ARRIGE (*Association for Responsible Research and Innovation in Genome Editing*), preparó un informe sobre los aspectos científicos y éticos a considerar en las estrategias de impulso génico.

Otro asunto que entronca directamente con los aspectos discutidos en este capítulo es el movimiento llamado DIY (*Do It Yourself!*) o ¡Hazlo tú mismo! La facilidad de uso de los sistemas CRISPR-Cas9 (se necesitan muy pocos reactivos, fácilmente obtenibles, para lanzar una estrategia de edición genética), su asequibilidad (tienen un coste muy reducido) y su especificidad (si están adecuadamente seleccionados, pueden ser muy precisos) hacen que haya gente que considere que esta tecnología debería estar directamente al alcance de todo el mundo. No hace mucho, uno de los seguidores de este movimiento se autoinyectó públicamente en el brazo lo que dijo era una mezcla de reactivos CRISPR-Cas9 encaminada a inactivar su gen de la miostatina (*MSTN*) con el fin de desarrollar mayor masa muscular localmente, de forma similar a lo que les ocurre a algunas razas de ovejas y vacas de forma natural, como he contado en el capítulo 9. Evidentemente, no consiguió su objetivo. Más allá de un enrojecimiento y quizás una infección en el lugar del pinchazo, por la manifiesta falta de esterilidad del proceso, no logró que su brazo aumentara el volumen de músculo.

Sorprende leer este tipo de noticias. Y hay que decir que este tipo de acciones son una soberana estupidez, una imprudencia y una irresponsabilidad. ¿Por qué ocurren?, te preguntarás. Pues porque todavía no está suficientemente regulado el acceso a reactivos de edición genética. No debería ser posible para una persona de la calle, sin relación con el mundo clínico o de la investigación, adquirir estos componentes CRISPR. Y las empresas que los distribuyen deberían, por ley, cerciorarse de a quién están vendiendo sus productos y si los clientes finales a quienes van destinados estos productos tienen los permisos reglamentarios que se necesitan y el grado de contención adecuado en sus centros de investigación para desarrollar el proyecto que plantean. Si una persona no puede demostrar vinculación laboral con un hospital o centro de investigación, público o privado, y simplemente pretende recibir en su casa un «kit de edición genética», no debería poder adquirir estos componentes. Hay muchos medicamentos, muy caros o específicos y de uso muy restringido a determinadas situaciones clínicas que, por su peligrosidad, no se venden a particulares ni en las farmacias. Solo se distribuyen a centros hospitalarios, que son los responsables de administrar estos medicamentos estrictamente a quien los necesita, y con el control y supervisión adecuados.

El problema principal del movimiento DIY es la posibilidad de que alguno de sus integrantes desarrolle alguna estrategia de edición genética, por ejemplo, de impulso génico, que pueda convertirse en una amenaza para la salud humana o el medio ambiente. Se requieren unos mínimos conocimientos de biología molecular, unos ingredientes CRISPR para ello y algo de talento, pero sobre el papel podrían obtenerse estos reactivos CRISPR y ensamblarse en el garaje de casa.

George Church decía hace poco en *The New York Times* que todo aquel que se dedique a alguna forma de biología sintética debería estar controlado y trabajar con licencia. Y que todo aquel que lo hiciera sin licencia debería considerarse sospechoso.

Lo cierto es que me temo que alguna de estas personas, llamadas también *biohackers*, va a hacerse daño tarde o temprano o, lo que es peor, va a acabar haciendo daño a terceros. Los *biohackers* consideran que están en su derecho de modificar su genoma y no están dispuestos a renunciar a ello. Incluso algunos han fundado empresas que se dedican a vender estos kits de iniciación a la edición genética para que otras personas puedan reproducir estas barbaridades en sus casas, aprovechándose del vacío legal actual. Las autoridades deberían ser conscientes del peligro que representan estos grupos y garantizar que el acceso a determinadas tecnologías, como la edición genética, quede restringido a los colectivos que tengan la formación y autorización adecuadas para usarlas. Agencias como la FDA ya alertan sobre este tipo de actividades y recuerdan que la venta de estos productos para supuestas actividades terapéuticas sin ninguna validación científica está fuera de la ley. Estamos ante un caso más, preocupante sin duda, de pseudociencias, e igualmente por ello quienes lo practiquen o promuevan deberían ser detectados, denunciados y puestos a disposición de la justicia para responder por sus actos.

Los fenómenos recientes de los biohackers o los DIY son manifestaciones extremas de una corriente filosófica que ha aparecido con fuerza en nuestra sociedad, fundamentalmente en EE. UU.: el transhumanismo, sobre la que ha reflexionado mucho el filósofo Antonio Diéguez, de la Universidad de Málaga. El transhumanismo aspira a que toda persona pueda acceder a tecnologías actualmente disponibles si con ellas puede mejorar sus capacidades físicas o psíquicas. Todo ello, claro, sin necesidad de requerir permiso de las autoridades correspondientes y pretendiendo asumir unos riesgos, ciertos y muy importantes, sin realmente conocerlos. Lo preocupante es que estas discusiones filosóficas hayan dejado de ser un entretenimiento intelectual y pasado a ser una posible realidad, con el apoyo de algún miembro de la comunidad científica. El investigador George Church, al que he citado en numerosas ocasiones, mantiene en la web de su laboratorio una lista de 50 genes cuyas inactivaciones o sobreexpresiones concederían características especiales a los seres humanos, generando supuestos superhombres o supermujeres. Por ejemplo, la inactivación del gen *SCN9A* nos tornaría insensibles al dolor; la inactivación del gen *CCR5* impediría la infección por VIH; determinadas variantes de proteínas nos permitirían permanecer bajo el agua más tiempo o vivir mejor en altitud, en condiciones de baja presión de oxígeno, etc. Estos aparentes beneficios no se instaurarían sin consecuencias. Y este es el olvido principal y la crítica fundamental que puede hacérsele al transhumanismo. Tenemos apenas 20 000 genes, pero tenemos muchas más de 20 000 funciones por hacer. Lo cual quiere decir que cada gen realiza múltiples funciones, mientras que el transhumanismo las simplifica a las deseadas. Esto en genética se llama *pleiotropía*. La inactivación de un gen no solo tiene la consecuencia buscada, sino que tendrá otras consecuencias asociadas, normalmente desconocidas. Por ejemplo, el gen *CCR5* y el receptor que codifica no está ahí para que entre el virus VIH en los linfocitos. Es el virus VIH quien aprovecha la existencia del receptor *CCR5* para acceder al interior celular. En realidad, el receptor *CCR5* es un regulador de la respuesta inmune, cuya inactivación, además de impedir la entrada al virus VIH, tiene otras consecuencias no deseadas, como infecciones más graves por otros virus, como el de la gripe y el del virus del Oeste del Nilo, entre otras alteraciones. Así pues, es necesaria una llamada a la prudencia y a la regulación por parte de las autoridades de cada país, para evitar que estas prácticas de autoadministración de herramientas CRISPR no acaben produciendo daños que debamos lamentar en personas que, pensando adquirir superpoderes acaben sufriendo algún percance o discapacidad grave. Si alguien está interesado en descubrir cómo piensan y razonan algunos de estos transhumanistas puede visionar un documental televisivo, lanzado por la plataforma Netflix en octubre de 2019, llamado *Selección antinatural*.

En este capítulo he reflexionado sobre algunos aspectos que, globalmente, tienen que ver con el uso responsable de las técnicas de edición genética, sobre la necesidad de alertar de que no todo lo que se puede hacer lo deberíamos hacer, y sobre la importancia de debatir abiertamente, con total transparencia, sobre estos temas involucrando a todos los grupos de la sociedad que se sintieran implicados y quisieran participar. En este sentido, un grupo de investigadores europeos expertos en genética, neurociencias, bioética, leyes, sociología, filosofía y otras disciplinas decidimos lanzar una iniciativa para promover este debate tan necesario en torno a la edición genética, para desarrollar herramientas que permitan evaluar los proyectos que usen estas tecnologías o para asesorar a autoridades y gobiernos que deban legislar al respecto, entre otros objetivos. La iniciativa se llama ARRIGE (*Association for Responsible Research and Innovation in Genome Editing*), Asociación para la investigación responsable y la innovación en edición genética, y hemos publicado un artículo en la nueva revista *The CRISPR Journal* en el que se describen los objetivos de la asociación. Desde ARRIGE deseamos promover una gobernanza global sobre las técnicas de edición genética, incorporando a todos los grupos implicados en todos los rincones del mundo: académicos, investigadores, clínicos, instituciones públicas, empresas privadas, organizaciones de ayuda a pacientes, organizaciones no gubernamentales, reguladores, ciudadanos, medios de comunicación, agencias gubernamentales y, en general, cualquier otra persona con capacidad de tomar decisiones en estos temas. El objetivo global es promover el uso éticamente responsable de las técnicas de edición genética.

Otros grupos o asociaciones han aparecido en otros países, principalmente EE. UU., con objetivos similares, como el Observatorio Global (*Global Observatory*) o el denominado Gremio de Escritores del Genoma (*Genome Writers Guild*). Todo ello demuestra el interés por debatir estos temas y la necesidad generalizada, entre la comunidad científica y la sociedad en general, de avanzar aprovechando los beneficios que nos aportan las tecnologías de edición genética, pero de una forma responsable.

15

¿PODEMOS USAR LAS CRISPR, QUE PROVIENEN DE LAS BACTERIAS, PARA MODIFICAR OTRAS BACTERIAS?

Las bacterias (y las arqueas, los procariotas en general) han evolucionado durante mucho tiempo, inventando y optimizando sistemas para zafarse de la infección por virus o de la entrada de plásmidos inoportunos provenientes de otras bacterias. Los sistemas CRISPR son parte de un mecanismo extraordinariamente sofisticado del cual apenas empezamos a comprender algunas funciones. Su elevado grado de presencia y conservación en prácticamente todos los grupos de procariotas (parecía que las clamidias eran las únicas bacterias sin sistemas CRISPR, pero finalmente en 2016 se identificaron también en ellas) hace pensar que son funcionalmente relevantes, con mucha probabilidad indispensables para otras tareas, todavía muchas por descubrir.

En efecto, nos equivocaríamos si pensáramos que estos sistemas CRISPR solo sirven en los procariotas como parte de un sistema inmunitario adaptativo. Sabemos ya que cumplen otras funciones dentro de las bacterias relacionadas con la estructura del ADN, la regulación de la expresión de genes, la regulación de genes de virulencia, la remodelación del genoma, la reparación del ADN, la regulación de la latencia celular, la formación de cuerpos fructíferos, etc. Por ello no deberíamos desdeñar ni menospreciar a las bacterias y su característica capacidad de adaptarse a casi cualquier medio ambiente. Gran parte de lo que sabemos de biología molecular y una buena parte de los trucos y tretas genéticas que aplicamos en ingeniería genética se los debemos a las bacterias.

Por ejemplo, algunas bacterias patógenas usan sus sistemas CRISPR para inhibir la formación de *biofilms* (tapetes, biopelículas o ecosistemas bacterianos organizados) o el desplazamiento en grupo que acontece en algunas especies de *Pseudomonas* cuando son infectadas por un fago determinado, tal y como Heussler y sus colaboradores publicaron en 2015.

La evolución tampoco funciona en las bacterias de forma aislada. La bacteria captura un fragmento del virus o del plásmido y se lo guarda en su genoma, como carné de identidad del atacante, para reconocerlos cuando intenten volver a acceder a la célula y recibirlos sin contemplaciones (cortando el genoma invasor en pedacitos, gracias a la endonucleasa Cas9). Pero el virus (o el plásmido) también tiene interés en evolucionar, en cambiar algo su secuencia, para no ser reconocido exactamente por los ARN de pequeño tamaño que derivan de las copias de los espaciadores que lleva la bacteria. Cada espaciador reconoce un virus o un fragmento del genoma de un virus o un plásmido diferente. Por eso, si la secuencia genética del virus cambia, no hay reconocimiento y el virus logra evitar la andanada de defensa, en parte, dado que rápidamente el sistema CRISPR detectará que se trata de un nuevo invasor y lo troceará, reservando fragmentos seleccionados como recordatorio para posteriores visitas. Así pues, las bacterias y los virus coevolucionan, las unas desarrollando sistemas de defensa cada vez más sensibles y los otros desarrollando maneras de evitarlos.

Ahora entendemos por qué los sistemas CRISPR-Cas9 no pueden ser biológicamente perfectos y permiten cierta indeterminación en la detección de las secuencias de genomas invasores (variable según la posición de la secuencia de reconocimiento, que debe ser exquisita cerca de la zona de corte pero que puede relajarse un poco más en zonas más distales). Con esta detección de secuencias de ADN que permite una cierta flexibilidad, las bacterias se anticipan a que el virus mute y cambie su secuencia. Si los cambios no son demasiado importantes ni ocurren en las secuencias de reconocimiento clave, la bacteria los seguirá reconociendo. Evidentemente, los virus tienen especial interés en que, si mutan, las bacterias dejen de reconocerlos. Y esta batalla continúa desde el origen de los tiempos, sin final.

Se calcula que en nuestro planeta hay 10^{30} bacterias. Eso son muchas bacterias. Es un 1 seguido de 30 ceros, algo así como un billón de trillones de bacterias. Esta cifra parece imbatible. Pues bien, de bacteriófagos o fagos, los virus de las bacterias, todavía hay más, por lo menos diez veces más. Son la entidad biológica más numerosa sobre la faz de la Tierra. Por eso, si necesitamos variedad y diversidad, busquémosla entre los bacteriófagos. Allí, entre ellos, encontraremos de todo. Cualquier sistema que la evolución haya podido inventar y probar, por raro que parezca, lo hallaremos seguro entre esos virus.

Por eso no sorprende darse cuenta de que existen virus con talento. Fagos que han capturado todo un sistema CRISPR de alguna de las bacterias que han infectado, lo han incorporado en su genoma y lo han convertido en su arma de defensa específica, que ahora ataca a los sistemas de defensa bacterianos hasta evadirlos. ¡El sistema CRISPR se vuelve contra su creador! Este sorprendente hallazgo se reportó en febrero de 2013 en la revista *Nature*. En julio de 2020, el laboratorio de Jennifer Doudna reportó un ejemplo todavía más sorprendente. Un sistema CRISPR presente en unos virus bacterianos enormes que había evolucionado para atacar a otros virus competidores que también infectaban a la misma bacteria. La proteína Cas que usan estos virus (Cas-Phi) es mucho más pequeña que las Cas9 habituales y, por ello, resulta potencialmente interesante para su uso en terapia génica, donde siempre es difícil encajar genes de gran tamaño en los vectores virales habituales.

Otro caso de fagos sorprendentes que logran controlar un sistema CRISPR es el que descubrió a principios de 2017 en la bacteria *Lysteria monocytogenes* un equipo de investigadores de la Universidad de California en San Francisco. Localizaron cepas de esta bacteria que tenían integrado un profago (el genoma del fago entero insertado en el genoma de la bacteria) e incluían un gen cuyo producto codificado inhibía la funcionalidad de la endonucleasa Cas endógena. Los investigadores dieron con estos casos imaginando su existencia e intentando buscar en aquellas bacterias con sistemas Cas activos y espaciadores con secuencias homólogas al propio genoma, que normalmente deberían propiciar la autodigestión y desaparición de la bacteria pero que, si se mantenían, razonaron, debía de ser por la existencia de algún sistema inhibidor que impidiera la actividad de la proteína Cas, como así descubrieron. Además, comprobaron que estos inhibidores podían usarse para bloquear la actividad de otras proteínas Cas, como la proteína Cas9 de *Streptococcus pyogenes*, utilizada en la mayoría de los experimentos de edición genética. Este hallazgo, posteriormente confirmado por investigadores chinos, abre la puerta a la regulación fina del proceso de edición genética, combinando diferentes cantidades de nucleasa Cas y del inhibidor anti-Cas.

Y los campeones de todos los virus son los mimivirus, unos virus gigantes que infectan a protozoos como las amebas (pueden llegar a tener 500 nanómetros de diámetro, mientras que un bacteriófago tipo mide unos 20 nanómetros, 25 veces menos) que, a su vez, pueden ser infectados por otros virus, llamados virófagos, de los que se tienen que defender y, para ello, usan una estrategia de capturar secuencias de ADN de estos elementos invasores que incorporan en una zona de su genoma, reminiscente pues del sistema CRISPR bacteriano, aunque sin serlo. *Sensu stricto* no tiene una agrupación característica CRISPR, pero sí repeticiones, aunque lo que se repite es la secuencia diana del virófago. Lo conocimos en 2016.

Hay muchos tipos de sistemas CRISPR en procariotas, aunque pueden agruparse en dos clases principales. Los sistemas CRISPR de clase 1 cortan todos ADN. Algunos, además, cortan ARN como prerrequisito para cortar ADN y todos necesitan múltiples proteínas Cas para realizar su función y una guía de ARN. Por el contrario, los sistemas CRISPR de clase 2 esencialmente cortan ADN (aunque algunos tipos cortan en cambio ARN) y solo requieren una proteína (la prototípica es Cas9) para realizar las funciones de reconocimiento de diana y corte, en combinación con pequeñas moléculas de ARN que actúan como guías. Para las otras etapas del proceso en bacterias siguen requiriendo otras proteínas Cas. A su vez, cada clase está subdividida en varios tipos, cuyo número va en aumento, como va reportándose en sucesivas revisiones de los mayores expertos microbiólogos en el campo, que publican sus propuestas de clasificación de los sistemas CRISPR de forma conjunta. La última revisión disponible, de 2019, detalla dos clases de sistemas CRISPR (clase 1 y clase 2) y tres categorías en cada una de ellas. Sistemas CRISPR de tipo I, III y IV, dentro de la clase 1, y sistemas CRISPR de tipo II, V y VI dentro de la clase 2. Naturalmente, los sistemas CRISPR de clase 2 son los más interesantes como herramientas de edición genética en el resto de los organismos, en eucariotas, fuera del contexto de la bacteria, pues tan solo necesitamos una proteína (Cas9 o su equivalente en cada especie) y una guía de ARN para acometer las actividades de reconocimiento de diana y corte.

Que sean los más interesantes para nosotros no quiere decir que también lo sean para las bacterias. Una de las bacterias más conocidas y famosas, *Escherichia coli*, que vive en el tracto instestinal de los animales, parece que solo tiene sistemas CRISPR de clase I, que no está presente en todas las cepas. Además, todas las cepas silvestres analizadas de esta bacteria portadoras de sistemas CRISPR los tienen inhibidos, en condiciones de crecimiento de laboratorio.

¿Para qué otras aplicaciones han servido los sistemas CRISPR en bacterias? Pues durante muchos años sirvieron para *spoligotyping* (espoligotipaje), para identificar especies y cepas dentro de cada especie de bacteria, simplemente contabilizando el número de espaciadores (variable, se han observado hasta casi 600 espaciadores en una misma cepa de bacterias) y las secuencias que contenían. El espoligotipaje ha seguido utilizándose hasta fecha reciente, aplicándose para muchas bacterias que pueden convertirse en un problema por su potencial patogenicidad (*Escherichia coli, Shigella spp., Salmonella spp., Campylobacter jejuni, Legionella pneumophila, Streptococcus spp., Yersinia pestis, Erwinia carotovora*, etc.), como atestigua una revisión publicada por Shariat y Dudley en 2014.

La confirmación experimental de que podía manipularse la sensibilidad o infectividad de bacterias frente a determinados fagos, realizada por Rodolphe Barrangou y colaboradores en 2007 y reportada en *Science* un par de años después de que Mojica propusiera la implicación de los sistemas CRISPR en la inmunidad bacteriana frente a fagos, destapó nuevas aplicaciones en el sector alimentario. Puede ser interesante proteger los fermentos bacterianos que se usan en procesos industriales de fermentación de alimentos, introduciendo en esas bacterias resistencias a ser infectadas por determinados fagos mediante CRISPR (introduciendo espaciadores con fragmentos del genoma del fago cuya infección queremos evitar). De esta manera se garantiza que el proceso de fermentación seguirá sin riesgos para las bacterias, que ya no podrán ser atacadas por esos virus.

También se han utilizado los sistemas CRISPR en bacterias para clonar, para utilizarlas como herramientas de ingeniería genética que permitan obtener complejas construcciones génicas y, por supuesto, también para editar genes del propio genoma bacteriano, promoviendo cambios específicos en determinados genes de la bacteria, como demostró Luciano Marraffini, uno de los pioneros de este campo, ya en 2013.

Si pensamos en una utilidad de los sistemas CRISPR que tuviera gran impacto en biotecnología microbiana y en salud (humana y animal), probablemente la más relevante tendría que ver con la capacidad de alterar y controlar la resistencia de las bacterias a los antibióticos, un enorme problema sanitario en expansión para el que se nos acaban las soluciones y las armas para contrarrestarlo.

La mayor parte de las resistencias conocidas a antibióticos se localizan en plásmidos, moléculas de ADN circulares episomales (independientes del genoma principal) que las bacterias pueden adquirir de otras y compartir fácilmente. El uso inadecuado (cuando no corresponde, por ejemplo, en infecciones causadas por virus, no por bacterias) y excesivo (administrando o consumiendo más dosis y durante más tiempo del estrictamente necesario) de los antibióticos favorece la aparición de individuos resistentes entre los millones que forman cualquier colonia bacteriana. Y estas bacterias superrresistentes pueden llegar a acumular plásmidos o resistencia a casi todos, o a todos, los antibióticos conocidos. Llegados a este punto, una infección por una de estas superbacterias podría tener consecuencias fatales, al carecer de armas efectivas con las que luchar para eliminarla.

Sin embargo, podríamos desarrollar una estrategia CRISPR dirigida a cortar y eliminar secuencias de ADN específicas presentes en esos plásmidos de resistencia, para que la bacteria resultante, ya sin el plásmido, volviera a ser sensible al antibiótico cuya resistencia venía codificada en el plásmido. Este tipo de abordajes se engloban dentro del campo de la inmunidad programable, que es uno de los temas que siempre le interesó a Francis Mojica y el que pensó que sería la aplicación fundamental de las CRISPR (antes de que acabara convirtiéndose en una herramienta de edición genética). Dentro de este campo también tiene cabida modificar la capacidad de infectividad de bacterias por virus, incluyendo o eliminando espaciadores con secuencias de ADN de bacteriófagos según quiera promoverse su resistencia o sensibilidad a la infección. O incluso interfiriendo con la estabilidad de transposones, dirigiendo una estrategia CRISPR a secuencias específicas del elemento transponible o del gen de la transposasa encargada de todo ello.

Uno de los primeros ejemplos de sistemas antimicrobianos basados en estrategias CRISPR lo desarrolló el grupo de Marraffini, demostrando en 2014 que era posible vehicular un sistema CRISPR completo dentro de un bacteriófago para que eliminara específicamente los genes de virulencia de una cepa de *Staphylococcus aureus,* dejando intactos a los individuos de la colonia bacteriana que no los tenían.

Rodolphe Barrangou acaba de revisar las diversas posibilidades de estos sistemas de edición en las propias bacterias, dirigiendo los cortes específicos a genes presentes en plásmidos o en el genoma principal de la célula. Efectivamente, existen bacterias en las que se han identificado espaciadores CRISPR con secuencias homólogas a otros genes endógenos de la propia bacteria, lo cual las llevaría al suicidio al promover el corte de su propio cromosoma. Sin embargo, en todos estos casos, se observa que el sistema CRISPR ha quedado inactivado por alguna mutación, frecuentemente en los genes de las proteínas Cas, que impide completar el proceso de digestión y permite a la bacteria convivir con esta bomba de relojería desactivada. Se cree que las bacterias a veces «se equivocan» y obtienen fragmentos de ADN de su propio genoma por error para incorporarlos como nuevos espaciadores en el locus CRISPR. En estos casos, la única posibilidad que tiene la bacteria de sobrevivir es que aparezca algún mutante en el sistema CRISPR que lo inhabilite e impida su auto-digestión. En otros casos se fuerza una selección de mutaciones en la secuencia diana. CRISPR actuaría entonces como un mecanismo para acelerar la evolución, forzando una selección de mutantes en secuencias propias para las que hubiera adquirido algún espaciador, para evitar autodigerirse.

Todo esto nos podría parecer algo raro y un problema, con nuestra mentalidad de eucariotas, de mamíferos, pero como me suele recordar Francis, «las bacterias, Lluís, siempre ganan; el individuo no importa, lo que importa es la comunidad». En cualquier colonia bacteriana hay decenas o centenares de millones de células, acumulando variaciones genéticas, mutaciones espontáneas, al azar, muchas letales y no productivas, otras interesantes, listas para ser seleccionadas cuando haga falta, en la dirección que haga falta, cuando el entorno así lo requiera.

Por lo tanto, el trasiego de espaciadores homólogos a ADN cromosomales de una bacteria, incorporados por ejemplo a través de un bacteriófago, puede promover su eliminación efectiva y selectiva en poblaciones bacterianas complejas. Los sistemas CRISPR-Cas de tipo I son especialmente útiles para ello, pues incorporan proteínas como la Cas3, con actividad exonucleasa, capaz de digerir y eliminar miles de nucleótidos a partir del corte de doble cadena inicialmente inducido por el sistema en la secuencia diana, lo cual lleva también a la muerte de la célula.

En los próximos años veremos una evolución de todas estas estrategias antimicrobianas en las que se explorará cuáles son mejores y más robustas. A pesar de que podríamos pensar que solo necesitamos introducir espaciadores contra las secuencias que queramos eliminar, contando con las proteínas Cas endógenas que se encargarían de completar el proceso, no siempre es posible usar los sistemas propios, que pueden estar inactivos o inactivados. Las mejores propuestas pasan por introducir en la bacteria que se quiere modificar un sistema completo CRISPR, con sus repeticiones, sus espaciadores específicos y sus genes Cas necesarios para completar el reconocimiento y digestión específica de secuencias. Y los mejores vectores para transferir sistemas CRISPR completos son los bacteriófagos, cuya limitación principal es el rango de bacterias que pueden infectar. No todos los fagos infectan a todas las bacterias.

«LAS BACTERIAS, LLUÍS, SIEMPRE GANAN;
EL INDIVIDUO NO IMPORTA, LO QUE IMPORTA
ES LA COMUNIDAD».

El uso de los sistemas CRISPR como antimicrobianos tiene la ventaja de la especificidad de la secuencia de ADN a la que se dirige. Al ser más selectivo, permite identificar con precisión qué bacterias eliminar (las que llevan genes de virulencia o las que portan un plásmido de resistencia a un determinado antibiótico) y dejar las demás, que pueden ser beneficiosas, intactas. Esto último tiene otros beneficios desde el punto de vista de la ecología bacteriana, pues al no eliminar todas las bacterias de una colonia permite al sistema reorganizarse. Uno de los errores que frecuentemente cometemos al luchar contra infecciones bacterianas es usar antibióticos inespecíficos o de amplio espectro, que eliminan la práctica totalidad de bacterias del cuerpo, por ejemplo de nuestros intestinos, y que deben ser reemplazadas por otras, con lo que se corre el riesgo de que las que se incorporen posteriormente no realicen la misma función beneficiosa que las primeras y nuestra microbiota (el conjunto de bacterias que conviven en nuestro cuerpo) resulte alterada y esto conlleve consecuencias patológicas de variada índole, como alteraciones en nuestro metabolismo, en nuestro estado de salud general o incluso en nuestro comportamiento.

En un futuro no muy lejano, es probable que podamos usar estrategias CRISPR para cambiar algunas características de nuestra microbiota y mejorar la digestibilidad de determinados productos alimentarios, favorecer la absorción de nutrientes beneficiosos o impedir la absorción de metabolitos problemáticos empaquetando en fagos sistemas CRISPR completos junto con las secuencias de genes que confieren todas esas nuevas características para integrarlos de forma estable en el genoma principal de la bacteria o en alguno de sus plásmidos.

Las posibilidades son infinitas, como infinita es la imaginación de los investigadores para desarrollar aplicaciones basadas en los sistemas CRISPR que vayan encaminadas directamente a interaccionar, eliminar, modificar o cambiar las propiedades de las bacterias que nos acompañan, y con quienes estamos obligados a convivir, para lo bueno y para lo malo.

16

LA IMAGINACIÓN DE LOS INVESTIGADORES
NO TIENE LÍMITES

Suelo decir en mis conferencias que el límite de las aplicaciones derivadas de la edición genética con las herramientas CRISPR está en la imaginación de los investigadores. Un recorrido por las más de veintidós mil publicaciones científicas sobre CRISPR aparecidas desde 2013 así lo atestiguaría sin ningún género de dudas (figura 16.1). Cada semana aparecen nuevos usos, cada cual más ingenioso, y aplicaciones sorprendentes de estas herramientas de edición genética. De nuevo la analogía con la explosión de métodos y usos derivados de la técnica de PCR salta a la palestra para ilustrar el caso de las herramientas CRISPR. Hoy en día, no hay laboratorio de biología, biomedicina o biotecnología que no aplique la técnica de PCR de múltiples maneras distintas, algunas muy imaginativas. De la misma manera, las CRISPR han venido para quedarse y han sembrado la bibliografía de ideas y desarrollos, algunos extraordinariamente brillantes, que quiero resaltar en este capítulo.

En este capítulo no me voy a referir a cualquiera de los usos esperados y ya tradicionales de las herramientas CRISPR. A su utilización, por ejemplo, para inactivar un gen, o para substituir la secuencia de un gen por otra, o para promover un cambio específico en el ADN que pueda tener consecuencias clínicas o biotecnológicas. De todo ello ya me he ocupado suficientemente en capítulos anteriores. Aquí me voy a referir a algunos ejemplos de usos sorprendentes de la tecnología CRISPR, ideas magistrales, revolucionarias, inesperadas, que han sido propuestas desde la comunidad científica.

«El límite de las aplicaciones derivadas de la edición genética con las herramientas CRISPR está en la imaginación de los investigadores».

Los resultados científicos negativos, inesperados, en contra de nuestras hipótesis de trabajo, abundan. Ante ellos se puede reaccionar, por lo menos, de tres maneras distintas: metiendo los resultados en un cajón y olvidándose de ellos, repitiendo el experimento con alguna variación para poder luego progresar en función de los nuevos resultados obtenidos, o dándose cuenta de que allí hay un material importante para descubrir una nueva aplicación, algo innovador y que no tiene nada que ver con lo que uno estaba originalmente investigando.

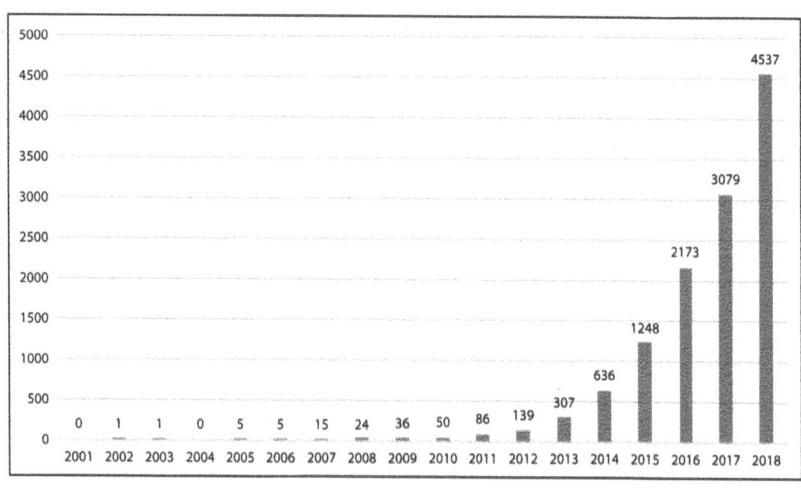

Figura 16.1. Número de publicaciones científicas por año en la base de datos bibliográficos PubMed que incluyen la palabra «CRISPR» en el título o en el resumen. El total de publicaciones CRISPR desde 2001 hasta la actualidad (febrero de 2021) es de 22 919. Gráfico y datos obtenidos por Lluís Montoliu directamente sobre PubMed.

Los investigadores con talento, capaces de ver más allá que el resto de los mortales, son los que optan por la tercera de estas actitudes y son capaces de reconvertir un sonoro fracaso en un espléndido éxito. Estos son los investigadores interesantes a quienes hay que seguir, escuchar y de quienes tenemos que aprender. Feng Zhang es uno de ellos.

Este investigador, de origen chino, nació en 1981 en Shijiazhuang, en la provincia de Hebei, y emigró a EE. UU. en 1993, donde tuvo ocasión de recibir una educación exquisita en varias instituciones hasta acabar graduándose en Química y Física por Harvard en 2004. Entre 2004 y 2009 realizó su tesis doctoral en la Universidad de Stanford, California (EE. UU.) bajo la dirección de Karl Deiseroth, donde contribuyó a desarrollar el sistema de activación de genes mediante pulsos de luz llamado optogenética, que tantas alegrías está dando a las neurociencias y que probablemente sea premiado con un Nobel en algún momento. Tras obtener su título de doctor en Química, en 2009, regresó a la costa este, a Cambridge, para trabajar en el prestigioso MIT (Instituto de Tecnología de Massachusetts) donde consiguió liderar un grupo como investigador independiente a partir de 2011, con apenas 30 años, e incorporarse pocos años después al Instituto BROAD, en colaboración con el MIT y Harvard, con múltiples cargos, distinciones y afiliaciones, donde ha desarrollado la mayor parte de sus descubrimientos en edición genética, primero con las TALEN y, desde 2013, en el mundo CRISPR, donde su nombre volvió a sonar (por segunda vez, en su corta pero intensa carrera científica) como candidato a un Premio Nobel. Es lo que los norteamericanos llaman un *wonderboy* o chico maravilla.

El laboratorio de Feng Zhang andaba a finales de 2016 y principios de 2017 intentando demostrar una actividad nueva en algunas proteínas Cas de sistemas CRISPR poco habituales. En concreto en una proteína, parecida a la nucleasa Cas9, que se había descrito como C2c2 (hoy rebautizada como Cas13a). A diferencia de la proteína Cas9, que es una endonucleasa que corta ADN guiada por pequeñas moléculas de ARN, la proteína C2c2/Cas13a había sido propuesta como el paradigma de un nuevo tipo de proteínas CRISPR-Cas capaces de cortar ARN guiándose también por moléculas de ARN de pequeño tamaño, que actuarían como guías. Pero esta vez para que la nucleasa cortara un ARN específico, no para cortar un ADN del genoma. Si eso fuera posible, estaríamos ante las herramientas CRISPR de segunda generación, o 2.0, como se conocieron, pues estarían específicamente dirigidas a cortar ARN en lugar de ADN.

Cuando Zhang y sus colaboradores estaban revisando los resultados de la digestión específica de ARN mediada por Cas13a, se dieron cuenta de algo totalmente inesperado. No solo la Cas13a había dado buena cuenta de la molécula de ARN identificada por la guía, como cabría esperar, sino de todas las moléculas de ARN que había en esa reacción. Todas las moléculas de ARN presentes en aquel tubo de ensayo habían sido degradadas por la nucleasa Cas13a, una vez activada al descubrir la secuencia de ARN que emparejaba con la de la guía. ¡Un verdadero desastre!, pensaría cualquier investigador ante este resultado inesperado. ¡Una oportunidad para desarrollar una nueva aplicación de diagnóstico!, pensó Feng Zhang.

En efecto, Zhang leyó entre líneas y se percató de que esa actividad nucleasa inespecífica contra todas las moléculas de ARN, que se desataba por la Cas13a (pero solo tras encontrar la pareja de su guía de ARN), podía convertirse en un nuevo sistema de diagnóstico. Y entonces diseñó una nueva mezcla de reacción en la que incorporó pequeñas moléculas de ARN que tenían unido en un extremo un compuesto fluorescente y en el otro extremo un compuesto que inhibía y absorbía esa fluorescencia. Solo podía visualizarse la fluorescencia si se separaban los extremos, y esto sucedía al degradarse el ARN, al digerirse por acción de la proteína Cas13a activada. ¡Maravilloso!

¡Una idea genial!

Para completar el diseño, y teniendo en cuenta que la mayoría de las secuencias de ácidos nucleicos que diagnosticar son moléculas de ADN, incorporó un paso previo de transcripción (de conversión de ADN→ARN) a la reacción, y entonces, ya sobre la molécula de ARN con una secuencia complementaria a la de ADN, es donde podía realizarse el diagnóstico usando las peculiares propiedades de la proteína Cas13a. En la figura 16.2 presento un esquema que intenta explicar el fundamento de esta nueva aplicación de diagnóstico.

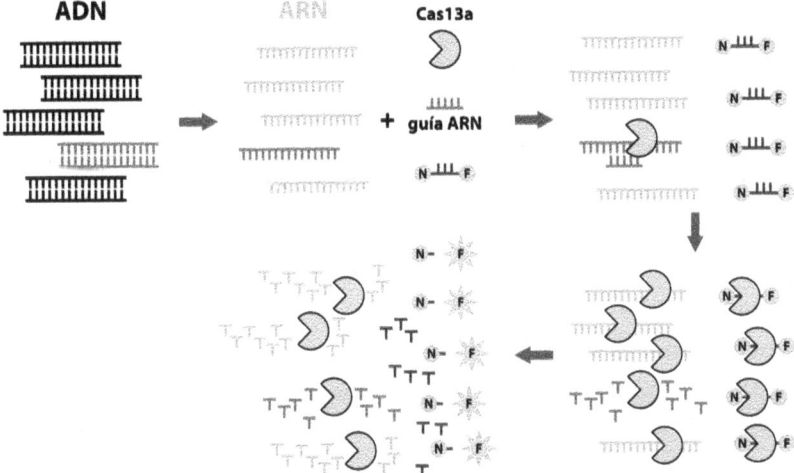

Figura 16.2. Diagnóstico mediante el sistema SHERLOCK. (de izquierda a derecha, siguiendo las flechas) La muestra de ADN contiene la secuencia que se ha de detectar (en gris claro). En primer lugar, se transcribe todo y se conviete en ARN. En segundo lugar, se le añade la nucleasa Cas13a, una guía de ARN específica, complementaria a nuestra secuencia, y unas pequeñas moléculas de ARN que tienen unidas a sus extremos un compuesto fluorescente (F) y otro inhibidor (N), que no le permite brillar si están unidos. La nucleasa Cas13a ayudada por la guía de ARN encuentra la molécula problema y la empieza a digerir. Una vez activada la proteína Cas13a empieza a digerir el resto de ARN de la mezcla, incluidas las pequeñas moléculas unidas al compuesto fluorescente, las cuales, cuando se libera del extremo inhibidor, empiezan a brillar informando de la presencia del ADN problema en la muestra original. Gráfico: Lluís Montoliu.

Zhang completó esta genialidad inventándose un nombre para describir la nueva aplicación de diagnóstico de ácidos nucleicos basada en CRISPR. La llamó SHERLOCK (*specific high sensitivity enzymatic reporter unlocking*), algo así como «desbloqueo de un indicador enzimático específico de alta sensibilidad». Hay que reconocer que le dieron unas cuantas vueltas para acomodar el nombre del acrónimo a la aplicación. Los autores usaron SHERLOCK para diagnosticar la presencia del virus del SIDA o del Zika en muestras de sangre humanas. Habitualmente, los sistemas de diagnóstico actuales están basados en la detección de proteínas específicas del patógeno mediante anticuerpos, en la detección de anticuerpos propios contra el patógeno o en la amplificación del genoma del patógeno mediante PCR.

347

Todas técnicas rutinarias y robustas, pero que requieren tiempo para ser procesadas y reveladas.

El sistema SHERLOCK es muy rápido y sensible y puede operar a temperatura ambiente. Según sus autores, la sensibilidad llega al orden attomolar, es decir 10-18, una trillonésima. Capaz de detectar una molécula de ARN específico entre un trillón de moléculas de ARN. Cuando se presentó este sistema, se explicó su sensibilidad como la posibilidad de detectar agua salada después de verter una cucharadita de sal en el Lago Superior de EE. UU., el mayor de los grandes lagos de agua dulce en América del Norte, con un volumen de 12 000 km3 de agua (doce mil billones de litros de agua).

Lo más sorprendente de todo es que este sistema diagnóstico deriva de una decepción. En la búsqueda de proteínas Cas que específicamente cortasen ARN, Zhang y sus colaboradores encontraron una proteína, Cas13a, que hacía lo inicialmente previsto, pero que de inmediato continuaba degradando todas las moléculas de ARN que hallaba a su paso. Y Zhang tuvo la intuición de convertir esta actividad inespecífica residual (que solo aparecía cuando se producía el emparejamiento de la guía de ARN con su secuencia diana) en un nuevo sistema de diagnóstico.

Por supuesto, el Instituto BROAD solicitó la patente correspondiente para proteger el uso industrial de SHERLOCK. En particular, porque este innovador sistema de diagnóstico puede llegar a substituir a los actuales y convertirse en una verdadera revolución biotecnológica. Todos los componentes que se necesitan para SHERLOCK pueden congelarse y descongelarse, o desecarse y rehidratarse, es decir, las reacciones químicas necesarias para convertir ADN en ARN y para detectar posteriormente el ARN problema con la guía ARN y la proteína Cas13a pueden ocurrir en superficies sólidas, como una tira de papel reactivo, como las que se usan para las pruebas de embarazo caseras. Esto permitiría privacidad y que las personas interesadas se pudieran autodiagnosticar sobre la presencia del virus del SIDA en su sangre de una forma más sencilla y privada que ahora. Según el BROAD, la estimación inicial del coste del diagnóstico es de aproximadamente 50 céntimos de euro (0,61 dólares) por muestra analizada.

El grupo de Feng Zhang continuó investigando con otras proteínas Cas de otras bacterias, también con propiedades similares de actuar como nucleasas de ARN. Aproximadamente un año después de presentar SHERLOCK, Zhang subió la apuesta con un sistema de diagnóstico múltiple que permite detectar hasta cuatro moléculas distintas de ARN a la vez o, lo que es lo mismo, hasta cuatro patógenos distintos simultáneamente. Para ello caracterizó las actividades de las proteínas Cas13b, de dos bacterias distintas, y las sumó a las actividades ya caracterizadas de las proteínas Cas13a y Cas12a. Aunque todas ellas tienen actividad ARNasa inespecífica (son capaces de cortar ARN), lo cierto es que tienen preferencias de corte ligeramente distintas, según la secuencia de ARN. Zhang decidió aprovechar estas sutiles diferencias en la digestibilidad del ARN y preparó cuatro sistemas de respuesta distintos, basados en pequeñas moléculas de ARN con cuatro marcadores fluorescentes de colores diversos, inactivos por la cercana presencia del inhibidor. Situó secuencias de ARN distintas, según cada marcador y color, para que fueran cortadas preferentemente por cada una de las proteínas Cas correspondientes. Este ingenioso truco sirvió para desarrollar un sistema de diagnóstico combinado para el virus Zika, el virus causante del dengue y otras mutaciones en genes relevantes en patologías. Hasta cuatro agentes infecciosos o cuatro mutaciones diagnosticadas a la vez. Y con una sensibilidad del orden de 2 attomolares, $2x10-18$, o sea, dos trillonésimas de mol. De esta manera conocimos la segunda versión de SHERLOCK (v2), que apareció publicada en febrero de 2018 en la revista *Science*.

En SHERLOCK v2 Zhang también investigó la posibilidad de aumentar la señal, la sensibilidad del sistema, utilizando la proteína Csm6, que es otra nucleasa perteneciente a un sistema CRISPR de tipo III que también corta ARN, amplificando la actividad de la nucleasa Cas13a. Y finalmente adaptaron el sistema para poder funcionar en tiras reactivas, en un formato de química seca, substituyendo el compuesto fluorescente por biotina, que puede ser detectada posteriormente mediante un anticuerpo.

Jennifer Doudna (Universidad de Berkeley, CA, EE. UU.) también desarrolló un sistema diagnóstico similar, aunque solo basado en la proteína Cas12a (anteriormente llamada Cpf1), una de las cuatro nucleasas usadas por el grupo de Zhang. Doudna diseñó un sistema de diagnóstico muy parecido al desarrollado por Zhang, basado igualmente en la digestión de pequeñas moléculas de ARN unidas a marcadores fluorescentes, que solo brillan al ser liberados por digestión. El nombre que le dieron a esta nueva aplicación fue distinto, nuevamente retorciendo las palabras para conseguir un acrónimo singluar, pero que también intentaba ilustrar lo que el nuevo método podía hacer: DETECTR —se pronuncia *detector*— (del inglés *DNA endonuclease targeted CRISPR trans reporter*). Doudna lo utilizó para detectar la presencia del virus del papiloma humano (HPV) en muestras humanas. Su trabajo también se publicó en *Science* en febrero de 2018.

Durante 2020, el año que se inició la pandemia COVID-19, causada por el coronavirus SARS-CoV-2, las herramientas CRISPR han dado pruebas de su gran versatilidad. Feng Zhang desarrolló desde marzo de 2020 un test diagnóstico para detectar el coronavirus basado en SHERLOCK. Otros investigadores usaron DETECTR para lo mismo, consiguiendo detectar el virus con algo menos de sensibilidad que el test RT-PCR pero de forma más rápida y sencilla, sin requerir equipos sofisticados. En el instituto BROAD, en abril de 2020, unos investigadores combinaron SHERLOCK con microfluídica (nanogotas) para lograr la detección simultánea del coronavirus en más de 1000 pacientes o la detección de decenas de virus en un número reducido de pacientes. Llamaron a esa estrategia CARMEN, otro acrónimo sugerente (del inglés *Combinatorial Arrayed Reactions for Multiplexed Evaluation of Nucleic acids*).

Finalmente, en mayo de 2020 Feng Zhang consiguió que el diagnóstico del coronavirus mediante SHERLOCK fuera aprobado de emergencia por la FDA como test de detección del SARS-CoV-2, sencillo y transportable a cualquier lugar. En septiembre de 2020, el laboratorio de Jennifer Doudna anunció otro test de detección del coronavirus que usaba la nucleasa Cas13a y múltiples guías ARN para detectar el genoma del coronavirus, junto a moléculas indicadoras fluorescentes. La detección de la fluorescencia, indicadora de la presencia del virus en la muestra, se hacía a los 15-30 minutos mediante la cámara de un teléfono móvil de última generación. Sorprendente.

Por otro lado, el descubrimiento de otra proteína Cas (Cas13d) capaz de cortar ARN específicamente sin volverse loca al encontrar la secuencia diana complementaria a la gúia de ARN, suscitó el interés de construir un tratamiento antiviral basado en CRISPR, que usara la nucleasa Cas13d para cortar específicamente el genoma del coronavirus y así evitar su replicación. Los primeros experimentos a este respecto ya han sido publicados, de momento en células y en ratones, con resultados prometedores. De nuevo el problema en cualquier terapia vuelve a ser el mismo: cómo llevar eficazmente las herramientas CRISPR a las células infectadas por el coronavirus. Diversas estrategias están siendo evaluadas y esperemos que alguna sea finalmente exitosa.

La segunda de las aplicaciones sorprendentes de los sistemas CRISPR ya la he mencionado, de pasada, en los párrafos anteriores, pero es preciso destacarla de forma independiente. Se trata nada menos que del sistema CRISPR 2.0, el que permite editar ARN, no ADN. Y de nuevo este desarrollo se lo debemos a Feng Zhang. La hiperactividad e hipercreatividad de este investigador tampoco tienen límites.

En sendos artículos publicados en las revistas *Science* y *Nature,* en octubre y noviembre de 2017, respectivamente, Zhang describió cómo la proteína nucleasa Cas13a (perteneciente a los sistemas CRISPR de clase 2 y tipo VI) es capaz de inactivar un ARN específico o de editarlo. La inactivación específica de ARN la encontraron seleccionando una proteína Cas13a específica, de una bacteria llamada *Leptotrichia wadei* (LwaCas13a) capaz de inactivar, mediante cortes específicos, secuencias de ARN complementarias a las guías ARN escogidas. Y, de forma igualmente relevante, no encontraron mutaciones ni inactivaciones no deseadas en secuencias de ARN parecidas o no relacionadas, a diferencia de otros métodos alternativos ya descritos para reducir la presencia de moléculas de ARN, basados en procesos de interferencia de ARN, lo cual resalta la gran especificidad del proceso. Tampoco detectaron la necesidad de utilizar secuencias PAM que delimitaran el campo de acción de estas nucleasas, por lo que en principio cualquier secuencia específica de ARN puede ser cortada mediante una guía de ARN complementaria, que no tiene que seguir las restricciones observadas para cortar y editar el ADN. Esto hace que este sistema sea extraordinariamente versátil.

La edición de moléculas de ARN específicas la consiguió Zhang mediante una combinación ingeniosa de actividades. A partir de la nucleasa Cas13b derivada de la bacteria *Prevotella sp.* (PspCas13b) previamente aislada y analizada, con capacidad de cortar secuencias específicas de ARN, guiada por pequeñas moléculas de ARN, desarrollaron una variante mutante *dead* dCas13b, muerta, catalíticamente inactiva para el corte, pero competente para seguir marcando e identificando una secuencia de ARN específica. Entonces

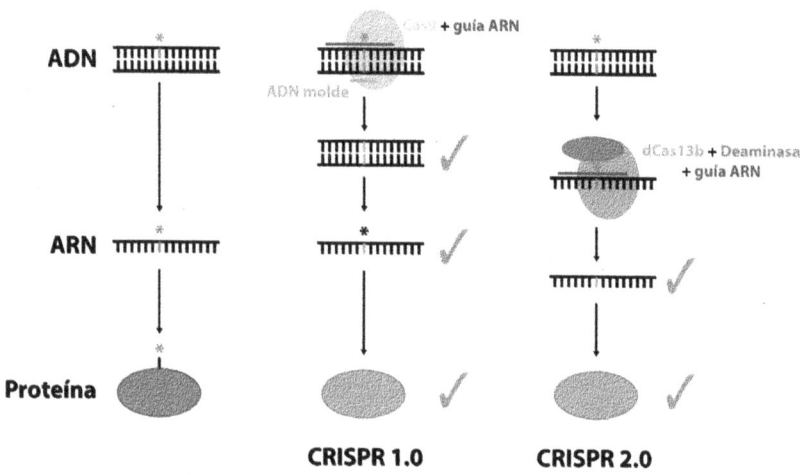

Figura 16.3. (de izquierda a derecha) Un ADN con una mutación (*) transmite esa mutación al transcribirse a ARN y este a su vez la transmite al traducirse a proteína, que acaba siendo mutante. CRISPR 1.0: la nucleasa Cas9, dirigida por una guía de ARN y en presencia de un ADN molde con la secuencia correcta alrededor de la mutación, inicia un proceso de edición genética del ADN que acaba obteniendo un ADN correcto, que se transcribe a un ARN correcto y se traduce a una proteína correcta. CRISPR 2.0: el ADN sigue intacto con su mutación (*). La nucleasa dCas13b asociada a la deaminasa correspondiente y dirigida por la guía de ARN es capaz de substituir directamente la mutación por la secuencia correcta, sin molde. El proceso acaba generando un ARN correcto que, ahora sí, ya se traduce a proteína correcta, sin haber afectado a la mutación en el ADN, que sigue intacta. Gráfico: Lluís Montoliu.

decidieron unir esa proteína dCas13b con otra, llamada adenosina deaminasa, que actúa sobre el ARN, convirtiendo una A (adenosina) en una inosina (I), que acaba siendo procesado e interpretado como una G (guanosina) y dando lugar pues a la conversión A→G, esto es, editando el ARN de forma específica.

Cómo no, esta nueva actividad merecía un nombre a la altura de las expectativas y Zhang volvió a lograrlo, bautizando esta nueva tecnología de editar ARN como REPAIR (*RNA editing for programmable A to I replacement*), «edición de ARN para el reemplazo programable de A por I». Esta primera versión del sistema de edición de ARN (REPAIR v1) lograba unas eficiencias de edición sin embargo modestas, alrededor del 30 %. Sin embargo, a su favor, constataron que virtualmente cualquier A→G en cualquier ARN podía ser editado, sin que importaran las secuencias alrededor de la mutación, precisamente debido a la ausencia de las limitaciones impuestas por las secuencias PAM en otras nucleasas, como Cas9, para editar el ADN. En su estudio, Zhang menciona más de 17 000 variantes A→G (casi 6000 de ellas asociadas a patología) que podrían corregirse con esta estrategia.

El problema principal con REPAIR v1 fue encontrar miles de otras secuencias parecidas en el mismo ARN o en otras moléculas de ARN igualmente editadas, es decir, multitud de cambios en secuencias no deseadas, lo cual volvía el sistema muy poco atractivo, al ser muy poco específico. Por ello diseñaron un sistema de mutagénesis sobre la proteína de fusión dCas13b asociada con el dominio adenosina deaminasa, y la selección posterior de los mutantes generados los llevó a seleccionar una variante, que denominaron REPAIR v2, con una eficiencia similar de edición (alrededor del 30 % de nuevo), pero con una especificidad aproximadamente mil veces mejor. En otras palabras, se reducía mil veces el número de alteraciones en secuencias parecidas no deseadas. Existen otras proteínas capaces de convertir C (citosina) →U (uracilo). Asociándolas a dCas13b se expandiría la capacidad de corrección sobre el ARN. En efecto, en julio de 2019, el laboratorio de Feng Zhang publicó en la revista *Science* un nuevo sistema de edición de ARN para convertir una C en una U, combinando una dCas13b, inactiva al corte, con la deaminasa correspondiente y completando así el arsenal de nuevas variantes CRISPR útiles para editar moléculas de ARN de forma específica. Sorprendente y fascinante por igual.

La edición de ARN con estas deaminasas abre un nuevo campo de acción, impensable hace tan solo un par de años. Como explico en la figura 16.3, la edición tradicional (CRISPR 1.0) de las herramientas CRISPR progresa sobre el ADN, sobre el cual se corrige la mutación, lo que da lugar, por transcripción, a un ARN ya corregido y, por traducción, por supuesto a una proteína corregida. En un diseño CRISPR 2.0 la molécula de ADN mutante sigue transcribiéndose en forma de ARN mutante y es allí donde la nueva dCas13b-adenosina deaminasa editará y corregirá la mutación, y entonces desde el ARN corregido se obtendrá una proteína correcta. Y todo ello sin alterar ni tocar el ADN, que seguirá intacto, manteniendo su mutación. Esta sorprendente variante de las herramientas CRISPR tiene muchas aplicaciones tanto en el laboratorio como en la clínica. Entre las últimas, lo que esta nueva tecnología ofrece es la capacidad de tratar enfermedades congénitas de una forma distinta, más segura, incidiendo directamente sobre el ARN sin los peligros ni las limitaciones legales asociadas e impuestas a los riesgos de alterar el ADN, que no resultaría afectado por esta innovadora estrategia de edición.

El tercero y último de los ejemplos de este capítulo, de aplicaciones sorprendentes, merecería la escritura de este capítulo por sí solo, tal es su grado de novedad e ingenio. Viene de la mano del laboratorio de George Church, del departamento de Genética de la Harvard Medical School, uno de los pocos grandes visionarios de nuestro tiempo, a quien ya he citado en diversas ocasiones a lo largo de este libro. Church sugiere que la narcolepsia que padece es la que probablemente potencia su creatividad y cuenta que la mayoría de sus ideas se le han ocurrido mientras estaba dormido o casi dormido, lo cual podría tener un fundamento fisiológico dado que los sueños repentinos asociados a la narcolepsia saltan inmediatamente a la fase REM, en la que soñamos. No come nada entre las 6 de la mañana y las 6 de la tarde e intenta mantenerse de pie (con sus casi dos metros de estatura) el máximo tiempo posible, para que el hambre y la posición vertical engañen a su cerebro en sus deseos de atraparlo en una cabezada repentina. Odia asistir a mesas redondas o paneles en los que el sueño acaba venciéndolo. Sin embargo, aun dormido, es capaz de oír su nombre y reaccionar a cualquier pregunta con normalidad sin requerir que se la repitan. Él convive con su narcolepsia y la considera una característica más de su persona, no un problema. De hecho, sugiere que el mundo debería prestar más atención e integrar a personas con características neurológicas diferentes como autismo, dislexia, trastornos de atención o la misma narcolepsia (que también presenta su hija, dada la notable heredabilidad de este trastorno del sueño) y aprovechar los aspectos positivos y creativos de todas estas personas antes que apartarlas del grupo y considerarlas poco adaptadas al resto de la sociedad. No podría estar más de acuerdo con él.

Church es conocido también por sus ideas extravagantes, incluso por ideas que se le atribuyen sin ser suyas, como su falsa intención de clonar un niño neandertal, tema del que habló en una entrevista (transcrita en alemán) desde un punto de vista teórico, pero que alguien interpretó (o tradujo) erróneamente como si ya lo estuviera llevando a cabo. Entre otros proyectos que tiene entre manos está la revitalización (él lo llama des-extinción) de un mamut lanudo, especie que se extinguió hace unos 4000 años, con los últimos ejemplares congelados descubiertos en Siberia. Church plantea editar el genoma de una especie relativamente cercana, el elefante asiático (no el elefante africano), añadiéndole y quitándole todos los genes que sean necesarios (de acuerdo a la secuencia del genoma del mamut, que se ha podido obtener a partir de los tejidos congelados) y usar las células editadas resultantes para reconstruir un embrión cuya gestación progresaría esencialmente en el laboratorio, en una especie de útero artificial (todavía por descubrir y construir) y que debería poder dar lugar a un animal bastante parecido a lo que fue el mamut que habitó la Tierra hace miles de años. Como alternativa, el embrión reconstruido se podría intentar gestar en el útero de una elefanta asiática. Las últimas noticias del proyecto indican que ya han conseguido introducir alrededor de 50 cambios sobre células en cultivo, editando el genoma del elefante asiático para asimilarlo al del mamut.

Obviamente, él sabe mejor que nadie que el éxito de este arriesgado y ambicioso proyecto podría tardar todavía muchos años en llegar. ¿Sorprendido? Alguien podría pensar que es un charlatán, pero nada más lejos de la realidad. Suele cumplir sus promesas y su estela de descubrimientos y hallazgos lo precede para atestiguar su enorme creatividad y capacidad de trabajo.

Ahora que ya conoces un poco más a George Church, puedo contar la fabulosa historia que nos regaló en el verano de 2017. Los titulares son ya suficientemente increíbles. ¿Qué te parecería que alguien hubiera codificado los fotogramas de una película usando las cuatro letras del ADN mediante el sistema CRISPR, para almacenarlos en el genoma de una bacteria (*Escherichia coli*) y poder recuperar toda esta información, después, mediante una simple secuenciación de su genoma, lo cual nos permitiría visualizar la película de nuevo? ¿A que suena a ciencia ficción? Pues no lo es. Este era el contenido de la publicación del grupo de Church en la revista *Nature* que conocimos en julio de 2017, casi un año después de haber sido enviada para su valoración.

George Church se propuso codificar información de imagen usando nucleótidos, las letras del ADN: A, G, T y C. Habitualmente almacenamos fotografías y vídeos (que no son más que una sucesión de fotografías, aquí llamadas fotogramas) en nuestros dispositivos informáticos, teléfonos móviles y memorias USB en código binario, usando 1 y 0. Cada bit de información puede tener un valor 0 o 1, ocho bits de información forman un byte y todas las combinaciones posibles dan lugar a la codificación de caracteres y operaciones. Por ejemplo, la letra «A» se almacena como «01000001». El número de combinaciones posibles de bytes que podemos tener usando ceros y unos es 2^8, es decir, 256. Ahora bien, si para cada bit podemos optar entre cuatro posibilidades (A, G, T, C), entonces para una misma longitud de byte podríamos tener 4^8, o sea, 65 536 posibilidades. Es mucho más rico el código para almacenar información con ADN que con un código binario. Matemáticamente ya estamos convencidos de que es mucho mejor un código de letras de ADN que uno basado en ceros y unos. ¿Cómo convertimos ahora una imagen en información codificada?

Church utilizó imágenes estáticas, en tonos de grises, y cinco fotogramas de un clip de una película. La imagen estática era la de una mano. La película contenía mucha más poesía, Church no podía escoger una película cualquiera. Eran fotogramas de una de las primeras películas que se pudieron rodar en EE. UU. En realidad, no era una película, sino un conjunto de imágenes estáticas tomadas en serie. Las imágenes mostraban una yegua al galope para poder apreciar cómo había un momento en el que sus cuatro patas estaban, todas ellas, suspendidas en el aire, zanjando una discusión que había estado activa durante largos años sobre si las pezuñas de un caballo al galope dejaban o no de estar en contacto con el terreno en algún momento. Estas imágenes históricas fueron tomadas en 1878 por Eadweard Muybridge (seudónimo de Edward James Muggeridge) y representaban a la yegua Annie G galopando. Muybridge fue un fotógrafo británico que emigró a EE. UU. Fue un visionario, adelantado a su tiempo, que inventó los primeros disparadores de las cámaras fotográficas para así poder tomar imágenes seriadas expuestas cada una de ellas solo una fracción de segundo. Al revelarlas y visionarlas en el orden correcto, una tras otra, con cierta rapidez, se creaba una sensación de movimiento. De hecho, inventó un dispositivo giratorio (que llamó zoopraxiscopio) que mostraba las imágenes sucesivas generando la ilusión visual de que el caballo estaba realmente galopando. Algunos creen que Muybridge fue de hecho el precursor del cinematógrafo, de las primeras películas de cine.

Para codificar las imágenes, Church primero asignó un código de cuatro colores, cuatro niveles de gris, uno para cada letra, C, T, A y G, cada vez más claros. La C representaba el gris más oscuro y la G el más clarito. Para la mano partió de una imagen en bajísima resolución (56 x 56 píxeles), pero suficiente para poder apreciar la forma de la mano y los tonos de gris. Esa imagen corresponde a 3136 píxeles, numerados del 1 al 3136. Luego situó las tonalidades de 28 de estos píxeles en forma de secuencia de letras, una letra por píxel. Dado que tenía que codificar 3136 píxeles a 28 píxeles por secuencia, necesitaba 112 secuencias diferentes. Y añadió 4 letras más al principio para codificar cada uno de estos 112 grupos de 28 píxeles, usando esta vez un código binario en el que la C = 00, la T = 01, la A = 10 y la G = 11. Este conjunto de 4 letras lo denominó pixet. Por ejemplo, el pixet CCCT correspondería a 00000001 y a la información de tonalidad de gris de 28 píxeles, no necesariamente en orden: el píxel número 7, el 53, el 257, el 1234, el 1809, etc., así hasta 28 píxeles distintos. Recuerda que hay 256 bytes posibles a partir de 8 bits. Church solo necesitaba 112.

El sistema CRISPR que Church decidió utilizar fue el de tipo I-E de *Escherichia coli,* que captura espaciadores de 33 letras de los virus invasores a través de las proteínas Cas1 y Cas2, unas integrasas que se encargan de reconocer el ADN del invasor, seleccionan una secuencia contigua a una señal PAM y la recortan y trasladan al genoma de la bacteria. Church sintetizó 112 secuencias de ADN (oligonucleótidos) de 33 letras más una PAM adicional. Las 33 letras eran la suma de las 4 letras del pixet y las 28 letras de los 28 píxeles distintos que estaban codificados en cada secuencia, más una letra adicional cualquiera al final de cada secuencia. Introdujo las 112 secuencias en bacterias *Escherichia coli* que estaban sobreexpresando los genes Cas1 y Cas2, para garantizar el buen procesamiento de las secuencias introducidas, y esperó a que las bacterias hicieran su trabajo. Evidentemente, no todas capturaron todas las secuencias distintas ni las incorporaron en el mismo orden. Globalmente, el experimento asumía, por pura probabilidad matemática, que en la población de bacterias, al menos alguna bacteria habría capturado alguna vez alguna de las 112 secuencias.

Una vez completado el ciclo de captura, de ese conjunto de bacterias extrajo el ADN genómico y secuenció su genoma, utilizando técnicas de secuenciación masiva, que permiten obtener enormes cantidades de secuencia que luego deben ser analizadas con métodos bioinformáticos, con ayuda de potentes ordenadores. En particular, seleccionó para su estudio las secuencias de la zona del locus CRISPR, donde habrían ido a parar las 112 secuencias codificantes de información de imagen. Habría secuencias más «interesantes» para la bacteria que otras, que quizás habrían sido capturadas con mucha menor frecuencia. Church demostró que tenía que leer casi 700 000 secuencias distintas (claro, muchas corresponderían a la misma secuencia, leída una y otra vez) de bacterias para conseguir encontrar al menos un 88 % de las 112 secuencias iniciales. Lo cual indicaba que no todas las secuencias se capturaban por igual por parte de las bacterias y algunas probablemente no se capturaban nunca (eso también daba información biológica sobre qué letras y en qué posiciones del espaciador prefería capturar la bacteria). Este primer sistema de codificación no era perfecto, pero permitía codificar información y luego recuperarla. Church lo logró, y aplicando un procedimiento de decodificación inverso (recordando qué píxeles estaban incluidos en cada una de esas 112 secuencias) pudo reconstruir con razonable precisión la imagen de la mano que habían almacenado esas bacterias. Sencillamente impresionante.

Pero Church sabía que podía hacerlo mejor, que podía pulir el sistema de codificación. Con el primer sistema cada píxel solo estaba representado una vez en alguna de las 112 secuencias. Dado que detectaba el 88 %, quería decir que el 12 % (unas 13 secuencias) no se volvía a recuperar, por tanto los 28 x 13 = 364 píxeles (de los 3136) no se leían y aparecían como píxeles negros, sin información, en la fotografía de la mano descodificada.

Una alternativa era ampliar el rango de grises de 4 a 21 y codificar los 21 colores según un triplete de letras. Claro, hay $4^3 = 64$ posibles tripletes, lo cual quiere decir que sería un código degenerado (varios tripletes distintos pueden codificar el mismo color, el mismo tono de gris). La degeneración del código permite escoger entre tripletes, y por ello secuencias, con mayor probabilidad de ser capturadas (evitando que una letra se repita más de tres veces consecutivas, evitando la inclusión de secuencias PAM por azar en el interior de las secuencias o intentando que el contenido global de G+C fuera de alrededor del 50 %). Redujo la resolución de la fotografía de la mano a 30 x 30 píxeles = 900 píxeles, y pudo situar 9 tripletes (9 x 3 = 27 letras) en cada secuencia, junto al pixet de 4 letras que codifica información del grupo de píxeles y la PAM. Con 9 píxeles por secuencia y 900 píxeles por representar, necesitaba 100 secuencias distintas. Estos 100 oligonucleótidos fueron los que introdujo en la bacteria, como si se tratara de virus invasores, y esperó a que la bacteria los procesara e integrara. Al día siguiente, secuenció los genomas de las bacterias transformadas y, tras casi

700 000 lecturas, pudo rescatar el 96 % de las secuencias. Solo hubo 4 secuencias (4 x 9 = 36 píxeles, de 900) que no pudo recuperar. La imagen recuperada, descodificada, era mucho más fiel con el segundo código degenerado que con el primero, con una sola variante para cada color y una letra por píxel.

Para verificar el buen funcionamiento del segundo código, degenerado, con otras imágenes, decidió codificar los cinco fotogramas de la yegua galopando correspondientes a cinco fotografías seriadas tomadas en 1878 por Eadweard Muybridge. Redujo primero la resolución de cada fotograma a 36 (ancho) x 26 (alto) píxeles = 936 píxeles. Volvió a codificar las tonalidades de gris en 21 colores, representados por tripletes. A razón de 9 píxeles por secuencia, necesitaba un total de 104 secuencias por fotograma. Y cada una de ellas con información del grupo de píxeles representados, del llamado pixet. Dado que necesitaba transferir información de cinco fotogramas, Church optó por no incluir un código de fotograma y decidió usar la propia secuencia temporal de adquisición de las secuencias por parte de la bacteria. Durante cinco días consecutivos estuvo transfiriendo, cada día, los correspondientes 104 oligonucleótidos del fotograma que correspondiera a las bacterias, utilizando un procedimiento de electroporación (un chispazo eléctrico que permite vehicular material genético dentro de las células). Primero las 104 secuencias del fotograma 1, al siguiente día las 104 secuencias del fotograma 2, etc.

A pesar de no haber especificado ninguna letra adicional para codificar el número del fotograma, Church y sus colaboradores comprobaron que efectivamente los primeros espaciadores que se adquirían eran los del primer fotograma, seguidos por los del segundo, etc. En promedio, cada bacteria capturaba unos tres espaciadores, y el más lejano a la secuencia líder era el que correspondía a los primeros fotogramas, y así sucesivamente. Tras más de cuatro millones de lecturas de secuencias, lograron reconstruir más del 90 % de los píxeles de los cinco fotogramas. Se dieron cuenta de que tenían todavía margen de mejora, pues habían escogido incluir una serie de letras invariantes a ambos extremos de cada secuencia, que parecían tener efectos imprevistos según las letras que les correspondieran consecutivas (probablemente hubiera sido mejor añadir estas letras

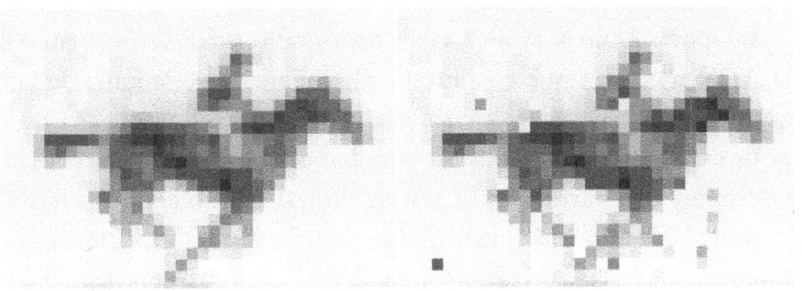

Figura 16.4. Izquierda: 36 x 26 píxeles de un fotograma original de una yegua al galope. Derecha: reconstrucción de la imagen tras codificar la primera en el genoma de la bacteria, usando un sistema CRISPR, y leer los genomas de las bacterias. La precisión de la reconstrucción es superior al 90%. Fotografías de Seth L. Shipman.

al azar o tras una selección en función del contexto), y eso podría subir todavía más la precisión de la reconstrucción.

¿Pensaste alguna vez que podríamos usar bacterias como si fuera una memoria USB, para almacenar fotografías? ¿Te das cuenta de que en lugar de enviarle una fotografía a un amigo puedes ahora enviarle un cultivo de bacterias, para que tu amigo secuencie sus genomas y obtenga, tras algo de trabajo, la fotografía que tú codificaste en origen? Church lo consiguió, gracias a una estrategia CRISPR y a su talento. Una película de ciencia ficción (*Johnny Mnemonic*) ya especuló en 1995 con esa posibilidad, la de almacenar información en organismos, solo que en la película no eran bacterias sino una persona.

Y ahora quizás te preguntes: muy bien, pero... ¿esto para qué sirve? Esa no es en absoluto la pregunta. De momento esto sirve para demostrar que es posible usar los sistemas CRISPR para codificar información en el genoma de bacterias. Lo cual, estaremos de acuerdo creo, es ya extraordinario y sorprendente. Lo que vaya a significar en el futuro, el uso o aplicación que se le quiera dar a esta nueva aplicación, el tiempo y la imaginación de los investigadores lo dirán. Esta es la belleza de la ciencia básica, no finalista. El puro placer de descubrir algo que nadie antes había descrito o realizado. Y el placer de explicarlo, de contarlo, para que otros más adelante lo lean, quizás desde otros puntos de vista, e imaginen aplicaciones todavía más sorprendentes. E incluso puede que hasta útiles.

Tampoco Francis Mojica sabía para qué servían las secuencias de ADN repetidas que encontraba al secuenciar el genoma de las arqueas de la especie *Haloferax mediterrani*. Pero le motivaba tratar de entender el porqué de esa peculiar organización y por eso las describió y compartió en 1993, y siguió trabajando con ellas hasta entender diez años más tarde que se podía tratar de un sistema inmunitario de las bacterias para defenderse de los virus que las atacaban, lo cual también compartió, para que otros diez años más tarde otros investigadores redescubrieran y reinterpretaran esos resultados desde otra perspectiva y decidieran convertir su propuesta de sistema de defensa CRISPR en una de las herramientas de edición genética más poderosas que hayamos conocido nunca.

Es la magia de la ciencia básica. La que nunca debemos desatender, a pesar de que no comprendamos hoy en día la posible utilidad de los descubrimientos que nos aporta. Ya habrá quien, quizás, en un futuro más o menos lejano, logre interpretar los resultados desde otros ángulos y desarrolle aplicaciones que nunca podrían haberse imaginado sin la existencia de esas sólidas descripciones de procesos básicos.

17

EL FUTURO DE LA EDICIÓN GENÉTICA

Hablar del futuro de la edición genética es prácticamente hablar del presente. Las innovaciones y desarrollos en este campo se suceden sin pausa, continuamente. El futuro es hoy, mañana, la semana próxima, en dos meses... Cada poco tenemos nuevas aplicaciones derivadas del uso de CRISPR que elevan algo más nuestro listón para el asombro. Es un campo en fase de evolución explosiva, exponencial.

Quiero terminar este libro apostando por tres aspectos de la edición genética que creo que nos van a tener deliciosamente entretenidos durante los próximos años, en los campos de la biotecnología, la biomedicina y la microbiología:

- La aplicación masiva de la edición genética en agricultura y ganadería, con la generación de muchas variedades con nuevas propiedades.

- Los editores de bases y la nueva variante de edición de calidad (PRIME), llamados a convertirse en las estrategias de elección para las terapias génicas avanzadas.

- La enorme diversidad de sistemas CRISPR y similares en procariotas, con infinidad de ellos todavía por explorar.

Desde 2013 sabemos editar el genoma de cualquier organismo con una precisión que antes ni siquiera podíamos imaginar. La incorporación de las estrategias experimentales basadas en herramientas CRISPR ha catapultado la generación de nuevos organismos edita dos genéticamente, con cambios sutiles en sus genomas, muy selectivos, pero que pueden estar asociados a impactos enormes en la producción, en el aprovechamiento, en la adaptación al medio ambiente o incluso, en el caso de los animales, en el bienestar de los individuos implicados. En los capítulos 9 y 12 ya he referido diversos ejemplos de plantas y animales editados.

Quiero ahora resaltar que la generación de organismos editados, plantas y animales, con cualidades nuevas, continuará en aumento en un futuro próximo. Esta es probablemente una de las predicciones más seguras en el mundo CRISPR. Y será así a pesar de la reciente sentencia del Tribunal de Justicia de la UE que considera los organismos editados como OMG y con riesgos para la salud humana y el medio ambiente similares a los de otros organismos transgénicos, condenándolos a someterse a un complicado, largo y carísimo proceso regulador (no sustentado por evidencias científicas) y, por ello, bloqueando *de facto* su producción... en Europa. Aunque, previsiblemente, no su comercialización.

Vivimos en un mundo globalizado, para lo bueno y para lo malo. De poco sirven las regulaciones restrictivas en un continente si las empresas interesadas en organismos editados genéticamente pueden trasladar su producción a otros países con entornos reguladores más favorables. Esto es lo que va a suceder. Los europeos nos convertiremos en espectadores privilegiados de los desarrollos de nuevas variedades vegetales y razas animales que se llevarán a cabo en otras zonas del mundo (principalmente EE. UU. y China) y acabaremos comprando y pagando el precio que nos indiquen estas empresas por productos que bien podríamos haber generado nosotros mismos en la UE.

El segundo de los temas que creo formará parte del futuro de la edición genética con CRISPR es el de las nuevas variantes de estas herramientas de edición genética, como son los editores de bases o la edición de calidad (PRIME). Los editores de bases, o editores de letras, para seguir usando la terminología con la que me he referido a los nucleótidos en este libro. Los nucleótidos son el resultado de añadir un grupo químico fosfato a cada uno de los cuatro nucleósidos (o bases): adenosina, citidina, guanosina y timidina. Como ya sabes, los nucleótidos forman nuestro ADN y nos referimos a ellos de forma simplificada con las letras A, C, G y T, respectivamente.

A estas alturas del libro ya sabrás que uno de los problemas principales, todavía no resuelto, de la aplicación de las herramientas de edición genética, como las CRISPR, en biomedicina, es la gran cantidad de variantes genéticas, de alelos, que se generan tras cortar con muchísima precisión en un determinado lugar del genoma. Este mosaicismo genético, como recordarás, está provocado por los sistemas endógenos de reparación del ADN, que entran en acción inmediatamente después del corte producido por la nucleasa Cas9 o alguna de sus primas hermanas de otras bacterias.

El talón de Aquiles de la edición genética no está en el cortar sino en el pegar. Sabemos cortar el genoma con una sorprendente precisión, pero todavía no sabemos pegarlo con una precisión similar. Si aprendiéramos a controlar mejor todas las proteínas que se requieren para que los sistemas de reparación funcionaran coordinadamente y de forma reproducible, podríamos llegar a reducir este ruido genético que representa este batiburrillo de variantes genéticas generadas, entre las cuales puede estar la que nos interese. Esto sucede en cualquier experimento de edición genética, en plantas, en animales y, por supuesto, también con células humanas. Sin embargo, en plantas o animales, tras un experimento de edición genética con CRISPR, podemos seleccionar el individuo portador de la variante genética que nos interesa (además de muchas otras) y ponerlo a cruzar para que, entre la descendencia obtenida, segreguen los diferentes alelos y podamos encontrar un individuo que solo haya heredado la mutación que a nosotros nos interesa. Es el pan de cada día de cualquier genetista que trabaje con modelos animales o vegetales editados genéticamente. En plantas y animales es relativamente sencillo establecer los cruces adecuados para segregar y separar todo aquello que no nos interesa y quedarnos solo con la variante genética deseada. Una vez aislada en el genoma, sin otras modificaciones no deseadas, se reproduce ese individuo para producir las generaciones siguientes. Por eso todas estas limitaciones de las CRISPR tendrán un impacto mucho menor en biotecnología animal o vegetal que el que ya tienen y seguirán teniendo en biomedicina. Así pues, uno de los campos de futuro de las CRISPR está precisamente en las plantas y los animales editados que se obtendrán.

«EL TALÓN DE AQUILES DE LA EDICIÓN GENÉTICA NO ESTÁ EN EL CORTAR SINO EN EL PEGAR».

Pero eso mismo no lo podemos hacer con un paciente. A una persona que quisiéramos someter a un experimento de edición genética para corregir una mutación que tiene en un determinado gen no podemos decirle: «Pues mire usted, en aproximadamente un 5 % de sus células hemos localizado la corrección genética que queríamos incorporar en su gen, aunque coexiste con otras variantes que no esperábamos. En el 95 % restante hemos encontrado diversas variantes, mezcladas, algunas incluso más problemáticas que la mutación que usted ya tenía y queríamos corregir». No sería éticamente aceptable. No sería ni seguro ni eficaz. ¿Quién se metería en un quirófano con tan exiguo porcentaje de éxito? Habitualmente esperamos que el cirujano nos garantice que por lo menos la operación vaya a salir bien con un 50 % de probabilidad o más.

Si sabemos que el origen del problema está en la acción de cortar, ¿por qué no desarrollamos alguna estrategia CRISPR que progrese «sin» cortar el ADN? Si no cortamos el ADN, no encenderemos el mecanismo de reparación y no provocaremos la acumulación de variantes genéticas.

Esa misma reflexión, o una parecida, debió hacérsela David Liu, otro investigador estrella del Instituto BROAD. Liu es un científico norteamericano nacido en Riverside, California, hijo de una pareja de emigrantes taiwaneses que se conocieron de estudiantes en la Universidad de California en Los Ángeles. Liu se graduó en Harvard en Química en 1994 y se doctoró por la Universidad de Berkeley en 1999. Tras completar su tesis doctoral regresó a Harvard, donde progresó hasta llegar a profesor en 2005. Su carrera está llena de éxitos en una rama de la ciencia en franca expansión: la biología sintética. Desde 2016 ha sorprendido al mundo CRISPR con sus elegantes propuestas de proteínas quiméricas, asociando la nucleasa Cas9 inactivada con otras proteínas capaces de cambiar las propiedades de las bases químicas que conforman el ADN, por ejemplo, promoviendo que una A se convierta en una G (y aquí viene lo más importante de todo) sin necesidad de cortar el ADN. ¡*Voilà*!

En la primavera de 2016, Liu y sus colaboradores presentaron al mundo una nueva tecnología de edición genética, derivada de las CRISPR, llamada *base editing* (edición de bases). El fundamento era intuitivamente sencillo, pero exigía tener una mente privilegiada como la suya, multidisciplinar, con sólida formación en química y biología, para inventar este nuevo método. Yo suelo presentarlo en mis charlas como el sistema *Tipp-Ex*, pues permite borrar directamente una letra y substituirla por otra, sin cortar el ADN.

El laboratorio de Liu decidió utilizar una versión de la nucleasa Cas9 que era inactiva, incapaz de cortar el ADN, llamada *dead* (muerta) Cas9, o, abreviadamente, dCas9. Esta nucleasa inactivada, que ya ha salido a relucir en diversas ocasiones en este libro, sigue reteniendo el resto de propiedades de cualquier otra Cas9, como poder asociarse con la guía de ARN y situarse encima de la secuencia de ADN homóloga a la guía, lista para cortarla (pero sin poder hacerlo). La genialidad de Liu fue unir la dCas9 a otra proteína, llamada citidina deaminasa, que es una enzima capaz de convertir una citidina (C) en uridina (U) que, como sabemos, no está presente en el ADN y es equivalente a una timidina (T). Por tanto, si en el ADN aparece una U rápidamente es cambiada a una T, por lo que si la actividad de esa enzima convierte C→U y rápidamente esta última se convierte en T (U→T), en realidad es como si estuviéramos cambiando una C por una T (C→T) en una posición específica del genoma.

Y ahora te preguntarás ¿qué C es la que cambia a T? Esta es otra de las genialidades de Liu y de sus proteínas de fusión. Calculando el tamaño de la dCas9, dónde se sitúa encima del ADN en relación con la guía de ARN y el volumen de la proteína citidina deaminasa, así como dónde queda orientado su centro activo, el que puede cambiar las bases, llegaron a determinar que ocurría aproximadamente sobre la letra en posición número 5, contada a partir del inicio de la guía de ARN, en el lado de la secuencia PAM.

¿Cuál es la eficiencia de los editores de bases? El primer estudio de Liu y su primera generación de editores de bases (BE1) concluían que el porcentaje de ADN editado era muy bajo, entre un 0,7 y un 7,7 % de las células. Liu interpretó que podría deberse a una enzima presente en las células, la uracilo ADN glicosilasa (UDG), que cuando encuentra una U enfrente de una G en el ADN, en lugar de cambiar la G, elimina la U y activa el sistema de reparación por escisión de base que acaba incorporando una C en la misma posición, por lo que se vuelve a la secuencia original.

Liu no se desanimó y desarrolló la segunda generación de editores de bases (BE2), que incorporaba, además de la citidina deaminasa, un fragmento de una proteína de bacterias capaz de inhibir la actividad UDG. Con esta modificación logró aumentar el porcentaje de células editadas correctamente hasta un 20 % de todas las moléculas de ADN secuenciadas. Y, como era de esperar, al no generar cortes en el ADN, el número de INDEL detectados era muy bajo (inferior al 0,1 %). Es decir, el uso de editores de bases reducía significativamente el mosaicismo característico de las aplicaciones CRISPR-Cas9 tradicionales.

Para aumentar todavía más la eficacia del proceso, Liu decidió restaurar parcialmente la capacidad de corte de la nucleasa dCas9, corrigiendo la mutación que corta la cadena de ADN contraria a la que tiene la C que se quiere modificar, la que tiene la G. Razonó que, si cortaba esa cadena, era probable que la reparación que se induciría de inmediato tomara la U (que se interpreta como T) como pareja de la otra cadena e incorporara la A correspondiente. Así desarrolló la tercera generación de editores de bases (BE3), capaz de cambiar una C por una U en una cadena de ADN y de inducir el cambio de la G por una A en la complementaria. Con ello aumentó hasta en un 37% el número de moléculas de ADN editadas correctamente en células, manteniendo todavía unos niveles de formación de INDEL relativamente bajos (alrededor de un 1,1%, aunque diez veces superiores a los obtenidos con la versión BE2) debido a la restauración parcial de la capacidad de corte de la dCas9.

Para que se entienda mejor, voy a usar un ejemplo con una secuencia de ADN cualquiera:

```
→AAGTTTGCATGCGATTAGAGTCTAGCACTGCTAGGCTAGCACACAAATG→
←TTCAAACGTACGCTAATCTCAGATCGTGACGATCCGATCGTGTGTTTAC←
```

He resaltado en negrita una letra C en la cadena superior del ADN que es la que querríamos cambiar por una T. Esa letra C es justamente la quinta letra contada a partir del motivo PAM «NGG» que debemos usar adyacente a la guía de ARN para que se sitúe la Cas9 (o la dCas9, en este caso). Subrayo a continuación el motivo PAM (que aquí es AGG) e indico la guía de ARN (20 letras, en minúsculas) que usaríamos para dirigir la dCas9 a este punto del genoma.

```
→AAGTTTGCATGCGATTAGAGTCTAGCACTGCTAGGCTAGCACACAAATG→
←TTCAAACGTACGCTAATCTCAGATCGTGACGATCCGATCGTGTGTTTAC←
              gauuagagucuagcacugcu
```

A continuación, se situaría encima el complejo proteico BE3 que tendría dos funciones. Por un lado, substituirá la C marcada por una U, en la cadena superior, que destaco en negrita. Y por otro lado cortará solo la cadena inferior donde está la G que hay frente a la C. El corte se producirá, como ya sabemos para esta Cas9 de *Streptococcus pyogenes,* tres letras a la izquierda del motivo PAM, justo entre la C y la A (indicado por una flecha) que hay inmediatamente antes de la G mencionada.

```
→AAGTTTGCATGCGATTAGAGTCTAGCAUTGCTAGGCTAGCACACAAATG→
←TTCAAACGTACGCTAATCTCAGATCGTGACGATCCGATCGTGTGTTTAC←
                              ↑
```

He eliminado la guía de ARN para mayor claridad. El corte inducirá la activación de los sistemas de reparación, que lo primero que harán será eliminar algunas letras alrededor del corte, probablemente también la G, que queda erróneamente situada delante de la U.

```
→AAGTTTGCATGCGATTAGAGTCTAGCAUTGCTAGGCTAGCACACAAATG→
←TTCAAACGTACGCTAATCTCAGATCG        ATCCGATCGTGTGTTTAC←
```

Seguidamente, y tomando como molde la cadena superior, se procederá a rellenar el hueco insertando las letras complementarias en su sitio. Cuando el sistema de reparación llegue delante de la U, la interpretará como una T y situará una A en la cadena inferior. Resalto en negrita todas las letras introducidas.

```
→AAGTTTGCATGCGATTAGAGTCTAGCAUTGCTAGGCTAGCACACAAATG→
←TTCAAACGTACGCTAATCTCAGATCGTAACGATCCGATCGTGTGTTTAC←
```

Y finalmente la letra U será reemplazada por la complementaria a la A, que ahora está en la cadena inferior, apareciendo finalmente la letra T en el mismo sitio en el que originalmente teníamos una C.

```
→AAGTTTGCATGCGATTAGAGTCTAGCATTGCTAGGCTAGCACACAAATG→
←TTCAAACGTACGCTAATCTCAGATCGTAACGATCCGATCGTGTGTTTAC←
```

Con esta aparente sencillez y precisión operan los editores de bases. No obstante, estas herramientas de edición tan evolucionadas no están exentas de problemas.

Liu encontró numerosas secuencias similares complementarias a las guías ARN utilizadas con modificaciones no esperadas por edición de bases en las posiciones relativas correspondientes a la actividad de la deaminasa. Los *off-target* de los editores de bases eran relativamente elevados y asociados a la capacidad de Cas9 (y por ello de dCas9) de permitir unirse al ADN cuando la guía se unía a secuencias no exactamente complementarias.

Para validar el potencial terapéutico de BE3, Liu se lanzó a corregir una mutación conocida en el gen *APOE4*, que es uno de los factores conocidos que aumenta la predisposición a desarrollar la enfermedad de Alzheimer. Y consiguió cambiar una C, colocada en quinta posición de la guía de ARN, por una T en la posición correcta, corrigiendo la mutación en un 58-75 % de las células tratadas.

El sistema no es todavía perfecto, pues también cambió otras dos C por T en posiciones cercanas (dentro de la ventana de actividad de la deaminasa) que, sin embargo, para el ejemplo escogido no tuvieron consecuencias en la proteína, pues no resultaron en cambios de los aminoácidos codificados. Una aproximación similar basada en una nucleasa Cas9 tradicional con un oligonucleótido que aportaba el ADN molde con la secuencia correcta solo logró un 0,3 % de corrección de la C planeada, a expensas de generar más de un 26 % de INDEL, que no se detectaron en este caso usando BE3.

El estudio de Liu publicado en 2016 fue toda una sorpresa. A pesar de presentar notables carencias de sensibilidad y precisión, y de generar un número considerable de conversiones no esperadas en secuencias similares, aportaba la posibilidad de reducir el mosaicismo a valores muy bajos o indetectables y permitía obtener conversiones de una base determinada en otra, con probabilidades superiores al 50 %, toda una mejora substancial frente a las herramientas Cas9 tradicionales, que difícilmente superan un 5 % de conversión a la secuencia deseada. Adicionalmente, Liu había demostrado la plasticidad de estas combinaciones de dCas9 con proteínas con otras actividades para generar múltiples versiones de editores de bases con numerosas actividades.

Apenas un año después, Liu desarrolló una versión mejorada de BE3, con mutaciones adicionales en la zona de la proteína dCas9 que aumentaban su especificidad, su fidelidad, disminuyendo considerablemente los valores de *off-target* que había reportado en su trabajo anterior. Los resultados los publicó en un artículo en la revista *Nature Communications* que apareció en junio de 2017. También consiguió obtener la proteína quimérica sintetizada en el laboratorio, con lo que ya no tuvo que transfectar las células con una construcción de ADN o con su ARN correspondiente sino con la proteína quimérica BE3 mejorada final, usando las llamadas ribonucleoproteínas (RNP). Al editor de bases de alta fidelidad lo llamó HF-BE3. El precio por disminuir casi cuarenta veces la probabilidad de modificar secuencias parecidas fue la reducción también en unas tres veces de la eficiencia de corrección de la base planeada para editar, al utilizar la proteína HF-BE3. Sin embargo, el uso de la proteína

BE3 (en lugar del plásmido de ADN usado anteriormente) mantenía los buenos porcentajes de edición de la base junto con valores muy bajos de edición en secuencias parecidas, por lo que finalmente la RNP basada en BE3 fue la propuesta para posteriores estudios.

La utilidad de la proteína quimérica BE3 fue confirmada, de forma independiente, por el grupo coreano dirigido por Kim, que reportó casi de forma simultánea, en un trabajo publicado en la revista *Nature Biotechnology*, eficiencias de cambio de C a T en posiciones específicas en ratones cercanas al 60 % sin detectar alteraciones en secuencias similares y sin generar mosaicos.

Una vez conseguidas proteínas capaces de cambiar una C→T (o, lo que es lo mismo, G→A en la cadena complementaria de ADN), quedaba por resolver cómo cambiar una A→G (o T→C, en la cadena contraria), que era el cambio recíproco igualmente frecuente en las mutaciones puntuales patógenas en enfermedades humanas congénitas.

En el genoma humano hay alrededor de 50 000 variantes genéticas asociadas a patologías. De ellas, aproximadamente dos tercios, unas 33 000, corresponden a mutaciones puntuales, a cambios de una sola letra, y de estos últimos, la mitad de ellos son cambios G→A, los más frecuentes. Por ello, desarrollar un editor de bases capaz de revertir esta mutación A→G tendría un potencial terapéutico considerable. Por eso son tan relevantes clínicamente los desarrollos de editores de bases de David Liu, porque pueden servir como instrumento de terapia avanzada para miles de enfermedades simplemente cambiando la guía de ARN que dirigiría la dCas9 asociada a la deaminasa correspondiente a una sola letra que debería ser cambiada en cada caso.

En noviembre de 2017, el equipo de Liu volvió a sorprender al mundo con ese esperado nuevo editor de bases con actividad adenosina deaminasa, que combinado con la estructura básica de los editores anteriores daba lugar a una proteína capaz de convertir A en G en posiciones determinadas con gran eficacia, sin generar apenas INDEL ni mosaicos y con muy escaso número de secuencias parecidas editadas. Para ello el equipo de Liu incorporó una proteína con actividad adenosina deaminasa a la dCas9 de BE3 para conseguir convertir la A en un producto intermedio, inosina (I), una base poco frecuente que la célula interpreta como G y aparea con una C, estableciendo finalmente el cambio A→G que se pretendía. Liu utilizó sus conocimientos químicos y de biología sintética para aplicar evolución e ingeniería de proteínas y así convertir una adenosina deaminasa de ARN de bacterias en una proteína capaz de realizar la actividad solicitada sobre el ADN de células eucariotas, tras siete rondas consecutivas de enriquecimiento. Sorprendente. No tenía una proteína que hiciera lo que quería, pero diseñó un procedimiento de mutagénesis a partir de una proteína que hacía algo parecido y la fue mutando y alterando hasta conseguir la actividad deseada. La proteína resultante, llamada ABE7, conseguía editar A→G hasta en un 70 % de los casos, con menos de un 0,1 % de INDEL/mosaicismo genético, frente al aproximadamente 5 % de corrección mediada por una Cas9 tradicional a expensas de un 10 % de INDEL. Combinando ambos valores, la mejora aportada por ABE7 sobre la edición mediada por la Cas9 era de varios órdenes de magnitud, muy substancial.

En los últimos meses se han sucedido diversas publicaciones que han ido mejorando las propiedades de los editores de bases, aumentando su eficacia y su especificidad, disminuyendo las ediciones no deseadas en secuencias parecidas, por lo que, hoy en día, este es el campo donde hay más innovación para la futura utilización de estos editores de bases en protocolos avanzados de terapia génica. Si las aplicaciones tradicionales de CRISPR-Cas9 las asociamos con tijeras, por su capacidad de corte del ADN, las aplicaciones de estos editores de bases serían mucho más precisas y sutiles y podrían representarse con aquellos lápices que tienen una goma de borrar incorporada en un extremo, para borrar una letra y escribir otra en su lugar.

Ante un desarrollo tecnológico con tanto potencial clínico, no debería sorprendernos descubrir que tres grandes investigadores del mundo CRISPR: Feng Zhang, David Liu y J. Keith Joung (los tres del área de Boston, EE. UU.) hayan unido sus fuerzas para fundar una nueva compañía, llamada BEAM Therapeutics, enfocada exclusivamente a desarrollar editores de bases para su futuro uso terapéutico.

La empresa se lanzó al mercado en mayo de 2018 con una inversión inicial de 87 millones de dólares. Los tres, a su vez, también fueron fundadores de la empresa Editas, que actualmente ha recibido una inversión de 1700 millones de dólares. Al equipo de BEAM Therapeutics se ha unido Bernd Zetsche, el joven investigador alemán que realizó su tesis doctoral con Feng Zhang y que acabó siendo el primer autor de la publicación que presentó la proteína Cpf1 en 2015, hoy llamada Cas12a, como posible substituta de la nucleasa Cas9 y con propiedades distintas. Zhang aporta a esta empresa sus desarrollos para la edición de ARN con su dCas13b asociada a una adenosina deaminasa, como he explicado en el capítulo anterior. Y Joung todas sus patentes en la tecnología CRISPR.

El éxito real de estas iniciativas puede tardar años en llegar y requerir múltiples investigaciones adicionales que aumenten la precisión, seguridad y eficacia de estos editores de bases y que permitan llevarlos a las células diana con relativa facilidad y eficiencia. El desarrollo de estrategias de terapia génica avanzada para su uso en pacientes es muy distinto del desarrollo académico sobre modelos celulares y animales. Se deben superar sucesivos retos que marcan las autoridades en relación con la seguridad y la eficacia del producto final en personas, lo cual suele ser mucho más difícil que los experimentos realizados en el laboratorio.

En septiembre de 2017 un equipo de investigadores chinos logró usar, con éxito, editores de base BE3 para corregir una mutación puntual en el gen de las betaglobinas asociadas a beta-talasemia en embriones humanos, creados *ad hoc,* mediante un procedimiento de transferencia nuclear (SCNT, como contaba en el capítulo 9). En agosto de 2018, otro laboratorio en China ha confirmado el uso exitoso de editores de bases, también del tipo BE3, en embriones humanos, generados *ad hoc* mediante ICSI, y portadores de una mutación en el gen FBN1, asociada al síndrome de Marfan. En ambos casos las eficiencias obtenidas son notables y prometedoras, aunque ambos estudios necesitan muchos más análisis para confirmar seguridad y eficacia. En enero de 2021 el laboratorio de David Liu ha vuelto a sorprender a todos con el uso de editores de base de última generación para corregir una mutación puntual en ratones modelos de progeria (enfermedad por la que se envejece rápida y prematuramente), consiguiendo extender significativamente la vida de los ratones con progeria tratados con estos editores de base.

A pesar de su gran potencial, el campo de los editores de bases sufrió un tremendo varapalo con la publicación de dos artículos en la revista *Science* a principios de 2019 en los que dos equipos de investigadores reportaban un número sorprendentemente grande de mutaciones no deseadas en secuencias similares del genoma *(off-targets)* tanto en animales (en embriones de ratón) como en plantas (en arroz). La lectura atenta de ambos trabajos permitía descubrir que los problemas de especificidad estaban principalmente asociados con los editores de base de citosina (C>T), no los de adenina (A>G). Estos resultados, relativamente inesperados, han supuesto un frenazo importante en la evolución de estas nuevas variantes CRISPR para desarrollar aplicaciones terapéuticas y obligaran a innovar y explorar nuevas versiones de los editores de bases que no presenten estos problemas de especificidad.

Estoy seguro de que David Liu no debió quedar muy contento con el descubrimiento de los problemas de especificidad de los editores de bases de citosina. Pero, en lugar de lamentarse, y quizás espoleado por las dificultades encontradas en sus editores de bases, aplicó de nuevo su capacidad inventiva en desarrollar una nueva variante CRISPR que finalmente conocimos en octubre de 2019, a la que llamó edición PRIME (jugando con el doble sentido de la palabra en inglés de «molde» y «calidad»).

En general, los biólogos acudimos a la naturaleza cuando necesitamos alguna actividad enzimática para nuestros experimentos y confiamos que la evolución haya desarrollado dicha actividad para poder aprovecharla. La mentalidad de los biólogos sintéticos, que además son químicos e ingenieros, como David Liu, es bien distinta. En su mente visualiza una actividad y, hasta cierto punto, le da igual que la evolución la haya inventado o no. Si no es así, la crea, a partir de elementos preexistentes. Solo así puede explicarse la genialidad que representa la edición PRIME o de calidad. A David Liu se le ocurrió combinar en una misma proteína una Cas9 nickasa (que corta una cadena de ADN, pero no las dos) con una actividad reverso transcriptasa (la que permite generar ADN a partir de ARN, en el sentido contrario al habitual del flujo de información genética, como recordarás describía en la figura 1.2).

¿Y para qué querría David Liu combinar dos actividades enzimáticas (una nickasa y una reverso transcriptasa) que como nunca en la evolución habían aparecido juntas? El truco estaba en la nueva guía de ARN (ahora llamada pegARN) que necesitaba la variante PRIME. Es una guía mucho más larga que cumple dos funciones. En un extremo sirve para posicionar la Cas9 nickasa en el gen seleccionado a editar, pero su otro extremo, mucho más largo que las guías de ARN habituales, resulta que es complementario a la otra cadena de ADN que, tras ser abierta por la nickasa, puede ser copiada y extendida por la actividad reverso transcriptasa, usando ahora esta secuencia adicional de ARN como molde. Y, claro, en esa secuencia se pueden introducir los cambios o mutaciones que se deseen incluir en el gen seleccionado. Una idea magistral. Probablemente te cueste visualizar la nueva variante PRIME. A mí también me costó. Por eso dibujé un esquema (que encontrarás reproducido en la figura 17.1) para intentar transmitir la innovación que representa esta nueva herramienta CRISPR de edición genética, que ciertamente es de calidad. Recuerda que el problema principal de la edición genética es la reparación del corte del ADN. Si ahora evitamos usar las herramientas habituales de reparación de la célula y le damos una reverso transcriptasa para copiar el ARN con la mutación en nuevo ADN evitaremos la indeterminación y el mosaicismo normalmente asociados con las herramientas CRISPR-Cas9 tradicionales. Disminuimos la incertidumbre y la posibilidad de modificar otras secuencias parecidas del genoma. Por eso la edición PRIME ha generado muchas expectativas, aunque, por el momento, solo haya sido demostrada su eficacia en unos cuantos tipos celulares, en el laboratorio, con éxitos variables. Todavía no se ha demostrado su eficacia en seres vivos completos, en animales o plantas. Pero estoy seguro de que será cuestión de tiempo. Y estoy igualmente seguro de que surgirán nuevos problemas y dificultades que habrá que solventar. Se trata, en definitiva, de una nueva variante nacida de la imaginación de David Liu con muchas posibilidades que todavía require de mucha investigación básica hasta llegar a las deseadas aplicaciones en la clínica. Sin embargo, cuando se describió esta nueva variante PRIME se anunció de forma prematura que hasta un 85 % de las mutaciones conocidas y asociadas a enfermedades humanas podrían, en teoría, tratarse con las variantes PRIME. Habrá que seguir investigando, paso a paso, y explorando las aplicaciones, sus beneficios y sus limitaciones, asociadas a estas sorprendentes CRISPR PRIME que son las (hasta el momento) últimas variantes CRISPR en llegar a nuestra caja de herramientas.

Todos estos investigadores, con David Liu a la cabeza, harían bien en estar atentos a lo ocurrido con la tecnología de interferencia de ARN. Los investigadores norteamericanos Andrew Fire y Craig Mello descubrieron en 1998 que podía inducirse la degradación de

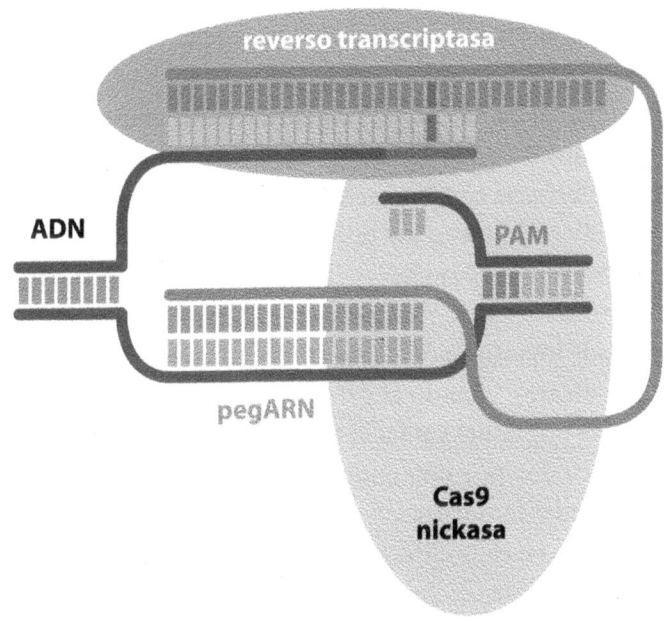

Figura 17.1. Esquema gráfico de la nueva herramienta CRISPR PRIME para la edición genética de calidad, desarrollada por David Liu. La nueva guía de ARN (ahora llamada pegARN) es mucho más larga que las guías anteriores y ahora sirve para posicionar la Cas9 nickasa, en un extremo, y para actuar como molde y extensión del ADN de la cadena complementaria, abierta por la nickasa, gracias a la actividad reverso transcriptasa.
Gráfico: Lluís Montoliu.

ARN específicos en el gusano *Caenorhabditis elegans* mediante la formación de ARN de cadena doble a través de un mecanismo que denominaron de interferencia de ARN (RNAi es su acrónimo en inglés) y que permitía silenciar la expresión de genes de manera específica. La presencia de este nuevo mecanismo de regulación génica se confirmó en hongos, plantas, animales y también en humanos. Tal descubrimiento llevó a Fire y Mello a conseguir el Premio Nobel de Medicina en el año 2006. Durante esos años, la tecnología de interferencia de ARN fue una revolución similar a la que ahora estamos viviendo con las herramientas CRISPR de edición genética. Muchas empresas surgieron para intentar convertir este descubrimiento de ciencia básica en un tratamiento de utilidad terapéutica para pacientes. La mayoría abandonaron al cabo de unos años tras haber invertido millones de dólares, al darse de bruces con una serie de dificultades técnicas que no pudieron resolver. No fue el caso de la empresa Alnylam Pharmaceuticals Inc., fundada en 2002 por Philip Sharp (también premio nobel en 1993, junto a Richard Roberts, por haber descubierto en 1977 que los genes son discontinuos y tienen exones e intrones) con el fin de aprovechar el descubrimiento del ARN de interferencia con fines terapéuticos. Esta empresa fue invirtiendo y resolviendo todos los problemas que surgieron, principalmente para solventar cómo llevar el producto terapéutico a la célula diana de forma eficiente. Y ha sido ahora, el 10 de agosto de 2018, tras 16 años de investigación y desarrollo, y tras haber gastado 2000 millones de dólares, cuando la primera terapia basada en RNAi ha sido aprobada por la FDA para el tratamiento de un grupo de 3000 pacientes afectados por una enfermedad rara llamada amiloidosis hereditaria mediada por transtiretina (hATTR), que afecta a unos 50 000 pacientes en el mundo. Si consideramos cuándo se descubrió el RNAi (1998) y cuándo ha sido autorizado su uso terapéutico en pacientes por primera vez (2018), observaremos que han pasado 20 años para convertir un desarrollo de ciencia básica en una aplicación práctica de terapia para pacientes.

Las CRISPR fueron descubiertas en procariotas por Francis Mojica en 1993. Su uso como herramientas de edición genética en células eucariotas se demostró por vez primera en 2013; lo hicieron Feng

Zhang y George Church, de forma independiente, 20 años después. Puede que tengamos que esperar otros tantos años para disponer de aplicaciones terapéuticas aprobadas basadas en alguna de las versiones CRISPR hoy disponibles. Probablemente las basadas en los editores de base o PRIME que comento en este capítulo sean la apuesta de futuro de las CRISPR en biomedicina. Esperemos que se conviertan en realidad más pronto que tarde, pero siempre tras pasar todas las validaciones necesarias. Paciencia, perseverancia y humildad.

La parte final de este capítulo (y el final del libro) tenía que estar dedicada a las bacterias. Este libro empezó hablando de bacterias y tenía que terminar también refiriéndome a ellas. Este es el tercer tema que te propongo como reflexión para el futuro de las CRISPR. Las herramientas CRISPR fueron descubiertas en procariotas, en bacterias y arqueas, y luego han sido utilizadas profusamente en múltiples experimentos de edición genética, en muchos organismos, procariotas y, sobre todo, eucariotas. Pero, si revisamos la literatura científica desde 2012 sobre este tema, observaremos que se han usado relativamente solo unas pocas nucleasas de sistemas CRISPR bacterianos. La mayoría de los experimentos de edición genética se han realizado usando alguna de las siguientes nucleasas: Cas9 de *Streptococcus pyogenes*, Cas9 de *Staphylococcus aureus*, Cas9 de *Streptococcus thermophilus*, Cpf1/Cas12a de *Acidaminococcus sp.*, C2c2/Cas13a de *Leptotrichia shahii* y algunas pocas más, todas ellas derivadas de sistemas CRISPR de clase 2 (los que solo requieren una proteína efectora).

Sin embargo, hay millones de especies de bacterias y arqueas. Y muchas de ellas son todavía totalmente desconocidas. La mayoría de estos procariotas tendrán sus sistemas CRISPR, muy probablemente distintos a los ya conocidos. Quizás con propiedades adicionales, mejores o más adecuadas para las aplicaciones de edición genética. Por eso el futuro CRISPR tiene que tener un apartado muy importante en la microbiología molecular. En el aislamiento de nuevas bacterias portadoras de nuevos sistemas CRISPR, para caracterizarlos y estudiarlos. Hay un enorme campo de trabajo prácticamente virgen para descubrir nuevas herramientas CRISPR para la edición genética. Es algo que suelo comentar al final de mis charlas para estudiantes. Les digo que, si tuviera que empezar ahora mi carrera científica, no lo dudaría, me tiraría de cabeza a la microbiología molecular, que es el campo con mayor capacidad de aportarnos conocimiento (ciencia básica) y herramientas (ciencia aplicada).

Uno de los estudios que daba idea de la inmensidad de sistemas CRISPR que existen en procariotas y quedan todavía por descubrir nos lo descubrió el laboratorio de Jennifer Doudna, en colaboración con otros colegas de la Universidad de Berkeley. Cultivar bacterias tradicionales en biología molecular como *Escherichia coli* no tiene ningún misterio. Pero para muchos de los procariotas que existen en la naturaleza no tenemos protocolos adecuados ni sabemos cultivarlos en el laboratorio. En febrero de 2017 estos investigadores publicaron un trabajo en la revista *Nature* en el que utilizaban la técnica de metagenómica (secuenciar los genomas simultáneamente de todo un grupo grande de procariotas existentes en la naturaleza, muchos de ellos no cultivables) para detectar secuencias genéticas parecidas a las del gen de la nucleasa Cas9. Este estudio les permitió descubrir un montón de nuevos sistemas CRISPR en muchas otras bacterias, desconocidos, y la primera proteína similar a Cas9 en una arquea. También identificaron otros dos sistemas CRISPR nuevos, distintos a cualquier otro conocido, que denominaron CRISPR-X y CRISPR-Y, y que presentaban una estructura muy compacta y potencialmente útil para desarrollar aplicaciones. Este estudio da una idea de la enorme diversidad de sistemas CRISPR que han evolucionado en múltiples especies de bacterias y arqueas, y que esperan aún a ser descritos. Quizás la solución a todos o algunos de nuestros problemas actuales con las Cas9 clásicas que conocemos y utilizamos puedan resolverse fácilmente con otras Cas9 o nucleasas similares de otros procariotas que hayan encontrado una manera de resolver estas limitaciones.

Otro de los investigadores que ha destacado en la investigación de otros sistemas CRISPR y en su clasificación en clases y tipos es Eugene Koonin, del NCBI en Bethesda, EE. UU. Una de las últimas revisiones que tiene publicadas al respecto, en 2019, junto a Kira Makarova y Feng Zhang, propone la existencia de dos clases de sistemas CRISPR (1 y 2), hasta seis tipos distintos (I, II, III, IV, V y VI) y 33 subtipos, cada uno de ellos con estructuras génicas, organizaciones y actividades características. Es impresionante descubrir el amplio abanico de soluciones que la evolución de estos sistemas CRISPR ha generado en procariotas. Parece que los elementos móviles, como los transposones, han contribuido de forma decisiva a esta evolución de los sistemas CRISPR.

El último tipo (VI), recientemente descrito, incluye nucleasas como Cas13a y Cas13b, que cortan exclusivamente ARN, a diferencia de la Cas9 (que son nucleasas derivadas de sistemas CRISPR de tipo II) que solo corta ADN, y de Cpf1/Cas12a (que deriva de sistemas CRISPR de tipo V), que puede cortar tanto ADN como ARN. Precisamente en una nueva colaboración entre Koonin y Zhang descubrieron y describieron la actividad nucleasa asociada a Cas13b, a principios de 2017, que posteriormente utilizaría Zhang para proponer el sistema de edición genética CRISPR 2.0, del que he hablado en el capítulo 16, para la edición de ARN en lugar de ADN, combinando una dCas13b (nucleasa inactivada) con deaminasas específicas capaces de editar y cambiar las bases del ARN.

Creo que queda claro que quedan muchísimos sistemas CRISPR por descubrir y caracterizar. Pueden estar en cualquier parte: en las bacterias de nuestro jardín, de alguna fuente termal, de las profundidades marinas o de nuestros intestinos. No debemos contentarnos con los poquísimos que conocemos y usamos, a pesar de que ya nos estén dando un rendimiento académico maravilloso y pronto nos ayuden a desarrollar aplicaciones beneficiosas más allá del laboratorio. Recuerda que los organismos procariotas llevan en este planeta miles de millones de años y han tenido tiempo más que suficiente para inventar y perfeccionar todos los sistemas CRISPR que puedas imaginar y muchos más. Nosotros, los humanos, prácticamente acabamos de llegar, evolutivamente hablando, y apenas estamos empezando a descifrar y aprovechar todas las maravillosas herramientas que nos ofrecen bacterias y arqueas.

A lo largo de este libro he referido el origen, las propiedades y las sorprendentes aplicaciones de las herramientas CRISPR-Cas9 de edición genética. Inicialmente desarrolladas por los procariotas para defenderse de virus y plásmidos y finalmente reconvertidas por los humanos para editar genomas de cualquier organismo. Yo todavía sigo sorprendido por la biología de los sistemas CRISPR, por su belleza, complejidad y efectividad como sistema inmunitario de base genética. De lo mejor que ha inventado la evolución. Aunque creo que todavía ignoramos otras funciones celulares en las que deben estar involucradas las CRISPR en bacterias y arqueas. Son un pozo inagotable de conocimiento.

Por eso quería terminar, espero, sorprendiéndote de nuevo. Como me sorprendí yo la primera vez que oí a Francis Mojica hablar de estos hallazgos tan recientes, en París, a finales de marzo de 2018, en la reunión internacional en la que lanzamos la asociación ARRIGE, de la que hablaba en el capítulo 14, y a la que invitamos a Francis a dar la conferencia de apertura.

Como quien no quiere la cosa, la última imagen de su charla sobre CRISPR no fue sobre CRISPR. Francis reprodujo la figura principal de un artículo de investigación básica en microbiología que a mí y a muchos probablemente nos hubiera pasado desapercibido de no ser por su apunte. El artículo se había publicado el 25 de enero en la página web de la revista *Science* (curiosamente, el mismo día en el que Francis estaba impartiendo otra conferencia de apertura en un simposio de la Fundación Ramón Areces al que también lo habíamos invitado) y apareció impreso en la revista el 2 de marzo.

Unos investigadores del Instituto Weizmann de Israel, dirigidos por Rotem Sorek, analizaron los genomas de más de 45 000 bacterias y arqueas, buscando nuevos sistemas de defensa, análogos a CRISPR, y acabaron descubriendo nada menos que nueve sistemas nuevos que usan las bacterias para defenderse de los bacteriófagos. Y un sistema nuevo para defenderse de los plásmidos invasores. Diez nuevas maneras, totalmente desconocidas hasta el momento, que las bacterias habían inventado para zafarse de la infección de virus o la entrada de plásmidos. Sí, has leído bien. Diez sistemas distintos de CRISPR (que hasta ese instante era el único sistema de defensa adaptativo de base genética conocido en procariotas). A partir de ahora, además del nombre de CRISPR tendremos que empezar a aprendernos los nombres de estos diez nuevos sistemas de defensa en procariotas: Thoeris, Hachiman, Shedu, Gabija, Septu, Lamassu, Zorya-I, Zorya-II, Kiwa y Druantia.

Te preguntarás qué quieren decir todos estos nuevos nombres. Corresponden, todos, a dioses protectores en diferentes culturas. Thoeris (o Taweret) es la diosa egipcia de la fertilidad, protectora de los recién nacidos. Hachiman es el dios protector de la vida humana en el sintoísmo, la religión nativa de Japón. Shedu y Lamassu son las versiones masculina y femenina, respectivamente, de un dios asirio protector que seguro recordarás haber visto, si has visitado alguna vez el fabuloso Museo de Pérgamo, en Berlín. Es el toro o león con cabeza de hombre y alas de águila que aparece en grandes esculturas y relieves en los templos mesopotámicos. Gabija es el dios y espíritu del fuego en la mitología lituana, protector del hogar y la familia. Septu es un dios guerrero en la mitología egipcia, defensor de la frontera oriental, también conocido como «señor del Este» y, en la península del Sinaí, guardián protector de las minas de turquesas. Las Zoryas son dos diosas en la mitología eslava, también conocidas como Auroras, que guardan y vigilan a Simargl, el perro alado del fin del mundo, encadenado a la estrella Polaris en la constelación de la Osa Menor. Kiwa es uno de los dioses guardianes del océano y las tradiciones en la mitología maorí. Finalmente, Druantia es una diosa celta protectora de los árboles y considerada la madre de la naturaleza. Hay que aplaudir el talento de estos investigadores, tanto por descubrir diez nuevos sistemas que podrían derivar en diez nuevas herramientas de edición genética, parecidas o no a las CRISPR, como por su perspicacia y sabiduría al nombrar todos estos nuevos sistemas de acuerdo a deidades protectoras. Aunque todavía es prematuro, y será necesaria mucha investigación básica, es más que posible que de cada uno de estos nuevos sistemas de defensa, cuyos componentes y mecanismos de funcionamiento no se conocen aún en detalle, se logren derivar, con el tiempo, nuevas herramientas candidatas a ser usadas para la edición genética. De alguna manera estos investigadores acaban de lanzar diez nuevos retos a la comunidad científica. Como Francis Mojica lanzó el suyo al proponer en 2005 que las CRISPR formaban parte de un sofisticado sistema de defensa en procariotas.

Algunos años después, seguimos disfrutándolas.

AGRADECIMIENTOS

Las siguientes personas, colegas y amigos, me han ayudado con sus sugerencias, revisiones y correcciones a que este libro haya acabado siendo mucho mejor de lo que inicialmente había escrito. Para empezar, mi agradecimiento a Laura Morrón, editora de Next Door, la persona que confió en mí para escribir este libro y quien se ha leído todos los capítulos varias veces, desde diferentes puntos de vista, aportando siempre sus comentarios oportunos y precisos, que han hecho que todos los capítulos mejoren substancialmente con su ayuda. Mi agradecimiento también a Francis Mojica, con quien siempre puedo contar para revisar todo aquello que tenga que ver con los orígenes del sistema CRISPR y sus aplicaciones en bacterias, y siempre con generosidad y buen humor. No solo se ha implicado en este libro con el prólogo, que le agradezco infinitamente, sino en la revisión crítica de numerosos capítulos, que también le agradezco. Gracias a Pablo Lapunzina, por compartir su análisis estadístico de las en-fermedades que afectan a los humanos, incluidas las enfermedades raras. Gracias a Marc Güell por sus comentarios sobre el capítulo de xenotrasplantes y a Angelika Schnieke por compartir fotografías ilustrativas para este capítulo. A Diego Muñoz por tomar nuevas y mejores fotos de nuestros ratones avatar OCA4. A Bruce Whitelaw por sus comentarios y a Alejo Menchaca y Martina Crispo por aceptar compartir imágenes ilustrativas para el capítulo de biotecnología animal. Gracias también a José Carlos García-Borrón y

Celia Jiménez-Cervantes por echarme una mano con la revisión de algunos capítulos y por sus sabios comentarios. A Steve Brown por compartir las estadísticas más actualizadas del consorcio IMPC que dirige. Gracias a Juan Carlos Oliveros por compartir cómo surgió el nombre de *Breaking-Cas* para el programa bioinformático que diseñó con su equipo. Mi agradecimiento a Josep M. Casacuberta y a Pilar Cubas, por sus sabias recomendaciones y precisiones para el capítulo de edición genómica en plantas. Y también gracias a Davide Seruggia, mi exestudiante de doctorado, que ahora triunfa como investigador posdoctoral en Boston, por repasar detalles y recordarme fechas y hechos importantes que merecía la pena relatar con precisión y por compartir un par de fotografías tremendamente ilustrativas para este libro. Gracias también a Luis Fontana, Esther Samper y Juli Peretó por ayudarme a detectar los errores que se colaron en ediciones anteriores y que han podido ser corregidos en esta tercera edición del libro.

Y, finalmente, y sobre todo, muchas gracias a Montserrat, mi mujer, por su paciencia y apoyo constante, con mis disculpas por haberla privado de ocio y compañía durante numerosos fines de semana que me quedé confinado en mi despacho en casa avanzando en la redacción de este libro.

Me gustaría agradecer también a la editorial Pinolia y personalmente a su responsable, Marta Ariño, que hayan accedido a reeditar este y otros que publiqué inicialmente con la ya desaparecida editorial Next Door Publishers y que ahora pueden tener una segunda vida en Pinolia. Como autor y en nombre de los nuevos lectores que podrán beneficiarse de esta reedición os lo agradezco de corazón.

A todos, muchas gracias.

BIBLIOGRAFÍA

Abbott, T. R., et al. «Development of CRISPR as an Antiviral Strategy to Combat SARS-CoV-2 and Influenza», *Cell*, 181(4), 2020 May 14, pp. 865-876.

Abe, F., et al. «Genome-Edited TripleRecessive Mutation Alters Seed Dormancy in Wheat», *Cell Rep.*, vol. 28, núm. 5, 2019 Jul 30, pp. 1362-1369.

Abudayyeh, O. O., et al. «RNA targeting with CRISPRCas13», *Nature*, vol. 550, núm. 7675, 2017 Oct 12, pp. 280-284.

Abudayyeh, O. O., et al. «A cytosine deaminase for programmable single-base RNA editing», *Science*, vol. 365, núm. 6451, 2019 Jul 26, pp. 382-386.

Ackerman, C. M., et al. «Massively multiplexed nucleic acid detection with Cas13», *Nature*, 582(7811), 2020 Jun, pp. 277-282.

Adams, D. R., et al. «One-year pilot study on the effects of nitisinone on melanin in patients with OCA-1B», *JCI Insight*, vol. 4, núm. 2, 2019 Jan 24.

Adikusuma, F., et al. «Large deletions induced by Cas9 cleavage», *Nature*, vol. 560, núm. 7717, 2018 Aug, pp. E8-E9.

Amoasii, L., et al. «Gene editing restores dystrophin 427 expression in a canine model of Duchenne muscular dystrophy», *Science*, vol. 362, núm. 6410, 2018 Oct 5, pp. 86-91.

Amuzu, H. E., et al. «Wolbachia enhances insect-specific flavivirus infection in Aedes aegypti mosquitoes», *Ecol. Evol.*, vol. 8, núm. 11, 8 May 2018, pp. 5441-5454.

Anzalone, A. V., et al. «Search-and-replace genome editing without double-strand breaks or donor DNA», *Nature*, vol. 576, vol. 7785, 2019 Dec, pp. 149-157.

Austin, C. P., et al. «The knockout mouse project», *Nat. Genet.*, vol. 36, núm. 9, 2004 Sep, pp. 921-924.

Bak, R. O., et al. «CRISPR/Cas9 genome editing in human hematopoietic stem cells», *Nat. Protoc.*, vol. 13, núm. 2, Feb 2018, pvol. 358-376.

Baltimore, D., et al. «A prudent path forward for genomic engineering and germline gene modification», *Science*, vol. 348, núm. 6230, 3 Apr 2015, pp. 36-38.

Barrangou, R., et al. «CRISPR provides acquired resistance against viruses in prokaryotes», *Science*, vol. 315, núm. 5819, 23 Mar 2007, pp. 17091712.

Barrangou, R., van der Oost, J. (coord.), *CRISPR-Cas Systems. RNA-mediated Adaptive Immunity in Bacteria and Archaea*, Springer-Verlag, Heidelberg, 2013.

Begley, S., «"A feature, not a bug": George Church ascribes his visionary ideas to narcolepsy», *STAT*, 2017 June 8.

Benavides, F. J., Guénet, J. L., *Manual de genética de roedores de laboratorio: principios básicos y aplicaciones*. Universidad de Alcalá de Henares, 2003. Disponible en la web ISTT «legacy archives» desde 2011.

Berg, P., «Meetings that changed the world: Asilomar 1975: DNA modification secured», *Nature*, vol. 455, 2008 Sep 18, pp. 290-291.

Bertelli, C., et al. «CRISPR System Acquisition and Evolution of an Obligate Intracellular Chlamydia-Related Bacterium», *Genome Biol Evol*, 8(8), 2016 Aug 25, pp. 2376-86.

Bibikova, M., Carroll, D., Segal, D. J., Trautman, J. K., Smith, J., Kim, Y. G., Chandrasegaran, S., «Stimulation of homologous recombination through targeted cleavage by chimeric nucleases», *Mol. Cell. Biol.*, vol. 21, núm. 1, 2001 Jan, pp. 289-297.

Bikard, D., Barrangou, R., «Using CRISPR-Cas systems as antimicrobials», *Curr. Opin. Microbiol.*, vol. 37, 2017 Jun, pp. 155-160.

Bikard, D., et al. «Exploiting CRISPR-Cas nucleases to produce sequence-specific antimicrobials», *Nat. Biotechnol.*, vol. 32, núm. 11, 2014 Nov, pp. 1146-1150.

Blanchard, E. L., et al. «Treatment of influenza and SARS-CoV-2 infections via mRNA-encoded Cas13a in rodents», *Nat Biotechnol.*, 2021 Feb 3.

Botelho, A., et al. «Clustered regularly interspaced short palindromic repeats (CRISPRs) analysis of members of the Mycobacterium tuberculosis complex», *Methods Mol. Biol.*, vol. 1247, 2015, pvol. 373-389.

Brinster, R. L., et al. «Targeted correction of a major histocompatibility class II E alpha gene by DNA microinjected into mouse eggs», *Proc. Natl. Acad. Sci. USA*, vol. 86, núm. 18, 1989 Sep, pp. 7087-7091.

Broughton, J. P., et al. «CRISPR-Cas12-based detection of SARS-CoV-2», *Nat Biotechnol.*, 38(7), 2020 Jul, pp. 870-874.

Brouns, S. J., et al. «Small CRISPR RNAs guide antiviral defense in prokaryotes», *Science*, vol. 321, vol. 5891, 2008 Aug 15, pp. 960-964.

Burgio, G., «Controlling the transmission of Zika and other mosquitoe-borne diseases by using genetically engineered mosquitoes», *PLOS Synbio Field Reports*, 2016 Feb 16.

Burkard, C., et al. «Pigs lacking the scavenger receptor cysteine-rich domain 5 of CD163 are resistant to PRRSV-1 infection», *J. Virol.*, vol. 92, núm. 16, 2018 Jul 31, pp. e00415-18.

Burstein, D., et al. «New CRISPR-Cas systems from uncultivated microbes», *Nature*, vol. 542, núm. 7640, 2017 Feb 9, pp. 237-241.

Callaway, E., «Dengue rates plummet in Australian city after release of modified mosquitoes», *Nature*, News, 8 August 2018.

Carlson, D. F., et al. «Production of hornless dairy cattle from genome-edited cell lines», *Nat. Biotechnol.*, vol. 34, núm. 5, 2016 May 6, pp. 479-481.

Chan, A. W., et al. «Transgenic monkeys produced by retroviral gene transfer into mature oocytes», *Science*, vol. 291, núm. 5502, 2001 Jan 12, pp. 309-312.

Charlesworth, et al. «Identification of preexisting adaptive immunity to Cas9 proteins in humans», Nat. Med., vol. 25, núm. 2, 2019 Feb, pp. 249254.

Charpentier, M., et al. «CtIP fusion to Cas9 enhances transgene integration by homologydependent repair», *Nat. Commun.,-* vol. 9, núm. 1, 2018 Mar 19, pp. 1133.

Chen, E., Mozur, P., «Chinese Scientist Who Claimed to Make Genetically Edited Babies Is Kept Under Guard», *The New York Times*, 2018 December 28.

Chen, J. S., et al. «CRISPR-Cas12a target binding unleashes indiscriminate singlestranded DNase activity», *Science*, vol. 360, núm. 6387, 2018 Apr 27, pp. 436-439.

Chen, Y., et al. «Functional disruption of the dystrophin gene in rhesus monkey using CRISPR/Cas9», *Hum. Mol. Genet.*, vol. 24, núm. 13, 2015 Jul 1, pp. 3764-3774.

Choulika, A., et al. «Induction of homologous recombination in mammalian chromosomes by using the I-SceI system of Saccharomyces cerevisiae», *Mol. Cell. Biol.*, vol. 15, núm. 4, 1995 April, pvol. 1968-1973.

Chu, V. T., et al. «Increasing the efficiency of homology-directed repair for CRISPRCas9induced precise gene editing in mammalian cells», *Nat. Biotechnol.*, vol. 33, vol. 5, 2015 May, pp. 543-548.

Cohen, J., «Mice made easy», *Science,* vol. 354, núm. 6312, 2016 Nov 4, pp. 538-542.

Committee on Bioethics, *Statement on genome editing technologies,* Council of Europe, Strasbourg, 2 December 2015.

Cong, L., et al. «Multiplex genome engineering using CRISPR/ Cas systems», *Science,* vol. 339, núm. 6121, 2013 Feb 15, pvol. 819-823.

Cooper, D. K. C., et al. «Bringing Home The Bacon: Update on The State of Kidney Xenotransplantation», *Blood Purif.,* vol. 45, núm. 1-3, 2018, pp. 254-259.

Cox, D. B. T., et al. «RNA editing with CRISPR-Cas13», *Science,* vol. 358, núm. 6366, 2017 Nov 24, pp. 1019-1027.

Crispo, M., et al. «Efficient Generation of Myostatin Knock-Out Sheep Using CRISPR/ Cas9 Technology and Microinjection into Zygotes», *PLoS One,* vol. 10, núm. 8, 2015 Aug 25, pp. e0136690.

Curtis, Z., et al. «Assessment of the Impact of Potential Tetracycline Exposure on the Phenotype of Aedes aegypti OX513A: Implications for Field Use», *PLoS Negl. Trop. Dis.,* vol. 9, núm. 8, 2015 Aug 13, pp. e0003999.

Cyranoski, D., «Russian "CRISPR-baby" scientist has started editing genes in human eggs with goal of altering deaf gene», *Nature,* 2019 October 18.

Cyranoski, D., «Ethics of embryo editing divides scientists», *Nature,* 2015 March 18.

De Lecuona, I., et al. «Gene Editing in Humans: Towards a Global and Inclusive Debate for Responsible Research», *Yale J. Biol. Med.,* vol. 90, núm. 4, 2017 Dec 19, pp. 673-681.

Deltcheva, E., et al. «CRISPR RNA maturation by trans-encoded small RNA and host factor RNase III», *Nature,* vol. 471, vol. 7340, 2011 Mar 31, pp. 602-607.

DiCarlo, J. E., et al. «Safeguarding CRISPR-Cas9 gene drives in yeast», *Nat. Biotechnol.,* vol. 33, núm. 12, 2015 Dec, pp. 1250-1255.

Diéguez, A., *Transhumanismo*, Editorial Herder, 2017.

Doron, S., et al. «Systematic discovery of antiphage defense systems in the microbial pangenome», *Science*, vol. 359, núm. 6379, 2018 Mar 2, pii: eaar4120.

Doudna, J. A., Charpentier, E., «Genome editing. The new frontier of genome engineering with CRISPR-Cas9», *Science*, vol. 346, núm. 6213, 2014 Nov 28, pp. 1258096.

Egli, D., et al. «Inter-homologue repair in fertilized human eggs?», *Nature*, vol. 560, núm. 7717, 2018 Aug, pp. E5-E7.

ENCODE Project Consortium, «The ENCODE (ENCyclopedia Of DNA Elements) Project», *Science*, vol. 306, núm. 5696, 2004 Oct 22, pp. 636-640.

Feng, Z., et al. «Efficient genome editing in plants using a CRISPR/Cas system», *Cell Res.*, vol. 23, núm. 10, 2013 Oct, pp. 1229-1232.

Evans, B. R., et al. «Transgenic Aedes aegypti Mosquitoes Transfer Genes into a Natural Population», *Sci. Rep.*, vol. 9, núm. 1, 2019 Sep 10, pp. 13047.

Fernández, A., Josa, S., Montoliu, L., «A history of genome editing in mammals», *Mamm. Genome*, vol. 28, núm. 7-8, 2017 Aug, pp. 237-246.

Ferreira, R., David, F., Nielsen, J., «Advancing biotechnology with CRISPR/ Cas9: recent applications and patent landscape», *J. Ind. Microbiol. Biotechnol.*, vol. 45, núm. 7, 2018 Jul, pp. 467-480.

Finn, J. D., et al. «A Single Administration of CRISPR/Cas9 Lipid Nanoparticles Achieves Robust and Persistent In Vivo Genome Editing», *Cell Rep.*, vol. 22, núm. 9, 2018 Feb 27, pvol. 2227-2235.

Fire, A., et al. «Potent and specific genetic interference by double-stranded RNA in Caenorhabditis elegans», *Nature*, vol. 391, 1998, pp. 806-811.

Fogarty, N. M. E., et al. «Genome editing reveals a role for OCT4 in human embryogenesis», *Nature*, vol. 550, núm. 7674, 2017 Oct 5, pp. 67-73.

Frangoul, H., et al. «CRISPR-Cas9 Gene Editing for Sickle Cell Disease and beta-Thalassemia», *N Engl J Med.*, 384(3), 2021 Jan 21, pp. 252-260.

Fröhlich, T., et al. «Progressive muscle proteome changes in a clinically relevant pig model of Duchenne muscular dystrophy», *Sci. Rep.*, vol. 6, 2016 Sep 16, pp. 33362.

Fu, Y., et al. «High-frequency off-target mutagenesis induced by CRISPRCas nucleases in human cells», *Nat. Biotechnol.*, vol. 31, núm. 9, 2013 Sep, pp. 822826.

Gantz, V. M., Bier, E., «Genome editing. The mutagenic chain reaction: a method for converting heterozygous to homozygous mutations», *Science*, vol. 348, núm. 6233, 2015 Apr 24, pp. 442-444.

Garneau, et al. «The CRISPR/Cas bacterial immune system cleaves bacteriophage and plasmid DNA», *Nature*, vol. 468, núm. 7320, 2010 Nov 4, pp. 67-71.

Garralda, E., et al. «Integrated next-generation sequencing and avatar mouse models for personalized cancer treatment», *Clin. Cancer Res.*, vol. 20, núm. 9, 2014 May 1, pp. 2476-2484.

Gasiunas, G., Barrangou, R., Horvath, P., Siksnys, V., «Cas9-crRNA ribonucleoprotein complex mediates specific DNA cleavage for adaptive immunity in bacteria», *Proc. Natl. Acad. Sci. USA*, vol. 109, núm. 39, 2012 Sep 25, pp. E2579-E2586.

Gaudelli, N. M., et al. «Programmable base editing of A•T to G•C in genomic DNA without DNA cleavage», *Nature*, vol. 551, núm. 7681, 2017 Nov 23, pp. 464-471.

Geurts, A. M., et al. «Knockout rats via embryo microinjection of zinc-finger nucleases», *Science*, vol. 325, núm. 5939, 2009 Jul 24, pp. 433.

Gootenberg, J. S., et al. «Multiplexed and portable nucleic acid detection platform with Cas13, Cas12a, and Csm6», *Science*, vol. 360, núm. 6387, 2018 Apr 27, pp. 439-444.

Gootenberg, J. S., et al. «Nucleic acid detection with CRISPR-Cas13a/ C2c2», *Science*, vol. 356, núm. 6336, 2017 Apr 28, pp. 438-442.

Gordon, J. W., Ruddle, F. H., «Germ line transmission in transgenic mice», *Prog. Clin. Biol. Res.*, vol. 85, núm. Pt B, 1982, pp. 111-124.

Gordon, J. W., et al. «Genetic transformation of mouse embryos by microinjection of purified DNA», *Proc. Natl. Acad. Sci. USA*, vol. 77, núm. 12, 1980 Dec, pp. 7380-7384.

Grizot, S., et al. «Efficient targeting of a SCID gene by an engineered singlechain homing endonuclease», *Nucleic Acids Res.*, vol. 37, núm. 16, 2009 Sep, pp. 5405-5419.

Grunwald, H. A., et al. «Super-Mendelian inheritance mediated by CRISPR/Cas9 in the female mouse germline», *bioRxiv*, 2018 July 7.

Gu, B., Posfai, E., Rossant, J., «Efficient generation of targeted large insertions by microinjection into two-cell-stage mouse embryos», *Nat. Biotechnol.*, vol. 36, núm. 7, 2018 Aug, pp. 632-637.

Güell, M., et al. «PERV inactivation is necessary to guarantee absence of pig-to-patient PERVs transmission in xenotransplantation», *Xenotransplantation*, vol. 24, núm. 6, 2017 Nov.

Haapaniemi, E., et al. «CRISPRCas9 genome editing induces a p53-mediated DNA damage response», *Nat. Med.*, vol. 24, núm. 7, 2018 Jul, pp. 927-930.

Hammond, A., et al. «A CRISPR-Cas9 gene drive system targeting female reproduction in the malaria mosquito vector Anopheles gambiae», *Nat. Biotechnol.*, vol. 34, núm. 1, 2016 Jan, pp. 78-83.

Hammond, A. M., et al. «The creation and selection of mutations resistant to a gene drive over multiple generations in the malaria mosquito», *PLoS Genet.*, vol. 13, núm. 10, 2017 Oct 4, pp. e1007039.

Hanlon, K. S., et al. «High levels of AAV vector integration into CRISPR-induced DNA breaks», *Nat. Commun.*, vol. 10, vol. 1, 2019 Sep 30, pp. 4439.

Harms, D. W., et al. «Mouse Genome Editing Using the CRISPR/ Cas System», *Curr. Protoc. Hum. Genet.*, vol. 83, 2014 Oct 1, pvol. 15. 7. 1-27.

Hermans, P. W., et al. «Insertion element IS987 from Mycobacterium bovis BCG is located in a hot-spot integration region for insertion elements in Mycobacterium tuberculosis complex strains», *Infect. Immun.*, vol. 59, núm. 8, 1991 Aug, pp. 2695-2705.

Heussler, G. E., et al. «Clustered Regularly Interspaced Short Palindromic RepeatDependent, Biofilm-Specific Death of Pseudomonas aeruginosa Mediated by Increased Expression of Phage-Related Genes», *MBio.*, vol. 6, núm. 3, 2015 May 12, pvol. e00129-15.

Hilton, I. B., et al. «Epigenome editing by a CRISPR-Cas9based acetyltransferase activates genes from promoters and enhancers», *Nat. Biotechnol.*, vol. 33, núm. 5, 2015 May, pp. 510-517.

Houser, K., «UC Berkeley Finally Scores a Win With Two CRISPR Patents», *Futurism*, June 14 2018.

Hu, J. H., et al. «Evolved Cas9 variants with broad PAM compatibility and high DNA specificity», *Nature*, vol. 556, vol. 7699, 2018 Apr 5, pp. 57-63.

Hwang, W. Y., et al. «Efficient genome editing in zebrafish using a CRISPR-Cas system», *Nat. Biotechnol.*, vol. 31, núm. 3, 2013 Mar, pvol. 227-229.

Ihry, R. J., et al. «p53 inhibits CRISPR-Cas9 engineering in human pluripotent stem cells», *Nat. Med.*, vol. 24, núm. 7, 2018 Jul, pp. 939946.

International Mouse Knockout Consortium, Collins, F. S., Rossant, J., Wurst, W., «A mouse for all reasons», *Cell*, vol. 128, núm. 1, 2007 Jan 12, pp. 9-13.

Ishino, Y., Krupovic, M., Forterre, P., «History of CRISPR-Cas from Encounter with a Mysterious Repeated Sequence to Genome Editing Technology», *J. Bacteriol.*, vol. 200, núm. 7, 2018 Mar 12, pp. e0058017

Ishino, Y., et al. «Nucleotide sequence of the iap gene, responsible for alkaline phosphatase isozyme conversion in Escherichia coli, and identification of the gene product», *J. Bacteriol.*, vol. 169, núm. 12, 1987 Dec, pp. 5429-5433.

Iyer, V., Shen, B., et al. «Off-target mutations are rare in Cas9-modified mice», *Nat. Methods.*, vol. 12, núm. 6, 2015 May 28, pp. 479.

Jackson, S. A., et al. «CRISPR-Cas: Adapting to change», *Science*, vol. 356, núm. 6333, 2017 Apr 7, pii: eaal5056.

Jaenisch, R., «Germ line integration and Mendelian transmission of the exogenous Moloney leukemia virus», *Proc. Natl. Acad. Sci. USA*, vol. 73, núm. 4, 1976 Apr, pp. 1260-1264.

Jaenisch, R., Fan, H., Croker, B., «Infection of preimplantation mouse embryos and of newborn mice with leukemia virus: tissue distribution of viral DNA and RNA and leukemogenesis in the adult animal», *Proc. Natl. Acad. Sci. USA*, vol. 72, núm. 10, 1975 Oct, pp. 4008-4012.

Jaenisch, R., Mintz, B., «Simian virus 40 DNA sequences in DNA of healthy adult mice derived from preimplantation blastocysts injected with viral DNA», *Proc. Natl. Acad. Sci. USA*, vol. 71, núm. 4, 1974 Apr, pp. 12501254.

Jansen, R., et al. «Identification of genes that are associated with DNA repeats in prokaryotes», *Mol. Microbiol.*, vol. 43, núm. 6, 2002 Mar, pp. 1565-1575.

Jansson, S., «Gene-edited plants on the plate: the "CRISPR cabbage story"», *Physiol. Plant.*, 2018 May 10.

Jiang, W., et al. «RNA-guided editing of bacterial genomes using CRISPR-Cas systems», *Nat. Biotechnol.*, vol. 31, núm. 3, 2013 Mar, pp. 233-239.

Jin, S., et al. «Cytosine, but not adenine, base editors induce genome-wide off-target mutations in rice», *Science*, vol. 364, núm. 6437, 2019 Apr 19, pp. 292295.

Jinek, M., et al. «A programmable dual-RNA-guided DNA endonuclease in adaptive bacterial immunity», *Science*, vol. 337, núm. 6096, 2012 Aug 17, pp. 816-821.

Jinek, M., et al. «RNAprogrammed genome editing in human cells», *Elife*, vol. 2, 2013 Jan 29, pvol. e00471.

Jones, H. W. Jr., et al. «Reproductive efficiency of human oocytes fertilized in vitro», *Facts Views Vis. Obgyn.*, vol. 2, núm. 3, 2010, pp. 169-171.

Joung, J., et al. «Detection of SARS-CoV-2 with SHERLOCK One-Pot Testing», *N Engl J Med.*, 383(15), 2020 Oct 8, pp. 1492-1494.

Kalhor, R., et al. «Developmental barcoding of whole mouse via homing CRISPR», *Science*, vol. 361, núm. 6405, 2018 Aug 31, pii: eaat9804.

Kang, X., et al. «Introducing precise genetic modifications into human 3PN embryos by CRISPR/Cas-mediated genome editing», *J. Assist. Reprod. Genet.*, vol. 33, vol. 5, 2016 May, pp. 581-588.

Kim, K., et al. «Highly efficient RNA-guided base editing in mouse embryos», *Nat. Biotechnol.*, vol. 35, núm. 5, 2017 May, pp. 435-437.

Kleinstiver, B. P., et al. «High-fidelity CRISPR-Cas9 nucleases with no detectable genome-wide off-target effects», *Nature*, vol. 529, núm. 7587, 2016 Jan 28, pvol. 490-495.

Kleinstiver, B. P., et al. «Engineered CRISPR-Cas9 nucleases with altered PAM specificities», *Nature*, vol. 523, núm. 7561, 2015 Jul 23, pp. 481-485.

Koblan, L. W., et al. «In vivo base editing rescues Hutchinson-Gilford progeria syndrome in mice», *Nature*, 589(7843), 2021 Jan, pp. 608-614.

Komor, A. C., et al. «Programmable editing of a target base in genomic DNA without double-stranded DNA cleavage», *Nature*, vol. 533, núm. 7603, 2016 May 19, pp. 420-424.

Koonin, E. V., Makarova, K. S., Zhang, F., «Diversity, classification and evolution of CRISPR-Cas systems», *Curr. Opin. Microbiol.*, vol. 37, 2017 Jun, pp. 67-78.

Kosicki, M., Tomberg, K., Bradley, A., «Repair of double-strand breaks induced by CRISPR-Cas9 leads to large deletions and complex rearrangements», *Nat. Biotechnol.*, vol. 36, núm. 8, 2018 Sep, pp. 765-771.

Kvon, E. Z., et al. «Progressive Loss of Function in a Limb Enhancer during Snake Evolution», *Cell*, vol. 167, núm. 3, 2016 Oct 20, pvol. 633-642.

Kyrou, K., et al. «A CRISPR-Cas9 gene drive targeting doublesex causes complete population suppression in caged Anopheles gambiae mosquitoes», *Nat. Biotechnol.*, 2018 Sep 24.

Lai, L., et al. «Production of alpha-1,3galactosyltransferase knockout pigs by nuclear transfer cloning», *Science*, vol. 295, núm. 5557, 2002 Feb 8, pp. 1089-1092.

Lander, E. S., «The Heroes of CRISPR», *Cell*, vol. 164, núm. 1-2, 2016 Jan 14, pp. 18-28.

Lau, M. T., et al. «Molecular dissection of box jellyfish venom cytotoxicity highlights an effective venom antidote», *Nat. Commun.*, vol. 10, núm. 1, 2019 Apr 30, pp. 1655.

Lauerman, J., Cortez, M., «Scientists Cracked a Deadly DNA Puzzle. Then Came the Hard Part», *Bloomberg*, August 13 2018.

Lavado, A., et al. «Ectopic expression of tyrosine hydroxylase in the pigmented epithelium rescues the retinal abnormalities and visual function common in albinos in the absence of melanin», *J. Neurochem.*, vol. 96, núm. 4, 2006 Feb, 1201-1211.

Lee, H., Scott, J., Griffiths, H., Self, J. E., Lotery, A., «Oral levodopa rescues retinal morphology and visual function in a murine model of human albinism», *Pigment Cell Melanoma Res.*, vol. 32, núm. 5, 2019 Sep, pp. 657-671.

Ledford, H., «CRISPR fixes disease gene in viable human embryos. Geneediting experiment pushes scientific and ethical boundaries», *Nature*, vol. 548, 2017 August 3, pp. 13–14.

Ledford, H., «First test of in-body gene editing shows promise», *Nature*, 2018 September 5.

Levasseur, A., et al. «MIMIVIRE is a defence system in mimivirus that confers resistance to virophage», *Nature*, vol. 531, núm. 7593, 2016 Mar 10, pp. 249-252.

Li, J. F., et al. «Multiplex and homologous recombinationmediated genome editing in Arabidopsis and Nicotiana benthamiana using guide RNA and Cas9», *Nat. Biotechnol.*, vol. 31, núm. 8, 2013 Aug, pp. 688-691.

Liang, P., et al. «Correction of β-thalassemia mutant by base editor in human embryos», *Protein Cell*, vol. 8, núm. 11, 2017 Nov, pp. 811-822.

Liang, P., et al. «CRISPR/Cas9-mediated gene editing in human tripronuclear zygotes», *Protein Cell*, vol. 6, núm. 5, 2015 May, pp. 363-372.

Liao, H. K., et al. «In Vivo Target Gene Activation via CRISPR/Cas9Mediated Trans-epigenetic Modulation», *Cell*, vol. 171, núm. 7, 2017 Dec 14, pp. 1495-1507.

Lillico, S. G., et al. «Mammalian interspecies substitution of immune modulatory alleles by genome editing», *Sci. Rep.*, vol. 6, 2016 Feb 22, pp. 21645.

Lindemann, K., «Major CRISPR errors were discovered by chance», *Research Gate*, 23 July 2018.

Liu, E. T., et al. «Of mice and CRISPR: The post-CRISPR future of the mouse as a model system for the human condition», *EMBO Rep.*, vol. 18, núm. 2, 2017 Feb, pp. 187-193.

Liu, X., et al. «The complex genetics of hypoplastic left heart syndrome», *Nat. Genet.*, vol. 49, vol. 7, 2017 Jul, pp. 1152-1159.

Liu, Z., et al. «Cloning of Macaque Monkeys by Somatic Cell Nuclear Transfer», *Cell*, vol. 174, núm. 1, 2018 Jun 28, pp. 245.

Long, Ch., et al. «Postnatal genome editing partially restores dystrophin expression in a mouse model of muscular dystrophy», *Science*, vol. 351, pp. 6271, 2016 Jan 22, pp. 400403.

López del Amo, V., et al. «A transcomplementing gene drive provides a flexible platform for laboratory investigation and potential field deployment», *Nat Commun.*, 11(1), 2020 Jan 17, p. 352.

López del Amo, et al. «Small-Molecule Control of Super-Mendelian Inheritance in Gene Drives», *Cell Rep.*, 31(13), 2020 Jun 30, p. 107841.

Lupiánez, D. G., et al. «Disruptions of topological chromatin domains cause pathogenic rewiring of gene-enhancer interactions», *Cell*, vol. 161, núm. 5, 2015 May 21, pp. 10121025.

Ma, H., et al. «Ma et al. reply», *Nature*, vol. 560, núm. 7717, 2018 Aug, pp. E10-E23.

Ma, H., et al. «Correction of a pathogenic gene mutation in human embryos», *Nature*, vol. 548, núm. 7668, 2017 Aug 24, pvol. 413-419.

Ma, H., et al. «Multiplexed labeling of genomic loci with dCas9 and engineered sgRNAs using CRISPRainbow», *Nat. Biotechnol.*, vol. 34, núm. 5, 2016 May, pp. 528-530.

Makarova, et al. «Evolutionary classification of CRISPR-Cas systems: a burst of class 2 and derived variants», *Nat. Rev. Microbiol.*, 2019 Dec 19.

Mali, P., et al. «CAS9 transcriptional activators for target specificity screening and paired nickases for cooperative genome engineering», *Nat. Biotechnol.*, vol. 31, núm. 9, 2013 Sep, pp. 833-838.

Mali, P., et al. «RNA-guided human genome engineering via Cas9», *Science*, vol. 339, núm. 6121, 2013 Feb 15, pp. 823-826.

Marraffini, L. A., et al. «CRISPR interference limits horizontal gene transfer in staphylococci by targeting DNA», *Science*, vol. 322, núm. 5909, 2008 Dec 19, pp. 1843-1845.

Martyn, G. E., et al. «Natural regulatory mutations elevate the fetal globin gene via disruption of BCL11A or ZBTB7A binding», *Nat. Genet.*, vol. 50, núm. 4, 2018 Apr, pp. 498-503.

Maruyama, T., et al. «Increasing the efficiency of precise genome editing with CRISPR-Cas9 by inhibition of nonhomologous end joining», *Nat. Biotechnol.*, vol. 33, núm. 5, 2015 May, pp. 538-542.

McKenna, A., et al. «Whole-organism lineage tracing by combinatorial and cumulative genome editing», *Science*, vol. 353, núm. 6298, 2016 Jul 29, pvol. aaf7907.

Meehan, T. F., et al. «Disease model discovery from 3,328 gene knockouts by The International Mouse Phenotyping Consortium», *Nat. Genet.*, vol. 49, núm. 8, 2017 Aug, pp. 1231-1238.

Meiling, B., «CRISPR trailblazers Zhang, Liu and Joung join forces to launch Beam with $87M and cutting-edge gene-editing tech», *Endpoints News*, 14 May 2018.

Mohanraju, P., et al. «Diverse evolutionary roots and mechanistic variations of the CRISPRCas systems», *Science*, vol. 353, núm. 6299, 2016 Aug 5, pvol. aad5147.

Mojica, F. J., et al. «Short motif sequences determine the targets of the prokaryotic CRISPR defence system», *Microbiology*, vol. 155, núm. Pt 3, 2009 Mar, pp. 733-740.

Mojica, F. J., et al. «Intervening sequences of regularly spaced prokaryotic repeats derive from foreign genetic elements», *J. Mol. Evol.*, vol. 60, núm. 2, 2005 Feb, pp. 174-182.

Mojica, F. J., et al. «Biological significance of a family of regularly spaced repeats in the genomes of Archaea, Bacteria and mitochondria», *Mol. Microbiol.*, vol. 36, núm. 1, 2000 Apr, pp. 244-246.

Mojica, F. J., et al. «Long stretches of short tandem repeats are present in the largest replicons of the Archaea Haloferax mediterranei and Haloferax volcanii and could be involved in replicon partitioning», *Mol. Microbiol.*, vol. 17, núm. 1, 1995 Jul, pp. 85-93.

Mojica, F. J., Juez, G., Rodríguez-Valera, F., «Transcription at different salinities of Haloferax mediterranei sequences adjacent to partially modified PstI sites», *Mol. Microbiol.*, vol. 9, núm. 3, 1993 Aug, pp. 613-621.

Mojica, F. J., Montoliu, L., «On the Origin of CRISPR-Cas Technology: From Prokaryotes to Mammals», *Trends Microbiol.*, vol. 24, núm. 10, 2016 Oct, pvol. 811-820.

Mojica, F. J., Rodríguez-Valera, F., «The discovery of CRISPR in archaea and bacteria», *FEBS J.*, vol. 283, núm. 17, 2016 Sep, pp. 3162-3169.

Montoliu, L., *¿Qué sabemos de...? El Albinismo*, Editorial CSIC/ Catarata, Mayo de 2019.

Montoliu, L., «Edición de calidad (PRIME EDITING): la nueva herramienta CRISPR para colorear» Blog *Gen-Ética* en *Naukas*, 22 de octubre de 2019.

Montoliu, L., «Curando reprimiendo al represor», Blog *Gen-Ética* en *Naukas*, 1 de diciembre de 2019.

Montoliu, L., «El azar como terapia», Blog *Gen-Ética* en *Naukas*, 6 de octubre de 2019.

Montoliu, L., «Nuevos datos sobre las gemelas chinas editadas genéticamente confirman que el experimento fue tan irresponsable como parecía desde el primer día», Blog *Gen-Ética* en *Naukas*, 8 de diciembre de 2019.

Montoliu, L., «Biotecnología y post-verdad», *Blog de la Asociación de Comunicadores de Biotecnología*, 4 de junio de 2017.

Montoliu, L., «Qué son las enfermedades raras?», *Blog Naukas*, 8 de mayo de 2018.

Montoliu, L., «Qué son y qué significan los transgénicos hoy en día?», *Blog de la Asociación de Comunicadores en Biotecnología*, 9 de agosto de 2015.

Montoliu, L., «21 años después: clonados los primeros macacos con el método usado para la oveja Dolly», *Blog Naukas*, 25 enero de 2018.

Montoliu, L., «Ciencia abierta: el poder de la comunicación», *Blog de la Asociación de Comunicadores de Biotecnología*, 30 de julio de 2016.

Montoliu, L., «El penúltimo problema para las CRISPR se llama p53», *Blog Naukas*, 12 de junio de 2018.

Montoliu, L., «La importancia de los (buenos) controles en cualquier experimento: también con CRISPR», *Blog Naukas*, 27 de marzo de 2018.

Montoliu, L., «La otra cara de Dolly», *Blog Naukas*, 7 de noviembre de 2017.

Montoliu, L., «Las herramientas CRISPR: un regalo inesperado de las bacterias que ha revolucionado la biotecnología animal», *Blog de la Asociación de Comunicadores de Biotecnología*, 16 de junio de 2015.

Montoliu, L., «Las herramientas de edición genética CRISPR y los ratones avatar», *Cuaderno de Cultura Científica* (Cátedra de Cultura Científica de la UPV/EHU), 29 de septiembre de 2017.

Montoliu, L., «Más biotecnología comestible: champinones editados con CRISPR», *Blog de la Asociación de Comunicadores de Biotecnología*, 17 de abril de 2016. Montoliu, L., «Parece razonable y justificado investigar con embriones», *El Mundo*, 2 de febrero de 2016.

Montoliu, L., «Sherlock: cómo utilizar las herramientas CRISPR en diagnóstico», *Blog de la Asociación de Comunicadores en Biotecnología*, 30 abril 2017.

Montoliu, L., «Sobre la obviedad en la disputa por las patentes CRISPR», *Blog Naukas*, 1 de mayo de 2018.

Montoliu, L., Merchant, J., Hirsch, F., Abecassis, M., Jouannet, P., Baertschi, B., de Menthiere, C. S., Chneiweiss, H., «ARRIGE Arrives: Toward the Responsible Use of Genome Editing», *The CRISPR Journal*, vol. 1, núm. 2, 2018 Apr 1.

Montoliu, L., *Página web informativa sobre CRISPR mantenida en el CNB* (http://wwwuser. cnb. csic. es/~montoliu/CRISPR/), 30 de junio de 2018.

Montoliu, L., Umland, T., Schütz, G., «A locus control region at -12 kb of the tyrosinase gene», *EMBO J.*, vol. 15, núm. 22, 1996 Nov 15, pp. 6026-6034.

Montoliu, L., Whitelaw, C. B. A., «Unexpected mutations were expected and unrelated to CRISPR-Cas9 activity», *Transgenic Res.*, vol. 27, núm. 4, 2018 Aug, pp. 315-319.

Montoliu, L., «Un gran fiasco en la edición genética de animales», Blog *GenÉtica* en *Naukas*, 2 de septiembre de 2019.

Musunuru, K., «Opinion: We need to know what happened to CRISPR twins Lulu and Nana», *MIT Technology Review*, 2019 December 3.

National Academy of Sciences, Engineering and Medicine, *Human Genome Editing: Science, Ethics, and Governance*, Washington, DC, The National Academies Press, 2017.

Nekrasov, V., et al. «Targeted mutagenesis in the model plant Nicotiana benthamiana using Cas9 RNAguided endonuclease», *Nat. Biotechnol.*, vol. 31, núm. 8, 2013 Aug, pp. 691-693.

Nelson, C. E., et al. «In vivo genome editing improves muscle function in a mouse model of Duchenne muscular dystrophy», *Science*, vol. 351, núm. 6271, 2016 Jan 22, pp. 403-407.

Nguengang Wakap, S., et al. «Estimating cumulative point prevalence of rare diseases: analysis of the Orphanet database», *Eur. J. Hum. Genet.*, 2019 Sep 16.

Nishimasu, H., et al. «Crystal Structure of Staphylococcus aureus Cas9», *Cell*, vol. 162, núm. 5, 2015 Aug 27, pp. 1113-1126.

Niu, D., et al. «Inactivation of porcine endogenous retrovirus in pigs using CRISPR-Cas9», *Science*, vol. 357, núm. 6357, 2017 Sep 22, pp. 1303-1307.

Niu, Y., «Generation of gene-modified cynomolgus monkey via Cas9/ RNA-mediated gene targeting in one-cell embryos», *Cell*, vol. 156, núm. 4, 2014 Feb 13, pp. 836-843.

Norris, A. L., et al. «Template plasmid integration in germline genome-edited cattle», *bioRxiv*, 26 de julio de 2019.

Noyce, R. S., Lederman, S., Evans, D. H., «Construction of an infectious horsepox virus vaccine from chemically synthesized DNA fragments», *PLoS One*, vol. 13, núm. 1, 2018 Jan 19, pp. e0188453.

Nuffield Council on Bioethics, *Genome Editing and Human Reproduction: social and ethical issues*, London, July 2018.

Nuffield Council on Bioethics, *Genome Editing. An ethical review*, London, September 2016.

Oliveros, J. C., et al. «Breaking-Cas-interactive design of guide RNAs for CRISPR-Cas experiments for ENSEMBL genomes», *Nucleic Acids Res.*, vol. 44, núm. W1, 2016 Jul 8, pp. W267-71.

O'Neill, S. L., et al. «Scaled deployment of Wolbachia to protect the community from Aedes transmitted arboviruses», *Gates Open Res.*, vol. 2, 2018, pp. 36.

Onojafe, I. F., et al. «Nitisinone improves eye and skin pigmentation defects in a mouse model of oculocutaneous albinism», *J. Clin. Invest.*, vol. 121, núm. 10, 2011 Oct, pp. 3914-3923.

Palacios, M., *Convención sobre Derechos Humanos y Biomedicina, Consejo de Europa. La Convención de Asturias de bioética. Recordatorio y comentarios*, I Congreso Mundial de Bioética, Gijón, 2000.

Palgrave, C. J., et al. «Species-specific variation in RELA underlies differences in NF-κB activity: a potential role in African swine fever pathogenesis», *J. Virol.*, vol. 85, núm. 12, 2011 Jun, pp. 6008-6014.

Patience, C., Takeuchi, Y., Weiss, R. A., «Infection of human cells by an endogenous retrovirus of pigs», *Nat. Med.*, vol. 3, núm. 3, 1997 Mar, pp. 282286.

Pattanayak, V., et al. «High-throughput profiling of off-target DNA cleavage reveals

RNAprogrammed Cas9 nuclease specificity», *Nat. Biotechnol.*, vol. 31, núm. 9, 2013 Sep, pp. 839-843.

Pausch, P., et al. «CRISPRCasΦ from huge phages is a hypercompact genome editor», *Science*, 369(6501), 2020 Jul 17, pp. 333-337.

Pourcel, C., Salvignol, G., Vergnaud, G., «CRISPR elements in Yersinia pestis acquire new repeats by preferential uptake of bacteriophage DNA, and provide additional tools for evolutionary studies», *Microbiology*, vol. 151, núm. Pt 3, 2005 Mar, pp. 653-663.

Qasim, W., et al. «Molecular remission of infant B-ALL after infusion of universal TALEN gene-edited CAR T cells», *Sci. Transl. Med.*, vol. 9, núm. 374, 2017 Jan 25.

Quadros, R. M., et al. «Easi-CRISPR: a robust method for one-step generation of mice carrying conditional and insertion alleles using long ssDNA donors and CRISPR ribonucleoproteins», *Genome Biol.*, vol. 18, núm. 1, 2017 May 17, pvol. 92.

Ran, F. A., et al. «In vivo genome editing using Staphylococcus aureus Cas9», *Nature*, vol. 520, núm. 7546, 2015 Apr 9, pp. 186-191.

Ran, F. A., et al. «Double nicking by RNA-guided CRISPR Cas9 for enhanced genome editing specificity», *Cell*, vol. 154, núm. 6, 2013 Sep 12, pp. 1380-1389.

Rasys, A. M., et al. «CRISPR-Cas9 Gene Editing in Lizards through Microinjection of Unfertilized Oocytes», *Cell Rep.*, vol. 28, núm. 9, 2019 Aug 27, pp. 2288-2292.

Rauch, B. J., et al. «Inhibition of CRISPR-Cas9 with Bacteriophage Proteins», *Cell*, vol. 168, núm. 1-2, 2017 Jan 12, pp. 150-158.

Rees, H. A., et al. «Improving the DNA specificity and applicability of base editing through protein engineering and protein delivery», *Nat. Commun.*, vol. 8, 2017 Jun 6, pp. 15790.

Regalado, A., «EXCLUSIVE: Chinese scientists are creating CRISPR babies»,

MIT Technology Review, 2018 November 25.

Regalado, A., «China's CRISPR babies: Read exclusive excerpts from the unseen original research», *MIT Technology Review*, 2019 December 3.

Regalado, A., «Why the paper on the CRISPR babies stayed secret for so long»,

MIT Technology Review, 2019 December 3.

Reichmann, J., Nijmeijer, B., Hossain, M. J., Eguren, M., Schneider, I., Politi,

A. Z., Roberti, et al. «Dual-spindle formation in zygotes keeps parental genomes apart in early mammalian embryos», *Science*, vol. 361, núm. 6398, 2018 Jul 13, pp. 189-193.

Richardson, C. D., et al. «CRISPR-Cas9 genome editing in human cells occurs via the Fanconi anemia pathway», *Nat. Genet.*, vol. 50, núm. 8, 2018 Aug, pvol. 1132-1139.

Rodríguez-Leal, D., et al. «Engineering Quantitative Trait Variation for Crop Improvement by Genome Editing», *Cell*, vol. 171, núm. 2, 2017 Oct 5, pp. 470-480.

Román-Rodríguez, F. J., et al. «NHEJ-Mediated Repair of CRISPR-Cas9-Induced DNA Breaks Efficiently Corrects Mutations in HSPCs from Patients with Fanconi Anemia», Cell Stem Cell, vol. 25, núm. 5, 2019 Nov 7, pp. 607-621.

Royo, J. L., et al. «Transphyletic conservation of developmental regulatory state in animal evolution», *Proc. Natl. Acad. Sci. USA*, vol. 108, núm. 34, 2011 Aug 23, pp. 14186-14191.

Sánchez-León, S., Gil-Humanes, J et al. «Low-gluten, nontransgenic wheat engineered with CRISPR/Cas9», *Plant Biotechnol. J.*, vol. 16, núm. 4, 2018 Apr, pp. 902-910.

Sanger, F., Nicklen, S., Coulson, A. R., «DNA sequencing with chainterminating inhibitors», *Proc. Natl. Acad. Sci. USA*, vol. 74, núm. 12, 1977 Dec, pp. 5463-5467.

Sapranauskas, R., et al. «The Streptococcus thermophilus CRISPR/Cas system provides immunity in Escherichia coli», *Nucleic Acids Res.*, vol. 39, núm. 21, 2011 Nov, pp. 9275-9282.

Schedl, A., Montoliu, L., Kelsey, G., Schütz, G., «A yeast artificial chromosome covering the tyrosinase gene confers copy number-dependent expression in transgenic mice», *Nature*, vol. 362, núm. 6417, 1993 Mar 18, pvol. 258-261.

Seed, K. D., et al. «A bacteriophage encodes its own CRISPR/Cas adaptive response to evade host innate immunity», *Nature*, vol. 494, núm. 7438, 2013 Feb 28, pp. 489-491.

Semaan, M., Ivanusic, D., Denner, J., «Cytotoxic Effects during Knock Out of Multiple Porcine Endogenous Retrovirus (PERV) Sequences in the Pig Genome by Zinc Finger Nucleases (ZFN)», *PLoS One*, vol. 10, núm. 4, 2015 Apr 24, pp. e0122059.

Seruggia, D., et al. «Functional validation of mouse tyrosinase non-coding regulatory DNA elements by CRISPR-Cas9-mediated mutagenesis», *Nucleic Acids Res.*, vol. 43, núm. 10, 2015 May 26, pp. 4855-4867.

Seruggia, D., Montoliu, L., «The new CRISPR-Cas system: RNA-guided genome engineering to efficiently produce any desired genetic alteration in animals», *Transgenic Res.*, vol. 23, núm. 5, 2014 Oct, pp. 707-716.

Shan, Q., et al. «Targeted genome modification of crop plants using a CRISPR-Cas system», *Nat. Biotechnol.*, vol. 31, núm. 8, 2013 Aug, pp. 686688.

Shariat, N., Dudley, E. G., «CRISPRs: molecular signatures used for pathogen subtyping», *Appl. Environ. Microbiol.*, vol. 80, núm. 2, 2014 Jan, pvol. 430-439.

Sherkow, J. S., «The CRISPR Patent Interference Showdown Is On: How Did We Get Here and What Comes Next?», *SLS Blogs, Law and Biosciences Blog*, Stanford, 29 December 2015.

Shin, J. S., et al. «Long-term control of diabetes in immunosuppressed nonhuman primates (NHP) by the transplantation of adult porcine islets», *Am. J. Transplant.*, vol. 15, núm. 11, 2015 Nov, pp. 28372850.

Shipman, et al. «CRISPR-Cas encoding of a digital movie into the genomes of a population of living bacteria», *Nature*, vol. 547, núm. 7663, 2017 Jul 20, pp. 345-349.

Slaymaker, I. et al. «Rationally engineered Cas9 nucleases with improved specificity», *Science*, vol. 351, núm. 6268, 2016 Jan 1, pp. 84-88.

Smargon, A. A., et al. «Cas13b Is a Type VI-B CRISPR-Associated RNA-Guided RNase Differentially Regulated by Accessory Proteins Csx27 and Csx28», *Mol. Cell.*, vol. 65, núm. 4, 2017 Feb 16, pp. 618-630.

Sniekers, S., et al. «Genomewide association meta-analysis of 78,308 individuals identifies new loci and genes influencing human intelligence», *Nat. Genet.*, vol. 49, núm. 7, 2017 Jul, pvol. 1107-1112.

Song, J., et al. «RS-1 enhances CRISPR/Cas9and TALEN-mediated knock-in efficiency», *Nat. Commun.*, vol. 7, 2016 Jan 28, pp. 10548.

Strauss, W. M., et al. «Germ line transmission of a yeast artificial chromosome spanning the murine alpha 1(I) collagen locus», *Science*, vol. 259, núm. 5103, 1993 Mar 26, 1904-1907.

Strisciuglio, P., Concolino, D., «New Strategies for the Treatment of Phenylketonuria (PKU)», *Metabolites*, vol. 4, núm. 4, 2014 Nov 4, pp. 1007-1017.

Swarts, D. C., et al. «DNAguided DNA interference by a prokaryotic Argonaute», *Nature*, vol. 507, vol. 7491, 2014 Mar 13, pp. 258-261.

Tabebordbar, M., et al. «In vivo gene editing in dystrophic mouse muscle and muscle stem cells», *Science*, vol. 351, núm. 6271, 2016 Jan 22, pvol. 407-411.

Tan, W., et al. «Efficient nonmeiotic allele introgression in livestock using custom endonucleases», *Proc. Natl. Acad. Sci. USA*, vol. 110, núm. 41, 2013 Oct 8, pp. 16526-16531.

Tang, L., et al. «CRISPR/Cas9-mediated gene editing in human zygotes using Cas9 protein», *Mol. Genet. Genomics*, vol. 292, núm. 3, 2017 Jun, pp. 525-533.

Tesson, L., et al. «Knockout rats generated by embryo microinjection of TALENs», *Nat. Biotechnol.*, vol. 29, núm. 8, 2011 Aug 5, pp. 695-696.

Thrasher, A., et al. «On Human Gene Editing: International Summit on Human Editing Statement», *Issues in Science and Technology*, vol. 32, núm. 3, Spring 2016.

Torres-Perez, R., et al. «WeReview: CRISPR Tools-Live Repository of Computational Tools for Assisting CRISPR/Cas Experiments», *Bioengineering (Basel)*, vol. 6, núm. 3, 2019 Jul 25, pii: E63.

Ueta, R., et al. «Rapid breeding of parthenocarpic tomato plants using CRISPR/Cas9», *Sci. Rep.*, vol. 7, núm. 1, 2017 Mar 30, pp. 507.

Vassena, R., et al. «Genome engineering through CRISPR/Cas9 technology in the human germline and pluripotent stem cells», *Hum. Reprod. Update*, vol. 22, núm. 4, 2016 Jun, pp. 411-419.

Villiger, L., et al. «Treatment of a metabolic liver disease by in vivo genome base editing in adult mice», *Nat. Med.*, vol. 24, núm. 10, 2018 Oct, pp. 15191525.

Wagner, D. L., et al. «High prevalence of S. pyogenes Cas9-specific T cell sensitization within the adult human population A balanced effector/ regulatory T cell response», *bioRxiv*, 2018 April 4.

Wang, H., et al. «One-step generation of mice carrying mutations in multiple genes by CRISPR/Cas-mediated genome engineering», *Cell*, vol. 153, núm. 4, 2013 May 9, pp. 910-918.

Wang, M., et al. «Efficient delivery of genome-editing proteins using bioreducible lipid nanoparticles», *Proc. Natl. Acad. Sci. USA*, vol. 113, núm. 11, 2016 Mar 15, pp. 2868-2873.

Wang, X., et al. «One-step generation of triple gene-targeted pigs using CRISPR/Cas9 system», *Sci. Rep.*, vol. 6, 2016 Feb 9, pp. 20620.

Wilmut, I., et al. «Viable offspring derived from fetal and adult mammalian cells», *Nature*, vol. 385, vol. 6619, 1997 Feb 27, pp. 810-813.

Wu, H., et al. «TALE nickase-mediated SP110 knockin endows cattle with increased resistance to tuberculosis», *Proc. Natl. Acad. Sci. USA*, vol. 112, núm. 13, 2015 Mar 31, pvol. E1530-E1539.

Wu, Y., et al. «Highly efficient therapeutic gene editing of human hematopoietic stem cells», *Nat. Med.*, vol. 25, núm. 5, 2019 May, pp. 776-783.

Xinhuanet, «China Focus: Three jailed in China's "gene-edited babies" trial», 30 december 2019.

Xu, R., et al. «Generation of targeted mutant rice using a CRISPR-Cpf1 system», *Plant Biotechnol. J.*, vol. 15, núm. 6, 2017 Jun, pp. 713-717.

Xu, X., et al. «Reversal of Phenotypic Abnormalities by CRISPR/Cas9-Mediated Gene Correction in Huntington Disease PatientDerived Induced Pluripotent Stem Cells», *Stem Cell Reports*, vol. 8, núm. 3, 2017 Mar 14, pp. 619-633.

Yang, L., et al. «Genome-wide inactivation of porcine endogenous retroviruses (PERVs)», *Science*, vol. 350, núm. 6264, 2015 Nov 27, pp. 1101-1104.

Yang, Y., et al. «A dual AAV system enables the Cas9-mediated correction of a metabolic liver disease in newborn mice», *Nat. Biotechnol.*, vol. 34, núm. 3, 2016 Mar, pp. 334-338.

Yin, H., et al. «Therapeutic genome editing by combined viral and non-viral delivery of CRISPR system components in vivo», *Nat. Biotechnol.*, vol. 34, núm. 3, 2016 Mar, pp. 328-333.

Yin, H., et al. «Genome editing with Cas9 in adult mice corrects a disease mutation and phenotype», *Nat. Biotechnol.*, vol. 32, núm. 6, 2014 Jun, pp. 551-553.

Yu, C., et al. «Small molecules enhance CRISPR genome editing in pluripotent stem cells», *Cell Stem Cell*, vol. 16, núm. 2, 2015 Feb 5, pp. 142-147.

Yu, L., Batara, J., Lu, B., «Application of Genome Editing Technology to MicroRNA Research in Mammalians», en: Kormann, M. (coord.), *Modern Tools for Genetic Engineering*, London, IntechOpen, 2016, pp. 163-185.

Zeng, Y., et al. «Correction of the Marfan Syndrome pathogenic FBN1 mutation by base editing in human cells and heterozygous embryos», *Molecular Therapy*, 2018 Aug 14, pii: S1525-0016(18)30378-2.

Zetsche, B., et al. «Cpf1 is a single RNA-guided endonuclease of a class 2 CRISPR-Cas system», *Cell*, vol. 163, núm. 3, 2015 Oct 22, pp. 759-771.

Zhang, B., et al. «Exploiting the CRISPR/Cas9 system for targeted genome mutagenesis in petunia», Sci. Rep., vol. 6, 2016, pvol. 20315.

Zuo, E., et al. «Cytosine base editor generates substantial off-target single-nucleotide variants in mouse embryos», *Science*, vol. 364, núm. 6437, 2019 Apr 19, pp. 289-292.

Este libro se terminó de imprimir en el mes de agosto de
2025 en Liberdúplex S.L. (Barcelona).